Mathematische Einführung in Data Science

Sven-Ake Wegner

Mathematische Einführung in Data Science

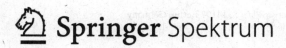 Springer Spektrum

Sven-Ake Wegner
Hamburg, Deutschland

ISBN 978-3-662-68696-6   ISBN 978-3-662-68697-3   (eBook)
https://doi.org/10.1007/978-3-662-68697-3

Die Deutsche Nationalbibliothek verzeichnet diese Publikation in der Deutschen Nationalbibliografie; detaillierte bibliografische Daten sind im Internet über http://dnb.d-nb.de abrufbar.

Planung/Lektorat: Andreas Rüdinger
Springer Spektrum ist ein Imprint der eingetragenen Gesellschaft Springer-Verlag GmbH, DE und ist ein Teil von Springer Nature.
Die Anschrift der Gesellschaft ist: Heidelberger Platz 3, 14197 Berlin, Germany

Das Papier dieses Produkts ist recyclebar.

Vorwort

Kenntnisse in den Bereichen Data Science und Machine Learning werden von Absolventinnen und Absolventen eines Mathematikstudiums immer häufiger erwartet und von Studentinnen und Studenten der Mathematik dementsprechend nachgefragt. Die Idee hinter dem vorliegenden Text ist es, kanonische Themen aus den vorgenannten Bereichen passgenau für die ebenfalls vorgenannte Zielgruppe aufzubereiten. Hierbei steht ein grundlegendes und sorgfältiges Verständnis der behandelten Methoden im Mittelpunkt; insbesondere arbeiten wir jeweils heraus, warum eine Methode zum Ziel führt und was deren Grenzen sind.

Das vorliegende Buch basiert auf mehreren Vorlesungen, die der Autor in den letzten Jahren für Studierende der Mathematik, sowohl im Bachelor als auch für das gymnasiale Lehramt, gehalten hat. Es ist geeignet als Grundlage für eine 4+2 Vorlesung ab dem dritten Studienjahr und setzt die Inhalte der Grundvorlesungen in Analysis, Maßtheorie, Linearer Algebra und Wahrscheinlichkeitslehre voraus. Einige Kapitel erfordern darüber hinaus Kenntnisse in Optimierung und Funktionalanalysis. Benötigte Vorkenntnisse jenseits der Grundvorlesungen werden jeweils am Kapitelanfang ausgewiesen und können darüber hinaus im Diagramm auf der folgenden Seite abgelesen werden. Vorkenntnisse in Informatik oder Numerik sind natürlich hilfreich, aber nicht unbedingt erforderlich.

Wir folgen weitgehend dem in der mathematischen Literatur üblichen Satz-Beweis-Stil, ergänzt durch ausführliche Erläuterungen in Prosa. Dies wird komplementiert durch 121 unterrichtserprobte Aufgaben. Darunter sind sowohl theoretische Aufgaben wie auch Aufgaben, bei denen implementiert werden muss. Zur besseren Lesbarkeit verwenden wir im Folgenden das generische Maskulinum. Die in dieser Arbeit verwendeten Personenbezeichnungen beziehen sich aber stets auf alle Geschlechter.

Es folgt ein kurzer Abriss der in diesem Buch behandelten Themen. Wir beginnen mit einem einleitenden Kapitel 1, in welchem wir erläutern, was wir im Folgenden unter *Daten* verstehen, und mit wie gearteten Methoden wir aus diesen Erkenntnisse welcher Art zu gewinnen suchen. Das erste richtige Kapitel 2 behandelt dann zunächst klassische Regressionsmethoden; der Leser wird aber hier schon viele Ideen kennenlernen, die später immer wieder auftauchen werden. In Kapitel 3 behandeln wir den sehr einfachen und anschaulichen k-NN-Algorithmus, diskutieren mehrere Preprocessing-Methoden und wenden beides auf Beispiele aus den Bereichen Textmining und Produktbewertungen an. In den Kapiteln 4 und 5 behandeln wir Clusteringmethoden für Datenmengen in metrischen Räumen und dann auf Graphen. Es folgen die Kapitel 6 und 7, in welchen bestpassende Unterräume, deren Zusammenhang mit der Singulärwertzerlegung von Matrizen, und als Anwendung davon die Hauptkomponentenanalyse, Dimensionalitätsreduktion und kollaboratives Filtern diskutiert werden. In den Kapiteln 8–12 wenden wir uns dann hochdimensionalen Datenmengen zu. Als Erstes diskutieren wir die Eigenheiten der Gleichverteilung und der Gaußverteilung in hochdimensionalen Räumen und zeigen dann Strategien auf, mit denen Daten, die von mehreren unabhängigen Gaußverteilungen stammen, getrennt und deren Parameter geschätzt werden können. In Kapitel 13 behandeln wir den Perzeptronalgorithmus, gefolgt von Support-Vector-Maschinen in Kapitel 14 und der Kernmethode für SVMs in Kapitel 15. Zum Schluss kommen wir zu neuronalen Netzen, wobei wir in Kapitel 16.1 erst die Expressivität behandeln und dann in Kapitel 16.2 die Rückwärtspropagation, mit der die Parameter eines neuronalen Netzes an gegebene Daten angepasst werden können. Im finalen Kapitel 17 diskutieren wir das Gradientenverfahren im Kontext konvexer Funktionen. Das folgende Diagramm zeigt die Abhängigkeiten zwischen den Kapiteln auf.

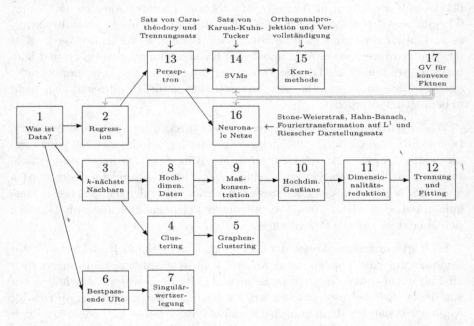

Wie oben angedeutet, gehen Resultate aus dem letzten Kapitel 17 in mehrere frühere Kapitel ein. Mancher Leser wird es daher bevorzugen, mit diesem letzten Kapitel zu beginnen. Andererseits verwenden wir in den Kapiteln 2 und 14 lediglich zwei im Verlauf von Kapitel 17 behandelte Resultate über die Existenz und Eindeutigkeit von Minimierern, welche man leicht nachlesen kann, wenn man an der entsprechenden Stelle angelangt ist. In Kapitel 16 verweisen wir auf eine genaue Diskussion des Gradientenverfahrens unter gutartigen Bedingungen in Kapitel 17.

Ernster zu nehmen sind die folgenden, ebenfalls im Diagramm angegebenen, Voraussetzungen bei den Kapiteln 13–16, die wir an entsprechender Stelle jeweils ohne Beweis notieren werden: In Kapitel 13 handelt es sich um Carathéodorys Charakterisierung der konvexen Hülle und den Trennungssatz für kompakte konvexe Mengen. Kapitel 14 setzt massiv die Theorie von Karush-Kuhn-Tucker zur Optimierung konvexer Funktionen unter Ungleichungsnebenbedingungen ein. Schließlich benötigt Kapitel 15 zwei Resultate aus der Hilbertraumtheorie und Kapitel 16 dann gleich mehrere tiefgehende Resultate aus der Funktionalanalysis, wobei diese aber nur in die zweite Hälfte des Unterkapitels 16.1 zur Expressivität eingehen.

Die ohne Beweis verwendeten Resultate in den Kapiteln 13 und 15 sind intuitiv zugänglich. Im Gegensatz dazu muss gesagt sein — ohne abschrecken zu wollen — dass insbesondere der Beweis des Satzes 14.11 zur Berechnung der SVM durch ein quadratisches Optimierungsproblem, sowie die Beweise der Expressivitätsresultate 16.20, 16.21, 16.22 und 16.25 für neuronale Netze, am besten einer Optimierungs- bzw. Funktionalanalysisvorlesung nachgeschaltet sein sollten, wenn man diese vollständig verstehen will.

Ich bedanke mich herzlich bei allen Teilnehmern meiner Vorlesungen und Seminare über Data Science, sowie bei meinen Kollegen für zahlreiche interessante und hilfreiche Diskussionen. Mein Dank gilt außerdem der gesamten Data-Science- und Machine-Learning-Community, deren Bücher, Lecture Notes, wissenschaftliche Artikel, Blogs, Videos und Beiträge in Foren mich für das Themengebiet begeistert haben, und von denen ich alles, was in diesem Text behandelt wird, gelernt habe. Ganz besonderer Dank gilt dabei den Autoren der Bücher [BHK20, LRU12, Ver18, SSBD14], auf deren Vorarbeit das vorliegende Buch in großem Maße aufbaut. Jedes Kapitel enthält am Ende einen kurzen Abschnitt mit genaueren Referenzen. Schließlich danke ich Andreas Rüdinger und Bianca Alton vom Springer-Verlag für deren Unterstützung im gesamten Publikationsprozess sowie für viele konkrete Verbesserungsvorschläge, und außerdem Franziska Böhnlein für ihre sorgfältige Durchsicht meines Manuskriptes und das Korrigieren zahlreicher Fehler.

Zusätzliche Materialien, sowie gegebenenfalls eine Liste mit Errata, werden auf der Seite `https://mathematicaldatascience.github.io` bereitgestellt.

Hamburg, im November 2023   Sven-Ake Wegner

Inhaltsverzeichnis

1

Was ist Data (Science)?

Wir erläutern zuerst, was wir in diesem Text unter dem Begriff *Daten* verstehen werden, und sprechen gleichzeitig die Warnung aus, dass sich die genaue Definition von Kapitel zu Kapitel mitunter leicht ändert.

Definition 1.1. Seien X und Y Mengen.

(i) Eine endliche Teilmenge $D \subseteq X$ heißt *ungelabelte Datenmenge* in X, ihre Elemente heißen *Datenpunkte*.

(ii) Eine endliche Menge $D \subseteq X \times Y$ heißt *gelabelte Datenmenge*. Ist $(x, y) \in D$, so heißt x der *Featureteil* des Datenpunktes (x, y) und y sein *Label*.

(iii) Eine gelabelte Datenmenge $D \subseteq X \times Y$ heißt *kategoriell gelabelt*, wenn Y endlich ist und *kontinuierlich gelabelt*, falls Y ein Kontinuum ist.[1]

(iv) Ist $X = X_1 \times \cdots \times X_d$ und $x = (x_1, \ldots, x_d)$, so nennen wir die x_i's die *Features* von x. Ist $Y = Y_1 \times \cdots \times Y_m$, so sprechen wir von *mehrdimensionalen Labeln*.

Die Menge X in der obigen Definition 1.1 ist häufig gleich dem Raum $\mathbb{R}^d$ und dann stets mit der euklidischen Norm und dem Standardskalarprodukt ausgestattet. Ist $X \subseteq \mathbb{R}^d$, so können wir X immerhin mit der euklidischen Metrik versehen. In manchen Kapiteln ist (X, ρ) aber auch ein abstrakter metrischer Raum und in einigen Fällen braucht ρ nicht mal eine Metrik zu sein, sondern nur ein sogenanntes Abstandsmaß. Die Menge Y kann im kategoriellen Fall ohne Einschränkung als gleich $\{1, \ldots, m\}$ angenommen werden.

Bemerkung 1.2. In manchen Situationen ist es geboten, Dopplungen von Datenpunkten zu erlauben. Dies kann man erreichen, indem man X durch $X \times \mathbb{N}$ ersetzt. In einer Teilmenge $D \subseteq X \times \mathbb{N}$ kann dann $x \in X$ z.B. in der Form von $(x, 1)$ und $(x, 2)$ zweimal enthalten sein. Um die Dinge nicht unnötig kompliziert zu machen, schreiben wir im Folgenden x_i oder $x^{(i)} \in X$ statt $(x, i) \in X \times \mathbb{N}$.

---

[1]Man kann sich hier abgeschlossene, offene, halboffene, beschränkte oder unbeschränkte Intervalle in $\mathbb{R}$ vorstellen, die mindestens zwei Punkte haben, aber wir wollen eventuell auch mal etwas anderes zulassen.

© Der/die Autor(en), exklusiv lizenziert an
Springer-Verlag GmbH, DE, ein Teil von Springer Nature 2023
S.-A. Wegner, *Mathematische Einführung in Data Science*,
https://doi.org/10.1007/978-3-662-68697-3_1

Sprechen wir von einer Datenmenge $D = \{x^{(1)}, \ldots, x^{(n)}\} \subseteq X$, so ist immer stillschweigend vorausgesetzt, dass derselbe Punkt, mit unterschiedlichem Index, mehrfach vorkommen kann.

In konkreten Anwendungen ist es eine Frage der Modellierung, ob man eine oder mehrere Koordinaten eines Datenvektors $(x_1, \ldots, x_d)$ als Label auszeichnet und wenn ja, welche dies sein sollen. Wir betrachten die folgenden Beispiele.

Beispiel 1.3. (i) Gegeben seien 10 Studenten, die eine Klausur zur Vorlesung „Mathematische Einführung in Data Science" schreiben. Für jeden Studenten erfassen wir in der Woche vor der Klausur die Vorbereitungszeit auf die Klausur in Stunden, die auf sozialen Medien verbrachte Zeit, ebenfalls in Stunden, und schließlich das Klausurergebnis in Prozent. Wir können die folgende Tabelle als eine ungelabelte Datenmenge $D \subseteq \mathbb{R}^3$ auffassen, oder z.B. als gelabelte Datenmenge $D \subseteq [0, 168]^2 \times [0, 100]$ mit der Vorbereitungszeit und der Zeit auf sozialen Medien als Features und dem Klausurergebnis als kontinuierlichem Label.

Student	Vorbereitung in h	Soziale Medien in h	Klausurergebnis in %
1	0.0	20.0	0.0
2	1.5	8.5	2.0
3	2.0	6.0	7.0
4	2.0	6.0	10.5
5	8.0	10.0	29.5
6	8.5	3.0	49.0
7	9.5	0.0	59.5
8	12.0	2.0	63.5
9	18.0	4.0	85.0
10	19.0	0.5	98.0

(ii) Wir betrachten handgeschriebene Buchstaben, die entsprechend der folgenden Abbildung als (7×5)-Matrizen aus Einsen und Nullen geschrieben werden können. Ist uns dann jeweils noch bekannt, welcher Buchstabe hier geschrieben wurde, so erhalten wir eine gelabelte Datenmenge $D \subseteq \mathbb{R}^{7\times 5} \times \{a, b, c, \ldots\}$.

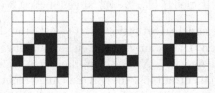

(iii) Sei $X \subseteq \mathbb{R}^2$ ein Quader und $Y = \{1, 2, 3\}$. Das folgende Bild stellt eine kategoriell gelabelte Datenmenge dar, bei welcher jeder Datenpunkt zwei Features hat. Im Bild entspricht Label 1 einem weißen, Label 2 einem grauen, und Label 3 einem schwarzen Punkt.

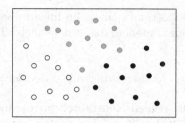

(iv) Wir betrachten eine Vorlesung „Mathematische Einführung in Data Science" und notieren für jeden Teilnehmer dessen Körpergröße. Auf diese Weise erhalten wir eine ungelabelte Datenmenge $D \subseteq (0, \infty)$, beachte hierbei Bemerkung 1.2. Das Bild zeigt die Verteilung der Körpergrößen.

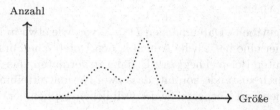

Ist eine gelabelte Datenmenge $D \subseteq X \times Y$ gegeben, so besteht eine zentrale Aufgabe darin, der Datenmenge eine Funktion $f \colon X \to Y$ zuzuordnen. Hierbei kann man drei Sichtweisen einnehmen, die allerdings nicht scharf voneinander getrennt sind, sondern ineinander übergehen:

1. Es gibt eine uns unbekannte „echte" Funktion $f_0 \colon X \to Y$ und die Datenmenge ist von der Form $D = \{(x_1, f_0(x_1)), \ldots, (x_n, f_0(x_n))\}$ mit $x_i \in X$. Wir wollen f_0 durch f approximieren, also $f(x) \approx f_0(x)$ für alle $x \in X$ erreichen. Man nennt dies die *Approximationsperspektive*.

2. Die Datenmenge entsteht durch die zufällige Störung einer Funktion $f_0 \colon X \to Y$, z.B. indem $y_i = f_0(x_i) + \varepsilon_i$ gilt, wobei $\varepsilon_i \in \mathbb{R}$ Realisierungen einer normalverteilten Zufallsvariable sind. Wir suchen dasjenige f, von dem die Daten „am wahrscheinlichsten" stammen. Man nennt dies die *Wahrscheinlichkeitsperspektive*.

3. Wir gehen nicht davon aus, dass es eine echte Funktion gibt, sondern passen f durch die Minimierung oder Maximierung einer Zielfunktion $\phi = \phi(f, D)$ an die Daten an. Man nennt dies die *Optimierungsperspektive*.

Die Funktion f nennen wir, je nach Kontext und Anwendung, *Regressor*, *Klassifizierer*, *Prediktor* oder auch *Approximant*. Die zur Bestimmung von f benutzte Datenmenge nennen wir dann die *Trainingsdaten* und den Prozess der Bestimmung von f bezeichnen wir als *überwachtes Lernen*.

Führt man in Beispiel 1.3(i) z.B. eine affin-lineare Regression durch, so kann man sich auf den Standpunkt stellen, dass tatsächlich ein „kausaler Zusammenhang" der Form

$$\text{Klausurergebnis} = a_1 \cdot \text{Vorbereitungszeit} + a_2 \cdot \text{Social-Media-Time} + b$$

besteht und dass man die reellen Konstanten a_1, a_2 und b mithilfe der Daten bestimmt. In Beispiel 1.3(ii) fällt es eher schwer mit einer Idee für eine zugrundeliegende Funktion aufzuwarten; stattdessen kann man hier eine geeignet definierte Fehlerfunktion über eine geeignete Funktionenklasse minimieren und dann darauf bauen, dass ein neu von Hand geschriebener Buchstabe richtig erkannt wird. Stammen schließlich kontinuierliche Label z.B. von einer physikalischen Messung, so ist die Vorstellung naheliegend, dass ein normalverteilter Messfehler vorliegt.

Liegen ungelabelte Datenmengen $D \subseteq X$ vor, wie etwa in Beispiel 1.3(iv), so ist es auch hier eine natürliche Aufgabe, den Daten eine Funktion zuzuordnen. Im vorgenannten Beispiel liegt es z.B. nahe zu vermuten, dass die skizzierte Verteilung dadurch zustande kommt, dass zwei Normalverteilungen (Körpergröße der männlichen und Körpergröße der weiblichen Teilnehmer) superponiert werden:

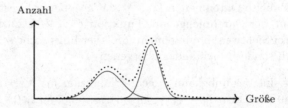

Gesucht ist dann eine Funktion $f\colon D \to \{m, w\}$, die einer Körpergröße ein Geschlecht zuordnet, also die zwei „Cluster" trennt. Ist dies geschehen, so besteht eine weitere Aufgabe darin, die Mittelwert und Varianz der zwei einzelnen Normalverteilungen zu schätzen.

Prozesse, bei denen ungelabelte Datenmengen gegeben sind und Muster innerhalb der Daten erkannt oder Vorhersagen anhand der ungelabelten Daten gemacht werden, bezeichnen wir als *unüberwachtes Lernen*.

Wir geben weitere Beispiele.

Beispiel 1.4. (i) Ein soziales Netzwerk wird illustriert durch das folgende Bild, bei dem eine Verbindungslinie zwischen den Nutzern angibt, dass diese befreundet sind. Eine natürliche Aufgabe besteht darin die „Cluster" zu finden. Im Bild unten sind letztere einfach erkennbar, aber bei einem größeren sozialen Netzwerk natürlich nicht.

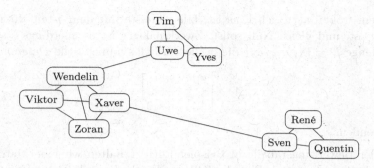

(ii) Die nachfolgende Tabelle (entnommen aus [LRU12]) enthält Bewertungen von 0–5 für fünf Filme durch sieben Bewerterinnen. Natürliche Aufgaben sind die Erkennung von Mustern, wie z.B. welche Bewerterinnen ähnlichen Filmgeschmack haben, und die Vorhersage von Bewertungen, wenn neue Bewerterinnen oder neue Filme ins Spiel kommen.

	Alien	Casablanca	Star Wars	Titanic	Matrix
Antje	0	2	0	2	1
Birgit	1	0	1	0	1
Constanze	5	0	5	0	5
Dorothee	0	4	0	4	2
Eleonore	3	0	3	0	3
Fatema	0	5	0	5	0
Gül	4	0	4	0	4

(iii) Wir betrachten das folgende Graustufenbild, welches durch eine (320×240)-Matrix aus Zahlen zwischen Null und Eins dargestellt werden kann. Eine natürliche Aufgabe ist hier die Datenkompression, bei der wir eine Methode suchen, mit der das Bild aus weniger als $(320 \cdot 240)$-vielen reellen Zahlen rekonstruiert bzw. approximiert werden kann.

Wir notieren, dass a priori keines der Beispiele 1.4(i)–(iii) von unserer anfänglichen Definition 1.1 einer Datenmenge erfasst wird. Im Fall des sozialen Netzwerkes können wir allerdings die Nutzer mit $1, 2, 3, \ldots, d$ durchnummerieren und dann den i-ten Nutzer durch einen Vektor $a_i := (a_{i1}, \ldots, a_{id}) \in \mathbb{R}^d$

darstellen, wobei a_{ij} gleich Eins ist, falls der i-te mit dem j-ten Nutzer befreundet ist, und gleich Null sonst. Zweckmäßiger ist es allerdings statt der Datenmenge $D = \{a_1, \ldots, a_d\}$ die in diesem Fall symmetrische *Datenmatrix*

$$A = \begin{bmatrix} a_{11} & \cdots & a_{1d} \\ \vdots & & \vdots \\ a_{d1} & \cdots & a_{dd} \end{bmatrix}$$

zu verwenden.

Bei der Bewertungstabelle in Beispiel 1.4(ii) erhalten wir eine Matrix frei Haus, könnten aber auch hier die Zeilen oder Spalten als Datenpunkte modellieren. Beachte hierbei, dass dies auf zwei verschiedene Datenmengen führt: Entweder auf eine Menge von Bewerterinnen, dargestellt durch Punkte in $\mathbb{R}^5$, oder auf eine Menge von Filmen, die dann durch Punkte in $\mathbb{R}^7$ gegeben sind.

Im Fall des Graustufenbildes in Beispiel 1.4(iii) kommen die Daten ebenfalls in Matrixform, nämlich als Element von $\mathbb{R}^{320 \times 240}$, und es scheint eher unnatürlich, z.B. die Zeilen oder Spalten als eine Menge von einzelnen Datenpunkten zu interpretieren. Behandelt man die Matrix als Ganzes, so kann die angesprochene Kompression z.B. per Approximation durch eine Matrix niedrigeren Ranges erreicht werden. Die folgenden Bilder zeigen zwei solche Approximationen.

rk = 5   rk = 15

Fasst man jetzt doch die Zeilen des Bildes in Beispiel 1.4(iii) als Datenpunkte in $\mathbb{R}^{320}$ auf, so entsprechen die letzteren Bilder der Projektion dieser 240 Datenpunkte auf einen 5- bzw. 15-dimensionalen Unterraum des $\mathbb{R}^{320}$ — wobei dieser Raum natürlich in einer geschickten Weise ausgewählt wurde.

Anwendungen, die in diesem Sinne die *Dimensionalität* einer Datenmenge reduzieren, sind insbesondere deswegen von hoher Bedeutung, da viele Datenmengen in natürlicher Weise in einem Raum mit sehr hoher Dimension leben. In manchen Fällen ist hierbei die Dimension des Raumes sogar deutlich größer als die Anzahl der gegebenen Datenpunkte: Betrachte z.B. wieder die Teilnehmer einer Vorlesung „Mathematische Einführung in Data Science", dargestellt durch alle ihre Social-Media-Posts, d.h. jeder Teilnehmer wird durch einen Featurevektor gegeben, der alle Texte, Bilder und Videos enthält, die dieser Teilnehmer jemals gepostet hat.

Wir schließen dieses Kapitel mit der folgenden Bemerkung.

Bemerkung 1.5. Ordnet man einer gelabelten oder ungelabelten Datenmenge D eine Funktion $f\colon X \to Y$ via eines Algorithmus zu, so wird dies oft als *maschinelles Lernen* bezeichnet und man sagt, dass die Funktion anhand der Daten *gelernt* wird. Wir raten dem Leser bei der Benutzung dieser Bezeichnungen zur Vorsicht. In der Tat haben wir im Kontext von Beispiel 1.3(ii) angedeutet, dass das „Lernen" einer Handschrift der numerischen Minimierung einer Zielfunktion entspricht, und wir werden noch sehen, dass das „Lernen" des Filmgeschmacks der Bewerterinnen in Beispiel 1.4(ii) durch die Bestimmung von Eigenwerten erreicht werden wird.

2

Affin-lineare, polynomiale und logistische Regression

Wir beginnen nun mit klassischen Regressionsmethoden. Dies mag auf den ersten Blick unspektakulär wirken, in der Tat kommen hier aber bereits viele Ideen, Konzepte und technische Tricks vor, auf die wir im späteren Verlauf noch mehrfach zurückkommen werden. Beispielsweise wird uns die Minimierung einer konvexen Kostenfunktion im Kontext von Support-Vector-Maschinen wieder begegnen und die Maximum-Likelihood-Methode werden wir z.B. zur Parameterschätzung bei hochdimensionalen Gaußianen einsetzen. Im Unterkapitel über polynomiale Regression werden wir, wie später auch bei der Kernmethode, ein nichtlineares Problem auf ein lineares zurückführen. Schließlich steht das Perzeptron, und damit der zentrale Baustein neuronaler Netze, in enger Verbindung zur Methode der logistischen Regression, welche wir am Ende des aktuellen Kapitels behandeln.

Wir werden im Folgenden immer wieder auf konkrete Zusammenhänge mit anderen Kapiteln hinweisen und entsprechend referenzieren. An einigen Stellen werden wir auch Vorwärtsreferenzen auf spätere Kapitel geben, benötigen hier aber nichts Tiefliegendes, sondern nur einige Resultate zur Existenz und Eindeutigkeit von Minimierern konvexer Funktionen.

2.1 Affin-lineare Regression in einer Dimension

Gegeben sei eine Datenmenge

$$D := \{(x_i, y_i) \in \mathbb{R}^2 \mid i = 1, \ldots, n\}, \tag{2.1}$$

wobei jeder Datenpunkt aus einem reellen Feature x_i und einem reellen Label y_i besteht. Bei der linearen Regression ist es unser Ziel, eine affin-lineare Funktion

$f\colon \mathbb{R} \to \mathbb{R}$ zu finden, sodass die Summe

$$\sum_{i=1}^{n} (f(x_i) - y_i)^2$$

der quadratischen Abstände von Funktionswert und Label über alle Datenpunkte minimal ist. Anschaulich bedeutet dies, dass im folgenden Bild diejenige Gerade gesucht wird, für die die Summe der Quadrate der Längen der gepunkteten Strecken den kleinstmöglichen Wert annimmt.

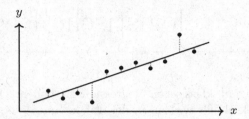

A priori ist natürlich nicht klar, ob eine solche Gerade, bzw. affin-lineare Funktion, überhaupt existiert und, wenn dem so ist, ob sie eindeutig bestimmt ist. Schließlich stellt sich die Frage, ob f explizit aus den Daten berechnet werden kann. Alle drei Punkte beantwortet der folgende Satz.

Satz 2.1. (über den einfachen affin-linearen Regressor) *Sei $D := \{(x_i, y_i) \mid i = 1, \ldots, n\} \subseteq \mathbb{R}^2$ eine Datenmenge, bei der nicht alle x_i gleich sind. Dann gibt es genau eine affin-lineare Funktion*

$$f^* = \operatorname{argmin}\left\{ \sum_{i=1}^{n} (f(x_i) - y_i)^2 \;\middle|\; f\colon \mathbb{R} \to \mathbb{R} \text{ affin-linear} \right\}$$

und es gilt $f^*(x) = a^* x + b^*$ für $x \in \mathbb{R}$ mit

$$a^* = \frac{\sum_{i=1}^{n} (x_i - \overline{x})(y_i - \overline{y})}{\sum_{i=1}^{n} (x_i - \overline{x})^2} = \frac{\left(\sum_{i=1}^{n} x_i y_i\right) - n\overline{x}\,\overline{y}}{\left(\sum_{i=1}^{n} x_i^2\right) - n\overline{x}^2} \quad und \quad b^* = \overline{y} - a^*\overline{x}.$$

Hierbei sind $\overline{x} = (x_1 + \cdots + x_n)/n$ und $\overline{y} = (y_1 + \cdots + y_n)/n$ die Mittelwerte der Features bzw. der Label.

Beweis. ① Wir zeigen zunächst, dass die zwei Ausdrücke für a^* übereinstimmen. Unter Benutzung von $x_1 + \cdots + x_n = n\overline{x}$, und Entsprechendem für $\overline{y}$, erhalten wir für die Zähler

$$\sum_{i=1}^{n} (x_i - \overline{x})(y_i - \overline{y}) = \sum_{i=1}^{n} x_i y_i - \overline{x} \sum_{i=1}^{n} x_i - \overline{x} \sum_{i=1}^{n} y_i + n\overline{x}\,\overline{y} = \left(\sum_{i=1}^{n} x_i y_i\right) - n\overline{x}\,\overline{y}.$$

Die Gleichheit der Nenner folgt als Spezialfall $y_i = x_i$. Insbesondere sind beide Nenner ungleich Null, da per Voraussetzung nicht alle x_i gleich sind. Gezeigt werden muss als Nächstes, dass die Funktion

$$\phi \colon \{f \colon \mathbb{R} \to \mathbb{R} \mid f \text{ affin-linear}\} \to \mathbb{R}, \ \phi(f) := \sum_{i=1}^{n}(f(x_i) - y_i)^2$$

einen Minimierer besitzt. Da affin-lineare Funktionen eindeutig durch zwei reelle Parameter a und b beschrieben sind, können wir die oben angegebene Funktion ϕ als Funktion dieser Parameter lesen, also

$$\phi \colon \mathbb{R}^2 \to \mathbb{R}, \ \phi(a,b) = \sum_{i=1}^{n}(ax_i + b - y_i)^2$$

minimieren. Per Konstruktion ist $\phi \geqslant 0$ und eine stetige Funktion. Um die Existenz eines Minimierers zu garantieren, genügt es zu zeigen, dass der Limes Inferior von $\phi(a,b)$ für $\|(a,b)\| \to \infty$ unendlich ist. Angenommen, Letzteres gilt nicht, so gibt es eine Folge $(a^{(k)}, b^{(k)})_{k \in \mathbb{N}}$ mit

$$\|(a^{(k)}, b^{(k)})\| \to \infty \ \text{ und } \ \phi(a^{(k)}, b^{(k)}) = \sum_{i=1}^{n}(a^{(k)}x_i + b^{(k)} - y_i)^2 \to c \in \mathbb{R}.$$

Wir wählen i und j derart, dass $x_i \neq x_j$ gilt. Da in der Summe rechts nur nichtnegative Terme addiert werden, müssen alle Summanden beschränkt sein. Daraus folgt, dass sowohl $(a^{(k)}x_i + b^{(k)} - y_i)_{k \in \mathbb{N}}$ als auch $(a^{(k)}x_j + b^{(k)} - y_j)_{k \in \mathbb{N}}$ beschränkt sind, und damit ist auch die Differenz $(a^{(k)}(x_i - x_j) - y_i + y_j)_{k \in \mathbb{N}}$ beschränkt. Da $x_i - x_j \neq 0$ ist, bedeutet Letzteres, dass $(a^{(k)})_{k \in \mathbb{N}}$ beschränkt ist und folglich muss $|b^{(k)}| \to \infty$ gelten. Zusammen folgt $\phi(a^{(k)}, b^{(k)}) \to \infty$ im Widerspruch zur Annahme. Der Limes Inferior von $\phi(a,b)$ für $\|(a,b)\| \to \infty$ ist also gleich ∞ und wir erhalten die Existenz eines Minimierers.

② Als Nächstes betrachten wir

$$\nabla \phi(a,b) = \begin{bmatrix} \frac{\partial \phi}{\partial a} \\ \frac{\partial \phi}{\partial b} \end{bmatrix} = \begin{bmatrix} \sum_{i=1}^{n} 2(ax_i + b - y_i)x_i \\ \sum_{i=1}^{n} 2(ax_i + b - y_i)1 \end{bmatrix} \overset{!}{=} 0.$$

Die zweite Gleichung ist äquivalent zu

$$0 = \sum_{i=1}^{n}(ax_i + b - y_i) = a\sum_{i=1}^{n}x_i + nb - \sum_{i=1}^{n}y_i = an\overline{x} + n\overline{b} - n\overline{y},$$

woraus sich $b = \overline{y} - a\overline{x}$ ergibt. Einsetzen in die erste Gleichung liefert

$$0 = \sum_{i=1}^{n}(ax_i + \overline{y} - a\overline{x} - y_i)x_i = a\sum_{i=1}^{n} x_i^2 + \overline{y}\sum_{i=1}^{n} x_i - a\overline{x}\sum_{i=1}^{n} x_i - \sum_{i=1}^{n} y_i x_i$$

$$= a\sum_{i=1}^{n} x_i^2 + \overline{y}n\overline{x} - a\overline{x}n\overline{x} - \sum_{i=1}^{n} x_i y_i$$

$$= a\Big(\sum_{i=1}^{n} x_i^2 - n\overline{x}^2\Big) - \Big(\sum_{i=1}^{n} x_i y_i - n\overline{x}\,\overline{y}\Big),$$

was sich nach a auflösen lässt. Die Ableitung der überall differenzierbaren Funktion ϕ verschwindet also in genau einem Punkt, und zwar in (a^*, b^*), wobei a^* und b^* durch die im Satz vermerkten Formeln gegeben sind. Zusammen mit dem ersten Teil des Beweises folgt, dass dies der eindeutig bestimmte Minimierer von ϕ sein muss. $\qquad\qquad\square$

Definition 2.2. Sei D eine Datenmenge wie in Satz 2.1. Dann heißt die Funktion $f^*\colon \mathbb{R} \to \mathbb{R}$, $f^*(x) = a^*x + b^*$ aus Satz 2.1 *affin-linearer Regressor* für D und ihr Graph die *Regressionsgerade* zu D.

Bemerkung 2.3. (i) Unter den Voraussetzungen von Satz 2.1 gilt $f^*(\overline{x}) = \overline{y}$, d.h. die Regressionsgerade geht immer durch den Punkt $(\overline{x}, \overline{y})$.

(ii) Die im Beweis verwendete Funktion ϕ nennt man *Fehlerfunktion*, *Kostenfunktion* oder *Zielfunktion*. Das darin untergebrachte Quadrat hat zur Folge, dass ϕ differenzierbar ist. Verwendet man stattdessen z.B.

$$\psi(f) := \sum_{i=1}^{n} |f(x_i) - y_i|,$$

so kann man zwar immer noch zeigen, dass ein Minimierer existiert, aber dieser ist im Allgemeinen nicht mehr eindeutig, siehe Aufgabe 2.2, und kann vom affin-linearen Regressor verschieden sein.

Der obige Ansatz zur Definition eines Regressors ist ein Beispiel für die in Kapitel 1 erläuterte Optimierungssichtweise, bei der eine von uns ausgesuchte Fehlerfunktion minimiert wird über eine von uns ausgesuchte Klasse von Funktionen.

Verwendet man die Fehlerfunktion ϕ wie in Satz 2.1, so spricht man von der *Methode der kleinsten Quadrate*. Neben dem genannten Effekt, dass die Quadrate ϕ differenzierbar machen, mag ihre Einführung auf den ersten Blick etwas willkürlich wirken. Denn während ψ in Bemerkung 2.3(ii) alle Abweichungen gleich behandelt, „bestraft" ϕ Abweichungen echt größer eins härter als Abweichungen echt kleiner als eins. Auf den zweiten Blick wird sich jetzt aber zeigen, dass die Quadrate sehr natürlich sind.

Wir nehmen dazu die auch in Kapitel 1 bereits erwähnte Wahrscheinlichkeitsperspektive ein, d.h. wir nehmen an, dass es tatsächlich eine affin-lineare Funktion $f_0 \colon \mathbb{R} \to \mathbb{R}$, $f_0(x) = ax + b$, gibt, deren Parameter $a, b \in \mathbb{R}$ uns allerdings unbekannt sind. Die Daten D entstehen so, dass für ein Feature x_i das Label durch $y_i := f_0(x_i) + \varepsilon_i$ gegeben ist, wobei die ε_i voneinander unabhängige normalverteilte Störungen sind. Basierend auf einer so erzeugten Datenmenge D wollen wir nun eine affin-lineare Funktion $f^* \colon \mathbb{R} \to \mathbb{R}$, $f^*(x) = a^* x + b^*$ derart bestimmen, dass die Wahrscheinlichkeit dafür, dass die Daten der Stichprobe von f^* stammen, maximal ist im Vergleich zu allen anderen affin-linearen Funktionen, von denen die Daten auch hätten stammen können. Um dies präziser zu fassen, betrachten wir die *Likelihood-Funktion*

$$L \colon \{f \colon \mathbb{R} \to \mathbb{R} \mid f \text{ affin-linear}\} \to \mathbb{R}, \ L(f) := \prod_{i=1}^{n} \frac{1}{\sqrt{2\pi}\sigma} \, \mathrm{e}^{-\frac{(f(x_i)-y_i)^2}{2\sigma^2}} \qquad (2.2)$$

für eine Datenmenge D und $\sigma > 0$. Ist dann $(\Omega, \Sigma, \mathrm{P})$ ein Wahrscheinlichkeitsraum, $\mathcal{E}_1, \ldots, \mathcal{E}_n \colon \Omega \to \mathbb{R}$ unabhängige Zufallsvariablen mit $\mathcal{E}_i \sim \mathcal{N}(0, \sigma^2)$, und $Y_i(f) := f(x_i) + \mathcal{E}_i$, bei gegebenem affin-linearen f, so haben wir $Y_i(f) \sim \mathcal{N}(f(x_i), \sigma^2)$, vergleiche Proposition A.19. Folglich ergibt sich für feste $y_i \in \mathbb{R}$ und für $\delta > 0$

$$\mathrm{P}\big[|Y_i(f) - y_i| < \delta\big] = \int_{x_i - \delta}^{x_i + \delta} \frac{1}{\sqrt{2\pi}\sigma} \, \mathrm{e}^{-\frac{(f(t)-y_i)^2}{2\sigma^2}} \, \mathrm{d}t.$$

Per Unabhängigkeit folgt

$$\mathrm{P}\big[|Y_i(f) - y_i| < \delta \text{ für alle } i\big] = \int_{Q_\delta(x)} \prod_{i=1}^{n} \frac{1}{\sqrt{2\pi}\sigma} \, \mathrm{e}^{-\frac{(f(t_i)-y_i)^2}{2\sigma^2}} \, \mathrm{d}(t_1, \ldots, t_n),$$

wenn wir mit $Q_\delta(x) \doteq [x_1 - \delta, x_1 + \delta] \times \cdots \times [x_n - \delta, x_n + \delta]$ den Würfel um $x = (x_1, \ldots, x_n) \in \mathbb{R}^n$ mit Seitenänge 2δ abkürzen. Wir stellen uns nun vor, dass $\delta > 0$ eine sehr kleine, aber feste Konstante ist. Dann besagt das Obige, dass die Wahrscheinlichkeit dafür, dass $f(x_i) + \mathcal{E}_i \approx y_i$ für alle i gilt, groß ausfällt, wenn $L(f)$ groß ist. Aus diesem Grund nennen wir einen Maximierer f^* von L einen *Maximum-Likelihood-Schätzer*. Der folgende Satz zeigt, dass ein solcher existiert und stellt den Zusammenhang zur Methode der kleinsten Quadrate her.

Satz 2.4. *Sei $D := \{(x_i, y_i) \mid i = 1, \ldots, n\} \subseteq \mathbb{R}^2$ eine Datenmenge, bei der nicht alle x_i gleich sind. Dann gibt es für jedes $\sigma > 0$ genau einen Maximierer*

$$f^* = \operatorname{argmax}\{L(f) \mid f \text{ affin-linear}\}$$

der Likelihood-Funktion aus (2.2) und $f^* \colon \mathbb{R} \to \mathbb{R}$, $f^*(x) = a^* x + b^*$ stimmt mit dem affin-linearen Regressor aus Satz 2.1 überein.

Beweis. Anstelle der Likelihood-Funktion L maximieren wir die sogenannte *Log-Likelihood-Funktion* $\ell := \log \circ L$, für die sich ergibt

$$
\begin{aligned}
\ell(f) &= \log\Big(\prod_{i=1}^{n} \tfrac{1}{\sqrt{2\pi}\sigma}\, e^{-\frac{(f(x_i)-y_i)^2}{2\sigma^2}} \Big) \\
&= n\log\big(\tfrac{1}{\sqrt{2\pi}\sigma}\big) - \tfrac{1}{2\sigma^2}\sum_{i=1}^{n}(f(x_i)-y_i)^2 \\
&= c_1 + c_2\,\phi(f),
\end{aligned}
\tag{2.3}
$$

wobei $c_1, c_2 \in \mathbb{R}$ von f unabhängige Konstanten sind und ϕ die Kostenfunktion aus Satz 2.1 ist. Da $c_2 < 0$ ist, folgen sofort alle Behauptungen aus Satz 2.1. $\square$

Definition 2.5. Wir bezeichnen mit

$$
\mathrm{cov}\colon \mathbb{R}^n \times \mathbb{R}^n \to \mathbb{R},\ \mathrm{cov}(x,y) := \tfrac{1}{n}\sum_{i=1}^{n}(x_i-\overline{x})(y_i-\overline{y})\ \text{ und}
$$

$$
\mathrm{var}\colon \mathbb{R}^n \to \mathbb{R},\ \mathrm{var}(x) := \mathrm{cov}(x,x)
$$

Kovarianz und *Varianz*. Der Beweis von Satz 2.1 hat gezeigt, dass $\mathrm{cov}(x,y) = \overline{xy} - \overline{x}\,\overline{y}$ und $\mathrm{var}(x) = \overline{x^2} - \overline{x}^2$ gelten, wobei wir die Abkürzung $\overline{xy} = \tfrac{1}{n}(x_1y_1 + \cdots + x_ny_n)$ verwenden[1]. Wird Obiges in den Datenpunkten der Stichprobe einer Zufallsvariable ausgewertet, so spricht man auch von der *Stichprobenkovarianz* oder *Stichprobenvarianz*.

Mithilfe von Varianz und Kovarianz können die Parameter, durch welche die affin-lineare Funktion f^* in den Sätzen 2.1 und 2.4 gegeben ist, wie folgt geschrieben werden:

$$
a^* = \frac{\mathrm{cov}(x,y)}{\mathrm{var}(x)} \quad \text{und} \quad b^* = \overline{y} - a^*\overline{x}.
$$

Wir weisen darauf hin, dass in der Definition der (Ko-)varianz häufig der Vorfaktor $\frac{1}{n-1}$ statt $\frac{1}{n}$ verwendet wird. Bei obiger Formel für a^* macht das keinen Unterschied und bei großem n spielt es auch für Varianz und Kovarianz einzeln keine Rolle. Es gibt aber gute Gründe den Faktor $\frac{1}{n-1}$ zu verwenden, vergleiche Aufgabe 2.14.

Die Annahme, dass hinter den Daten eine unbekannte affin-lineare Funktion mit einer normalverteilten Störung steht, führt zu der Frage, ob für große Stichproben die geschätzten Parameter a^* und b^* nahe bei den Parametern a und b der „echten" Funktion liegen. Der folgende Satz beantwortet diese Frage asymptotisch.

---

[1] Ganz formal bilden wir hier den Mittelwert des Hadamard-Produktes $\overline{x \odot y}$ der Vektoren x und y, vergleiche Definition 16.31.

Satz 2.6. *Sei* $(x_i)_{i \in \mathbb{N}} \subseteq \mathbb{R}$ *eine beschränkte Folge, sei* $(\Omega, \Sigma, \mathrm{P})$ *ein Wahrscheinlichkeitsraum, seien* $\mathcal{E}_i \colon \Omega \to \mathbb{R}$ *unabhängige Zufallsvariablen mit* $\mathcal{E}_i \sim \mathcal{N}(0, \sigma^2)$ *für* $i \in \mathbb{N}$ *und sei* $Y_i := ax_i + b + \mathcal{E}_i$, *wobei* $a, b \in \mathbb{R}$ *und* $\sigma > 0$. *Für* $n \in \mathbb{N}$ *setzen wir voraus, dass* $x^{(n)} := (x_1, \dots, x_n)$ *nicht konstant ist, dass die Folge der Mittelwerte* $(\overline{x^{(n)}})_{n \in \mathbb{N}}$ *konvergiert und die Folge der Varianzen* $(\mathrm{var}\, x^{(n)})_{n \in \mathbb{N}}$ *gegen* $v \neq 0$ *konvergiert. Mit der Abkürzung* $Y^{(n)} := (Y_1, \dots, Y_n)$ *erhalten wir, dass die Folgen von Zufallsvariablen*

$$A^{(n)} := \frac{\mathrm{cov}(x^{(n)}, Y^{(n)})}{\mathrm{var}(x^{(n)})} \xrightarrow{n \to \infty} a \quad \text{und} \quad B^{(n)} := \overline{Y^{(n)}} - A^{(n)}\, \overline{x^{(n)}} \xrightarrow{n \to \infty} b$$

in Wahrscheinlichkeit konvergieren. Explizit heißt Letzteres, dass

$$\lim_{n \to \infty} \mathrm{P}\big[\, |A^{(n)} - a| > \varepsilon \,\big] = 0 \quad \text{und} \quad \lim_{n \to \infty} \mathrm{P}\big[\, |B^{(n)} - b| > \varepsilon \,\big] = 0$$

für jedes $\varepsilon > 0$ *gilt.*

Beweis. Mithilfe der in Definition 2.5 angegebenen Formeln, und mit der Abkürzung $\mathcal{E}^{(n)} = (\mathcal{E}_1, \dots, \mathcal{E}_n)$, ergibt sich

$$
\begin{aligned}
\mathrm{cov}(x^{(n)}, Y^{(n)}) &= \overline{x^{(n)} Y^{(n)}} - \overline{x^{(n)}}\; \overline{Y^{(n)}} \\
&= \frac{1}{n} \sum_{i=1}^{n} x_i (ax_i + b + \mathcal{E}_i) - \overline{x^{(n)}} \big(\tfrac{1}{n} \sum_{i=1}^{n} ax_i + b + \mathcal{E}_i \big) \\
&= a\,\overline{x^{(n)2}} + \overline{x^{(n)}}\, b + \overline{(x\mathcal{E})^{(n)}} - a\,\overline{x^{(n)}}^2 - \overline{x^{(n)}}\, b - \overline{x^{(n)}}\; \overline{\mathcal{E}^{(n)}} \\
&= a\,\mathrm{var}(x^{(n)}) + \overline{(x\mathcal{E})^{(n)}} - \overline{x^{(n)}}\; \overline{\mathcal{E}^{(n)}}.
\end{aligned}
$$

Der erste Summand konvergiert per Voraussetzung sogar punktweise gegen die konstante Zufallsvariable $v \neq 0$. Da wir $\mathcal{E}_i \sim \mathcal{N}(0, \sigma^2)$ haben, liefert das Gesetz der großen Zahl, siehe Satz A.14, dass $\overline{\mathcal{E}^{(n)}} \to 0$ in Wahrscheinlichkeit gilt. Weil die Folge der Mittelwerte $(\overline{x^{(n)}})_{n \in \mathbb{N}}$ per Voraussetzung beschränkt ist, geht der letzte Summand also in Wahrscheinlichkeit gegen Null. Es bleibt der mittlere Summand

$$\overline{(x\mathcal{E})^{(n)}} = \frac{1}{n} \sum_{i=1}^{n} x_i \mathcal{E}_i,$$

für den man sofort $\mathrm{E}(\overline{(x\mathcal{E})^{(n)}}) = 0$ sieht. Für die Varianz folgt

$$
\begin{aligned}
\mathrm{Var}\,\overline{(x\mathcal{E})^{(n)}} &= \frac{1}{n^2}\, \mathrm{E}\big((x_1 \mathcal{E}_1 + \dots + x_n \mathcal{E}_n)^2\big) \\
&= \frac{1}{n^2} \sum_{i=1}^{n} x_i^2\, \mathrm{E}(\mathcal{E}_i^2) + 2 \sum_{i<j} x_i x_j\, \mathrm{E}(\mathcal{E}_i)\, \mathrm{E}(\mathcal{E}_j) \\
&= \frac{1}{n} \sigma^2 \overline{x^{(n)2}}.
\end{aligned}
$$

Die Tschebyscheff-Ungleichung liefert für $\varepsilon > 0$

$$P\big[\,\big|\,\overline{(x\mathcal{E})^{(n)}} - 0\,\big| \geqslant \varepsilon\,\big] \leqslant \frac{\mathrm{Var}\,\overline{(x\mathcal{E})^{(n)}}}{\varepsilon^2} = \frac{\sigma^2}{n\varepsilon^2}\overline{x^{(n)^2}} \xrightarrow{n\to\infty} 0,$$

da $\overline{x^{(n)^2}} = \mathrm{var}(\overline{x^{(n)}}) + \overline{x^{(n)}}^2$ als Summe zweier konvergenter Folgen selbst konvergent ist. Es folgt nun sofort $A^{(n)} \to av/v = a$ in Wahrscheinlichkeit. Daraus, wegen $\overline{\mathcal{E}^{(n)}} \to 0$ und weil $(\overline{x^{(n)}})_{n\in\mathbb{N}}$ per Voraussetzung konvergiert, erhalten wir dann auch

$$B^{(n)} = a\,\overline{x^{(n)}} + b + \overline{\mathcal{E}^{(n)}} - A^{(n)}\overline{x^{(n)}} \to b$$

in Wahrscheinlichkeit. $\square$

Satz 2.6 besagt anschaulich, dass für eine Datenmenge D wie in (2.1), bei der die y_i aus den x_i durch eine normalverteilte additive Störung einer affin-linearen Funktion $f\colon \mathbb{R} \to \mathbb{R}$, $f(x) = ax + b$, entstehen, die Wahrscheinlichkeit dafür, dass die geschätzten Parameter a^* und b^* beliebig nah an den „echten" Parametern a und b liegen, wiederum beliebig nah an Eins gehalten werden kann, wenn der Umfang der Datenmenge nur geeignet groß gewählt wird. Wir verweisen auf Aufgabe 2.9 für eine experimentelle Behandlung.

Nach diesem probabilistischen Abstecher nehmen wir nun wieder die Optimierungsperspektive ein. Wie in Satz 2.1 bereits vorgeführt, können wir beliebige Daten aus der Klasse der affin-linearen Funktionen heraus approximieren. Allerdings kann es z.B. jenseits der in Satz 2.6 diskutierten Situation passieren, dass für eine Datenmenge keine gute Approximation durch eine affin-lineare Funktion möglich ist. Der folgende Begriff quantifiziert, „wie gut" die Daten durch eine affin-lineare Funktion beschrieben werden können.

Definition 2.7. Sei $D := \{(x_i, y_i) \mid i = 1, \ldots, n\} \subseteq \mathbb{R}^2$ eine Datenmenge, bei der sowohl nicht alle x_i als auch nicht alle y_i gleich sind. Dann heißt

$$r_{xy} = \frac{\mathrm{cov}(x,y)}{\mathrm{var}(x)^{1/2}\,\mathrm{var}(y)^{1/2}} = \frac{\sum\limits_{i=1}^{n}(x_i - \overline{x})(y_i - \overline{y})}{\big(\sum\limits_{i=1}^{n}(x_i - \overline{x})^2\big)^{1/2}\big(\sum\limits_{i=1}^{n}(y_i - \overline{y})^2\big)^{1/2}}$$

der (*affin-lineare*) *Regressionskoeffizient* von D.

Satz 2.8. *Sei $D := \{(x_i, y_i) \mid i = 1, \ldots, n\} \subseteq \mathbb{R}^2$ eine Datenmenge wie in Definition 2.7. Dann ist $r_{xy} \in [-1, 1]$ und es gilt genau dann $r_{xy} = \pm 1$, wenn alle (x_i, y_i) auf einer Geraden mit $\pm$ver Steigung liegen.*

Beweis. ① Mit $u := (x_i - \overline{x})_{i=1,\ldots,n}$, $v := (y_i - \overline{y})_{i=1,\ldots,n} \in \mathbb{R}^n$ folgt die Behauptung aus der Cauchy-Schwarz-Bunjakowski-Ungleichung $|\langle u, v\rangle| \leqslant \|u\|\|v\|$

in $\mathbb{R}^n$, denn die zweite Formel in Definition 2.7 zeigt gerade

$$r_{xy} = \frac{\langle u, v \rangle}{\|u\|\|v\|}.$$

② In der CSB-Ungleichung gilt die Gleichheit $|\langle u, v \rangle| = \|u\|\|v\|$ bekanntlich genau dann, wenn u und v linear abhängig sind. Wegen $u \neq 0 \neq v$ ist dies äquivalent dazu, dass ein $\lambda \in \mathbb{R}$ existiert mit $v = \lambda u$. Ausführlich heißt dies

$$\forall\, i = 1, \ldots, n\colon y_i = \lambda x_i - \lambda \overline{x} + \overline{y}$$

und bedeutet, dass alle (x_i, y_i) auf einer Gerade mit Steigung λ liegen, wenn $r_{xy} \in \{+1, -1\}$ gilt. Ist Letzteres der Fall, so ist $\mathrm{sign}(r_{xy}) = \mathrm{sign}(\langle a, b \rangle) = \mathrm{sign}(\lambda)$, woraus die Aussagen über die Steigung folgen. $\square$

Der Satz suggeriert, dass sich Daten um so besser durch eine affin-lineare Funktion beschreiben lassen, je näher $r_{x,y}$ bei $+1$ oder -1 liegt. Diese Heuristik bestätigen wir experimentell in Aufgabe 2.9.

Jetzt wollen wir noch denjenigen Fall untersuchen, den wir in Satz 2.1 ausgeschlossen haben, nämlich dass alle x_i in unserer Datenmenge $D := \{(x_i, y_i) \mid i = 1, \ldots, n\}$ gleich sind. In diesem Fall existiert in Satz 2.1 kein eindeutig bestimmter Minimierer $f^*\colon \mathbb{R}_x \to \mathbb{R}_y$, $x \mapsto f^*(x)$.

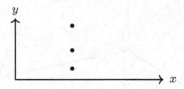

Andererseits liegen jetzt per Voraussetzung alle Datenpunkte auf einer Geraden, und diese kann auch durch eine affin-lineare Funktion darstellt werden, wenn man nur die Achsen vertauscht, also statt D die gespiegelte Datenmenge $\check{D} := \{(y_i, x_i) \mid i = 1, \ldots, n\}$ verwendet. Hierfür benötigt man dann, dass nicht alle y_i gleich sind und folglich kann man in diesem Sinne mit Satz 2.1 alle Datenmengen behandeln, die mindestens zwei verschiedene Punkte enthalten.

Setzen wir andererseits voraus, dass sowohl nicht alle x_i als auch nicht alle y_i gleich sind, so kann Satz 2.1 auf D und auf $\check{D}$ angewendet werden. Wir nennen dann die zu D gehörende Gerade die *erste Regressionsgerade*, und die zu $\check{D}$ gehörende die *zweite Regressionsgerade*. Letztere wird durch $g\colon \mathbb{R}_y \to \mathbb{R}_x$, $g(y) = \check{a}y + \check{b}$ mit

$$\check{a} = \frac{\mathrm{cov}(x, y)}{\mathrm{var}(y)} \quad \text{und} \quad \check{b} = \overline{x} - \check{a}\overline{y}$$

beschrieben und wir sehen, dass diese, wie auch die erste Regressionsgerade, durch den Punkt $(\overline{x}, \overline{y})$ verläuft, wenn wir beide Geraden in das xy-Koordina-

tensystem einzeichnen. Im Letzteren ist die Steigung der zweiten Regressions-
gerade gleich der Steigung von g^{-1}, also $1/\breve{a}$, falls $\breve{a} \neq 0$ ist. Im Allgemeinen
sind beide Geraden nicht gleich, siehe Aufgabe 2.1. Sie fallen genau dann zu-
sammen, wenn $r_{xy} = \pm 1$ gilt, siehe Aufgabe 2.4.

2.2 Mehrdimensionale affin-lineare Regression

Das bisher diskutierte Verfahren nennt man häufig *einfache lineare Regression* in Abgrenzung zu *multivariabler* und *multivariater linearer Regression*,
bei denen mehrdimensionale Features bzw. mehrdimensionale Label behandelt
werden. Wir beginnen mit dem multivariablen Fall, d.h. es ist eine Datenmenge

$$D = \left\{ (x_i, y_i) \in \mathbb{R}^d \times \mathbb{R} \mid i = 1, \ldots, n \right\}$$

gegeben, die durch eine affin-lineare Funktion $f \colon \mathbb{R}^d \to \mathbb{R}$, $f(x) = \langle a, x \rangle + b$ mit
$a \in \mathbb{R}^d$ und $b \in \mathbb{R}$, approximiert werden soll. Für $d = 2$ ergibt sich das folgende
Bild, in welchem die Datenpunkte durch eine Ebene approximiert werden.

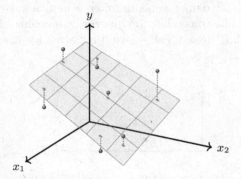

Für beliebiges d erhalten wir die folgende Erweiterung von Satz 2.1.

Satz 2.9. (über den multivariablen affin-linearen Regressor) *Gegeben sei eine
Datenmenge* $D = \left\{ (x_i, y_i) \in \mathbb{R}^d \times \mathbb{R} \mid i = 1, \ldots, n \right\}$ *mit* $x_i = (x_{i1}, x_{i2}, \ldots, x_{id})$
für $i = 1, \ldots, n$. *Wir setzen voraus, dass die Matrix*

$$X := \begin{bmatrix} 1 & x_{11} & \cdots & x_{1d} \\ \vdots & \vdots & & \vdots \\ 1 & x_{n1} & \cdots & x_{nd} \end{bmatrix} \in \mathbb{R}^{n \times (d+1)}$$

Rang $d + 1$ *hat. Dann gibt es genau eine affin-lineare Funktion* $f^* \colon \mathbb{R}^d \to \mathbb{R}$,
d.h. $f(x) = \langle a^*, x \rangle + b^*$ *mit eindeutigen* $a^* = (a_1^*, \ldots, a_d^*) \in \mathbb{R}^d$ *und* $b^* \in \mathbb{R}$,
sodass

$$f^* = \operatorname{argmin}\left\{ \phi(f) := \sum_{i=1}^{n} (f(x_i) - y_i)^2 \mid f \colon \mathbb{R}^d \to \mathbb{R} \ \textit{affin-linear} \right\}$$

gilt. Dies wird erreicht für

$$\begin{bmatrix} b^* \\ a_1^* \\ \vdots \\ a_d^* \end{bmatrix} = (X^\mathsf{T} X)^{-1} X^\mathsf{T} \begin{bmatrix} y_1 \\ \vdots \\ y_n \end{bmatrix}.$$

Beweis. Wie die obige Formel für die Parameter der affin-linearen Funktion suggeriert, ist es zweckmäßig diese als Vektor in $\mathbb{R}^{d+1}$ aufzufassen. In diesem Sinne schreiben wir eine affin-lineare Funktion $f\colon \mathbb{R}^d \to \mathbb{R}$ per

$$f(z) = \langle a, z \rangle + b = \sum_{i=1}^n a_i z_i + b \cdot 1 = \left\langle \begin{bmatrix} b \\ a_1 \\ \vdots \\ a_d \end{bmatrix}, \begin{bmatrix} 1 \\ z_1 \\ \vdots \\ z_d \end{bmatrix} \right\rangle$$

für $z = (1, z_1, \ldots, z_d) \in \mathbb{R}^d$. Damit können wir über Funktionen der Form

$$f\colon \mathbb{R}^{d+1} \to \mathbb{R}, \ f = \langle \tilde{a}, \cdot \rangle$$

bzw. den sie eindeutig bestimmenden Vektor $\tilde{a} = (b, a_1, \ldots, a_d) \in \mathbb{R}^{d+1}$ optimieren, wenn wir bei den Daten jeweils eine 1 vor dem ersten Eintrag ergänzen. Für die Zielfunktion ergibt sich dann

$$\phi(\tilde{a}) = \sum_{i=1}^n \left(\left\langle \begin{bmatrix} b \\ a_1 \\ \vdots \\ a_d \end{bmatrix}, \begin{bmatrix} 1 \\ x_{i1} \\ \vdots \\ x_{id} \end{bmatrix} \right\rangle - y_i \right)^2 = \sum_{i=1}^n \left((X\tilde{a})_i - y_i \right)^2$$

$$= \langle X\tilde{a} - y, X\tilde{a} - y \rangle = \langle X\tilde{a}, X\tilde{a} \rangle - \langle X\tilde{a}, y \rangle - \langle y, X\tilde{a} \rangle + \langle y, y \rangle$$

$$= \langle \tilde{a}, X^\mathsf{T} X\tilde{a} \rangle - 2\langle \tilde{a}, X^\mathsf{T} y \rangle + \|y\|^2,$$

wobei X die im Satz definierte Matrix bezeichnet. Wir behaupten jetzt

$$\phi'(\tilde{a})h = 2\langle h, X^\mathsf{T} X\tilde{a} \rangle - 2\langle h, X^\mathsf{T} y \rangle.$$

Der zweite Term ist dabei klar, da $\tilde{a} \mapsto 2\langle \tilde{a}, X^\mathsf{T} y \rangle$ linear ist. Für den ersten Term berechnen wir

$$\frac{|\phi(\tilde{a}+h) - \phi(\tilde{a}) - 2\langle h, X^\mathsf{T} X\tilde{a} \rangle|}{\|h\|} = \frac{1}{\|h\|} \big| \langle \tilde{a}, X^\mathsf{T} X\tilde{a} \rangle + \langle \tilde{a}, X^\mathsf{T} Xh \rangle + \langle h, X^T X\tilde{a} \rangle$$

$$+ \langle h, X^T Xh \rangle - \langle \tilde{a}, X^\mathsf{T} X\tilde{a} \rangle - 2\langle h, X^\mathsf{T} X\tilde{a} \rangle \big|$$

$$= \frac{|\langle Xh, Xh \rangle|}{\|h\|} \leqslant \|X\|_{\mathrm{op}}^2 \|h\| \xrightarrow{h \to 0} 0,$$

wobei $\|X\|_{\mathrm{op}}$ die Operatornorm von X bezeichnet, und die Behauptung gezeigt ist. Mithilfe der Formel sehen wir, dass $\phi'(\tilde{a}) = 0$ genau dann gilt, wenn

$2\langle h, X^{\mathsf{T}}X\tilde{a}\rangle - 2\langle h, X^{\mathsf{T}}y\rangle = 0$ ist für alle $h \in \mathbb{R}^{d+1}$. Dies ist äquivalent zu

$$X^{\mathsf{T}}X\tilde{a} - X^{\mathsf{T}}y = 0.$$

Um diese letzte Gleichung nach $\tilde{a}$ aufzulösen, zeigen wir, dass die Matrix $X^{\mathsf{T}}X \in \mathbb{R}^{(d+1)\times(d+1)}$ invertierbar ist: Gelte hierzu $X^{\mathsf{T}}Xv = 0$ für $v \in \mathbb{R}^{d+1}$. Daraus folgt $\langle v, X^{\mathsf{T}}Xv\rangle = \langle Xv, Xv\rangle = \|Xv\|^2 = 0$, also $Xv = 0$, was wegen $\operatorname{rk} X = d+1$ impliziert, dass $v = 0$ sein muss. Also ist $X^{\mathsf{T}}X$ ist invertierbar.

Aus dem Bisherigen folgt, dass $\tilde{a} = (X^{\mathsf{T}}X)^{-1}X^{\mathsf{T}}y$ der einzige kritische Punkt von $\phi\colon \mathbb{R}^{d+1} \to \mathbb{R}$ ist. Im Gegensatz zum eindimensionalen Beweis ist es hier nicht leicht zu sehen, was $\liminf_{\|\tilde{a}\|\to\infty}\phi(\tilde{a})$ ist. Stattdessen greifen wir nun auf die Theorie der konvexen Funktionen vor, die wir in Kapitel 17 entwickeln werden. Zunächst bemerken wir, dass für unsere Zielfunktion

$$\phi(\tilde{a}) = \sum_{i=1}^{n}\big((X\tilde{a})_i - y_i\big)^2 = \|X\tilde{a} - y\|^2$$

gilt, wobei rechts die 2-Norm auf $\mathbb{R}^n$ gemeint ist. Wir haben es also bei ϕ mit der Verkettung einer affin-linearen Funktion $\mathbb{R}^{d+1} \to \mathbb{R}^n$, $\tilde{a} \mapsto X\tilde{a}+y$, mit dem Quadrat der euklidischen Norm $\|\cdot\|^2\colon \mathbb{R}^n \to \mathbb{R}$ zu tun. Wie wir in Beispiel 17.15 und Lemma 17.16 zeigen werden, ist $\phi\colon \mathbb{R}^{d+1} \to \mathbb{R}$ daher konvex. Für konvexe Funktionen gilt aber immer, dass die kritischen Punkte bereits Minimierer sind, siehe Folgerung 17.5, und wir sind mit dem Beweis durch.   □

Spezialisieren wir $d = 1$ in Satz 2.9, so vereinfacht sich die Matrix X zu

$$X := \begin{bmatrix} 1 & x_1 \\ \vdots & \vdots \\ 1 & x_n \end{bmatrix} \in \mathbb{R}^{n\times 2}$$

und wir sehen, dass die Rangbedingung $\operatorname{rk} X = 2$ aus Satz 2.9 genau dann erfüllt ist, wenn die Bedingung aus Satz 2.1 gilt, also nicht alle $x_1, \ldots, x_n$ gleich sind. Aus den jeweiligen Eindeutigkeitsaussagen der Sätze folgt nun sofort, dass beide die Parameter des gleichen affin-linearen Regressors liefern. Für den Fall, dass der Leser Satz 2.1 ganz und gar überspringen möchte, lässt sich aber auch direkt verifizieren, dass die Formel

$$\begin{bmatrix} b^* \\ a^* \end{bmatrix} = (X^{\mathsf{T}}X)^{-1}X^{\mathsf{T}}\begin{bmatrix} y_1 \\ \vdots \\ y_n \end{bmatrix}$$

aus Satz 2.9 auf die in Satz 2.1 gezeigten Formeln für a^* und b^* führt, siehe Aufgabe 2.5. Der Spezialfall $d = 2$ von Satz 2.9 liefert eine Approximation von Punkten in $\mathbb{R}^3$ durch eine Ebene, wie im Bild auf Seite 18 dargestellt. Auch hier können die drei Parameter a_1^*, a_2^* und b^* explizit mithilfe von Stichprobenvarianz und -kovarianz angegeben werden, siehe Aufgabe 2.6.

Als Nächstes untersuchen wir die Frage, wie im multivariablen Fall die Qualität der Approximation der Daten durch einen affin-linearen Regressor gemessen werden kann. Dazu verallgemeinern wir den Regressionskoeffizienten wie folgt.

Definition 2.10. Sei $D = \left\{ (x_i, y_i) \in \mathbb{R}^d \times \mathbb{R} \mid i = 1, \ldots, n \right\}$ eine Datenmenge mit $x_i = (x_{i1}, x_{i2}, \ldots, x_{id})$ für $i = 1, \ldots, n$. Wir setzen voraus, dass die Matrix

$$X := \begin{bmatrix} 1 & x_{11} & \cdots & x_{1d} \\ \vdots & \vdots & & \vdots \\ 1 & x_{n1} & \cdots & x_{nd} \end{bmatrix} \in \mathbb{R}^{n \times (d+1)}$$

Rang $d + 1$ hat und ferner, dass nicht alle y_i gleich sind. Sei $f^* \colon \mathbb{R}^d \to \mathbb{R}$ der affin-lineare Regressor für D aus Satz 2.9. Dann heißt

$$R^2 := \frac{\|f^*(x) - \overline{y}\|^2}{\|y - \overline{y}\|^2}$$

das *Bestimmtheitsmaß* von D, wobei

$$\overline{y} = (\overline{y}, \ldots, \overline{y}) \quad \text{und} \quad f^*(x) = (f^*(x_1), \ldots, f^*(x_n))$$

als Vektoren in $\mathbb{R}^n$ zu lesen sind und in Zähler und Nenner die euklidische Norm auf $\mathbb{R}^n$ genommen wird.

Wir notieren zunächst, dass das Bestimmtheitsmaß im Fall $d = 1$ mit dem Quadrat des Regressionskoeffizienten übereinstimmt: $R^2 = r_{xy}^2$, siehe Aufgabe 2.8. Im Gegensatz zum eindimensionalen Fall definieren wir für $d > 1$ nur R^2 und nicht R selbst. Im multivariablen Fall können wir insbesondere keine Aussage analog zum letzten Teil von Satz 2.8 erwarten. Wir notieren allerdings, dass R^2 per Definition die Abweichung des Approximanten vom Mittelwert mit der Abweichung der Daten vom Mittelwert vergleicht und daher zu erwarten ist, dass R^2 genau dann nah bei Eins liegt, wenn die Daten gut durch den affin-linearen Regressor approximiert werden. Dies bestätigt der folgende Satz.

Satz 2.11. *Seien D, X und f^* wie in Definition 2.10.*

(i) *Es gilt stets $0 \leqslant R^2 = 1 - \dfrac{\|y - f^*(x)\|^2}{\|y - \overline{y}\|^2} \leqslant 1$.*

(ii) *Es gilt $R^2 = 1$ genau dann, wenn $f^*(x_i) = y_i$ für alle $i = 1, \ldots, n$ gilt, also genau dann, wenn alle (x_i, y_i) in einer Hyperebene liegen.*

Beweis. (i) Es genügt die Formel für R^2 zu zeigen. Die zwei Abschätzungen folgen dann unmittelbar. Wir verwenden hierfür die Abkürzungen

$$\hat{y} := f^*(x) \underset{\substack{\uparrow \\ \text{Satz} \\ \text{2.9}}}{=} X(X^{\mathsf{T}}X)^{-1}X^{\mathsf{T}}y =: Py \quad \text{und} \quad Q := I - P.$$

Direktes Nachrechnen zeigt, dass $P^2 = P$ und $Q^\mathsf{T} = Q$ gelten, also P idempotent und Q symmetrisch ist. Es folgt dann sofort, dass $QP = 0$ gilt. Unter Ausnutzung des Vorherigen zeigen wir nun zunächst mehrere Identitäten.

① Durch Einsetzen verifiziert man sofort $\langle \overline{y}, \overline{y} \rangle = n\overline{y}^2$ und $\langle y, \overline{y} \rangle = n\overline{y}^2$.

② Es gilt $\langle y, \hat{y} \rangle = \langle y - \hat{y} + \hat{y}, \hat{y} \rangle = \langle Qy, Py \rangle + \langle \hat{y}, \hat{y} \rangle \underset{Q = Q^\mathsf{T}}{=} \langle y, QPy \rangle + \langle \hat{y}, \hat{y} \rangle \underset{QP = 0}{=} \langle \hat{y}, \hat{y} \rangle$.

③ Schließlich behaupten wir $\overline{y} = \overline{\hat{y}}$. Erstmal gilt

$$X^\mathsf{T} Qy = X^\mathsf{T}(y - Py) = X^\mathsf{T} y - X^\mathsf{T} X (X^\mathsf{T} X)^{-1} X^\mathsf{T} y = X^\mathsf{T} y - X^\mathsf{T} y = 0,$$

weswegen das Matrixprodukt jeder Zeile von X^T mit Qy gleich Null ist. Das bedeutet aber, dass das Skalarprodukt jeder Spalte von X mit Qy gleich Null ist. Dies stimmt insbesondere für die erste Spalte von X und es folgt $\langle \mathbb{1}, Qy \rangle = 0$ mit der Abkürzung $\mathbb{1} = (1, \ldots, 1)$. Damit folgt dann

$$\overline{y} = \frac{1}{n} \sum_{i=1}^{n} y_i = \frac{1}{n} \langle \mathbb{1}, y \rangle = \frac{1}{n} \langle \mathbb{1}, y - \hat{y} + \hat{y} \rangle = \frac{1}{n} \langle \mathbb{1}, Qy \rangle + \frac{1}{n} \langle \mathbb{1}, \hat{y} \rangle = \overline{\hat{y}}.$$

Nun zeigen wir die behauptete Gleichung. Wir beginnen mit

$$1 - \frac{\|y - f^*(x)\|^2}{\|y - \overline{y}\|^2} = \frac{\|y - \overline{y}\|^2 - \|y - \hat{y}\|^2}{\|y - \overline{y}\|^2}$$
$$= \frac{-2\langle y, \overline{y} \rangle + \langle \overline{y}, \overline{y} \rangle + 2\langle y, \hat{y} \rangle - \langle \hat{y}, \hat{y} \rangle}{\|y - \overline{y}\|^2} =: (\circ)$$

und rechnen den Zähler weiter aus. Hier gelten

$$2\langle y, \overline{y} \rangle \overset{①}{=} 2\langle \overline{y}, \overline{y} \rangle \overset{③}{=} 2\langle \overline{\hat{y}}, \overline{\hat{y}} \rangle \overset{①}{=} 2\langle \hat{y}, \overline{\hat{y}} \rangle \overset{③}{=} 2\langle \hat{y}, \overline{y} \rangle \text{ sowie } 2\langle y, \hat{y} \rangle - \langle \hat{y}, \hat{y} \rangle \overset{②}{=} \langle \hat{y}, \hat{y} \rangle$$

und wir erhalten

$$(\circ) = \frac{\langle \hat{y}, \hat{y} \rangle - 2\langle \hat{y}, \overline{y} \rangle + \langle \overline{y}, \overline{y} \rangle}{\|y - \overline{y}\|^2} = \frac{\|\hat{y} - \overline{y}\|^2}{\|y - \overline{y}\|^2} = \frac{\|f^*(x) - \overline{y}\|^2}{\|y - \overline{y}\|^2} = R^2.$$

(ii) Nach (i) gilt $R^2 = 1$ genau dann, wenn $y - f^*(x) = 0$ ist. □

Bemerkung 2.12. Ist eine Datenmenge mit sowohl mehrdimensionalen Features als auch mehrdimensionalen Labeln

$$D = \left\{ (x_i, y_i) \in \mathbb{R}^d \times \mathbb{R}^k \mid i = 1, \ldots, n \right\}$$

gegeben, so kann auch diese durch eine affin-lineare Funktion $f^* \colon \mathbb{R}^d \to \mathbb{R}^k$, $f^*(x) = A^* x + b^*$ mit $A^* \in \mathbb{R}^{d \times k}$, $b^* \in \mathbb{R}^k$ approximiert werden, indem die

Fehlerfunktion

$$\phi(f) = \sum_{i=1}^{n} \| f(x_i) - y_i \|^2$$

minimiert wird. Hierfür muss die gleiche Voraussetzung wie in Satz 2.9 gemacht werden, nämlich rk $X = d + 1$. Aufgrund der Bauart von ϕ kann dann Satz 2.9 summandenweise angewandt werden um jeweils die Koordinatenfunktionen von f^* zu erhalten. Dies liefert die Zeilen der Matrix A^* und die Einträge von b^*.

Bevor wir zum nächsten Thema übergehen, wollen wir bemerken, dass das Invertieren der Matrix $X^{\mathsf{T}}X$ in hohen Dimensionen nicht effizient zu erledigen ist. Insofern garantieren die obigen Resultate zwar, dass es einen eindeutig bestimmten Regressor gibt, liefern aber keine praktikable Möglichkeit, diesen zu berechnen. Andererseits zeigt die von uns benutzte Beweismethode der Minimierung einer Kostenfunktion auf, wie f^* berechnet werden kann, nämlich, in der Notation von Satz 2.9, durch numerische Approximation von

$$\underset{\tilde{a} \in \mathbb{R}^{d+1}}{\operatorname{argmin}} \| X\tilde{a} - y \|^2.$$

Ein hierfür sehr populäres und anschaulich leicht nachzuvollziehendes Verfahren ist das sogenannte *Gradientenverfahren*, welches wir in Kapitel 17 behandeln werden.

2.3 Polynomiale Regression

Als Nächstes behandeln wir Datenmengen, die nicht gut durch eine affin-lineare Funktion beschrieben werden können, aber stattdessen durch ein Polynom.

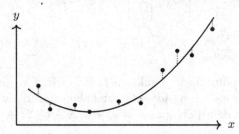

Wir bleiben bei der Methode der kleinsten Quadrate und erhalten den folgenden Satz, in welchem wir uns auf den eindimensionalen Fall beschränken.

Satz 2.13. (über den polynomialen Regressor) *Sei* $D = \{(x_i, y_i) \in \mathbb{R} \times \mathbb{R} \mid i = 1, \ldots, n\}$ *eine Datenmenge. Wir setzen voraus, dass die Matrix*

$$X := \begin{bmatrix} 1 & x_1^1 & \cdots & x_1^d \\ \vdots & \vdots & & \vdots \\ 1 & x_n^1 & \cdots & x_n^d \end{bmatrix} \in \mathbb{R}^{n \times (d+1)}$$

Rang $d + 1$ hat. Dann gibt es genau ein Polynom $P^* \in \mathbb{R}[X]$ mit $\mathrm{rk}\, P^* \leqslant d$, d.h. $P^* = a_0^* + a_1^* X^1 + \cdots + a_d^* X^d$ mit eindeutigem $a^* = (a_0^*, \ldots, a_d^*) \in \mathbb{R}^{d+1}$, sodass

$$P^* = \mathrm{argmin}\Big\{\, \phi(P) := \sum_{i=1}^{n} (P(x_i) - y_i)^2 \mid P \in \mathbb{R}[X] \; mit \; \mathrm{rk}\, P \leqslant d \Big\}$$

gilt. Das Polynom P^* heißt der polynomiale Regressor *für die Datenmenge D. Seine Koeffizienten sind gegeben durch*

$$\begin{bmatrix} a_0^* \\ \vdots \\ a_d^* \end{bmatrix} = (X^\mathsf{T} X)^{-1} X^\mathsf{T} \begin{bmatrix} y_1 \\ \vdots \\ y_n \end{bmatrix}.$$

Beweis. Wir definieren die Abbildung $\psi \colon \mathbb{R} \to \mathbb{R}^{d+1}$, $x \mapsto (1, x, x^2, \ldots, x^d)$, und betrachten die Datenmenge

$$\hat{D} := \big\{ (\psi(x_i), y_i) \mid i = 1, \ldots, n \big\} \subseteq \mathbb{R}^{d+1} \times \mathbb{R}.$$

Wir sehen dann, dass die zu $\hat{D}$ gehörende Datenmatrix X aus Satz 2.9 mit der in Satz 2.13 angegebenen übereinstimmt. Da wir $\mathrm{rk}\, X = d+1$ vorausgesetzt haben, können wir Satz 2.9 anwenden und erhalten, in der Notation des aktuellen Satzes, den eindeutig bestimmten Minimierer $f^* = \langle (a_1^*, \ldots, a_d^*), \cdot \rangle + a_0^*$ der Zielfunktion

$$\begin{aligned}
\phi(f) &= \sum_{i=1}^{n} (f(\psi(x_i)) - y_i)^2 \\
&= \sum_{i=1}^{n} \Big(\Big\langle \begin{bmatrix} a_1 \\ \vdots \\ a_d \end{bmatrix}, \begin{bmatrix} x_i^1 \\ \vdots \\ x_i^d \end{bmatrix} \Big\rangle + a_0 - y_i \Big)^2 \\
&= \sum_{i=0}^{n} ([a_0 + a_1 x_i^1 + \cdots + a_d x_i^d] - y_i)^2 = \phi(P),
\end{aligned}$$

wobei wir zuerst die affin-lineare Funktion $f \colon \mathbb{R}^d \to \mathbb{R}$, $f = \langle (a_1, \ldots, a_n), \cdot \rangle + a_0$ mit den Parametern $a_0, \ldots, a_d$ identifiziert haben und dann eben diese Parameter wiederum mit dem Polynom $P = a_0 + a_1 X + a_2 X^2 + \cdots + a_d X^d$ identifizieren. $\qquad\square$

Wir merken an, dass die Behandlung von nicht-linearen Problemen durch „Einbettung" der Daten in einen höherdimensionalen Raum, in welchem diese dann aufgrund der Bauart der Einbettung eine (affin-)lineare Lösung erlauben, uns noch mehrfach begegnen wird, siehe z.B. Kapitel 15. Wir sehen außerdem, dass die Methode des obigen Beweises ohne Probleme auf Polynome in mehreren Variablen verallgemeinert werden kann: Hierfür muss lediglich die „Einbettung" ψ so gewählt werden, dass rechts Basisvektoren des entsprechenden Raumes von Polynomen stehen. Wir notieren schließlich, dass im Fall von $n \leqslant d + 1$ der Minimierer gleich dem Interpolationspolynom ist.

2.4 Logistische Regression

Als Letztes wollen wir in diesem Kapitel die Methode der logistischen Regression behandeln. Wir beginnen mit einer Datenmenge

$$D = \left\{ (x_i, y_i) \in \mathbb{R}^d \times \{0,1\} \mid i = 1, \ldots, n \right\},$$

bei der im Gegensatz zu allem bisherigen nur die Label Null und Eins vorkommen. Ist eine solche Datenmenge gegeben, so ist man daran interessiert, einen *Klassifizierer* zu bestimmen, hier also eine Abbildung $f \colon \mathbb{R}^d \to \{0,1\}$, sodass $f(x_i) = y_i$ für möglichst viele $i \in \{1, \ldots, n\}$ gilt. In den Kapiteln 3 und 13–15 werden wir uns noch genauer mit Klassifizierern beschäftigen. An dieser Stelle zeigen wir, wie ein solcher mithilfe einer Regressionsmethode gewonnen werden kann. Wie bei der affin-linearen und polynomialen Regression benötigen wir zuerst eine Klasse von Funktionen, aus der heraus wir approximieren wollen. Hier wählen wir die Familie der *logistischen Funktionen*, d.h. Funktionen der Form

$$f \colon \mathbb{R}^d \to (0,1), \ f(z) = \frac{1}{1 + \mathrm{e}^{-(w_1 z_1 + \cdots + w_d z_d + b)}},$$

bei denen wir $w_1, \ldots, w_d$ und $b \in \mathbb{R}$ variieren. Im Fall $d = 1$ kann man $s := 1/w_1$ und $\mu := -b/w_1$ substituieren und erhält $f(z) = 1/(1 + \mathrm{e}^{-(z-\mu)/s})$ mit *Verschiebungsparameter* μ und *Skalierungsparameter* s. Das folgende Bild zeigt zwei logistische Funktionen mit Parametern $(b^{(1)}, w^{(1)})$ und $(b^{(2)}, w^{(2)})$ bzw. $(\mu, s^{(1)})$ und $(\mu, s^{(2)})$, wobei $0 < s^{(1)} < s^{(2)}$ ist.

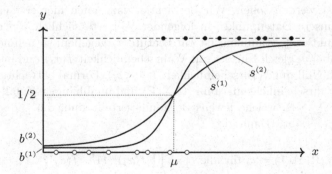

Das Bild suggeriert, dass wir die Funktion f durch Verschieben und Skalieren an die Datenpunkte anpassen können. Da die im Bild dargestellten Datenpunkte „überlappen", kann man sich insbesondere vorstellen, dass sich ein Gleichgewicht einstellen wird, wenn man an die Minimierung der Summe der (quadratischen) Abstände denkt. Das ist zwar nicht die Strategie, die wir unten verfolgen werden um einen *logistischen Regressor* f^* für die Daten zu finden, liefert aber dennoch die richtige Intuition. Hat man einmal f^*, so kann man durch Rundung der Werte von f^* daraus leicht einen $\{0,1\}$-wertigen Klassifizierer machen.

Wie es sich bereits bei der affin-linearen Regression bewährt hat, ergänzen wir unsere Datenpunkte mit einer Eins — diesmal aber an der letzten Stelle[2]. Für $x = (x_1, \ldots, x_d) \in \mathbb{R}^d$ schreiben wir $\widehat{x} := (x_1, \ldots, x_d, 1)$ für den *(um Eins) erweiterten Datenpunkt* und $(w, b) = (w_1, \ldots, a_d, b)$ für den *zusammengefassten Gewichtsvektor*. Damit erhalten wir

$$\langle w, z \rangle + b = \sum_{i=1}^{d} w_i z_i + b \cdot 1 = \left\langle \begin{bmatrix} w_1 \\ \vdots \\ w_d \\ b \end{bmatrix}, \begin{bmatrix} z_1 \\ \vdots \\ z_d \\ 1 \end{bmatrix} \right\rangle = \langle w, \widehat{z} \rangle$$

wobei wir (etwas missbräuchlich!) links mit w den normalen Gewichtsvektor und rechts, ebenfalls mit w, den zusammengefassten Gewichtsvektor bezeichnen. Benutzen wir jetzt noch die *Sigmoidfunktion*, gewissermaßen den Prototyp einer logistischen Funktion mit Verschiebungsparameter Null und Skalierungsparameter Eins,

$$\mathrm{sig} \colon \mathbb{R} \to (0,1), \ \mathrm{sig}(t) := \frac{1}{1 + \mathrm{e}^{-t}},$$

so kann eine beliebige logistische Funktion $f \colon \mathbb{R}^d \to (0,1)$ via $f(z) = \mathrm{sig}(\langle w, \cdot \rangle)$ durch $w \in \mathbb{R}^{d+1}$ beschrieben werden.

Da man die Werte der logistischen Funktion durch Rundung als Wahrscheinlichkeiten auffassen kann, liegt es nahe, die Maximum-Likelihood-Methode anzuwenden, um zu präzisieren, wie die Parameter $w \in \mathbb{R}^{d+1}$ an die Datenmenge angepasst werden sollen. Wir betrachten dazu auch hier erst einmal den Fall, dass unsere Datenpunkte in folgender Weise tatsächlich von einer logistischen Funktion f stammen: Ist ein Feature x_i gegeben, so nehmen wir an, dass das Label y_i gleich Eins ist mit Wahrscheinlichkeit $f(x_i)$ und dementsprechend gleich Null mit Wahrscheinlichkeit $1 - f(x_i)$. Formal betrachten wir wieder einen Wahrscheinlichkeitsraum $(\Omega, \Sigma, \mathrm{P})$ und unabhängige Zufallsvariablen $Y_1, \ldots, Y_n \colon \Omega \to \mathbb{R}$, welche jeweils Bernoulli-verteilt sind, d.h. $Y_i \sim \mathcal{B}(f(x_i))$ bei festen $x_1, \ldots, x_n$. Dann gilt

$$\mathrm{P}\big[Y_i(f) = y_i \text{ für alle } i\big] = \prod_{i=1}^{n} f(x_i)^{y_i} (1 - f(x_i))^{1-y_i}$$

---

[2]Wir ändern hier die Konvention im Vergleich zu Kapitel 2.2, erreichen so allerdings Konsistenz mit Kapitel 13 zum Perzeptron und Kapitel 16 zu neuronalen Netzen, vergleiche insbesondere Definition 13.9.

und entsprechend definieren wir die Likelihood-Funktion als

$$L \colon \{f \colon \mathbb{R} \to (0,1) \mid f \text{ logistische Funktion}\} \to \mathbb{R}$$
$$L(f) := \prod_{i=1}^{n} f(x_i)^{y_i} (1 - f(x_i))^{1-y_i}. \tag{2.4}$$

Ein Maximierer f^* von L maximiert dann die Wahrscheinlichkeit, dass die Daten in D in der oben beschriebenen Weise von der logistischen Funktion f^* stammen. Im Gegensatz zur affin-linearen Regression können wir, wie das folgende Beispiel zeigt, mit diesem Ansatz im Allgemeinen nicht erwarten, dass stets ein Maximierer existiert.

Beispiel 2.14. Wir betrachten die Datenmenge $D = \{(-1,0),(1,1)\} \subseteq \mathbb{R} \times \{0,1\}$ und die logistischen Funktionen $f \colon \mathbb{R} \to (0,1)$, $f(z) := (1 + e^{-(wz+b)})^{-1}$ mit $w, b \in \mathbb{R}$. Dann gilt

$$L(f) = f(-1)^0 (1 - f(-1))^{1-(-1)} f(1)^1 (1 - f(1))^{1-1}$$
$$= \left(1 - \frac{1}{1 + e^{-(-w+b)}}\right) \left(\frac{1}{1 + e^{-(w+b)}}\right) < 1$$

für alle f. Für festes b und $w \to \infty$ konvergiert $L(f)$ gegen 1. Folglich kann L keinen Maximierer besitzen.

Skizziert man die Datenmenge aus Beispiel 2.14, so sieht man, dass gerade die Tatsache, dass die Daten nicht wie im Bild auf Seite 25 überlappen, für den obigen Effekt verantwortlich ist. In der Tat zeigt Aufgabe 2.11, dass für die Datenmenge $D := \{(-1,1),(0,0),(1,1)\}$ die Likelihood-Funktion einen Maximierer besitzt und dass dieser mithilfe analytischer Methoden explizit berechnet werden kann. Im Gegensatz zur affin-linearen und polynomialen Regression kann im Allgemeinen aber keine explizite Formel für die Parameter von f^* angegeben werden. Wohl aber garantiert eine oben bereits angedeutete „Überlappungsbedingung" die Existenz und, wie im Fall der mehrdimensionalen affin-linearen Regression, eine Rangbedingung die Eindeutigkeit.

Um dies beides zu zeigen, fassen wir ab jetzt die Likelihood-Funktion aus (2.4) als Funktion $L = L(w)$ mit $w \in \mathbb{R}^{d+1}$ auf und betrachten dann die *negative Log-Likelihood-Funktion*, d.h. wir definieren

$$\ell \colon \mathbb{R}^{d+1} \to \mathbb{R}, \quad \ell(w) := -\log \prod_{i=1}^{n} \text{sig}(\langle w, \widehat{x}_i \rangle)^{y_i} (1 - \text{sig}(\langle w, \widehat{x}_i \rangle))^{1-y_i} \tag{2.5}$$

und notieren zunächst die folgende Formel für ℓ.

Lemma 2.15. *Sei $D = \{(x_i, y_i) \in \mathbb{R}^d \times \{0,1\} \mid i = 1, \dots, n\}$ eine Datenmenge und ℓ die zugehörige Log-Likelihood-Funktion wie in (2.5). Dann gilt für $w \in$*

$\mathbb{R}^{d+1}$

$$\ell(w) = \sum_{i=1}^{n} -y_i \langle w, \widehat{x}_i \rangle + \log(1 + e^{\langle w, \widehat{x}_i \rangle}).$$

Beweis. Direktes Ausrechnen zeigt

$$
\begin{aligned}
\ell(w) &= -\sum_{i=1}^{n} y_i \log\left(\frac{1}{1 + e^{-\langle w, \widehat{x}_i \rangle}}\right) + (1 - y_i) \log\left(1 - \frac{1}{1 + e^{-\langle w, \widehat{x}_i \rangle}}\right) \\
&= -\sum_{i=1}^{n} y_i \log\left(\frac{1}{1 + e^{-\langle w, \widehat{x}_i \rangle}}\right) + \log\left(\frac{e^{-\langle w, \widehat{x}_i \rangle}}{1 + e^{-\langle w, \widehat{x}_i \rangle}}\right) - y_i \log\left(\frac{e^{-\langle w, \widehat{x}_i \rangle}}{1 + e^{-\langle w, \widehat{x}_i \rangle}}\right) \\
&= -\sum_{i=1}^{n} y_i \log\left(\frac{1}{1 + e^{-\langle w, \widehat{x}_i \rangle}} \cdot \frac{1 + e^{-\langle w, \widehat{x}_i \rangle}}{e^{-\langle w, \widehat{x}_i \rangle}}\right) + \log\left(\frac{1}{1 + e^{\langle w, \widehat{x}_i \rangle}}\right) \\
&= -\sum_{i=1}^{n} y_i \langle w, \widehat{x}_i \rangle - \log\left(1 + e^{\langle w, \widehat{x}_i \rangle}\right),
\end{aligned}
$$

wie behauptet. $\qquad\square$

Mit der oben angegebenen Darstellung der Funktion ℓ ist es nicht schwer, deren Ableitung zu bestimmen. Wir überlassen dies dem Leser als Aufgabe 2.11 und notieren hier nur das Ergebnis, nämlich

$$\nabla \ell(w) = \sum_{i=1}^{n} (\mathrm{sig}(\langle w, \widehat{x}_i \rangle) - y_i)\widehat{x}_i.$$

Angenommen, wir haben eine Lösung des Gleichungssystems $\nabla \ell(w) = 0$ gefunden. Um dann zu schließen, dass es sich dabei um einen Minimierer handelt, zeigen wir als Nächstes, dass ℓ konvex ist. Beachte, dass die Datenmatrix X unten anders definiert ist als in Satz 2.9, dass aber die dortige Rangbedingung zu der folgenden äquivalent ist.

Lemma 2.16. *Sei $D = \{(x_i, y_i) \in \mathbb{R}^d \times \{0, 1\} \mid i = 1, \ldots, n\}$ eine Datenmenge. Dann ist die zugehörige negative Log-Likelihood-Funktion ℓ wie in (2.5) konvex. Hat zusätzlich die Datenmatrix*

$$X := \begin{bmatrix} x_{11} & \cdots & x_{1d} & 1 \\ \vdots & & \vdots & \vdots \\ x_{n1} & \cdots & x_{nd} & 1 \end{bmatrix} \in \mathbb{R}^{n \times (d+1)}$$

Rang $d + 1$, so ist ℓ sogar strikt konvex.

Beweis. Wir betrachten $g\colon \mathbb{R} \to \mathbb{R}$, $g(t) = -\log \mathrm{sig}(t) = \log(1 + e^{-t})$ und sehen, dass $g'(t) = \mathrm{sig}(t) - 1$ strikt monoton wächst, woraus folgt, dass g strikt konvex ist. Weiter betrachten wir $h\colon \mathbb{R} \to \mathbb{R}$, $h(t) = -\log(1 - \mathrm{sig}(t)) = g(t) + t$. Hier gilt $h'(t) = \mathrm{sig}(t) + 1$ und es folgt, dass auch h strikt konvex ist. Jetzt fassen wir im Beweis von Lemma 2.15 anders zusammen und erhalten

$$
\begin{aligned}
\ell(w) &= -\sum_{i=1}^{n} y_i \log\Big(\frac{1}{1 + e^{-\langle w, \widehat{x}_i\rangle}}\Big) + (1 - y_i)\log\Big(1 - \frac{1}{1 + e^{-\langle w, \widehat{x}_i\rangle}}\Big) \\
&= \sum_{i=1}^{n} y_i\big(-\log\text{-}\langle w, \widehat{x}_i\rangle\big) + (1 - y_i)\big(-\log(1 - \mathrm{sig}\langle w, \widehat{x}_i\rangle)\big) \\
&= \sum_{i=1}^{n} y_i g(\langle w, \widehat{x}_i\rangle) + (1 - y_i)h(\langle w, \widehat{x}_i\rangle).
\end{aligned}
$$

Weil $y_i \in \{0, 1\}$ ist, bleibt in der Formel für ℓ für jedes i jeweils entweder nur der Term mit g oder nur der Term mit h übrig. Wir können daher die Funktion ℓ schreiben als

$$
\ell(w) = \sum_{i=1}^{n} k_i(\langle w, \widehat{x}_i\rangle)
$$

mit $k_i \in \{g, h\}$ für $i = 1, \dots, n$. Um die (strikte) Konvexität einzusehen, seien $\lambda \in (0, 1)$ und $v \neq w \in \mathbb{R}^{d+1}$. Dann gilt

$$
\begin{aligned}
\ell(\lambda w + (1 - \lambda)v) &= \sum_{i=1}^{n} k_i(\lambda\langle w, \widehat{x}_i\rangle + (1 - \lambda)\langle v, \widehat{x}_i\rangle) \\
&\leqslant \sum_{i=1}^{n} \lambda k_i(\langle w, \widehat{x}_i\rangle) + (1 - \lambda)k_i(\langle v, \widehat{x}_i\rangle) \\
&= \lambda\ell(w) + (1 - \lambda)\ell(v).
\end{aligned}
$$

Da die k_i alle strikt konvex sind, erhalten wir in der obigen Rechnung eine strikte Abschätzung, wenn nur $\langle w, \widehat{x}_i\rangle \neq \langle v, \widehat{x}_i\rangle$ für mindestens ein $i \in \{1, \dots, n\}$ gilt. Wäre das nicht so, dann würde $\langle \widehat{x}_i, u\rangle = 0$ für alle i gelten mit $u := v - w \in \mathbb{R}^{d+1}\backslash\{0\}$, und es wäre

$$
Xu = \begin{bmatrix} x_{11} & \cdots & x_{1d} & 1 \\ \vdots & & \vdots & \vdots \\ x_{n1} & \cdots & x_{nd} & 1 \end{bmatrix} \begin{bmatrix} u_1 \\ \vdots \\ u_{d+1} \end{bmatrix} = \begin{bmatrix} \langle \widehat{x}_1, u\rangle \\ \vdots \\ \langle \widehat{x}_1, u\rangle \end{bmatrix} = 0
$$

im Widerspruch zu $\operatorname{rk} X = d + 1$. $\qquad\square$

Haben wir eine Lösung w^* von $\nabla\ell(w) = 0$ und ist die Rangbedingung in Lemma 2.16 erfüllt, so folgt, dass w^* der eindeutige Minimierer von ℓ ist und somit den Maximum-Likelihood-Schätzer liefert. Für größere Datenmengen ist es allerdings nicht möglich $\nabla\ell(w) = 0$ analytisch zu lösen und es muss stattdessen ein numerisches Verfahren angewandt werden. In Kapitel 17 werden wir das sogenannte Gradientenverfahren behandeln, und zeigen, dass diese besonders gut funktioniert, wenn eine konvexe Funktion zu minimieren ist. Dies ist, neben der Eindeutigkeitsfrage, ein weiterer Grund dafür, dass man in diesem Kontext die negative Log-Likelihood-Funktion einführt. Unter der Rangbedingung ist dann sogar garantiert, dass es höchstens einen Minimierer geben kann, wenn man im Vorgriff auf Kapitel 17 das Resultat in Proposition 17.14 benutzt. Im letzten Satz dieses Kapitels wollen wir jetzt noch die Existenzfrage behandeln. Die hierfür nötige Voraussetzung ist die folgende.

Definition 2.17. Sei $D = \{(x_i, y_i) \in \mathbb{R}^d \times \{0,1\} \mid i = 1, \ldots, n\}$ eine Datenmenge. Wir sagen, dass die Daten *überlappen*, wenn für jedes $w \in \mathbb{R}^{d+1}$ ein k existiert, sodass $y_k = 1$ und $\langle w, \widehat{x}_k \rangle < 0$, oder $y_k = 0$ und $\langle w, \widehat{x}_k \rangle > 0$ gelten.

Betrachtet man für $w \in \mathbb{R}^{d+1}$ den Klassifizierer

$$\mathbb{R}^d \to \{0,1\}, \quad x \mapsto \begin{cases} 1 & \text{falls } \operatorname{sig}(\langle w, x \rangle) \geqslant 1/2, \\ 0 & \text{sonst,} \end{cases}$$

der durch Rundung aus dem Regressor hervorgeht, so impliziert Definition 2.17, dass für jedes w mindestens ein Datenpunkt aus D durch diesen falsch klassifiziert wird. Die Bedingung ist aber in der Tat echt stärker, betrachte z.B. die eindimensionale Datenmenge $D = \{(0,0), (0,1)\}$. In zwei Dimensionen illustrieren die folgenden drei Bilder den Sachverhalt.

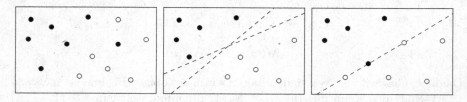

Links überlappen die Daten, in der Mitte und rechts nicht. Dabei gibt es im mittleren Bild allerdings sogar unendlich viele w's, die zu einem korrekten Klassifizierer führen würden, während es im rechten Bild kein solches w gibt.

Wir werden nun zeigen, dass im Fall überlappender Daten, also wie im Bild links, mindestens ein Maximum-Likelihood-Schätzer im Sinne eines Maximierers von L aus (2.4) existiert. *Linear trennbare Datenmengen* wie im mittleren Bild werden wir in späteren Kapiteln 13–14 mit anderen Methoden behandeln und dort auch skizzieren, auf welche Weise man deren im rechten Bild dargestellten Grenzfall behandeln kann.

Satz 2.18. (über den logistischen Regressor) *Sei $D = \{(x_i, y_i) \in \mathbb{R}^d \times \{0,1\} \mid i = 1, \ldots, n\}$ eine überlappende Datenmenge und sei ℓ die zugehörige negative Log-Likelihood-Funktion wie in (2.5). Dann existiert mindestens ein Minimierer $w^* \in \operatorname{argmin}_{w \in \mathbb{R}^{d+1}} \ell(w)$.*

Beweis. Da die Funktion ℓ stetig und auf ganz $\mathbb{R}^{d+1}$ definiert ist, genügt es, ihr Verhalten im Unendlichen zu untersuchen. Sei dazu $(w_k)_{k \in \mathbb{N}} \subseteq \mathbb{R}^{d+1}$ eine

Folge mit $\|w_k\| \to \infty$. Wir behaupten, dass dann auch $\ell(w_k) \to \infty$ für $k \to \infty$ gilt. Hierfür benötigen wir mehrere Vorbereitungen.

① Unser erstes Ziel ist es, zu zeigen, dass die Funktion

$$\ell^\infty \colon \mathbb{R}^{d+1} \backslash \{0\} \to (0, \infty), \quad \ell^\infty(w) := \lim_{t \to \infty} \frac{\ell(tw)}{t}$$

wohldefiniert ist. Mithilfe der Formel für ℓ aus Lemma 2.15 sehen wir, dass sich im ersten Term die t's kürzen und dass der zweite Term gegen Null geht, wenn $\langle w, \widehat{x}_i \rangle \leqslant 0$ ist, und andernfalls gerade gegen letzteres Skalarprodukt konvergiert. Der Grenzwert

$$\lim_{t \to \infty} \frac{\ell(tw)}{t} = \lim_{t \to \infty} \sum_{i=1}^{n} -y_i \frac{1}{t} \langle tw, \widehat{x}_i \rangle + \frac{1}{t} \log(1 + \mathrm{e}^{\langle tw, \widehat{x}_i \rangle})$$

$$= \sum_{\substack{i=1 \\ y_i=1}}^{n} -\langle w, \widehat{x}_i \rangle + \sum_{\substack{i=1 \\ \langle w, \widehat{x}_i \rangle > 0}}^{n} \langle w, \widehat{x}_i \rangle$$

existiert also schonmal. Sei nun zunächst $k \in \{1, \dots, n\}$ derart, dass $y_k = 1$ und $\langle w, \widehat{x}_i \rangle < 0$ gelten. Dann folgt aus der Abschätzung

$$\ell(tw) = -y_k t \langle w, \widehat{x}_k \rangle + \underbrace{\log(1 + \mathrm{e}^{t \langle w, \widehat{x}_k \rangle})}_{\geqslant 0} + \sum_{i \neq k} -y_i t \langle w, \widehat{x}_i \rangle + \log(1 + \mathrm{e}^{t \langle w, \widehat{x}_i \rangle})$$

$$\geqslant -t \langle w, \widehat{x}_k \rangle + \sum_{\substack{i \neq k \\ y_i=0}} \underbrace{\log(1 + \mathrm{e}^{t \langle w, \widehat{x}_i \rangle})}_{\geqslant 0} + \sum_{\substack{i \neq k \\ y_i=1}} -t \langle w, \widehat{x}_i \rangle + \underbrace{\log(1 + \mathrm{e}^{t \langle w, \widehat{x}_i \rangle})}_{\geqslant t \langle w, \widehat{x}_i \rangle}$$

$$\geqslant -t \langle w, \widehat{x}_k \rangle,$$

dass der Grenzwert für jedes $w \neq 0$ echt positiv ist. Ist $k \in \{1, \dots, n\}$ derart, dass $y_k = 0$ und $\langle w, \widehat{x}_i \rangle > 0$ gelten, so erhalten wir

$$\ell(tw) = 0 + \underbrace{\log(1 + \mathrm{e}^{t \langle w, \widehat{x}_k \rangle})}_{\geqslant t \langle w, \widehat{x}_k \rangle} + \sum_{i \neq k} -y_i t \langle w, \widehat{x}_i \rangle + \log(1 + \mathrm{e}^{t \langle w, \widehat{x}_i \rangle}) \geqslant t \langle w, \widehat{x}_k \rangle$$

wobwi wir wie oben sehen, dass die Summe über $i \neq k$ größer gleich Null ist.

② Für $v, w \in \mathbb{R}^{d+1}$ schätzen wir als Nächstes

$$|\ell(v) - \ell(w)| \leqslant \sum_{i=1}^{n} \left| -y_i \langle v, \widehat{x}_i \rangle + \log(1 + \mathrm{e}^{\langle v, \widehat{x}_i \rangle}) + y_i \langle w, \widehat{x}_i \rangle - \log(1 + \mathrm{e}^{\langle w, \widehat{x}_i \rangle}) \right|$$

$$\underset{\underset{\text{MWS}}{\uparrow}}{\leqslant} \sum_{i=1}^{n} \left| \langle v - w, \widehat{x}_i \rangle \right| + \sup_{s \in \mathbb{R}} \left| \frac{\mathrm{d}}{\mathrm{d}s} \log(1 + \mathrm{e}^s) \right| \cdot \left| \langle v, \widehat{x}_i \rangle - \langle w, \widehat{x}_i \rangle \right|$$

$$\leqslant \sum_{i=1}^{n} 2 \|v - w\| \|\widehat{x}_i\|$$

$$\leqslant\ L\|v - w\|$$

ab und sehen so, dass ℓ Lipschitz-stetig mit Konstante $L := 2\max_{i=1,\ldots,n}\|\widehat{x}_i\|$ ist.

③ Sei nun $(w_k)_{k\in\mathbb{N}}$ wie am Anfang des Beweises gegeben. Durch Übergang zu einer Teilfolge können wir ohne Einschränkung annehmen, dass alle w_k ungleich Null sind. Dann hat die Folge $(v_k)_{k\in\mathbb{N}} \subseteq \partial B_1(0)$ mit $v_k := w_k/\|w_k\|$ eine konvergente Teilfolge mit Grenzwert v in der Einheitssphäre. Ohne Einschränkung nehmen wir an, dass bereits $v_k \to v$ für $k \to \infty$ gilt und behaupten

$$\lim_{k\to\infty}\frac{\ell(w_k)}{\|w_k\|} = \ell^\infty(v) \overset{①}{>} 0,$$

woraus insbesondere $\ell(w_k) \to \infty$ folgt. Um die Gleichheit oben zu zeigen, setzen wir $t_k := \|w_k\|$ und erhalten $\ell(w_k)/\|w_k\| = \ell(t_k v_k)/t_k$. Für $\varepsilon > 0$ wählen wir $k_0 \in \mathbb{N}$ derart, dass für $k \geqslant k_0$ sowohl $|\ell(t_k v)/t_k - \ell^\infty(v)| < \varepsilon/2$ als auch $|v_k - v| < \varepsilon/2$ ausfällt. Für $k \geqslant k_0$ ergibt sich

$$\left|\frac{\ell(w_k)}{\|w_k\|} - \ell^\infty(v)\right| \leqslant \left|\frac{\ell(t_k v_k)}{t_k} - \frac{\ell(t_k v)}{t_k}\right| + \left|\frac{\ell(t_k v)}{t_k} - \ell^\infty(v)\right|$$

$$\overset{②}{\leqslant} \frac{L|t_k v_k - t_k v|}{t_k} + \frac{\varepsilon}{2} < \varepsilon$$

und wir sind fertig.   □

Wir verzichten an dieser Stelle darauf, in einem konkreten Beispiel die Parameterbestimmung mit dem Gradientenverfahren zu illustrieren. Erstens werden wir letzteres erst in Kapitel 17 im Detail erklären und zweitens gibt es in vielen Programmiersprachen fertige Pakete, welche numerisch die Parameter $w_1^*,\ldots,w_d^*$ und b^* bestimmen, vgl. Aufgabe 2.12. Hat man w^* wie in Satz 2.16 gefunden, so nennen wir

$$f^*\colon \mathbb{R}^d \to (0,1), \quad f^*(z) = \text{sig}(\langle w^*, \widehat{z}\rangle)$$

einen *logistischen Regressor* für die Datenmenge D. Wir haben oben bereits erklärt, dass man daraus durch Runden einen $\{0,1\}$-*wertigen Klassifizierer* gewinnen kann.

Bemerkung 2.19. Bevor wir das Kapitel beenden, wollen wir noch auf Folgendes hinweisen: Durch Umstellen und Logarithmieren liefert die Definition einer logistischen Funktion $f = \text{sig}(\langle w, \cdot\rangle)$ mit $w \equiv (w,b) \in \mathbb{R}^{d+1}$ die Gleichung

$$\log\frac{f}{1-f} = w_1 z_1 + \cdots + w_d z_d + b$$

für $z = (z_1,\ldots,z_d) \in \mathbb{R}^d$. Man kann diese Gleichung so interpretieren, als dass

man den Logarithmus der „Chance" $\frac{f}{1-f}$ (f, dass das Label von z gleich Eins
ist, zu $1 - f$, dass das Label von z gleich Null ist) durch eine affin-lineare Funktion der Features ausdrückt. Der Versuch allerdings, die Datenmenge via der
linken Funktion zu transformieren und dann „gewöhnliche" affin-lineare Regression anzuwenden, schlägt hier — im Gegensatz zur polynomialen Regression in
Kapitel 2.3 — aber fehl. Hierzu müsste nämlich die offenbar nicht wohldefinierte
Datenmenge

$$\hat{D} := \big\{ (x_i, \log \tfrac{y_i}{1 - y_i}) \mid i = 1, \ldots, n \big\}$$

benutzt werden. Hat man Daten, die zwar kategoriell interpretiert werden sollen, bei denen die Label aber in $(0, 1)$ liegen, so kann obige Methode jedoch
durchaus angewandt werden, vergleiche Aufgabe 2.13.

Referenzen

Die am Anfang dieses Kapitels vorgestellten Standardresultate zur linearen Regression sind überall zu finden. Den Begriff der „zweiten Regressionsgerade" haben wir
aus dem Vorlesungsmanuskript [Rin08] übernommen. Die Konsistenzaussage in Satz
2.6 folgt dem Beweis [Sha15, Lecture 3]. Der Abschnitt zu polynomialer Regression
orientiert sich an [SSBD14, Section 9.2.2]. Eine gute Referenz zu Existenz- und Eindeutigkeitsaussagen des logistischen Regressors ist [AA84]. Dort werden drei Fälle
eingeführt: Overlap, Separation und Quasi-Separation. Unser Beweis in 2.18 basiert
auf dem Konzept der Recession Function, siehe z.B. [Giu03]. Der Autor bedankt sich
bei Thomas Schmidt für mehrere hilfreiche Diskussionen in diesem Kontext.

Im Zusammenhang mit den Maximum-Likelihood-Funktionen (2.2) und (2.4) und
als Voraussetzung in Satz 2.6 haben wir endlich bzw. abzählbar viele unabhängige
Zufallsvariablen mit vorgeschriebenen Verteilungen auf einem festen Wahrscheinlichkeitsraum (Ω, Σ, P) betrachtet. Dass Derartiges existiert, folgt aus dem sogenannten
Klonsatz und einer Variante davon [Beh13, Sätze 4.5.1 und 4.5.2], die wir im Anhang
als Satz A.13 aufführen.

Aufgaben

Aufgabe 2.1. Bestimmen Sie für $D = \{(1, 2), (2, 2), (2, 3), (3, 3), (4, 3)\} \subseteq \mathbb{R}_x \times \mathbb{R}_y$
beide Regressionsgeraden, sowie die Regressionskoeffizienten r_{xy} und r_{yx}, und zwar
von Hand (Taschenrechner oder CAS ist erlaubt, aber z.B. kein fertiges Python-
Paket!). Skizzieren Sie die Datenpunkte und die Regressionsgeraden.

Aufgabe 2.2. In dieser Aufgabe bezeichnet ϕ die Zielfunktion aus Satz 2.1 und ψ
diejenige aus Bemerkung 2.3(ii).

(i) Finden Sie eine Datenmenge D, sodass

$$\arg\min\{\phi(f) \mid f\colon \mathbb{R} \to \mathbb{R} \text{ affin-linear}\} \neq \arg\min\{\psi(f) \mid f\colon \mathbb{R} \to \mathbb{R} \text{ affin-linear}\}$$

gilt.

(ii) Finden Sie eine Datenmenge, sodass nicht alle x-Werte gleich sind und es trotzdem mehr als eine Funktion f^* gibt mit

$$\psi(f^*) = \min\{\psi(f) \mid f \colon \mathbb{R} \to \mathbb{R} \text{ affin-linear}\}.$$

Aufgabe 2.3. Führen Sie für die folgende Datenmenge die Methode der linearen Regression durch. Die Klausurvorbereitungszeit soll hierbei die x-Variable sein und das Klausurergebnis die y-Variable. Zeichnen Sie alle Datenpunkte und auch die Regressionsgerade.

Student	Klausurvorbereitung in h	Klausurergebnis in %
1	21.0	82
2	18.0	69
3	15.0	29
4	8.0	41
5	8.0	44
6	1.5	8
7	0.0	10

Aufgabe 2.4. Sei $D = \{(x_i, y_i) \in \mathbb{R}^2 \mid i = 1, \ldots, n\}$ eine Datenmenge, bei der weder alle x_i noch alle y_i gleich sind. Zeigen Sie, dass die erste und die zweite Regressionsgerade genau dann zusammenfallen, wenn $r_{xy} = \pm 1$ gilt.

Aufgabe 2.5. Sei D eine Datenmenge wie in Satz 2.1 und X definiert wie in Satz 2.9. Zeigen Sie *durch direktes Nachrechnen*, dass

$$\begin{bmatrix} b^* \\ a^* \end{bmatrix} := (X^{\mathsf{T}} X)^{-1} X^{\mathsf{T}} \begin{bmatrix} y_1 \\ \vdots \\ y_n \end{bmatrix}$$

genau diejenigen Formeln für a^* und b^* liefert, die in Satz 2.1 angegeben wurden.

Aufgabe 2.6. Zeigen Sie, dass unter den Voraussetzungen von Satz 2.9, aber im Spezialfall $N = 2$, der lineare Regressor durch $f \colon \mathbb{R}^2 \to \mathbb{R}$, $f = \langle a, \cdot \rangle + b$ mit

$$b = \overline{y} - a_1 \overline{x}_1 - a_2 \overline{x}_2$$

$$a_1 = \frac{\operatorname{cov}(x_1, y) \operatorname{cov}(x_2, x_2) - \operatorname{cov}(x_2, y) \operatorname{cov}(x_1, x_2)}{\operatorname{cov}(x_1, x_1) \operatorname{cov}(x_2, x_2) - \operatorname{cov}(x_1, x_2)^2}$$

$$a_2 = \frac{\operatorname{cov}(x_2, y) \operatorname{cov}(x_1, x_1) - \operatorname{cov}(x_1, y) \operatorname{cov}(x_1, x_2)}{\operatorname{cov}(x_1, x_1) \operatorname{cov}(x_2, x_2) - \operatorname{cov}(x_1, x_2)^2}$$

gegeben wird, wobei $a = (a_1, a_2)$.

Hinweis: Lösen Sie in der Notation von Satz 2.9 das LGS $X^T X \begin{bmatrix} b \\ a \end{bmatrix} = X^T y$. Lassen Sie dabei zur Schreiberleichterung bei auftretenden Summen den Summationsindex weg, wenn keine Missverständnisse auftreten können, z.B. $\Sigma x_1 y := \sum_{i=1}^{n} x_{i1} y_i$. Um das Ergebnis mithilfe der Kovarianz auszudrücken, zeigen Sie dann zuerst, dass $n \operatorname{cov}(r, s) = (\Sigma rs) - n \overline{r}\overline{s}$ für $r, s \in \mathbb{R}^n$ gilt.

Aufgabe 2.7. Implementieren Sie die Formeln aus Aufgabe 2.6, z.B. in Python, und wenden Sie diese auf die folgende Datenmenge an, wobei Klausurvorbereitungszeit und Zeit auf sozialen Medien die x-Variablen und das Klausurergebnis die y-Variable ist. Erstellen Sie einen Plot der Datenpunkte und der Regressionsebene.

Student	Klausurvorbereitung in h	Soziale Medien in h	Klausurergebnis in %
1	0.0	20.0	0.0
2	1.5	8.5	2.0
3	2.0	6.0	7.0
4	2.0	6.0	10.5
5	8.0	10.0	29.5
6	8.5	3.0	49.0
7	9.5	0.0	59.5
8	12.0	2.0	63.5
9	18.0	4.0	85.0
10	19.0	0.5	98.0

Hinweis: Wenn Sie Python nutzen, dann können Sie mit den in `numpy` verfügbaren Funktionen `average` und `size` sehr effizient eine eigene Funktion `cov` schreiben. Zur Kontrolle können Sie per `sklearn` auch nochmal multiple lineare Regression durchführen. Hierbei müssen die x-Variablen als 10×2-Matrix übergeben werden.

Aufgabe 2.8. Sei $D = \left\{ (x_i, y_i) \in \mathbb{R}^2 \mid i = 1, \dots, n \right\}$ eine Datenmenge, bei der nicht alle x_i gleich sind, und sei $f \colon \mathbb{R} \to \mathbb{R}$ ihr affin-linearer Regressor. Zeigen Sie, dass gilt:

$$r_{xy}^2 = 1 - \frac{\sum\limits_{i=1}^{n} (y_i - f(x_i))^2}{\sum\limits_{i=1}^{n} (y_i - \overline{y})^2} = \frac{\sum\limits_{i=1}^{n} (f(x_i) - \overline{y})^2}{\sum\limits_{i=1}^{n} (y_i - \overline{y})^2}.$$

Aufgabe 2.9. Wir betrachten die Funktion $g \colon [-1, 1] \to \mathbb{R}$, $g(x) = 3x - 2$. Erzeugen Sie, für variables n, in Python eine Datenmenge D_n, deren Features n-viele gleichmäßig zufällig gewählte Punkte in $[-1, 1]$ sind. Einem Feature x_i weisen Sie dann das Label $y_i := g(x_i) + \varepsilon_i$ zu, wobei die ε_i unabhängige Samples der Normalverteilung $\mathcal{N}(0, 1)$ sind. Führen Sie nun für $n = 5, 10, 15, \dots$ für die so generierte Datenmenge D_n affin-lineare Regression durch, z.B. durch Verwendung des `sklearn`-Paketes.

Aufgabe 2.10. Finden Sie dasjenige Polynom $P \in \mathbb{R}[X]$ mit $\operatorname{rk} P \leqslant 2$, welches die quadratischen Abstände zu den folgenden Daten minimiert.

Datenpunkt	1	2	3	4	5
x	0.0	1.0	-1.5	3.5	4.0
y	2.0	2.2	0.0	2.5	3.0

Aufgabe 2.11. Sei $D = \{(x_i, y_i) \in \mathbb{R}^d \times \{0, 1\} \mid i = 1, \dots, n\}$ eine Datenmenge und ℓ die zugehörige negative Log-Likelihood-Funktion aus (2.5). Zeigen Sie, dass

$$\nabla \ell(w) = \sum_{i=1}^{n} \big(\operatorname{sig}(\langle w, x_i \rangle) - y_i \big) \widehat{x}_i$$

gilt. Zeigen Sie weiter, dass $\nabla \ell$ für die Datenmenge $D = \{(-1, 1), (0, 0), (1, 1)\}$ genau eine Nullstelle hat und berechnen Sie diese. Weil ℓ konvex ist, muss diese Nullstelle $w^* \in \mathbb{R}^2$ den logistischen Regressor liefern.

Aufgabe 2.12. Die folgende Datenmenge ist diejenige, die im Bild auf Seite 25 dargestellt ist:

$$D = \big\{(0.5, 0), (0.35, 0), (0.5, 0), (0.35, 0), (0.1, 0), (0.72, 0),$$
$$(0.8, 0), (0.24, 0), (1.10, 0), (0.97, 0), (1.5, 1), (1.9, 1),$$
$$(1.65, 1), (1.35, 1), (1.7, 1), (1.24, 1), (1.09, 1), (0.92, 1)\big\}.$$

Bestimmen Sie, z.B. mittels Python, den logistischen Regressor und plotten Sie diesen.

Aufgabe 2.13. Um Personen dazu zu bewegen, an einer Umfrage teilzunehmen, werden diesen unterschiedliche Geldbeträge als Aufwandsentschädigung angeboten. In der folgenden Tabelle sind die angebotenen Beträge notiert und es ist jeweils vermerkt, wie viele Personen das Angebot angenommen haben.

EUR	0.50	1	2	3	5	10	15	25	50
Annahme	1/43	2/50	4/48	5/32	30/37	15/32	55/100	49/50	19/20

(i) Erstellen Sie anhand der Tabelle eine Datenmenge D_1, bestehend aus 412 Datenpunkten mit kategoriellen Labeln, und ermitteln Sie für diese den logistischen Regressor.

(ii) Erstellen Sie weitere Datenmenge D_2, bestehend aus 9 Datenpunkten mit kategoriellen Labeln, indem Sie pro Betrag Mehrheitswahl anwenden. Ermitteln Sie auch für D_2 den logistischen Regressor.

(iii) Betrachten Sie nun die Datenmenge

$$D_3 := \big\{(x_i, \log \frac{y_i}{1 - y_i}) \mid i = 1, \ldots, 9\big\},$$

bei der die x_i die Beträge und die y_i die unveränderten Annahmequoten aus der Tabelle sind. Ermitteln Sie für D_3 den affin-linearen Regressor mit Parametern $(a, b) \in \mathbb{R}^2$. Vergleichen Sie jetzt die logistische Funktion

$$f \colon \mathbb{R} \to (0, 1), \quad f(x) = \frac{1}{1 - e^{-(ax + b)}}$$

mit den logistischen Regressoren aus (i) und (ii).

Aufgabe 2.14. Sei (Ω, Σ) ein Messraum und $X \colon \Omega \to \mathbb{R}$ eine Zufallsvariable mit endlichem Erwartungswert μ und endlicher Varianz σ. Seien $X_1, \ldots, X_n$ unabhängige Kopien von X. Dann definieren

$$\mu_s := \frac{1}{n} \sum_{j=1}^{n} X_j \quad \text{und} \quad \sigma_s^2 := \frac{1}{n} \sum_{j=1}^{n} (X_j - \mu_s)^2.$$

neue Zufallsvariablen. Zeigen Sie, dass für den Erwartungswert der letzteren $\mathrm{E}(\sigma_s^2) = \frac{n-1}{n}\sigma^2$ gilt, und vergleichen Sie mit der Bemerkung nach Definition 2.5.

k-nächste Nachbarn

Am Ende des vorhergehenden Kapitels 2 haben wir mit der logistischen Regression eine Methode diskutiert, die einer binär gelabelten Datenmenge einen Klassifizierer zuordnet. Diese Methode hat *beweisbare* Eigenschaften, wie z.B., dass sie einer Maximum-Likelihood-Heuristik gehorcht, oder dass sie bei überlappenden Daten genau einen Klassifizierer liefert. In späteren Kapiteln 13–14 werden wir noch sehen, dass für binär gelabelte und linear trennbare Datenmengen auch eine rigorose Theorie entwickelt werden kann.

In diesem Kapitel wollen wir praktisch gar keine Voraussetzungen an die Datenmengen machen und Methoden vorführen, mit denen Klassifizierer und Regressoren ohne viele Hilfsmittel gewonnen werden können. Dies hat den Vorteil der universellen Einsetzbarkeit und bietet die Möglichkeit, das hier Präsentierte mit raffinierteren Methoden zu vergleichen. Der Nachteil besteht natürlich darin, dass wir keine tiefergehende beweisbare Theorie erwarten können.

3.1 k-NN Klassifizierer

Wir beginnen mit einer kategoriell gelabelten Datenmenge $D \subseteq X \times Y$, wobei X ein metrischer Raum und Y eine endliche Menge ist und geben zuerst ein Beispiel.

Beispiel 3.1. Im folgenden Bild ist $X \subseteq \mathbb{R}^2$ ein Quader und $Y = \{1, 2, 3\}$.

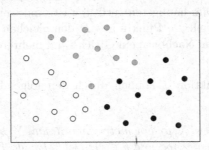

S.-A. Wegner, *Mathematische Einführung in Data Science*,
https://doi.org/10.1007/978-3-662-68697-3_3

Wir statten X mit der euklidischen Metrik aus und verstehen weiße Punkte als mit Label 1, graue Punkte als mit Label 2 und schwarze Punkte als mit Label 3 versehen.

Unser Ziel ist es, eine Funktion $f\colon X \to Y$ zu finden, die „möglichst gut zu den Daten passt". Im einfachsten Sinne kann Letzteres heißen, dass $f(x) = y$ für alle, oder zumindest für möglichst viele, der Datenpunkte $(x, y) \in D$ gelten soll. Hat man dann Punkte $x \in X \backslash D$ gegeben, deren Label entweder unbekannt sind, oder die bisher nicht mit einem Label versehen wurden, so kann man via $y := f(x)$ ein Label *vorhersagen* bzw. *zuweisen*. Eine sehr naheliegende Idee, sich eine solche Funktion f zu verschaffen, ist die folgende.

Definition 3.2. Sei (X, ρ) ein metrischer Raum, Y eine endliche Menge, $D \subseteq X \times Y$ eine Datenmenge und $k \in \mathbb{N}$. Wir definieren eine Funktion $f\colon X \to Y$ wie folgt. Für gegebenes $x \in X$ wählen wir zuerst $x_1, \ldots, x_k \in D$ aus mit

$$x_1 \in \operatorname*{argmin}_{z \in D} \rho(x, z) \quad \text{sowie} \quad x_j \in \operatorname*{argmin}_{z \in D \backslash \{x_1, \ldots, x_{j-1}\}} \rho(x, z) \text{ für } j \geqslant 2$$

und nennen diese Punkte die *k-nächsten Nachbarn* von x. Seien $y_1, \ldots, y_k$ die Label der $x_1, \ldots, x_k$. Wir betrachten die Abbildung

$$N\colon Y \to \mathbb{N}, \quad N(y) := \#\{\, i \mid y_i = y \,\},$$

welche die Anzahl der Vorkommnisse des Labels y unter den zuvor ermittelten k-nächsten Nachbarn zählt. Schließlich wählen wir den Funktionswert

$$f(x) \in \operatorname*{argmax}_{i=1,\ldots,n} N(y)$$

aus und nennen $f\colon X \to Y$ den *k-NN Klassifizierer mit Mehrheitswahl*.

In Prosa lässt sich Definition 3.2 sehr viel weniger technisch beschreiben: Zu $x \in X$ nimmt man den am nächsten an x gelegenen gelabelten Punkt, danach den zweitnächsten usw. Dann schaut man, welches Label unter diesen k-nächsten Nachbarn am häufigsten vertreten ist, und weist dieses dem Punkt x zu. Haben hierbei mehrere Punkte aus D den gleichen Abstand zu x, oder tritt am Ende unter den Nachbarn ein Gleichstand mehrerer Label auf, so trifft man eine beliebige Wahl.

Die Werte der Funktion f können durch den folgenden Algorithmus bestimmt werden.

Algorithmus 3.3. *Sei (X, ρ) ein metrischer Raum, Y eine endliche Menge, $D \subseteq X \times Y$ eine Datenmenge und $k \in \mathbb{N}$. Der folgende Pseudocode stellt den k-NN Algorithmus mit Mehrheitswahl dar.*

1: **function** K-NN Klassifizierer(D, k, x)
2:     $D' \leftarrow D, \ A \leftarrow \emptyset$
3:     **for** $j \leftarrow 1$ to k **do**
4:         $z^\star \leftarrow \mathrm{argmin}_{z \in D'} \, \rho(x, z)$
5:         $A \leftarrow A \cup \{z^\star\}, \ D' \leftarrow D' \setminus \{z^\star\}$
6:     **for** y in Y **do**
7:         $N(y) \leftarrow \#\{a \in A \mid \pi_2(a) = y\}$
8:     $\ell \leftarrow \mathrm{argmax}_{y \in Y} \, N(y)$
9:     **return** ℓ

Hierbei bezeichnet $\pi_2(x) = y$ die Projektion auf den zweiten Eintrag von $(x, y) \in D$. Außerdem haben wir das explizite Durchnummerieren der Menge der k-nächsten Nachbarn durch die Verwendung der Menge A ersetzt.

Unsere Definition 3.2 garantiert, dass f eine Abbildung ist. Implementiert man das Obige, so erreicht man dies praktisch automatisch, wenn man z.B. durch D immer in einer vorgegebenen Reihenfolge durchgeht und, im Fall eines nicht einelementigen Argmins, den als erstes gefundenen Punkt auswählt. Entsprechend kann man beim Argmax für die Mehrheitswahl vorgehen.

Beispiel 3.4. Wir kommen nun zur Datenmenge in Beispiel 3.1 zurück und visualisieren hier den k-NN Klassifizierer für zwei verschiedene k's. Dabei geben die eingefärbten Bereiche jeweils den Wert der Funktion f auf diesen Bereichen an.

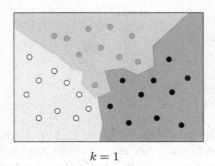

$k = 1$ $k = 15$

Beim Vergleich der Bilder fällt auf, dass die Linien, an denen die Farben umschlagen, für $k = 15$ weniger zackig sind als für $k = 1$. Insbesondere sieht man bei $k = 1$ eine Ausbuchtung um den grauen Punkt mit niedrigster Ordinate. Bei $k = 15$ ist diese nicht mehr da, weil die weißen und schwarzen Punkte um den vorgenannten grauen Punkt herum diesen bei der Mehrheitswahl überstimmen. Der Preis für die Entfernung der Ausbuchtungen ist allerdings, dass für den vorgenannten grauen Punkt (x, y) mit niedrigster Ordinate nun $f(x) \neq y$ gilt.

Definition 3.5. Sei (X, ρ) ein metrischer Raum, Y eine endliche Menge, $D \subseteq X \times Y$ eine Datenmenge, $k \in \mathbb{N}$ und $f\colon X \to Y$ ein k-NN Klassifizierer.

(i) Die Mengen $X_y := \{x \in X \mid f(x) = y\}$ für $y \in Y$ heißen *Entscheidungs-bereiche*.

(ii) Die Ränder ∂X_y heißen *Entscheidungsgrenzen*.

In Beispiel 3.4 hatten wir beobachtet, dass die Erhöhung von k einerseits die Entscheidungsgrenzen glättet und Ausbuchtungen entfernt, andererseits zu „Missklassifikationen" führen kann. Auf den ersten Blick scheint die Missklassifikation das deutlich größere Übel zu sein und man mag gewillt sein, den in Beispiel 3.4 links dargestellten Klassifizierer dem rechten vorzuziehen. Unser Ziel ist es zwar nicht unbedingt, den Leser vom Gegenteil zu überzeugen, aber doch eine Lanze für den rechten Klassifizierer zu brechen. Wir betrachten dazu ein weiteres Beispiel.

Beispiel 3.6. Sei wieder $X \subseteq \mathbb{R}^2$ ein Quader und diesmal $Y = \{1, 2\}$. Wir betrachten eine binär gelabelte Menge wie im folgenden Bild. Dargestellt ist unten außerdem der k-NN Klassifizierer für $k = 1$. Wir überlassen es dem Leser sich davon zu überzeugen, dass für $k \geqslant 3$ die graue Insel auf der linken Seite verschwindet.

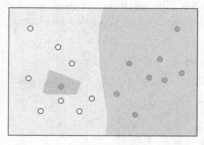

$$k = 1$$

Geht man davon aus, dass es eine echte unterliegende Funktion $g\colon X \to Y$ gibt, die man durch Auswahl einer Stichprobe D via k-NN zu approximieren sucht, so kann es natürlich sein, dass g genau so aussieht wie im obigen Bild — es kann aber auch sein, dass bei der Bestimmung des „echten" Labels des Punktes auf der Insel ein Fehler unterlaufen ist und dieser eigentlich weiß sein sollte! Ist Letzteres der Fall, so passt der 1-NN Algorithmus die Funktion f *zu gut* an die Datenmenge an, anstatt von den Daten *zu verallgemeinern*.

Das Folgende ist kein formal definierter mathematischer Begriff, aber von sehr großer Bedeutung im Kontext maschinellen Lernens. Aus diesem Grund gestehen wir ihm eine nummerierte Definition zu.

Definition 3.7. Sei (X, ρ) ein metrischer Raum, Y eine endliche Menge, $D \subseteq X \times Y$ eine Datenmenge und $k \in \mathbb{N}$. Ist $f \colon X \to Y$ „zu gut" an die Datenmenge D angepasst, so spricht man von *Overfitting*.

In Beispielen kann man mit der folgenden Heuristik überprüfen, ob Overfitting vorliegt: Ist die Datenmenge D gegeben, so partitioniert man diese in *Trainingsdaten* D_1 und *Testdaten* D_2. Dann bestimmt man einen Klassifizierer $f \colon X \to Y$ anhand von D_1, und stellt fest, welcher Anteil der Punkte aus D_2 durch f korrekt klassifiziert wird. Ist dieser Anteil eher klein, so kann dies auf Overfitting hindeuten.

Als Nächstes diskutieren wir die Frage, wie aufwendig, oder „teuer", die algorithmische Berechnung des k-NN Klassifizierers ist, wenn Daten mit Featurevektoren in $\mathbb{R}^d$ gegeben sind und wir die euklidische Metrik benutzen. Dies drücken wir aus, indem wir die Anzahl der Multiplikationen zählen, die bei einem Durchlauf des Algorithmus 3.3 anfallen.

Satz 3.8. (über die Laufzeit des k-NN Algorithmus) *Sei* $D \subseteq \mathbb{R}^d \times Y$ *mit* $\#D = n$ *und* $\#Y < \infty$, *sowie* $k \in \mathbb{N}$. *Sei* $\mathbb{R}^d$ *mit der euklidischen Metrik ausgestattet und* $x \in \mathbb{R}^d$ *fest. Die Berechnung der k-nächsten Nachbarn von x kann so implementiert werden, dass dabei höchstens* $(C \cdot n \cdot d \cdot k)$-*viele Multiplikationen anfallen, wobei* $C \in \mathbb{N}$ *eine von d, k und n unabhängige Konstante ist.*

Beweis. Der k-NN Algorithmus berechnet $n + (n-1) + \cdots + (n-k+1)$-mal eine Distanz von Punkten in $\mathbb{R}^d$. In der euklidischen Metrik müssen für eine solche Distanz d-viele Multiplikationen ausgeführt werden, wenn wir für die Berechnung des Argmin die Wurzel weglassen. Dies führt auf

$$d \cdot (n + (n-1) + \cdots + (n-k+1)) \leqslant C \cdot d \cdot k \cdot n$$

Multiplikationen mit einem geeigneten $C \in \mathbb{N}$. $\qquad\square$

Man kann das obige Resultat noch verbessern, indem man die Abstände aller Datenpunkte z mit $(z, y) \in D$ zu dem fest vorgegebenen x nur einmal berechnet und abspeichert. Entscheidend ist aber, dass auch dann die Dimension d multiplikativ eingeht. D.h. bei hochdimensionalen Daten ist selbst bei nicht so großer Kardinalität von D die Laufzeit des k-NN Algorithmus lang. Wir kommen in den Kapiteln 8–10 auf dieses Problem zurück.

Bemerkung 3.9. Mehrheitswahl ist nur eine Möglichkeit, um $f(x)$ anhand der k-nächsten Nachbarn von $x \in X$ festzulegen. Man kann hier auch die tatsächlichen Abstände einfließen lassen im Sinne, dass ein weiter weg liegender Nachbar weniger Einfluss auf die Klassifizierung hat als ein näherer. Beispielsweise kann man in Definition 3.2 die Funktion $N(y) := \#\{\, i \mid y_i = y\}$ durch

$$N(y) = \sum_{\substack{i=1 \\ y_i = y}}^{k} \frac{c}{1 + \rho(x_i, x)} \quad \text{oder} \quad N(y) = \sum_{\substack{i=1 \\ y_i = y}}^{k} e^{-c\rho(x_i, x)^2}$$

ersetzen, wobei man mit $c > 0$ kontrolliert, wie schnell der Beitrag mit wachsendem Abstand kleiner wird. Letzteres nennt man *gaußsche Gewichtung*.

3.2 k-NN Regressoren

Sei $D \subseteq X \times Y$ eine Datenmenge, wobei (X, ρ) ein metrischer Raum und Y ein $\mathbb{R}$-Vektorraum ist. Für $k \in \mathbb{N}$ und $x \in X$ wählen wir k-nächste Nachbarn $x_1, \ldots, x_n$ von x und bezeichnen mit $y_1, \ldots, y_n$ deren Label. Setzt man dann

$$f \colon X \to Y, \ f(x) = \tfrac{1}{k} \sum_{i=1}^{k} y_i,$$

so nennen wir f den *k-NN Regressor mit arithmetischem Mittel*.

Ähnlich zu Bemerkung 3.9 kann man auch hier wieder den Abstand einfließen lassen, und zum Beispiel

$$f \colon X \to Y, \ f(x) = \frac{\displaystyle\sum_{i=1}^{n} w(x_i, x) \cdot y_i}{\displaystyle\sum_{i=1}^{n} w(x_i, x)}$$

verwenden mit $w(z, x) = \frac{c}{1 + \rho(z, x)}$, $w(z, x) = e^{-c\rho(z, x)^2}$ oder anderen Gewichtsfunktionen, die echt positiv sind und die mit fallendem Abstand wachsen.

3.3 Preprocessing

Wir betrachten im Folgenden Datenmengen $D \subseteq \mathbb{R}^d \times Y$ und konzentrieren uns auf die Menge der Featurevektoren, die wir für den Moment mit

$$F = \{x^{(1)}, \ldots, x^{(n)}\} \subseteq \mathbb{R}^d$$

bezeichnen. Benutzen wir zur Berechnung eines k-NN Prediktors im Sinne der obigen Ausführungen die euklidische Metrik, oder allgemeiner z.B. die von $\|\cdot\|_p$ mit $p > 0$ induzierte Metrik, so werden alle Koordinaten gleich behandelt. Bei der Datenmenge ist es aber gut möglich, dass die einzelnen Features ganz unterschiedliche Größenordnungen haben. Kennt man hier ein bestimmtes Muster, so kann man ad hoc gegensteuern, z.B. durch Verwendung einer gewichteten

Metrik

$$d\colon \mathbb{R}^d \times \mathbb{R}^d \to \mathbb{R}, \ \rho_{p,w}(x,y) := \sum_{i=1}^{d} w_i |x_i - y_i|^p$$

für $p > 0$ und mit geeignet gewählten $w_1, \ldots, w_d > 0$.

Hat man allerdings keine Kenntnis über die Bedeutung der einzelnen Features, so liegt es nahe zu versuchen, diese alle erst einmal möglichst gleich zu behandeln. Hierzu kann man es mit den folgenden Verfahren versuchen.

Definition 3.10. Sei $F = \{x^{(1)}, \ldots, x^{(n)}\} \subseteq \mathbb{R}^d$ gegeben, seien $a < b$ reelle Zahlen und $\|\cdot\|$ eine Norm auf $\mathbb{R}^n$. Wir bezeichnen mit $\overline{x_j^{(\cdot)}} = \frac{1}{n}(x_j^{(1)} + \cdots + x_j^{(n)})$ den Mittelwert der j-ten Einträge über alle Datenpunkte und mit $\sigma_j^2 = \text{var}(x_j^{(\cdot)})$ die Varianz im selben Sinne. Dann heißt die Menge $\tilde{F} := \{\tilde{x}^{(1)}, \ldots, \tilde{x}^{(n)}\}$ mit

(i) $\tilde{x}^{(i)} = \left(\dfrac{(x_1^{(i)} - \min_{j=1,\ldots,n} x_1^{(j)})(b-a)}{\max_{j=1,\ldots,n} x_1^{(j)} - \min_{j=1,\ldots,n} x_1^{(j)}}, \ldots \right)$ die *Minmax-Normalisierung*,

(ii) $\tilde{x}^{(i)} = \left(x_1^{(i)} - \dfrac{1}{n} \sum_{j=1}^{n} x_1^{(j)}, \ldots \right)$ die *Zentrierung*,

(iii) $\tilde{x}^{(i)} = \left(\dfrac{x_1^{(i)} - \overline{x_1}}{\sigma_1}, \ldots \right)$ die *Standardisierung*,

(iv) $\tilde{x}^{(i)} = \left(\dfrac{x_1^{(i)}}{\|(x_1^{(1)}, \ldots, x_1^{(n)})\|}, \ldots \right)$ die *Normierung* von F.

Hierbei wird in (i) *auf* $[a,b]$ normalisiert und in (iv) *bezüglich* $\|\cdot\|$.

Die obigen Verfahren können natürlich auch kombiniert werden. Zum Beispiel ist (iii) eine Kombination von (ii) und (iv), wenn wir die 2-Norm auf $\mathbb{R}^n$ nehmen. Wir könnten aber auch erst zentrieren und dann mit $\|\cdot\|_\infty$ normalisieren. Dann würde jeder Eintrag in $[-1,1]$ liegen und der koordinatenweise Mittelwert wäre Null. Beachte aber, dass dies etwas anderes liefert als Minmax-Normalisierung auf $[-1,1]$.

Wir kommen in Aufgabe 3.5 insbesondere auf die Normalisierung nochmal zurück. Neben der „Homogenisierung" der Features einer gegebenen Datenmenge hat insbesondere das Zentrieren noch eine weitere wichtige Anwendung. Wir betrachten dazu Daten mit Featurevektoren aus $\mathbb{R}^d$ und Labeln aus $\mathbb{R}$. Im Unterschied zu vorher nehmen wir jetzt aber an, dass uns kein Datenpunkt

$$(x,y) = (x_1, \ldots, x_d, y)$$

vollständig bekannt ist, sondern stattdessen eine Datenmenge gegeben ist, bei der jeweils nur *ein Teil* der obigen $(d+1)$-vielen Koordinaten bekannt ist. Ein klassisches Beispiel ist das folgende.

Beispiel 3.11. Gegeben sei eine Tabelle mit Produktbewertungen, in der leere Zellen bedeuten, dass uns an dieser Stelle die Bewertung unbekannt ist.

	Produkt 1	Produkt 2	Produkt 3	Produkt 4	Produkt 5	Produkt 6	Produkt 7
Kunde 1	★★★★☆	★★★★★	★★★★★	★☆☆☆☆		★★☆☆☆	
Kunde 2		★☆☆☆☆	★★☆☆☆	★★★★★	★★★★★		★☆☆☆☆
Kunde 3	★★☆☆☆	★★★☆☆	★★★☆☆	★★★☆☆		★★★☆☆	
Kunde 4	★★★★★			★★☆☆☆	★★★☆☆	★★★★★	★★★★☆
Kunde 5	★★★★★	★★★★☆		★☆☆☆☆	★★☆☆☆		★★★★☆

Eine natürliche Aufgabe ist dann z.B. die Vorhersage der Bewertung für Produkt 7 durch Kunde 1. Dazu ist man gewillt, die Kunden als die Datenpunkte in $\mathbb{R}^6$ zu betrachten, gegeben durch die ihre Bewertungen für die Produkte 1–6, und den Eintrag unter Produkt 7 als Label. Auf dieser Basis könnte man dann einen Prediktor $f\colon \mathbb{R}^6 \to \{1,\ldots,5\}$, z.B. via des k-NN Algorithmus 3.3, bestimmen — wenn alle Einträge außer demjenigen bei Kunde 1 und Produkt 7 vorhanden wären.

Um in Situationen wie in Beispiel 3.11 trotz fehlender Koordinaten und Label Vorhersagen machen zu können, müssen die unbekannten Einträge zunächst irgendwie gefüllt werden. Eine Möglichkeit ist es dabei, die Featurevektoren zuerst zu zentrieren und dann die leeren Einträge mit Nullen zu füllen. Anstatt dies abstrakt zu notieren, führen wir es anhand der obigen Bewertungsmatrix vor.

Beispiel 3.12. (i) Wir betrachten die Tabelle aus Beispiel 3.11, aufgeteilt in Feature und Label wie dort beschrieben. Zentrieren der Features und Auffüllen mit Nullen führt auf die Datenmenge $D = \{(x^{(i)}, y^{(i)}) \mid i = 2, 4, 5\}$ und ungelabelte Punkte $x^{(1)}$, $x^{(3)}$ wie in der folgenden Tabelle angegeben.

	Feature 1	Feature 2	Feature 3	Feature 4	Feature 5	Feature 6	Label
$x^{(1)}$	0.60	1.60	1.60	-2.40	0.00	-1.40	
$(x^{(2)}, y^{(2)})$	0.00	-2.25	-1.25	1.75	1.75	0.00	1
$x^{(3)}$	-0.80	0.20	0.20	0.20	0.00	0.20	
$(x^{(4)}, y^{(4)})$	1.25	0.00	0.00	-1.75	-0.75	1.25	4
$(x^{(5)}, y^{(5)})$	2.00	1.00	0.00	-2.00	-1.00	0.0	4

Verwendet man die euklidische Metrik ρ auf $\mathbb{R}^6$, so ergibt sich

$$\rho(x^{(1)}, x^{(2)}) = 6.749, \quad \rho(x^{(1)}, x^{(4)}) = 3.361 \quad \text{und} \quad \rho(x^{(1)}, x^{(5)}) = 2.828,$$

woran sich die k-nächsten Nachbarn ablesen lassen. Wir fordern den Leser auf, nochmal die ursprüngliche Tabelle im Licht der berechneten Abstände anzuschauen! Für die Bewertung von Produkt 7 durch Kunde 1 ergeben sich für jedes $k = 1, 2, 3$ und bei Mehrheitswahl jeweils vier Sterne. Verwendet man das arithmetische Mittel, gefolgt von Rundung, so erhält man bei $k = 1, 2$ wieder vier Sterne, aber bei $k = 3$ jetzt drei Sterne.

(ii) Die obige Methode führt dazu, dass die Informationen über Kunde 3 vollkommen ungenutzt bleiben, da für diesen die Bewertung für Produkt 7 unbekannt ist. Will man diese Information auch noch einbauen, so kann man über die gesamten Zeilen zentrieren, anstatt nur über deren erste sechs Einträge. Dies liefert dann $D = \{(x^{(i)}, y^{(i)}) \mid i = 1, \ldots, 5\}$ wie folgt.

	Feature 1	Feature 2	Feature 3	Feature 4	Feature 5	Feature 6	Label
$(x^{(1)}, y^{(1)})$	0.60	1.60	1.60	-2.40	0.00	-1.40	0.00
$(x^{(2)}, y^{(2)})$	0.00	-1.80	-0.80	2.20	2.20	0.00	-1.80
$(x^{(3)}, y^{(3)})$	-0.80	0.20	0.20	0.20	0.00	0.20	0.00
$(x^{(4)}, y^{(4)})$	1.20	0.00	0.00	-1.80	-0.80	1.20	0.20
$(x^{(5)}, y^{(5)})$	1.80	0.80	0.00	-2.20	-1.20	0.00	0.80

Jetzt berechnet man die Abstände der Zeilen bezüglich euklidischer Metrik auf $\mathbb{R}^7$ und erhält

$$\rho(\begin{bmatrix} x^{(1)} \\ y^{(1)} \end{bmatrix}, \begin{bmatrix} x^{(2)} \\ y^{(2)} \end{bmatrix}) = 6.991, \quad \rho(\begin{bmatrix} x^{(1)} \\ y^{(1)} \end{bmatrix}, \begin{bmatrix} x^{(3)} \\ y^{(3)} \end{bmatrix}) = 3.899,$$

$$\rho(\begin{bmatrix} x^{(1)} \\ y^{(1)} \end{bmatrix}, \begin{bmatrix} x^{(4)} \\ y^{(4)} \end{bmatrix}) = 3.644, \quad \rho(\begin{bmatrix} x^{(1)} \\ y^{(1)} \end{bmatrix}, \begin{bmatrix} x^{(5)} \\ y^{(5)} \end{bmatrix}) = 2.953,$$

und die k-nächsten Nachbarn können wieder abgelesen werden. Für die Mehrheitswahl und auch für das arithmetische Mittel verwendet man dann aber die Originalbewertungen im Fall von Kunde 2, 4 und 5 und bei Kunde 3 macht man die Zentrierung rückgängig, d.h. man setzt hier $(2 + 3 + 3 + 3 + 3)/5 \approx 3$ Sterne an. Für die Bewertung von Produkt 7 durch Kunde 1 ergeben sich damit für jedes $k = 1, 2, 3$ und bei Mehrheitswahl wieder jeweils vier Sterne. Mit dem arithmetischen Mittel kommt man nun für $k = 1, 2, 3$ ebenfalls auf jeweils vier Sterne.

Bemerkung 3.13. (i) Als Erstes notieren wir, dass mit der einmal zentrierten Tabelle in Beispiel 3.12(ii) jetzt auch alle anderen vormals leeren Tabelleneinträge ausgefüllt werden könnten. Wir erhalten somit eine Methode, die es erlaubt eine „löchrige" Datenmatrix zu füllen. In Kapitel 7.3 werden wir noch deutlich raffiniertere Techniken hierzu kennenlernen.

(ii) Die obigen Methoden zur Vorhersage sind kollaborativ im Sinne, dass die Vorhersage der Bewertung von Kunde 1 für Produkt 7 nicht nur auf den anderen Bewertungen von Kunde 1 basiert, sondern auf dem Vergleich von Bewertungen von Kunde 1 mit denen aller anderen Kunden. Man spricht von *User-to-User kollaborativem Filtern*.

(iii) Anstatt die Kunden als Punkte in $\mathbb{R}^7$ zu lesen, hätten wir auch die Produkte als Punkte in $\mathbb{R}^5$ lesen können. Macht man dies, so ist eine spaltenweise Zentrierung angebracht, vergleiche Aufgabe 3.6(ii)–(iii).

(iv) Anstatt der euklidischen Metrik kann man auch andere Metriken, oder sogar sogenannte Abstandsmaße, die keine Metrik sind, verwenden. Das behandeln wir im folgenden Unterkapitel.

3.4 Kosinusähnlichkeit

In den Kapiteln 3.1–3.3 haben wir stets mit einem zugrundeliegenden metrischen Raum (X, ρ) gearbeitet. In diesem Kapitel wollen wir dies verallgemeinern. Als Erstes bemerken wir, dass sowohl k-NN Klassifizierer als auch k-NN Regressoren, im Sinne der vorhergehenden Kapitel, auch dann noch definiert werden können, wenn ρ nicht definit ist und auch nicht die Dreiecksungleichung erfüllt.

Definition 3.14. Sei X eine nichtleere Menge. Eine Funktion $\rho\colon X \times X \to \mathbb{R}$ heißt *Abstandsmaß*, falls für alle $x, y \in X$ gilt

(AM1) $\rho(x, y) \geqslant 0$, (Positivität)

(AM2) $\rho(x, x) = 0$, („schwache" Definitheit)

(AM3) $\rho(x, y) = \rho(y, x)$. (Symmetrie)

Für Abstandsmaße gilt weiterhin die Heuristik, dass kleine Werte bedeuten, dass Punkte ähnliche Eigenschaften haben. Bei der unten definierten Kosinusähnlichkeit ist die Sache anders gelagert.

Definition 3.15. Sei $\mathbb{R}^d$ ausgestattet mit dem Standardskalarprodukt und der davon induzierten euklidischen Norm. Für $x, y \in \mathbb{R}^d \backslash \{0\}$ heißt dann

$$\operatorname{cossim}(x, y) := \frac{\langle x, y \rangle}{\|x\| \|y\|} = \frac{\sum\limits_{i=1}^{d} x_i y_i}{\left(\sum\limits_{i=1}^{d} x_i^2\right)^{1/2} \left(\sum\limits_{i=1}^{d} y_i^2\right)^{1/2}} \in [-1, 1]$$

die *Kosinusähnlichkeit* von x und y. Bezeichnet man mit $\theta = \angle(x, y)$ den Winkel

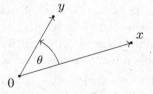

zwischen x und y, so gilt $\langle x, y \rangle = \|x\| \|y\| \cos(\theta)$ und es folgt $\operatorname{cossim}(x, y) = \cos(\theta)$, was die Bezeichnung „Kosinusähnlichkeit" begründet.

Im Gegensatz zu einem Abstandsmaß ist die Heuristik bei der Kosinusähnlichkeit, dass x und y ähnlich sind, wenn $\operatorname{cossim}(x, y)$ möglichst groß ist. Ist $\operatorname{cossim}(x, y)$ nah bei Null, so sind x und y eher unähnlich. Der Fall negativer Kosinusähnlichkeit drückt etwas aus, was durch ein Abstandsmaß gar nicht beschrieben werden kann.

Schränken wir uns auf eine Teilmenge von $\mathbb{R}^d \backslash \{0\}$ ein, so induziert die Kosinusähnlichkeit in folgender Weise ein Abstandsmaß.

Lemma 3.16. *Sei*

$$\mathbb{R}^d_{>0} := \{(x_1, \ldots, x_d) \in \mathbb{R}^d \backslash \{0\} \mid x_i \geqslant 0 \text{ für alle } i = 1, \ldots, d\}.$$

Dann ist cosdist: $\mathbb{R}^d_{>0} \times \mathbb{R}^d_{>0} \to \mathbb{R}$, cosdist$(x, y) := 1 - \text{cossim}(x, y)$ *ein Abstandsmaß, welches wir als* Kosinusabstand *bezeichnen.*

Beweis. Alle drei zu prüfenden Eigenschaften folgen direkt aus Eigenschaften von (Standard-)skalarprodukt und Norm. $\square$

Wir überlassen es dem Leser als Aufgabe 3.7 zu verifizieren, dass ρ wie in Lemma 3.16 nicht positiv definit ist und auch nicht die Dreiecksungleichung erfüllt.

Ein gutes Beispiel für die Verwendung der Kosinusähnlichkeit stammt aus dem Bereich des Textminings.

Beispiel 3.17. Wir betrachten die folgenden drei Texte.

Am 22. November 1963 wurde der amerikanische Präsident John Fitzgerald Kennedy in Dallas ermordet. Kennedy war zu diesem Zeitpunkt seit zwei Jahren im Amt. Der Präsident wurde auf einer Fahrt durch Dallas in einem offenen Wagen mit einem Gewehr erschossen. Seine Frau Jackie Kennedy befand sich ebenfalls im Wagen, blieb aber unverletzt. John Fitzgerald Kennedy wurde am 25. November 1963 in Arlington beigesetzt.

Am 22. November 1963 ermordete Lee Harvey Oswald den damaligen US Präsident John Fitzgerald Kennedy in Dallas. Oswald erschoss Kennedy mit einem Gewehr, während dieser zusammen mit seiner Frau Jackie Kennedy in einem offenen Wagen durch Dallas fuhr. Oswald wurde am 24. November 1963 bei seiner Überstellung ins Bezirksgefängnis von Dallas durch den Nachtclubbesitzer Jack Ruby in einer Tiefgarage erschossen.

Am John Fitzgerald Kennedy Airport in Dallas gibt es eine große Auswahl an Restaurants. Besonders zu empfehlen sind das Porterhouse Steak sowie das T-bone Steak jeweils serviert mit gegrillten Tomaten im Restaurant 5ive Steak. Aber auch Vegetarier kommen im John Fitzgerald Kennedy Airport auf ihre Kosten: 5ive Steak bietet zum Beispiel einen Black Been Burger an. Im Jikji Cafe gibt es vegetarische Gerichte aus koreanischer Küche.

Wir ordnen diesen nun auf die folgende Weise drei Vektoren in $\mathbb{R}^d$ zu. Zunächst betrachten wir die Menge aller in allen drei Texten vorkommenden Worte

$$W := \{\text{Am}, 22, \text{November}, 1963, \text{wurde}, \text{der}, \ldots\},$$

setzen $d := \#W$ und wählen eine Bijektion $\{1, \ldots, d\} \to W$. Via dieser Bijektion können wir Vektoren in $\mathbb{R}^d$ als $(x_w)_{w \in W}$ schreiben. Insbesondere können wir für die Texte 1, 2 und 3 von oben deren *Vektorisierungen*

$$x^{(i)} := (x_w^{(i)})_{w \in W} \text{ per}$$
$$x_w^{(i)} := \text{Anzahl der Vorkommnisse des Wortes } w \text{ in Text } i$$

für $i = 1, 2, 3$ definieren. Per Konstruktion gilt dann $x^{(1)}, x^{(2)}, x^{(3)} \in \mathbb{R}^d_{>0}$. Im obigen Beispiel ist $d = 115$ und man kann die paarweisen Kosinusähnlichkeiten

$$\text{cossim}(x^{(1)}, x^{(2)}) = 0.61, \ \text{cossim}(x^{(1)}, x^{(3)}) = 0.28, \ \text{cossim}(x^{(2)}, x^{(3)}) = 0.19$$

mit einem einfachen Programm berechnen, vergleiche Aufgabe 3.8. Wir sehen also, dass sich die Texte 1 und 2 deutlich kosinusähnlicher sind als 1 und 2 bzw. 1 und 3. Verwendet man die Kosinusabstände

$$\text{cosdist}(x^{(1)}, x^{(2)}) = 0.39, \ \text{cosdist}(x^{(1)}, x^{(3)}) = 0.72, \ \text{cosdist}(x^{(2)}, x^{(3)}) = 0.81,$$

und sind beispielsweise die von einem Leser vergebenen binären Label „👍" und „👎" für eine geeignete Anzahl Texte bekannt, so kann man mithilfe des k-NN Algorithmus 3.3 einen Prediktor bestimmen, der für ungelabelte Texte vorhersagt, ob dieser Leser sie als gut oder nicht gut bewerten wird.

Bemerkung 3.18. (i) Über den oben benutzten *Raw Count* hinausgehend gibt es weitere Vektorisierungsmöglichkeiten, die z.B. kompensieren, dass der Raw Count aller Wörter mit der Textlänge wächst, dass Wörter wie „der", „die", „das" usw. in jedem Text oft vorkommen, oder dass oben „ermordet" und „ermordete" als verschieden behandelt werden. Einige solcher Methoden diskutieren wir in Aufgabe 3.8.

(ii) Textmining ist ein gutes Beispiel dafür, dass man sehr natürlich und sehr schnell zu hochdimensionalen Daten kommt. Die drei Vektorisierungen unserer kurzen Beispieltexte sind bereits Elemente von $\mathbb{R}^{115}$.

(iii) Anstelle des Kosinusabstandes könnte man beim Textvergleich auch die euklidische Metrik verwenden. Im Allgemeinen ist der Kosinusabstand hier aber besser geeignet. Dies sieht man ein, wenn man ein Wort betrachtet, dass in einem Text bereits oft vorkommt. Der euklidische Abstand zu einem anderen Text fällt dann minimal aus, wenn dieses Wort in ihm exakt genauso oft vorkommt wie im ersten Text. Der Kosinusabstand wird hingegen immer kleiner, je öfter das Wort im zweiten Text auftritt. Wir verweisen auch auf das künstliche, aber instruktive, Beispiel in Aufgabe 3.9.

Man kann die Kosinusähnlichkeit auch für Bewertungsvorhersagen einsetzen und erhält dann natürlich andere Ergebnisse als mit der vorher benutzten euklidischen Metrik.

Beispiel 3.19. Wir betrachten die Produktbewertungen aus Beispiel 3.11 und stellen unten die originale Bewertungstabelle und die zeilenweise zentrierte und dann mit Nullen aufgefüllte Tabelle gegenüber. Die Einträge links bezeichnen wir mit $x^{(i)}_j$, die rechts mit $\tilde{x}^{(i)}_j$, verzichten jetzt also darauf, eine Koordinate als Label auszuzeichnen.

	x_1	x_2	x_3	x_4	x_5	x_6	x_7		$\tilde{x}_1$	$\tilde{x}_2$	$\tilde{x}_3$	$\tilde{x}_4$	$\tilde{x}_5$	$\tilde{x}_6$	$\tilde{x}_7$
$x^{(1)}$	4	5	5	1		2		$\tilde{x}^{(1)}$	0.6	1.6	1.6	-2.4	0.0	-1.4	0.0
$x^{(2)}$		1	2	5	5		1	$\tilde{x}^{(2)}$	0.0	-1.8	-0.8	2.2	2.2	0.0	-1.8
$x^{(3)}$	2	3	3	3		3		$\tilde{x}^{(3)}$	-0.8	0.2	0.2	0.2	0.0	0.2	0.0
$x^{(4)}$	5			2	3	5	4	$\tilde{x}^{(4)}$	1.2	0.0	0.0	-1.8	-0.8	1.2	0.2
$x^{(5)}$	5	4		1	2		4	$\tilde{x}^{(5)}$	1.8	0.8	0.0	-2.2	-1.2	0.0	0.8

Die Kosinusähnlichkeiten von $\tilde{x}^{(1)}$ zu den restlichen zentrierten Datenpunkten lauten

$$\text{cossim}(\tilde{x}^{(1)}, \tilde{x}^{(2)}) = -0.634, \ \text{cossim}(\tilde{x}^{(1)}, \tilde{x}^{(3)}) = -0.185,$$

$$\text{cossim}(\tilde{x}^{(1)}, \tilde{x}^{(4)}) = 0.355, \ \text{cossim}(\tilde{x}^{(1)}, \tilde{x}^{(5)}) = 0.640$$

und wir fordern den Leser auf, die Kosinusähnlichkeiten mit den euklidischen Abständen in Beispiel 3.12(ii) zu vergleichen. Eine naheliegende Idee für Vorhersagen ist es nun, die echten Bewertungen mit diesen Kosinusähnlichkeiten zu gewichten, sehr ähnlich zum k-NN Regressor in Unterkapitel 3.2. Als Beispiel nehmen wir wieder die Bewertung von Kunde 1 für Produkt 7, und verwenden die 2-kosinusähnlichsten Kunden, oder mit anderen Worten die 2-nächsten Kunden bzgl. Kosinusabstand. Dies führt auf

$$\underset{\substack{\uparrow \\ \text{Vorher-} \\ \text{sage}}}{\hat{x}_7^{(1)}} := \frac{\text{cossim}(\tilde{x}^{(1)}, \tilde{x}^{(5)}) \cdot x_7^{(5)} + \text{cossim}(\tilde{x}^{(1)}, \tilde{x}^{(4)}) \cdot x_7^{(4)}}{\text{cossim}(\tilde{x}^{(1)}, \tilde{x}^{(5)}) + \text{cossim}(\tilde{x}^{(1)}, \tilde{x}^{(4)})}$$

$$= \frac{0.640 \cdot 4 + 0.355 \cdot 4}{0.640 + 0.355} = 4.$$

Verwenden wir allerdings die 3-kosinusähnlichsten Kunden, bei denen eine Bewertung für Produkt 7 vorliegt, so erhalten wir

$$\underset{\substack{\uparrow \\ \text{Vorher-} \\ \text{sage}}}{\hat{x}_7^{(1)}} := \frac{0.640 \cdot 4 + 0.355 \cdot 4 - 0.634 \cdot 1}{0.640 + 0.355 - 0.634} \approx 9.24.$$

Dass sich durch die negative Kosinusähnlichkeit von $x^{(1)}$ und $x^{(2)}$ und die niedrige Bewertung $x_7^{(1)}$ eine *Erhöhung* der Vorhersage ergibt, scheint eventuell sinnvoll, andererseits schießt diese hier deutlich über das Ziel hinaus. Bevor dieses letzte Ergebnis den Leser zu sehr abschreckt, weisen wir darauf hin, dass bei einer großen Datenmenge und nicht zu groß gewähltem k zu erwarten ist, dass für jede Vorhersage stets nur Kunden mit jeweils großer Ähnlichkeit in die Formel eingehen, und wir daher eher selten in der letzten beschriebenen Situation sein werden.

Das obige Beispiel zeigt, dass die möglicherweise negativen Werte der Kosinusähnlichkeit mit Vorsicht zu genießen sind. Andererseits bieten sie auch in bestimmten Fällen die Möglichkeit, nicht nur zwischen „ähnlich" und „nicht ähnlich" zu unterscheiden, sondern der Skala noch so etwas wie „entgegengesetzt" hinzuzufügen. Wir erwähnen außerdem, dass manche Autoren in der Vorhersageformel des Beispiels 3.19 durch die Summe der *Beträge* der Kosinusähnlichkeiten teilen. Macht man das oben, so *verringert* sich allerdings die Vorhersage.

Referenzen

Durch seine Einfachheit und universelle Einsetzbarkeit ist der k-NN Algorithmus sehr populär und wird in vielen Büchern und Vorlesungen über Data Science oder Machine Learning behandelt. Gleiches gilt für die behandelten Preprocessingmethoden. Unsere Hauptquelle in diesem Kapitel ist [LRU12]. Mehr Details zum kollaborativen Filtern findet man in [SKKR01] und [Agg16].

Aufgaben

Aufgabe 3.1. Wir betrachten die folgende Datenmenge $D \subseteq \mathbb{R}^2 \times \{1, 2\}$, wobei weiß gezeichnete Punkte Label 1 haben und schwarz gezeichnete Label 2. Das Label des mit einem Kreuz markierten Punktes ist uns unbekannt.

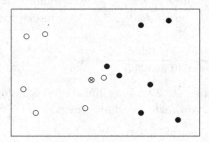

Bestimmen Sie (Augenmaß genügt!) für den mit einem Kreuz markierten Punkt das Label gemäß k-NN mit Mehrheitswahl für $k = 1, \ldots, 7$.

Aufgabe 3.2. Wir betrachten eine Datenmenge aus sechs Bildern mit angegebenen Labeln. Klassifizieren Sie das neue Bild mithilfe von 1-NN mit Mehrheitswahl. Benutzen Sie als Abstand die von der 1-Norm auf $\mathbb{R}^{15}$ induzierte Metrik.

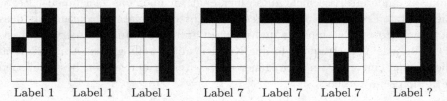

Label 1   Label 1   Label 1   Label 7   Label 7   Label 7   Label ?

Aufgabe 3.3. Skizzieren Sie die Entscheidungsbereiche und Entscheidungsgrenzen bzgl. 1-NN, wenn wir die von der 2-Norm, der 1-Norm bzw. der ∞-Norm induzierte Metrik benutzen.

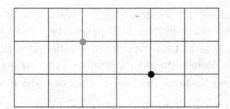

Aufgabe 3.4. Betrachten Sie nochmal die Datenmenge aus Aufgabe 2.3. Benutzen Sie 2-NN mit Mittelwertbildung. Skizzieren Sie den so definierten Prediktor und die Daten. Vergleichen Sie das Ergebnis mit dem aus Aufgabe 2.3. Finden Sie 2-NN hier sinnvoll?

Aufgabe 3.5. Wir betrachten die folgende 2-dimensionale Datenmenge mit Labeln in $\{-1, +1\}$.

Datenpunkt	Feature 1	Feature 2	Label
1	111	0.3	+1
2	82	0.4	+1
3	110	0.4	+1
4	148	0.7	+1
5	91	0.5	+1
6	133	0.9	+1
7	71	1.2	−1
8	111	1.1	−1
9	123	1.6	−1
10	151	1.9	−1
11	89	1.3	−1
12	99	2.0	−1

(i) Implementieren Sie k-NN mit euklidischer Metrik und Mehrheitswahl, derart dass man $k \in 2\mathbb{N}-1$ und einen Punkt $x \in \mathbb{R}^2$ wählen kann und dann ausgegeben wird, ob dieser Label +1 oder −1 bekommen soll.

(ii) Fällt Ihnen irgendein Problem auf? Falls nicht, dann wenden Sie k-NN auf $x = (112, 1.9)$ und und erzeugen Sie einen Plot, bei dem Ordinate und Abszizze gleich skaliert sind.

(iii) Minmax-normalisieren Sie die Daten auf $[0, 1]$ und den Punkt x entsprechend. Führen Sie dann k-NN mit Mehrheitswahl erneut aus. Erläutern Sie das (überraschende?) Ergebnis.

Aufgabe 3.6. Wir betrachten die folgende Tabelle von Produktbewertungen, bei der jeweils eine Punktzahl zwischen 0 und 10 vergeben werden darf, und bei der uns mehrere Bewertungen unbekannt sind.

	Produkt 1	Produkt 2	Produkt 3	Produkt 4
Kundin 1	10	7	☐	4
Kundin 2	☐	☐	5	3
Kundin 3	3	0	3	6
Kundin 4	7	9	☐	5
Kundin 5	10	9	8	☐

(i) Welche Bewertungen für Produkt 4 durch Kundin 5 ergeben sich mit der in Beispiel 3.12 und welche mit der in Beispiel 3.19 erläuterten Methode?

(ii) In (i) haben wir User-to-User Collaborative Filtering benutzt. Was ergibt sich, wenn stattdessen Item-to-Item Collaborative Filtering angewandt wird?

(iii) Was sind Vor- und Nachteile der User-to-User bzw. der Item-to-Item Methode?

Aufgabe 3.7. Zeigen Sie, dass die Kosinusdistanz auf $\mathbb{R}^2_{\geq 0}$ weder positiv definit ist, noch die Dreiecksungleichung erfüllt.

Aufgabe 3.8. Vektorisieren Sie die Texte aus Beispiel 3.17 in einer Programmiersprache Ihrer Wahl unter Benutzung geeigneter Pakete, in Python z.B. Re, und verifizieren Sie die dort notierten Kosinusähnlichkeiten. Berechnen Sie zusätzlich auch die euklidischen Abstände der Texte. Die Texte, bereits mit Re bearbeitet, finden Sie unter http://mathematicaldatascience.github.io/Kennedy.html.

Aufgabe 3.9. Die folgenden drei Listen sind Vektorisierungen von Texten via Raw Count:

```
T1 = [  12,  0,  4,  1,  0,  1,  12,  10 ]
T2 = [  11,  1,  0,  2,  0,  2,  11,  10 ]
T3 = [  24,  0,  8,  2,  0,  2,  24,  20 ]
```

Was ist der 1-NN von T1, wenn man nach euklidischem Abstand geht? Welcher Text ist am kosinusähnlichsten zu T1?

Aufgabe 3.10. Seien mehrere Textdokumente $D_1, \ldots, D_n$ wie in Beispiel 3.17 gegeben und sei W die durchnummerierte Menge aller Wörter. Ist D einer der Texte und $w \in W$, so bezeichnen wir mit $\mathrm{rc}(w, D)$ die Anzahl der Vorkommnisse des Wortes w im Text T. Wir definieren weiter die *Termfrequenz* und die *inverse Dokumentenfrequenz* per

$$\mathrm{tf}(w, D) := \frac{\mathrm{rc}(w, D)}{\max\{\mathrm{rc}(v, D) \mid v \in D\}} \quad \text{und} \quad \mathrm{idf}(w, D_1, \ldots, D_n) := \log\left(\frac{n}{\#\{i \mid w \in D_i\}}\right).$$

Das Produkt aus Termfrequenz und inverser Dokumentenfrequenz bezeichnen wir mit

$$\mathrm{tf\text{-}idf}(w, D) := \mathrm{tf}(w, D) \cdot \mathrm{idf}(w, D_1, \ldots, D_m),$$

wobei $D \in \{D_1, \ldots, D_n\}$. Erläutern Sie die folgenden Heuristiken zum Vergleich der Vektorisierung von D durch $(\mathrm{rc}(w, D))_{w \in W}$, $(\mathrm{tf}(w, D))_{w \in W}$ oder $(\mathrm{tf\text{-}idf}(w, D))_{w \in W}$:

(i) Im Vergleich zum Raw Count kompensiert die Termfrequenz, dass in längeren Dokumenten tendenziell alle Wörter entsprechend häufiger vorkommen als in kürzeren.

(ii) Durch die Multiplikation mit der inversen Dokumentenfrequenz kann man ferner darauf reagieren, dass für den Textvergleich irrelevante Wörter wie „der", „die", „das", „und" usw. in praktisch jedem sehr langen Dokument sehr häufig vorkommen.

Clustering

In den vorhergehenden Kapiteln haben wir uns mit Klassifizierern und Regressoren beschäftigt. Dabei haben wir uns stets eine gelabelten Datenmenge vorgegeben, auf deren Basis dann ein Prediktor für neue und ungelabelte Datenpunkte bestimmt wurde. In diesem Kapitel betrachten wir generell eine ungelabelte Datenmenge $D \subseteq (X, \rho)$, bei der $\rho \colon X \times X \to \mathbb{R}$ ein Abstandsmaß im Sinne von Definition 3.14 ist. Ziel ist es, eine Partition zu finden, d.h. Mengen $C_1, \ldots, C_k \subseteq D$ derart, dass gilt

$$D = C_1 \,\dot\cup\, \cdots \,\dot\cup\, C_k,$$

wobei idealerweise Datenpunkte $x, y \in D$, für die $\rho(x, y)$ klein ist, zur selben Menge C_i gehören sollen. Die C_i nennen wir dann die *Cluster*. Anstatt zu versuchen, das Letztgesagte abstrakt zu formalisieren, schauen wir das folgende sehr illustrative Beispiel (entnommen aus [SSBD14, S. 265]) an.

Beispiel 4.1. Wir fassen die im nachfolgenden Bild dargestellte Menge D als Teilmenge von $\mathbb{R}^2$ auf und statten $\mathbb{R}^2$ mit der euklidischen Metrik ρ aus.

Die Menge D soll nun in zwei Cluster aufgeteilt werden, d.h. $X = C_1 \,\dot\cup\, C_2$, wobei Punkte, die nah beieinander liegen, zum selben Cluster gehören sollen. Man kommt hier schnell auf zwei naheliegende, aber doch ganz verschiedene Lösungen:

Da die vertikalen Abstände zwischen den Punkten etwas größer sind als die horizontalen, sieht man, dass im linken Bild für jeden Punkt gilt, dass jeweils sein 1-nächster Nachbar im selben Cluster liegt. Dies hat dann aber zur Folge, dass innerhalb des Clusters Abstände entstehen, die viel größer sind als die zwischen den Clustern. Rechts sind die Durchmesser der Cluster deutlich kleiner. Man bezahlt dies aber damit, dass es Punkte gibt, deren 1-nächster Nachbar nicht, aber der 2-nächste Nachbar sehr wohl, im selben Cluster liegt.

Beispiel 4.1 macht deutlich, dass die oben diskutierte Heuristik „Punkte die nah zusammen liegen, sollten zum selben Cluster gehören" eingeschränkt werden muss. Wir stellen nun zwei verschiedene Möglichkeiten vor, dies zu tun.

4.1 Verknüpfungsbasiertes Clustering

Die erste Möglichkeit, welche dem linken Bild aus Beispiel 4.1 entspricht, ist das *verknüpfungsbasierte Clustering*. Hierfür erinnern wir zuerst an die folgende Definition.

Definition 4.2. Sei X eine Menge und $\rho\colon X \times X \to \mathbb{R}$ ein Abstandsmaß. Für $A, B \subseteq X$ definieren wir

$$\rho(A, B) = \min_{\substack{a \in A \\ b \in B}} \rho(a, b)$$

und nennen $\rho(A, B)$ den *Abstand* von A und B.

Die Idee hinter verknüpfungsbasiertem Clustering ist nun sehr einfach. Ist, in der Situation von Definition 4.2, eine Datenmenge

$$D = \{x_1, \ldots, x_n\} \subseteq (X, \rho)$$

gegeben, so beginnen wir mit dem *diskreten Clustering* $D = \{x_1\} \cup \cdots \cup \{x_n\}$. Von diesem ausgehend vereinigen wir schrittweise diejenigen Cluster mit minimalem Abstand. Obiges Verfahren liefert dann eine Folge von Clusterings, bis am Ende das *triviale Clustering* $D = \{x_1, \ldots, x_n\}$ herauskommt. Die Folge der Clusterings kann man durch ein *Dendrogramm* darstellen, was im folgenden Beispiel (sehr ähnlich zu [SSBD14, S. 267]) illustriert wird.

Beispiel 4.3. Sei $X \subseteq \mathbb{R}^d$ ein Quader, ρ die euklidische Metrik auf X und D die unten skizzierte Menge, bestehend aus sechs Punkten.

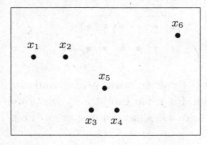
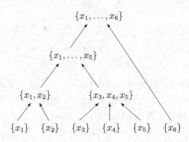

Wir weisen darauf hin, dass im Dendrogramm auf der rechten Seite die Zeilen nicht den „Runden" des Algorithmus entsprechen; z.B. haben wir in der ersten Runde nur $\{x_3, x_4, x_5\}$ zusammengelegt und $\{x_1, x_2\}$ erst in der Runde danach. Davon abgesehen könnte man im Fall von $\{x_3\}$, $\{x_4\}$, $\{x_5\}$ mit paarweise gleichem Abstand auch erstmal nur zwei Mengen vereinigen und in der Runde danach dann den dritten Punkt hinzufügen. Hierbei müsste man dann in irgendeiner Weise festlegen, mit welchen Punkten man beginnt, vergleiche die Erläuterungen nach Definition 3.2 zur Bestimmung der k-nächsten Nachbarn im Fall paarweise gleicher Abstände.

Ist man nicht am gesamten Dendrogramm interessiert, so muss man den vorgenannten Prozess an geeigneter Stelle abbrechen. Hierfür kann man die Anzahl der Runden beim oben erläuterten Vorgehen begrenzen, oder man kann die Anzahl der Cluster beschränken. Eine dritte Alternative ist die Betrachtung des Minimums der paarweisen Abstände zwischen den Clustern

$$\min_{i \neq j} \rho(C_i, C_j),$$

welches sich in jeder Runde vergrößert, und für das man eine obere Schranke festlegen kann. Im folgenden Pseudocode geben wir diese Variante wieder und lassen es als Aufgabe 4.1, ein Abbruchkriterium über die Anzahl der Cluster in Pseudocode zu formulieren.

Algorithmus 4.4. *Sei $D \subseteq (X, \rho)$. Der folgende Pseudocode stellt das verknüpfungsbasierte Clustering dar, wobei abgebrochen wird, bevor der minimale Abstand zwischen den Clustern in der nächsten Runde erstmalig unter einen einzugebenden Wert $\delta > 0$ fallen würde.*

```
1: function VERKNÜPFUNGSBASIERTES CLUSTERING (X, ρ, D, δ)
2:     n ← #D
3:     for i ← 1 to n do
4:         C_i ← {x_i}
5:     while min_{i≠j} ρ(C_i, C_j) ⩾ δ do
6:         m ← 0
7:         (i*, j*) ← argmin_{i≠j} ρ(C_i, C_j)
8:         for k ← 1 to n do
9:             if k = min(i*, j*) then
10:                 C_k ← C_{i*} ∪ C_{j*}
11:             if k = max(i*, j*) then
12:                 m ← 1
13:             else
14:                 C_k ← C_{k+m}
15:         n ← n − 1
16:     return C_1, ..., C_k
```

Ist das Argmin in Zeile 7 nicht einelementig, so wählen wir dort einen beliebigen Minimierer $(i^*, j^*) \in \mathrm{argmin}_{i \neq j}\, \rho(C_i, C_j)$ *aus.*

Bemerkung 4.5. Statt des üblichen Abstands von Teilmengen, wie in Definition 4.3, kann man die folgenden Funktionen benutzen, was dann natürlich zu anderen Clusterings führt.

(i) $\rho_1(A, B) := \dfrac{1}{|A||B|} \displaystyle\sum_{\substack{a \in A \\ b \in B}} \rho(a, b)$ (Mittelwert aller paarweisen Abstände)

(ii) $\rho_2(A, B) := \displaystyle\max_{\substack{a \in A \\ b \in B}} \rho(a, b)$ (Maximum aller paarweisen Abstände)

Wir kommen hierauf in Aufgabe 4.1 zurück.

4.2 Kostenminimierendes Clustering

Im Gegensatz zum verknüpfungsbasierten Clustering betrachten wir nun eine *Kostenfunktion* oder auch *Zielfunktion* auf der Menge aller möglichen Clusterings. Dabei ordnen wir Zerlegungen $X = C_1 \dot\cup \cdots \dot\cup C_k$ mit ungewünschten Eigenschaften, wie z.B. zu großem Durchmesser, hohe Kosten zu und kommen dann durch einen Minimierungsprozess auf Clusterings, die die gewünschten Eigenschaften haben.

Für eine Datenmenge D und $k \in \mathbb{N}$ bezeichnen wir im Folgenden mit

$$\mathcal{C}_k := \left\{ (C_1, \dots, C_k) \in \mathcal{P}(D)^k \mid D = C_1 \dot\cup \cdots \dot\cup C_k \right\}$$

die Menge der *k-Clusterings* von D. Ist weiter $D \subseteq X$ und $\rho \colon X \times X \to \mathbb{R}$ ein Abstandsmaß und $Z \colon \mathcal{C}_k \to \mathbb{R}$ eine vorgegebene Kostenfunktion, so nennen wir einen Minimierer $(C_1, \dots, C_k) \in \mathrm{argmin}_{C \in \mathcal{C}_k}\, Z(C)$ ein bezüglich Z *kostenminimierendes Clustering* von D. Das populärste Beispiel einer solchen Kostenfunktion ist das folgende.

Definition 4.6. Sei X eine Menge und ρ ein Abstandsmaß auf X derart, dass für jede endliche Menge $A \subseteq X$ ein *Schwerpunkt*

$$\mu(A) \in \mathrm{argmin}_{\mu \in X} \sum_{x \in A} \rho(x, \mu)^2$$

in X existiert. Sei $D \subseteq X$ eine Datenmenge, sei $k \in \mathbb{N}$ und sei $\mathcal{C}_k$ die Menge aller k-Clusterings von D. Für $k \in \mathbb{N}$ heißt

$$K \colon \mathcal{C} \to \mathbb{R}, \quad K(C_1, \dots, C_k) := \sum_{i=1}^{k} \sum_{x \in C_i} \rho(x, \mu(C_i))^2$$

die *k-means-Kostenfunktion* auf (X, ρ).

Bemerkung 4.7. (i) Ist $X = \mathbb{R}^d$ ausgestattet mit der euklidischen Metrik, so existiert $\mu(A)$ für jedes endliche $A \subseteq \mathbb{R}^d$, vergleiche Bemerkung 4.10 und das folgende Beispiel (linkes Bild). Stattet man $X = \mathbb{R}^d$ mit der von der $\|\cdot\|_\infty$ induzierten Norm aus, so existieren ebenfalls stets Schwerpunkte, sie sind aber im Allgemeinen nicht eindeutig (rechtes Bild).

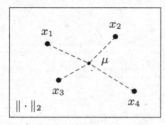 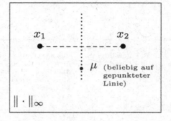

(ii) In der Situation von Definition 4.6 gilt stets

$$K(C_1, \ldots, C_k) = \min_{\mu_1, \ldots, \mu_k \in X} \sum_{i=1}^{k} \sum_{x \in C_i} \rho(x, \mu_i)^2.$$

Hierbei ist „$\geqslant$" klar und für „$\leqslant$" vertauscht man zuerst das Minimum und die Summe über i und sieht dann, dass links gerade ein Minimierer eingesetzt wurde.

(iii) Im folgenden Bild sehen wir für sieben Punkte jeweils zwei verschiedene Clusterings (C_1, C_2) bzw. (C_1', C_2') und die jeweiligen Schwerpunkte bzgl. euklidischer Metrik.

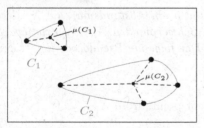 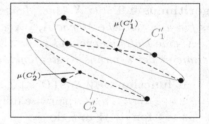

Die 2-means-Kostenfunktion K berechnet die Summe der quadratischen Abstände der Datenpunkte vom jeweiligen Schwerpunkt des Clusters. Im Beispiel sehen wir sofort, dass $K(C_1, C_2) < K(C_1', C_2')$ gilt.

Um einen Minimierer für K zu finden, verwenden wir den *k-means-Algorithmus*. Wir wählen zu Beginn paarweise verschiedene $\mu_1, \ldots, \mu_k \in X$ aus (häufig wählt man diese in D um ganz abstruse Situationen auszuschließen). Dann definieren wir die Cluster, indem wir einen Datenpunkt $x \in D$ dem Cluster C_i zuordnen, wenn x am nächsten an μ_i liegt; falls dies für mehrere i gilt, wählen wir unter diesen aus. Dann berechnen wir die Schwerpunkte der Cluster und wiederholen den Zuordnungsschritt.

Beispiel 4.8. Wir beginnen mit dem folgenden Beispiel einer Datenmenge mit fünf Elementen im $\mathbb{R}^2$ mit euklidischer Metrik und $k = 2$.

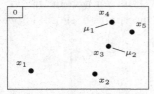

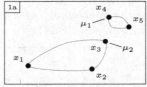

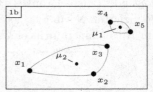

Zu Beginn werden $\mu_1 \neq \mu_2$ beliebig aus $\{x_1, \ldots, x_5\}$ gewählt; im Beispiel oben $\mu_1 = x_4$ und $\mu_2 = x_3$.	Dann werden diejenigen Punkte, die näher an μ_1 liegen als an μ_2, dem Cluster C_1 hinzugefügt und diejenigen, die näher an μ_2 liegen als an μ_1, dem Cluster C_2. Es ergibt sich $C_1 = \{x_4, x_5\}$ und $C_2 = \{x_1, x_2, x_3\}$.	Als Nächstes werden die Schwerpunkte von C_1 und C_2 berechnet und die μ_1, μ_2 entsprechend upgedatet.

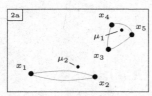

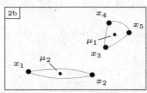

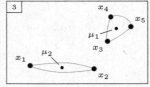

Nun werden die Cluster neu eingeteilt, und zwar nach demselben Prinzip wie vorher, aber bezüglich der neuen Schwerpunkte. Damit ergibt sich als Update für die Cluster $C_1 = \{x_3, x_4, x_5\}$ und $C_2 = \{x_1, x_2\}$.	Jetzt werden wieder die Schwerpunkte von C_1 und C_2 berechnet und μ_1, μ_2 ein weiteres Mal upgedatet.	Schließlich wäre wieder die Neueinteilung der Cluster dran. Wir sehen aber, dass sich diese nicht mehr ändern und somit auch die Schwerpunkte gleich bleiben. Daher brechen wir den Prozess hier ab und nehmen das letzte Clustering $C_1 = \{x_3, x_4, x_5\}$ und $C_2 = \{x_1, x_2\}$ als Ergebnis.

Wir formulieren nun den Algorithmus in Pseudocode.

Algorithmus 4.9. *Sei X eine Menge und ρ ein Abstandsmaß auf X, derart dass für jede endliche Menge $A \subseteq X$ ein Schwerpunkt $\mu(A) \in X$ existiert. Sei $D \subseteq X$ eine Datenmenge und sei $k \in \mathbb{N}$. Der folgende Pseudocode liefert einen Minimierer der k-means-Kostenfunktion.*

```
1: function K-MEANS (D, k, X, ρ)
2:     μ₁, …, μₖ ← pairwise different points from X
3:     for i ← 1 to k do
4:         Cᵢ ← {x ∈ D | i ∈ argmin_{j=1,…,k} ρ(x, μⱼ)}
5:     U ← True
6:     while U = True do
7:         U ← False
8:         for i ← 1 to k do
9:             C'ᵢ ← {x ∈ D | i ∈ argmin_{j=1,…,k} ρ(x, μⱼ)}
10:            μᵢ ← μ(Cᵢ)
11:            if C'ᵢ ≠ Cᵢ then
12:                Cᵢ ← C'ᵢ
13:                U ← True
14:     return C₁, …, Cₖ
```

Bemerkung 4.10. (i) Ist $X = \mathbb{R}^d$ und ρ die euklidische Metrik, dann existiert der Schwerpunkt $\mu(A)$ jeder endlichen Menge $A \subseteq X$, er ist eindeutig bestimmt und gleich dem Mittelwert

$$\mu(A) = \frac{1}{|A|} \sum_{a \in A} a,$$

siehe Aufgabe 4.5. Der k-means-Algorithmus berechnet also in diesem Fall k-viele Mittelwerte. Statt der Schwerpunkte kann man wahlweise auch den *Medoid* oder den *geometrischen Median*

$$\mu(A) \in \operatorname*{argmin}_{\mu \in X} \sum_{x \in A} \rho(x, \mu)^2 \quad \text{bzw.} \quad \mu(A) \in \operatorname*{argmin}_{\mu \in \mathcal{X}} \sum_{x \in A} \rho(x, \mu)$$

verwenden. Die entsprechenden Algorithmen nennt man dann k-medoid- bzw. k-median-Algorithmus.

(ii) Kostenfunktionen müssen nicht auf Schwerpunkten, Mittelwerten oder Versionen dergleichen basieren; z.B. kann man auch verlangen, dass die Summe aller paarweisen Abstände zwischen Punkten eines Clusters minimiert wird. Dies entspräche der Kostenfunktion

$$K(C_1, \ldots, C_k) = \sum_{i=1}^{k} \sum_{x,y \in C_i} \rho(x, y).$$

In der Fomulierung von Algorithmus 4.9 ist a priori nicht klar, dass dieser terminiert, d.h. dass irgendwann kein Update der Cluster mehr erfolgt und die While-Schleife in Zeile 6–13 verlassen wird. Im Allgemeinen kann dies auch nicht erwartet werden, vergleiche Bemerkung 4.12. Es gilt aber immerhin das Folgende.

Satz 4.11. (über den k-means-Algorithmus) *Sei X eine Menge und ρ ein Abstandsmaß auf X derart, dass für jede endliche Menge $A \subseteq X$ ein Schwerpunkt $\mu(A) \in X$ existiert. Sei $D \subseteq X$ eine Datenmenge und sei $k \in \mathbb{N}$. Dann ist die Folge $(K(C_1^{(j)}, \ldots, C_k^{(j)}))_{j \in \mathbb{N}}$ der Auswertungen der k-means-Kostenfunktion auf den vom k-means-Algorithmus produzierten Clusterings monoton fallend.*

Beweis. Seien $\mu_1^{(0)}, \ldots, \mu_k^{(0)}$ die zu Beginn festgelegten Punkte. Für $j \geqslant 1$ bezeichnen wir dann mit $(C_1^{(j)}, \ldots, C_k^{(j)})$ die Cluster und mit $\mu_1^{(j)} = \mu(C_1^{(j)}), \ldots,$ $\mu_k^{(j)} = \mu(C_k^{(j)})$ deren Schwerpunkte in der j-ten Runde des Algorithmus. Für $j \geqslant 2$ gilt

$$K(C_1^{(j)}, \ldots, C_k^{(j)}) = \min_{\mu_1, \ldots, \mu_k \in \mathcal{X}} \sum_{i=1}^{k} \sum_{x \in C_i^{(j)}} \rho(x, \mu_i)^2$$

$$\leqslant \sum_{i=1}^{k} \sum_{x \in C_i^{(j)}} \rho(x, \mu(C_i^{(j-1)}))^2$$

$$\leqslant \sum_{i=1}^{k} \sum_{x \in C_i^{(j-1)}} \rho(x, \mu(C_i^{(j-1)}))^2$$
$$= K(C_1^{(j-1)}, \ldots, C_k^{(j-1)}),$$

wobei wir für die Gleichungen die Definition 4.6 der k-means-Kostenfunktion und Bemerkung 4.7(ii) verwendet haben. Die erste Ungleichung ist lediglich eine Spezialisierung. Für die zweite beachten wir, dass in Zeile 9 von Algorithmus 4.9 die Menge $C_i^{(j)}$ gerade so definiert wird, dass $\rho(x, \mu(C_i^{(j-1)}))$ für $x \in C_i^{(j)}$ minimal ist. Damit kann aber die Summe über obige Abstände bei jeder anderen Clusterzuordnung höchstens größer werden.

Wir raten dem Leser, sich zur Veranschaulichung des letzten Arguments nochmal das Beispiel 4.8 für $j = 2$ anzuschauen: Dort entspricht Bild 2b der vorletzten Zeile in der Abschätzung und Bild 1b der darüber. Wir haben dann

$$\sum_{j=3}^{5} \rho(x_j, \mu_1)^2 + \sum_{j=1}^{2} \rho(x_j, \mu_2)^2 \leqslant \sum_{j=4}^{5} \rho(x_j, \mu_1)^2 + \sum_{j=1}^{3} \rho(x_j, \mu_2)^2,$$

weil wir ja gerade wegen $\rho(x_3, \mu_1) < \rho(x_3, \mu_2)$ den Punkt x_3 vom Cluster C_2 in Bild 1b zu Cluster C_2 in Bild 2a verschoben haben. □

Bemerkung 4.12. (i) Satz 4.11 sagt uns, dass wir durch längeres Laufenlassen von K-MEANS nichts kaputtmachen können, gibt aber keine Garantie, dass hierdurch die Folge der Clusterings irgendwann stationär wird, siehe Aufgabe 4.7. Um dies zu adressieren, kann man zusätzlich zur Abbruchbedingung in Algorithmus 4.9 eine maximale Anzahl an Iterationen für die while-Schleife festlegen.

(ii) Es kann passieren, dass die Folge der Clusterings $C_1^{(j)}, \ldots, C_k^{(j)}$ ab einem j_0 stationär wird, ohne dass $C_1^{(j_0)}, \ldots, C_k^{(j_0)}$ ein Minimierer für die k-means-Zielfunktion ist, vergleiche Aufgabe 4.6.

(iii) Bei ungünstiger Wahl der Startwerte kann der Fall eintreten, dass ein oder mehrere C_i leer werden. Daher empfiehlt es sich, bei einer gegebenen Datenmenge den k-means-Algorithmus, mit verschiedenen zufällig gewählten Startwerten, jeweils mehrfach laufen zu lassen und dann die Ergebnisse zu vergleichen.

Referenzen

Die in diesem Kapitel behandelten Clusteringalgorithmen sind Standard. Oben sind wir relativ eng der hervorragenden Darstellung [SSBD14, Chapter 22.1–22.2] gefolgt, haben aber einige Details und Beispiele ergänzt. Insbesondere stimmt Aufgabe 4.6 mit [SSBD14, Exercise 22.2] überein.

Aufgaben

Aufgabe 4.1. Notieren Sie eine Version des verknüpfungsbasierten Clusterings in Pseudocode, bei dem man die Anzahl der Cluster vorwählen kann, und der dann ein Clustering mit genau der vorgegebenen Anzahl Cluster ausgibt. Diskutieren Sie hierbei möglicherweise eintretende Pathologien.

Aufgabe 4.2. Führen Sie für die folgende Datenmenge zweimal verknüpfungsbasiertes Clustering aus und zeichnen Sie die Dendrogramme. Nutzen Sie beide Male die euklidische Metrik ρ auf $\mathbb{R}^2$, aber einmal den üblichen Abstand $\rho(A, B) = \min_{a \in A, b \in B} \rho(a, b)$ für Teilmengen A, B der Datenmenge, und einmal den alternativen Abstand $\rho_2(A, B) = \max_{a \in A, b \in B} \rho(a, b)$.

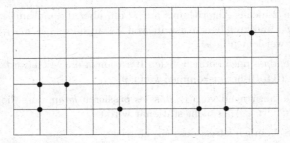

Aufgabe 4.3. Führen Sie auf der folgenden Datenmenge den 2-means-Algorithmus aus, wobei zu Beginn $\mu_1 = x_1$ und $\mu_2 = x_6$ gewählt seien und die euklidische Metrik auf $\mathbb{R}^2$ zugrunde liege. Tragen Sie jeweils die Clusterings C_i und die sich ergebenden Schwerpunkte μ_i (Augenmaß genügt!) ein.

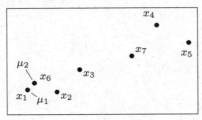

Aufgabe 4.4. Implementieren Sie den k-means-Algorithmus und clustern Sie damit die unter `https://mathematicaldatascience.github.io/k-means.html` hinterlegte Datenmenge aus dem `sklearn`-Paket: Erstellen Sie in Ergänzung zur dortigen Liste L der echten Label eine neue Liste N mit den per Algorithmus bestimmten Labels. Vergleichen Sie den vorhandenen Plot mit einem neuen Plot, in welchem die Farben der Datenpunkte durch N festgelegt werden. Probieren Sie dabei verschiedene k's aus und achten Sie insbesondere auf den orangenen Punkt im lilanen Cluster.

Aufgabe 4.5. Sei $A \subseteq \mathbb{R}^d$ und bezeichne $\rho \colon \mathbb{R}^d \times \mathbb{R}^d \to \mathbb{R}$ die euklidische Metrik. Zeigen Sie, dass für jede endliche Menge $A \subseteq \mathbb{R}^d$ gilt:

$$\frac{1}{|A|} \sum_{a \in A} a = \operatorname*{argmin}_{\mu \in \mathbb{R}^d} \sum_{a \in A} \rho(a, \mu)^2.$$

Insbesondere ist also hier der Schwerpunkt eindeutig und konsistent mit der üblicherweise in der Linearen Algebra gegebenen Definition.

Aufgabe 4.6. Gegeben sei die Datenmenge $\{1, 2, 3, 4\} \subseteq \mathbb{R}$, auf die wir den 2-means-Algorithmus anwenden. Wir nehmen an, dass mit den Mittelpunkten $\mu_1 = 2$ und $\mu_2 = 4$ begonnen wird und dass, falls $\operatorname{argmin}_{j=1,2} \|x - \mu_j\|$ nicht einelementig ist, stets $i = 1$ als Minimierer gewählt wird. Zeigen Sie, dass die Folge der Clusterings $(C_1^{(j)}, C_2^{(j)})_{j \in \mathbb{N}}$ stationär wird, ohne dass das stationäre Clustering die Zielfunktion minimiert.

Aufgabe 4.7. Sei

$$D = \big\{ (-1, -1), (0, -1), (1, -1), (-1, 1), (0, 1), (1, 1), (0, -0.5), (0, 0.5) \big\} \subseteq \mathbb{R}^2.$$

Wir wenden den 2-means-Algorithmus auf D an, aber diesmal mit zufälligen Startwerten μ_1 und μ_2 und zufälliger Auswahl von $i \in \operatorname{argmin}_{j=1,2} \|x - \mu_j\|$ im Fall, dass letztere Menge zweielementig ist.

(i) Zeigen Sie, dass nach endlich vielen Iterationen die Mittelwerte $\mu_1 = (-0.5, 0)$ und $\mu_2 = (0.5, 0)$ herauskommen *können*.

(ii) Zeigen Sie, ausgehend von (i), dass es passieren *kann*, dass die Folge der Clusterings $(C_1^{(j)}, C_2^{(j)})_{j \in \mathbb{N}}$ nicht stationär wird.

(iii) Wie wahrscheinlich ist es, dass (ii) eintritt?

5

Graphenclustering

In Kapitel 4 waren Datenmengen D immer als Teilmengen eines Raumes (X, ρ) gegeben, wobei ρ ein Abstandsmaß war, und wir haben dabei stets angenommen, dass es möglich ist, den Abstand $\rho(x, y)$ zweier Datenpunkten direkt, d.h. ohne Kenntnis der restlichen Datenpunkte zu berechnen. In diesem Kapitel beginnen wir völlig anders, und zwar mit einer Datenmenge, die durch einen sogenannten *Graph* gegeben ist, vgl. auch Beispiel 1.4(i).

Definition 5.1. Ein *Graph* $G = (V, E)$ ist ein Paar bestehend aus einer endlichen Menge V, genannt *Vertices* oder *Knoten*, und einer Teilmenge $E \subseteq \{\{v, w\} \mid v, w \in V,\ v \neq w\}$, deren Elemente wir *Kanten* nennen.

Graphen wie in Definition 5.1 sind *ungerichtet*, haben keine *Schleifen* (⟲) und keine *mehrfachen Kanten* (⬳). Beachte, dass Graphen in der Literatur manchmal auch anders definiert werden.

Beispiel 5.2. Das folgende Beispiel zeigt einen Graphen mit neunzehn Vertices. Die Kanten sind durch Verbindungslinien angegeben.

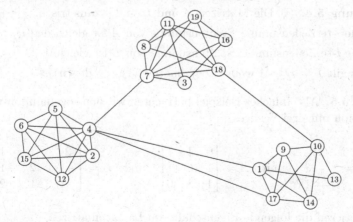

Wir betrachten die drei Teilmengen $C_1 = \{2, 4, 5, 6, 12, 15\}$, $C_2 = \{1, 9, 10, 13, 14, 17\}$ und $C_3 = \{3, 7, 8, 11, 16, 18, 19\}$. Dann sieht man im Bild sofort, dass

S.-A. Wegner, *Mathematische Einführung in Data Science*, https://doi.org/10.1007/978-3-662-68697-3_5

von jedem Vertex in einer dieser Mengen weniger Kanten in eine andere Teilmenge gehen, als Kanten zu Punkten innerhalb derselben Teilmenge bleiben. Es ist daher sehr natürlich, die C_1, C_2, C_3 als *Cluster des Graphen* zu bezeichnen.

Natürlich auftretende Graphen sind zum Beispiel soziale Netzwerke, bei denen die Nutzer den Vertices entsprechen und die Kanten dem „befreundet sein". Ein solcher sehr großer Graph kommt dann natürlich nicht als Zeichnung wie oben daher, sondern nur z.B. nur durch eine Liste, die alle Freundschaften angibt. Formal führen wir den folgenden Begriff ein.

Definition 5.3. Sei $G = (V, E)$ ein Graph mit $V = \{1, \ldots, n\}$. Dann heißt

$$A = (a_{ij})_{i,j \in \mathbb{N}} \text{ mit } a_{ij} = \begin{cases} 1, & \text{falls } \{i, j\} \in E, \\ 0, & \text{sonst} \end{cases}$$

die *Adjazenzmatrix* von G und

$$L = (\ell_{ij})_{i,j \in \mathbb{N}} \text{ mit } \ell_{ij} = \begin{cases} -1, & \text{falls } \{i, j\} \in E, \\ \deg(i), & \text{falls } i = j, \\ 0, & \text{sonst} \end{cases}$$

die *Laplacematrix* oder der *Laplacian* von G, wobei $\deg(i) = \#\{e \in E \mid \exists j \in V: \{i, j\} = e\}$ der *Grad* von $i \in V$ ist, d.h. die Anzahl der Kanten, die *inzident* mit Vertex i sind (z.B. hat der Knoten $\star$ Grad 5).

Wir notieren die folgenden einfachen Eigenschaften.

Bemerkung 5.4. (i) Die Matrizen A und L sind symmetrisch.

(ii) Die i-te Zeilensumme/Spaltensumme von A ist gleich $\deg(i)$.

(iii) Die i-te Zeilensumme/Spaltensumme von L ist gleich 0.

(iv) Es gilt $L = D - A$ wobei $D = \mathrm{diag}(\deg(1), \ldots, \deg(n))$.

Beispiel 5.5. Als einfaches Beispiel betrachten wir den sogenannten vollständigen Graph mit drei Vertices

$$G = \quad \text{mit} \quad A = \begin{bmatrix} 0 & 1 & 1 \\ 1 & 0 & 1 \\ 1 & 1 & 0 \end{bmatrix} \quad \text{und} \quad L = \begin{bmatrix} 2 & -1 & -1 \\ -1 & 2 & -1 \\ -1 & -1 & 2 \end{bmatrix}.$$

Wir notieren die folgende Eigenschaft von Laplacematrizen.

Proposition 5.6. *Für jeden Graph G ist $\mathbb{1} = \begin{bmatrix} 1 \\ \vdots \\ 1 \end{bmatrix}$ ein Eigenvektor des Laplacians mit Eigenwert Null.*

Beweis. $L\mathbb{1}$ hat als Einträge genau die Zeilensummen von L. Da diese alle Null sind, folgt die Gleichung $L\mathbb{1} = 0\mathbb{1}$. $\square$

Aus der Linearen Algebra wissen wir, dass für eine symmetrische Matrix $M \in \mathbb{R}^{n \times n}$ alle Eigenwerte reell sind und für jeden Eigenwert $\lambda \in \sigma(M)$ die geometrische Vielfachheit ($= \dim \ker(M - \lambda)$) gleich der algebraischen Vielfachheit ($=$ maximale Potenz, mit der man $x - \lambda$ aus dem charakteristischen Polynom $\det(M - x)$ herausdividieren kann) ist. Mit Vielfachheiten haben wir Eigenwerte $\lambda_1 \leqslant \lambda_2 \leqslant \cdots \leqslant \lambda_n$ und können eine Orthonormalbasis aus zugehörigen Eigenvektoren $v_1, \ldots, v_n$ finden. Dies wenden wir jetzt auf die Laplacematrizen von Graphen an.

Wir beginnen mir zwei Beispielen.

Beispiel 5.7. Wir bleiben bei dem Graph aus Beispiel 5.5 und der dort notierten Laplacematrix. Mit Proposition 5.6 haben wir bereits den Eigenwert 0 mit zugehörigem Eigenvektor $\mathbb{1}$. Berechnung der restlichen Eigenwerte liefert, mit Vielfachheiten, $\lambda_1 = 0$, $\lambda_2 = 3$, $\lambda_3 = 3$ und eine zugehörige Orthonormalbasis

$$v_1 = \frac{1}{\sqrt{3}} \begin{bmatrix} 1 \\ 1 \\ 1 \end{bmatrix}, \quad v_2 = \frac{1}{\sqrt{6}} \begin{bmatrix} 1 \\ 1 \\ -2 \end{bmatrix}, \quad v_3 = \frac{1}{\sqrt{2}} \begin{bmatrix} -1 \\ 1 \\ 0 \end{bmatrix}.$$

Beispiel 5.8. Als Nächstes betrachten wir einen Graph mit sechs Knoten, bei dem es zwischen $\{1, 2, 3\}$ und $\{4, 5, 6\}$ keine Kanten gibt, also

$$G = \quad \text{und} \quad L = \begin{bmatrix} 2 & -1 & -1 & & & \\ -1 & 2 & -1 & & \text{\large 0} & \\ -1 & -1 & 2 & & & \\ & & & 2 & -1 & -1 \\ & \text{\large 0} & & -1 & 2 & -1 \\ & & & -1 & -1 & 2 \end{bmatrix}.$$

Mit Beispiel 5.7 ergeben sich die Eigenwerte $\lambda_1 = 0$, $\lambda_2 = 0$, $\lambda_3 = 3$, $\lambda_4 = 3$, $\lambda_5 = 3$, $\lambda_6 = 3$ und Eigenvektoren

$$v_1 = \frac{1}{\sqrt{3}} \begin{bmatrix} 1 \\ 1 \\ 1 \\ 0 \\ 0 \\ 0 \end{bmatrix}, \quad v_2 = \frac{1}{\sqrt{3}} \begin{bmatrix} 0 \\ 0 \\ 0 \\ 1 \\ 1 \\ 1 \end{bmatrix}, \quad v_3 = \frac{1}{\sqrt{6}} \begin{bmatrix} 1 \\ 1 \\ -2 \\ 0 \\ 0 \\ 0 \end{bmatrix},$$

$$v_4 = \frac{1}{\sqrt{6}} \begin{bmatrix} 0 \\ 0 \\ 0 \\ 1 \\ 1 \\ -2 \end{bmatrix}, \quad v_5 = \frac{1}{\sqrt{2}} \begin{bmatrix} -1 \\ -1 \\ 0 \\ 0 \\ 0 \\ 0 \end{bmatrix}, \quad v_6 = \frac{1}{\sqrt{2}} \begin{bmatrix} 0 \\ 0 \\ 0 \\ -1 \\ -1 \\ 0 \end{bmatrix}.$$

Aufgrund dieser Beispiele vermuten wir, dass der Laplacian eines jeden Graphen nur nicht-negative Eigenwerte hat, und dass ferner der kleinste Eigenwert

$\lambda_1 = 0$ ist. Der zweitkleinste Eigenwert λ_2 kann Null sein oder ungleich Null und dies scheint etwas über die Cluster auszusagen: In Beispiel 5.7 ist $\lambda_2 \neq 0$ und es gibt keine Cluster, in Beispiel 5.8 ist $\lambda_2 = 0$ und es gibt offenbar zwei Cluster.

Um die aufgestellte Behauptung zu beweisen, zerlegen wir den Laplacian in eine Summe von Laplacianen von sehr einfachen Graphen.

Definition 5.9. Ist $G = (V, E)$ der Graph mit Vertices $V = \{1, \ldots, n\}$ und genau einer Kante $E = \{e\}$, so bezeichnen wir mit L_e dessen Laplacematrix, beispielsweise:

$$
L_{\{1,2\}} = \begin{bmatrix} 1 & -1 & 0 & \cdots & 0 \\ -1 & 1 & 0 & \cdots & 0 \\ 0 & \cdots & & & 0 \\ \vdots & & & & \vdots \\ 0 & \cdots & & & 0 \end{bmatrix}, \quad
L_{\{1,3\}} = \begin{bmatrix} 1 & 0 & -1 & 0 & \cdots & 0 \\ 0 & 0 & 0 & 0 & \cdots & 0 \\ -1 & 0 & 1 & 0 & \cdots & 0 \\ 0 & \cdots & & & & 0 \\ \vdots & & & & & \vdots \\ 0 & \cdots & & & & 0 \end{bmatrix}.
$$

Lemma 5.10. *Sei G ein Graph mit Laplacian L. Dann gilt*

(i) $L = \sum_{e \in E} L_e$,

(ii) $\forall\, x \in \mathbb{R}^n : \langle x, Lx \rangle = \sum_{\{i,j\} \in E} (x_i - x_j)^2 \geqslant 0$,

(iii) Alle Eigenwerte von L sind größer gleich Null.

Beweis. (i) Dies ist einer der seltenen Fälle, in denen es legitim ist, einen „Beweis durch Beispiel" zu führen, da man an dem einen folgenden Beispiel in der Tat sofort sieht, dass dieselbe Argumentation auch für jeden anderen Graph funktioniert:

$$
L(\overset{①}{\underset{②\ \ ③}{}}) + L(\overset{①}{\underset{②—③}{}}) + L(\overset{①}{\underset{②\ \ ③}{}}) = \begin{bmatrix} 1 & -1 & 0 \\ -1 & 1 & 0 \\ 0 & 0 & 0 \end{bmatrix} + \begin{bmatrix} 0 & 0 & 0 \\ 0 & 1 & -1 \\ 0 & -1 & 1 \end{bmatrix} + \begin{bmatrix} 1 & 0 & -1 \\ 0 & 0 & 0 \\ -1 & 0 & 1 \end{bmatrix}
$$

$$
= \begin{bmatrix} 2 & -1 & -1 \\ -1 & 2 & -1 \\ -1 & -1 & 2 \end{bmatrix} = L(\overset{①}{\underset{②—③}{\triangle}}).
$$

(ii) Wir nehmen ohne Einschränkung an, dass $V = \{1, \ldots, n\}$ gilt. Unter Benutzung von (i) und der Definition von $L_{\{i,j\}}$ gilt

$$
\langle x, Lx \rangle = \langle x, (\sum_{e \in E} L_e)x \rangle = \sum_{e \in E} \langle x, L_e x \rangle
$$

$$
= \sum_{\{i,j\} \in E} \left\langle \begin{bmatrix} x_1 \\ \vdots \\ x_n \end{bmatrix}, \begin{bmatrix} 1 & -1 \\ -1 & 1 \end{bmatrix} \begin{bmatrix} x_1 \\ \vdots \\ x_n \end{bmatrix} \right\rangle
$$

$$
= \sum_{\{i,j\} \in E} \left\langle \begin{bmatrix} x_1 \\ \vdots \\ x_n \end{bmatrix}, \begin{bmatrix} x_i - x_j \\ -x_i + x_j \end{bmatrix} \right\rangle
$$

$$= \sum_{\{i,j\} \in E} x_i(x_i - x_j) + x_j(-x_i + x_j)$$

$$= \sum_{\{i,j\} \in E} (x_i - x_j)^2,$$

wobei bei der Matrix in der zweiten Zeile die angegebenen Einträge an den Positionen (i,i), (i,j), (j,i) und (j,j) stehen und alle nicht angegebenen Einträge Null sind.

(iii) Wegen (ii) ist L positiv semidefinit und es folgt, dass alle Eigenwerte größer gleich Null sind. $\qquad\qquad\qquad\qquad\qquad\qquad\qquad\qquad\qquad\square$

Im Folgenden bezeichnen wir mit $0 = \lambda_1 \leqslant \lambda_2 \leqslant \cdots$ die Eigenwerte des Laplacians, wenn ein Graph G gegeben ist und nennen diese auch manchmal die *Eigenwerte des Graphen.*

Definition 5.11. Sei $G = (V, E)$ ein Graph.

(i) Wir sagen, dass G *zusammenhängend* ist, wenn es für beliebige $i \neq j \in V$ Kanten $\{i, k_1\}, \{k_1, k_2\}, \ldots, \{k_\ell, j\}$ gibt, die i und j verbinden.

(ii) Eine Teilmenge $V' \subseteq V$ heißt *Zusammenhangskomponente*, falls $G' = (V', E')$ mit $E' = \{\{i,j\} \in E \mid i,j \in V'\}$ zusammenhängend und unter Inklusion maximal mit dieser Eigenschaft ist (d.h. für alle $V' \subseteq V'' \subseteq V$ mit G'' zusammenhängend folgt $G' = G''$).

Offenbar ist die Zugehörigkeit zu einer Zusammenhangskomponente eine Äquivalenzrelation und die Zusammenhangskomponenten bilden eine Partition von V.

Satz 5.12. *Sei G ein Graph. Die Anzahl der Zusammenhangskomponenten stimmt mit der Vielfachheit des Eigenwerts Null (= $\dim \ker L$) des Laplacians überein. Insbesondere ist G genau dann zusammenhängend, wenn $\lambda_2 > 0$ gilt.*

Beweis. „$\leqslant$" Analog zu Beispiel 5.8 erhalten wir für jede Zusammenhangskomponente C_i den Eigenvektor $\mathbb{1}_{C_i} = (\mathbb{1}_{C_i}(j))_{j=1,\ldots,n}$ zum Eigenwert Null, und diese sind orthogonal.

„$\geqslant$" Angenommen, es gilt „$<$", sagen wir z.B. es gibt k Zusammenhangskomponenten, aber es gilt $\dim \ker L \geqslant k + 1$. Dann können wir die linear unabhängigen Eigenvektoren $v_1 = \mathbb{1}_{C_1}, \ldots, v_k = \mathbb{1}_{C_k}$ von oben durch $v_{k+1} \in \ker L$ zu einem linear unabhängigen System $\{v_1, \ldots, v_{k+1}\}$ erweitern. Es folgt $Lv_{k+1} = 0$ und daher

$$0 = \langle v_{k+1}, Lv_{k+1} \rangle \underset{\substack{\uparrow \\ \text{Lem.} \\ 5.10}}{=} \sum_{\{i,j\} \in E} \left((v_{k+1})_i - (v_{k+1})_j\right)^2.$$

Es muss also $(v_{k+1})_i - (v_{k+1})_j = 0$ sein für alle Kanten $\{i, j\}$. Damit ist die Abbildung $V \to \mathbb{R}$, $i \mapsto (v_{k+1})_i$ konstant auf Zusammenhangskomponenten

$C_1, \ldots, C_k \subseteq V$. Seien die Werte dort $\alpha_1, \ldots, \alpha_k$. Dann ist

$$v_{k+1} = \alpha_1 \mathbb{1}_{C_1} + \cdots + \alpha_k \mathbb{1}_{C_k} = \alpha_1 v_1 + \cdots + \alpha_k v_k$$

im Widerspruch dazu, dass $\{v_1, \ldots, v_{k+1}\}$ linear unabhängig ist. $\square$

Mit Satz 5.12 können wir Zusammenhangskomponenten, also die „besten" aber auch die „trivialsten" Cluster, ausfindig machen: Da wir deren Anzahl kennen, können wir irgendwo anfangen und jeweils alle Knoten, die zur Zusammenhangskomponente gehören, aufspüren, indem wir von dort ausgehend entlang Kanten z.B. per Breitensuche immer weiter vom Ausgangsvertex weggehen.

Interessanter ist allerdings der Fall, dass G zusammenhängend ist, aber trotzdem Cluster hat, wie etwa in Beispiel 5.2. Hierfür brauchen wir das folgende Hilfsmittel aus der Linearen Algebra.

Satz 5.13. (Courant-Fischer-Formel) *Sei $M \in \mathbb{R}^{n \times n}$ symmetrisch, d.h. wir haben mit Vielfachheiten reelle Eigenwerte $\lambda_1 \leqslant \lambda_2 \leqslant \cdots \leqslant \lambda_n$ und können ein Orthogonalsystem $\{v_1, \ldots, v_n\}$ aus zugehörigen Eigenvektoren wählen. Dann gilt für $k = 1, \ldots, n$*

$$\lambda_k = \min_{\substack{x \neq 0 \\ \langle x, v_i \rangle = 0 \\ \text{für } i=1,\ldots,k-1}} \frac{\langle x, Mx \rangle}{\langle x, x \rangle} \quad \text{und} \quad v_k \in \operatorname*{argmin}_{\substack{x \neq 0 \\ \langle x, v_i \rangle = 0 \\ \text{für } i=1,\ldots,k-1}} \frac{\langle x, Mx \rangle}{\langle x, x \rangle},$$

wobei wir die Skalarproduktbedingung als leer verstehen, wenn $k = 1$ ist.

Beweis. Da $\langle x, v_i \rangle = 0$ genau dann gilt, wenn $\langle x, v_i / \|v_i\| \rangle = 0$ ist, können wir ohne Einschränkung $\|v_i\| = 1$ annehmen und davon ausgehen, dass $\{v_1, \ldots, v_n\}$ eine Orthonormalbasis ist. Sei $0 \neq x \in \mathbb{R}^n$ beliebig. Dann können wir x nach der Orthonormalbasis entwickeln, also $x = \alpha_1 v_1 + \cdots + \alpha_n v_n$ mit $\langle x, v_i \rangle = \langle \alpha_1 v_1 + \cdots + \alpha_n v_n, v_i \rangle = \alpha_1 \langle v_1, v_i \rangle + \cdots + \alpha_n \langle v_n, v_i \rangle = \alpha_i$ für $i = 1, \ldots, n$ schreiben. Sei k fest. Für $x \neq 0$ mit $\langle x, v_i \rangle = 0$ für $i = 1, \ldots, k-1$ wie im Satz gilt

$$\langle x, Mx \rangle = \Big\langle \sum_{i=1}^{n} \alpha_i v_i, M\Big(\sum_{j=1}^{n} \alpha_j v_j\Big) \Big\rangle = \sum_{i,j=1}^{n} \alpha_i \alpha_j \langle v_i, M v_j \rangle$$

$$= \sum_{i,j=1}^{n} \alpha_i \alpha_j \langle v_i, \lambda_j v_j \rangle = \sum_{i,j=1}^{n} \alpha_i \alpha_j \lambda_j \langle v_i, v_j \rangle$$

$$= \sum_{i=1}^{n} \alpha_i^2 \lambda_i \underset{\substack{\uparrow \\ (*)}}{=} \sum_{i=k}^{n} \lambda_i \alpha_i^2 \geqslant \lambda_k \sum_{i=k}^{n} \alpha_i^2 \underset{\substack{\uparrow \\ (*)}}{=} \lambda_k \sum_{i=1}^{n} \alpha_i^2,$$

wobei wir für $(*)$ benutzt haben, dass $\alpha_i = \langle x, v_i \rangle = 0$ für $i = 1, \ldots, k-1$ gilt, und in der Abschätzung dazwischen, dass die λ_i wachsend sortiert sind. Völlig analog sieht man

$$\langle x, x \rangle = \sum_{i=1}^{n} \alpha_i^2$$

und damit folgt $\frac{\langle x, Mx \rangle}{\langle x, x \rangle} \geqslant \lambda_k$ für alle x, die wir oben betrachtet haben. D.h. wir haben

$$\min_{\substack{x \neq 0 \\ \langle x, v_i \rangle = 0 \\ \text{für } i = 1, \ldots, k-1}} \frac{\langle x, Mx \rangle}{\langle x, x \rangle} \geqslant \lambda_k.$$

Andererseits ist $\frac{\langle v_k, Mv_k \rangle}{\langle v_k, v_k \rangle} = \frac{\langle v_k, \lambda_k v_k \rangle}{\langle v_k, v_k \rangle} = \lambda_k$. D.h. oben gilt die Gleichheit und v_k ist ein Minimierer. □

Bemerkung 5.14. (i) Der Bruch $\frac{\langle x, Mx \rangle}{\langle x, x \rangle}$ wird oft als *Rayleigh-Quotient* bezeichnet.

(ii) Satz 5.13 kann wie folgt verallgemeinert werden: Für symmetrisches $M \in \mathbb{R}^{n \times n}$ mit Eigenwerten $\lambda_1 \leqslant \lambda_2 \leqslant \cdots \leqslant \lambda_n$ gilt

$$\lambda_k = \max_{\substack{U \subseteq \mathbb{R}^n \\ \dim U = n-k+1}} \min_{\substack{x \in U \\ x \neq 0}} \frac{\langle x, Mx \rangle}{\langle x, x \rangle} = \min_{\substack{U \subseteq \mathbb{R}^n \\ \dim U = k}} \max_{\substack{x \in U \\ x \neq 0}} \frac{\langle x, Mx \rangle}{\langle x, x \rangle},$$

wobei das Maximum bzw. Minimum über alle Unterräume $U \subseteq \mathbb{R}^n$ mit der angegebenen Dimension genommen wird. In der Tat zeigt Satz 5.13 die Abschätzung „$\leqslant$" in der ersten angegebenen Gleichung. Für die andere Richtung betrachten wir für U mit $\dim U = n - k + 1$ den Schnitt $U \cap \mathrm{span}\{v_k, \ldots, v_n\}$ und wählen $x = \alpha_1 v_1 + \cdots + \alpha_n v_n \neq 0$ in letzterem, wobei die v_i eine Basis aus Eigenvektoren zu den λ_i bilden. Dann folgt

$$\frac{\langle x, Mx \rangle}{\langle x, x \rangle} = \frac{\sum_{i=k}^{n} \lambda_i \alpha_i^2}{\sum_{i=k}^{n} \alpha_i^2} \geqslant \frac{\lambda_k \sum_{i=k}^{n} \alpha_i^2}{\sum_{i=k}^{n} \alpha_i^2} = \lambda_k,$$

weil die λ_i wachsend sind. Da $x \in U$ beliebig war, gilt $\max_{0 \neq x \in U} \frac{\langle x, Mx \rangle}{\langle x, x \rangle} \geqslant \lambda_k$, und da dieses nun für beliebige U mit der angegebenen Dimension gilt, muss auch

$$\max_{\substack{U \subseteq \mathbb{R}^n \\ \dim U = n-k+1}} \min_{\substack{x \in U \\ x \neq 0}} \frac{\langle x, Mx \rangle}{\langle x, x \rangle} \geqslant \lambda_k$$

gelten. Für die zweite Gleichung wendet man die erste auf $-M$ an.

(iii) Anstatt oben jeweils $\frac{\langle x, Mx \rangle}{\langle x, x \rangle}$ über alle $x \neq 0$ zu minimieren/maximieren, kann man auch nur den Zähler $\langle x, Mx \rangle$, aber über $\|x\| = 1$, mimimieren/maximieren.

Angewandt auf den Laplacian eines Graphen erhalten wir aus der Courant-

Fischer-Formel jetzt das Folgende.

Korollar 5.15. *Sei G ein Graph, L sein Laplacian, und $0 = \lambda_1 \leqslant \lambda_2 \leqslant \cdots \leqslant \lambda_n$ dessen Eigenwerte mit Vielfachheit. Wir wissen, dass $v_1 = \mathbb{1}$ gewählt werden kann. Dann gelten*

$$\lambda_2 \underset{\substack{\uparrow \\ \text{Satz} \\ 5.13}}{=} \min_{\substack{x \neq 0 \\ \langle x, \mathbb{1}\rangle = 0}} \frac{\langle x, Lx\rangle}{\langle x, x\rangle} = \min_{\substack{\|x\|=1 \\ \langle x, \mathbb{1}\rangle=0}} \langle x, Lx\rangle \underset{\substack{\uparrow \\ \text{Lem.} \\ 5.10}}{=} \min_{\substack{\|x\|=1 \\ \langle x, \mathbb{1}\rangle=0}} \sum_{\{i,j\}\in E} (x_i - x_j)^2$$

und

$$v_2 = \operatorname*{argmin}_{\substack{\|x\|=1 \\ \langle x, \mathbb{1}\rangle=0}} \langle x, Lx\rangle = \operatorname*{argmin}_{\substack{\|x\|=1 \\ \langle x, \mathbb{1}\rangle=0}} \sum_{\{i,j\}\in E} (x_i - x_j)^2. \qquad \square$$

Korollar 5.15 führt auf die folgende Heuristik: Sei G ein Graph und es sei $v_2 = (x_1, \ldots, x_n)$ wie oben ein Eigenvektor mit Norm Eins zum zweitkleinsten Eigenwert des Laplacians von G. Wir notieren jetzt die Vertices als Punkte in $\mathbb{R}$ und verwenden dabei x_1 als Koordinate von Vertex 1, x_2 als Koordinate von Vertex 2, usw.:

Dann bedeuten die Gleichungen in Korollar 5.15, dass sich dort, wo viele x_i's nah zusammenliegen, ein Cluster befindet:

Denn würde man einen Punkt von C_1 nach C_2 verschieben, so hätte man viel mehr „lange Kanten", die den Wert $\sum_{\{i,j\}\in E}(x_i - x_j)^2$ vergrößern würden. Andererseits können C_1 und C_2 nicht näher zusammen geschoben werden, da die Bedingung $\|v_2\| = 1$ gilt. Ist $\lambda_2 \approx 0$, so bedeutet dies, dass eine Anordnung möglich ist, bei der wenig Verbindungen von C_1 nach C_2 bestehen. Man spricht dann von einem *Flaschenhals*. Jetzt machen wir Obiges formal.

Definition 5.16. Sei $G = (V, E)$ ein Graph mit $\deg(e) > 0$ für alle $e \in E$.

(i) Für $S \subseteq V$ definieren wir das *Volumen* und den *Rand* per

$$\operatorname{vol}(S) = \sum_{v \in S} \deg(v) \quad \text{und} \quad \partial S = \big\{ \{i,j\} \in E \mid i \in S, j \in S^c \big\}.$$

(ii) Für $\emptyset \neq S \subset V$ definieren wir die *Leitfähigkeit* per

$$\phi(S) = \frac{\#\partial S}{\min(\text{vol } S, \text{vol } S^c)}.$$

(iii) Schließlich definieren wir die *Cheegerkonstante* durch

$$\text{Cheeg}(G) := \min_{\emptyset \neq S \subset V} \phi(S).$$

Sei $G = (V, E)$ ein Graph. Dann ist Cheeg(G) klein, falls $S \subseteq V$ existiert, sodass einerseits $\#\partial S$ klein ist, also bei einer Zerlegung von $V = S \cup S^c$ in zwei Cluster nicht zu viele Kanten zwischen den Clustern „zerschnitten" werden. Andererseits muss $\min(\text{vol } S, \text{vol } S^c)$ groß sein; wählt man also S sehr klein, um $\#\partial S$ klein zu halten, so macht einem der Nenner von $\phi(S)$ den Bruch wieder groß.

Etwas ungenau, aber sehr anschaulich, kann man sich die Minimierung von ϕ so vorstellen, als dass man nach dem *besten Schnitt durch G* sucht, wobei (a) möglichst wenig Kanten zerschnitten werden sollen und gleichzeitig (b) beide entstehenden Teile möglichst gleichviele Kanten enthalten sollen.

Als instruktives Beispiel betrachten wir einen Graph, der aus zwei *Cliquen* besteht. Diese sind links durch eine Kante und rechts durch drei Kanten verbunden.

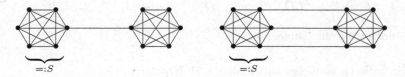

Durch Abzählen erkennt man, dass im linken Bild

$$\phi(S) = \frac{1}{5 \cdot 5 + 1 \cdot 6} \approx 0.03$$

gilt und dass jede andere Wahl von S auf einen größeren Bruch führt. Der optimale Schnitt ist also der, der die beiden Cliquen trennt und die Cheegerkonstante des linken Graphen ist demnach 0.03. Im rechten Graphen ergibt sich analog

$$\text{Cheeg}(G) = \phi(S) = \frac{3}{3 \cdot 5 + 3 \cdot 6} \approx 0.09.$$

Die Cheegerkonstante ist links also um den Faktor drei kleiner. Dies kann man so interpretieren, als dass der Flaschenhals zwischen den Cliquen links ausgeprägter ist als rechts.

Wollen wir nun die Cluster eines durch seine Adjazenzmatrix gegebenen Graphen finden, so müssen wir sukzessive möglichst gute Schnitte $S \cup S^c$ durchfüh-

ren, solange die Cheegerkonstante klein ist — und aufhören, sobald diese groß
wird. Auf die Frage, was hierbei mit *groß* und *klein* gemeint ist, kommen wir
noch zurück.

Wir notieren die folgenden einfachen Konsequenzen von Definition 5.16.

Bemerkung 5.17. Sei $G = (V, E)$ ein Graph.

(i) Für $S \subseteq V$ gilt $\phi(S) = \phi(S^c)$, $0 \leqslant \phi(S) \leqslant 1$, also insbesondere $0 \leqslant$
   $\text{Cheeg}(G) \leqslant 1$.

(ii) Es existiert $S \subseteq V$ mit $\text{Cheeg}(G) = \phi(S) = \frac{\#\partial S}{\text{vol}\,S}$, denn wegen $\partial S = \partial(S^c)$
   ist mit S auch immer S^c ein Minimierer.

(iii) Es gilt $\text{vol}(V) = \text{vol}(S) + \text{vol}(S^c)$ für alle $\emptyset \neq S \subset V$.

Für das Hauptresultat dieses Kapitels, eine Abschätzung der Cheegerkon-
stanten nach oben und unten durch Eigenwerte, müssen wir die Laplacematrix,
die uns ja bei den Zusammenhangskomponenten schon gute Dienste geleistet
hat, normalisieren.

Definition 5.18. Sei G ein Graph mit Knoten $\{1, \ldots, n\}$ und $\deg(i) > 0$ für alle $i = 1, \ldots, n$. Es sei L dessen Laplacian und $D := \text{diag}(\deg(1), \ldots, \deg(n)) =:$
$\text{diag}(d_1, \ldots, d_n)$. Die Matrix

$$\mathcal{L} := D^{-1/2} L D^{-1/2} \quad \text{mit} \quad D^{-1/2} = \text{diag}(d_1^{-1/2}, \ldots, d_n^{-1/2})$$

heißt *normalisierter Laplacian*.

Wir notieren zunächst ein Analogon zu Korollar 5.15.

Lemma 5.19. *Sei G ein Graph mit Knoten $\{1, \ldots, n\}$ und $\deg(i) > 0$ für alle*
$i = 1, \ldots, n$. Wir nummerieren die Eigenwerte des normalisierten Laplacians
$\mathcal{L}$ aufsteigend durch. Dann gilt $0 = \lambda_1(\mathcal{L}) \leqslant \lambda_2(\mathcal{L}) \leqslant \cdots$ und

$$\lambda_2(\mathcal{L}) = \min_{\substack{x \neq 0 \\ Dx = 0}} \frac{\displaystyle\sum_{\{i,j\} \in E} (x_i - x_j)^2}{\displaystyle\sum_{i=1}^{n} x_i^2 d_i}$$

Beweis. Für $x \in \mathbb{R}^n$ gilt

$$\langle x, \mathcal{L}x \rangle = \langle x, D^{-1/2} L D^{-1/2} x \rangle = \langle D^{-1/2}x, L D^{-1/2} x \rangle = \langle y, Ly \rangle \;\; \geqslant \;\; 0$$
$$\underset{\substack{\uparrow \\ \text{Lemma} \\ 5.10}}{}$$

mit $y := D^{-1/2}x$, d.h. $\mathcal{L}$ ist positiv semidefinit und alle Eigenwerte sind größer gleich Null. Ferner ist $\lambda_1(\mathcal{L}) = 0$ mit Eigenvektor $D^{1/2}\mathbb{1}$ denn

$$\mathcal{L}D^{1/2}\mathbb{1} = D^{-1/2}LD^{-1/2}D^{1/2}\mathbb{1} = D^{-1/2}L\mathbb{1} \underset{\substack{\uparrow \\ \text{Lemma} \\ 5.6}}{=} D^{-1/2}0\mathbb{1} = 0D^{1/2}\mathbb{1}.$$

Für den zweitkleinsten Eigenwert gilt schließlich

$$\lambda_2(\mathcal{L}) \underset{\substack{\uparrow \\ \text{Lem.} \\ 5.13}}{=} \min_{\substack{x \neq 0 \\ \langle x, D^{1/2}\mathbb{1}\rangle = 0}} \frac{\langle x, \mathcal{L}x\rangle}{\langle x, x\rangle} \overset{(*)}{=} \min_{\substack{y \neq 0 \\ \langle D^{1/2}y, D^{1/2}\mathbb{1}\rangle = 0}} \frac{\langle D^{1/2}y, \mathcal{L}D^{1/2}y\rangle}{\langle D^{1/2}y, D^{1/2}y\rangle}$$

$$= \min_{\substack{y \neq 0 \\ \langle y, D\mathbb{1}\rangle = 0}} \frac{\langle y, Ly\rangle}{\langle y, Dy\rangle} = \min_{\substack{y \neq 0 \\ Dy = 0}} \frac{\sum_{\{i,j\} \in E}(y_i - y_j)^2}{\sum_{i=1}^{n} y_i^2 d_i},$$

wobei wir in $(*)$ die Substitution $y := D^{-1/2}x$ durchgeführt haben und dann die Identität $L = D^{1/2}\mathcal{L}D^{1/2}$ benutzt haben. $\qquad\square$

Wir bemerken, dass im Allgemeinen natürlich $\lambda_2(L) \neq \lambda_2(\mathcal{L})$ gilt. Wir werden aber noch sehen, dass $\lambda_2(\mathcal{L}) > 0$ den Zusammenhang von G charakterisiert. Ist d regulär, so gilt $\lambda_2(\mathcal{L}) = \frac{1}{d}\lambda_2(L)$, vergleiche Aufgabe 5.4.

Für den Beweis von Satz 5.21 benötigen wir das folgende technische Lemma.

Lemma 5.20. *Sei* $G = (V, E)$ *ein Graph mit* $V = \{1, \ldots, n\}$. *Für* $i = 1, \ldots, n$ *definieren wir* $S_i := \{1, \ldots, i\}$ *und* $S_0 := \emptyset$. *Sei*

$$r := \max\{i \in \{1, \ldots, n\} \mid 2\operatorname{vol} S_i \leqslant \operatorname{vol} V\}.$$

(i) Für $0 \leqslant k \leqslant r$ *gelten* $\min(\operatorname{vol} S_k, \operatorname{vol} S_k^c) = \operatorname{vol} S_k$ *und* $\operatorname{vol} S_k - \operatorname{vol} S_{k+1} = -d_{k+1}$.

(ii) Für $r \leqslant k \leqslant n$ *gelten* $\min(\operatorname{vol} S_k, \operatorname{vol} S_k^c) = \operatorname{vol} S_k^c$ *und* $\operatorname{vol} S_k^c - \operatorname{vol} S_{k+1}^c = d_{k+1}$.

Beweis. (i) Sei $0 \leqslant k \leqslant r$. Dann gilt $2\operatorname{vol} S_k \leqslant \operatorname{vol} V = \operatorname{vol} S_k + \operatorname{vol} S_k^c$ per Definition von r. Es folgt $\operatorname{vol} S_k \leqslant \operatorname{vol} S_k^c$. Weiter gilt

$$\operatorname{vol} S_k - \operatorname{vol} S_{k+1} = \sum_{i=1}^{k} d_i - \sum_{i=1}^{k+1} d_i = -d_{k+1}.$$

(ii) Sei $r \leqslant k \leqslant n$. Dann gilt $2\operatorname{vol} S_k \geqslant \operatorname{vol} V = \operatorname{vol} S_k + \operatorname{vol} S_k^c$, also $\operatorname{vol} S_k \geqslant \operatorname{vol} S_k^c$. Ferner erhalten wir

$$\operatorname{vol} S_k^c - \operatorname{vol} S_{k+1}^c = \sum_{i=K+1}^{n} d_i - \sum_{i=k+2}^{n} d_i = d_{k+1}.$$

wie behauptet. $\qquad\square$

Nun kommen wir zum Hauptergebnis dieses Kapitels.

Satz 5.21. (Cheegerungleichung) *Sei* $G = (V, E)$ *ein Graph mit* $\deg(i) > 0$
für alle $i \in V$ *und seien* $0 = \lambda_1 \leqslant \lambda_2 \leqslant \cdots$ *die Eigenwerte des normalisierter Laplacians von* G. *Dann gilt*

$$\frac{\lambda_2}{2} \leqslant \mathrm{Cheeg}(G) \leqslant \sqrt{2\lambda_2}.$$

Es folgt, dass $\lambda_2 \approx 0$ *genau dann gilt, wenn* $\mathrm{Cheeg}(G) \approx 0$ *ist. Dies formalisiert die oben propagierte Heuristik, nach der es genau im Fall* $\lambda_2 \approx 0$ *möglich ist, den Graph derart in zwei Teile zu schneiden, sodass im Vergleich zu der Anzahl der Kanten in beiden Teilen wenig Kanten zwischen ihnen zerschnitten werden.*

Beweis. Wie in früheren Beweisen nehmen wir ohne Einschränkung an, dass $V = \{1, \ldots, n\}$ gilt. Wir bezeichnen mit $\mathbb{1}_S = (\mathbb{1}_{S,i})_{i=1,\ldots,n} \in \mathbb{R}^n$ den Vektor mit Einträgen $\mathbb{1}_{S,i} = 1$, falls $i \in S$ und $\mathbb{1}_{S,i} = 0$, falls $i \notin S$. Die zwei Abschätzungen im Satz zeigen wir nun einzeln. Wir beginnen mit der linken.

① Erste Cheegerungleichung: $\lambda_2 \leqslant 2\,\mathrm{Cheeg}(G)$.

Sei $S \subseteq V$ ein Minimierer für die Cheegerkonstante. Nach Bemerkung 5.17(ii) können wir ohne Einschränkung $\mathrm{C}_G = \frac{\#\partial S}{\mathrm{vol}\, S}$ annehmen, und das heißt insbesondere $\min(\mathrm{vol}\, S, \mathrm{vol}\, S^c) = \mathrm{vol}\, S$. Wir definieren den Vektor

$$x := \mathbb{1}_S - \frac{\mathrm{vol}\, S}{\mathrm{vol}\, V} \mathbb{1}_V \in \mathbb{R}^n.$$

Dann gilt $x \neq 0$ sowie

$$Dx = \sum_{i=1}^n d_i x_i = \sum_{i=1}^n d_i \mathbb{1}_{S,i} - \frac{\mathrm{vol}\, S}{\mathrm{vol}\, V} \sum_{i=1}^n d_i \mathbb{1}_{V,i} = \mathrm{vol}\, S - \mathrm{vol}\, S = 0,$$

und es folgt mit Lemma 5.19

$$\lambda_2 \leqslant \frac{\sum_{\{i,j\} \in E} (x_i - x_j)^2}{\sum_{i=1}^n x_i^2 d_i} =: \frac{Z}{N}.$$

Wir behandeln zuerst den Zähler. Da per Definition von x für $i = 1, \ldots, n$

$$x_i = \begin{cases} 1 - \frac{\mathrm{vol}\, S}{\mathrm{vol}\, V}, & \text{falls } i \in S, \\ -\frac{\mathrm{vol}\, S}{\mathrm{vol}\, V}, & \text{falls } i \notin S \end{cases}$$

gilt, haben wir für $i \neq j$

$$|x_i - x_j| = \begin{cases} 0, & \text{falls } i, j \in S \text{ oder } i, j \notin S, \\ 1, & \text{sonst,} \end{cases}$$

und daher ist

$$Z = \sum_{\{i,j\} \in E} (x_i - x_j)^2 = \#\big\{\{i,j\} \in E \mid i \in S \text{ and } j \notin S\big\} = \#\partial S.$$

Als Nächstes schätzen wir den Nenner ab. Hier gilt

$$\begin{aligned}
N = \sum_{i=1}^{n} x_i^2 d_i &= \sum_{i=1}^{n} \Big(\mathbb{1}_{S,i} - \tfrac{\operatorname{vol} S}{\operatorname{vol} V} \mathbb{1}_{V,i}\Big)^2 d_i \\
&= \sum_{i=1}^{n} \mathbb{1}_{S,i}^2 d_i - 2 \tfrac{\operatorname{vol} S}{\operatorname{vol} V} \sum_{i=1}^{n} \mathbb{1}_{S,i} \mathbb{1}_{V,i} d_i + \Big(\tfrac{\operatorname{vol} S}{\operatorname{vol} V}\Big)^2 \sum_{i=1}^{n} \mathbb{1}_{V,i}^2 d_i \\
&= \operatorname{vol} S - 2 \frac{(\operatorname{vol} S)^2}{\operatorname{vol} V} + \frac{(\operatorname{vol} S)^2}{\operatorname{vol} V} \\
&= \operatorname{vol} S - \operatorname{vol} V \cdot \frac{\operatorname{vol} S}{\operatorname{vol} S + \operatorname{vol} S^c} \\
&\geqslant \operatorname{vol} S - \operatorname{vol} V \cdot \frac{\operatorname{vol} S}{2 \operatorname{vol} S}, \\
&= \frac{\operatorname{vol} S}{2},
\end{aligned}$$

wobei wir $\operatorname{vol} S + \operatorname{vol} S^c \geqslant 2 \min(\operatorname{vol} S, \operatorname{vol} S^c) = 2 \operatorname{vol} S$ benutzt haben. Zusammen erhalten wir

$$\lambda_2 \leqslant \frac{Z}{N} \leqslant \frac{\#\partial S}{(\operatorname{vol} S)/2} = 2 \frac{\#\partial S}{\operatorname{vol} S} = 2 \operatorname{Cheeg}(G).$$

② Zweite Cheegerungleichung: $\lambda_2 \geqslant \frac{\operatorname{Cheeg}(G)^2}{2}$.

Für $i = 1, \ldots, n$ sei $S_i := \{1, \ldots, i\}$ und $S_0 := \emptyset$. Weiter definieren wir

$$\alpha := \min_{i=1,\ldots,n} \phi(S_i) \geqslant \min_{\emptyset \neq S \subset V} \phi(S) = \operatorname{Cheeg}(G) \tag{5.1}$$

und unser Ziel im Folgenden wird es sein, zu zeigen, dass $\lambda_2 \geqslant \alpha^2$ ist, denn damit folgt dann die fehlende Ungleichung. Um λ_2 ins Spiel zu bringen, verwenden wir Lemma 5.19 und wählen dort einen Minimierer $x \in \mathbb{R}^n$. D.h. es gilt

$$\lambda_2 = \frac{\sum_{\{i,j\} \in E} (x_i - x_j)^2}{\sum_{i=1}^{n} x_i^2 d_i} \quad \text{mit} \quad x \neq 0 \text{ und } Dx = \sum_{i=1}^{n} d_i x_i = 0 \tag{5.2}$$

und wir schätzen nun als erstes den Nenner nach oben ab. Zunächst können wir ohne Einschränkung annehmen, dass $x_1 \geqslant x_2 \geqslant \cdots \geqslant x_n$ gilt. Dann definieren wir

$$r := \max\big\{i \in \{1, \ldots, n\} \mid 2 \operatorname{vol} S_i \leqslant \operatorname{vol} V\big\}$$

und betrachten den Vektor $(x_i - x_r)_{i=1,\ldots,n}$. Hier sind nun per Obigem die

Einträge fallend und zwar erst größer gleich Null, bei $i = r$ gleich Null, und danach kleiner gleich Null. Wir teilen $(x_i - x_r)_{i=1,\ldots,n}$ auf in Positivteil und Negativteil:

$$
\begin{bmatrix}
x_1 - x_r \\
\vdots \\
x_{r-1} - x_r \\
0 \\
x_{r+1} - x_r \\
\vdots \\
x_n - x_r
\end{bmatrix}
=
\begin{bmatrix}
x_1 - x_r \\
\vdots \\
x_{r-1} - x_r \\
0 \\
0 \\
\vdots \\
0
\end{bmatrix}
-
\begin{bmatrix}
0 \\
\vdots \\
0 \\
0 \\
x_r - x_{r+1} \\
\vdots \\
x_r - x_n
\end{bmatrix}
=: p + n.
$$

Die Einträge von p sind nichtnegativ und fallend, die von n sind ebenfalls nichtnegativ aber wachsend. Insbesondere ist $n_i \cdot p_i = 0$ für jedes $i = 1, \ldots, n$. Jetzt schätzen wir ab, wobei in der folgenden Ungleichung der erste hinzugefügte Summand nach (5.2) Null und der zweite offenbar positiv ist:

$$
\begin{aligned}
\sum_{i=1}^{n} x_i^2 d_i &\leqslant \sum_{i=1}^{n} x_i^2 d_i - 2x_r \sum_{i=1}^{n} x_i d_i + x_r^2 \sum_{i=1}^{n} d_i \\
&= \sum_{i=1}^{n} (x_i - x_r)^2 d_i = \sum_{i=1}^{n} (p_i - n_i)^2 d_i \qquad (5.3) \\
&= \sum_{i=1}^{n} (p_i^2 - 2p_i n_i + n_i^2) d_i = \sum_{i=1}^{n} (p_i^2 + n_i^2) d_i.
\end{aligned}
$$

Um den Zähler des Quotienten für λ_2 in (5.2) abzuschätzen, betrachten wir die Summanden einzeln. Hier gilt

$$
(x_i - x_j)^2 = [(p_i - n_i) - (p_j - n_j)]^2 \underset{(*)}{\geqslant} (p_i - p_j)^2 + (n_i - n_j)^2, \qquad (5.4)
$$

wobei die erste Gleichung durch Einsetzen sofort ersichtlich ist. Die mit $(*)$ gekennzeichnete Ungleichung ist klar, falls $i, j \geqslant r$ oder $i, j \leqslant r$ gilt, denn dann ist $p_i = p_j = 0$ bzw. $n_i = n_j = 0$. Gezeigt werden muss also, ohne Einschränkung, nur der Fall $i \leqslant r \leqslant j$, wobei $i \neq j$. Hier haben wir $p_i, n_j \geqslant 0$ und $p_j = n_i = 0$ und es folgt

$$
\begin{aligned}
(x_i - x_j)^2 &= \big((x_i - x_r) - (x_j - x_r)\big)^2 \\
&= (x_i - x_r)^2 - 2(x_i - x_r)(x_j - x_r) + (x_j - x_r)^2 \\
&= p_i^2 - 2p_i(-n_j) + (-n_j)^2 \geqslant p_i^2 + (-n_j)^2 = (p_i - p_j)^2 + (n_i - n_j)^2.
\end{aligned}
$$

Für das Folgende notieren wir noch die beiden Ungleichungen

$$
\begin{aligned}
\forall\, a, c \geqslant 0, b, d > 0: \ & \frac{a+c}{b+d} \geqslant \min\left(\frac{a}{b}, \frac{c}{d}\right), \\
\forall\, u, v \in \mathbb{R}: \ & (u+v)^2 \leqslant 2(u^2 + v^2),
\end{aligned}
\qquad (5.5)
$$

deren einfache Beweise wir dem Leser überlassen. Die Anwendung unserer bisherigen Abschätzungen auf die in (5.2) notierte Formel für λ_2 führt auf eine Formel, in der Positiv- und Negativteile unvermischt auftreten:

$$
\begin{aligned}
\lambda_2 &= \frac{\sum_{\{i,j\}\in E}(x_i - x_j)^2}{\sum_{i=1}^{n} x_i^2 d_i} \\
&\underset{\substack{\uparrow \\ (5.3) \\ (5.4)}}{\geqslant} \frac{\sum_{\{i,j\}\in E}(p_i - p_j)^2 + (n_i - n_j)^2}{\sum_{i=1}^{n}(p_i^2 + n_i^2)d_i} \\
&= \frac{\sum_{\{i,j\}\in E}(p_i - p_j)^2 + \sum_{\{i,j\}\in E}(n_i - n_j)^2}{\sum_{i=1}^{n} p_i^2 d_i + \sum_{\{i,j\}\in E} n_i^2 d_i} \\
&\underset{\substack{\uparrow \\ (5.5)}}{\geqslant} \min\left(\frac{\sum_{\{i,j\}\in E}(p_i - p_j)^2}{\sum_{i=1}^{n} p_i^2 d_i}, \frac{\sum_{\{i,j\}\in E}(n_i - n_j)^2}{\sum_{\{i,j\}\in E} n_i^2 d_i}\right) \\
&= \min\left(\frac{\sum_{\{i,j\}\in E}(p_i - p_j)^2}{\sum_{i=1}^{n} p_i^2 d_i} \cdot \frac{\sum_{\{i,j\}\in E}(p_i + p_j)^2}{\sum_{\{i,j\}\in E}(p_i + p_j)^2}, \dots\right) \\
&=: \min\left(\frac{Z}{N}, \dots\right).
\end{aligned}
$$

Im Folgenden können wir nun nur noch den ausschließlich Positivteile enthaltenden Ausdruck Z/N abschätzen und werden dabei beobachten, dass die Abschätzung des die Negativteile enthaltenden Ausdrucks analog funktioniert. Wir starten mit

$$
\begin{aligned}
N &= \sum_{i=1}^{n} p_i^2 d_i \cdot \sum_{\{i,j\}\in E}(p_i + p_j)^2 \underset{\substack{\uparrow \\ (5.5)}}{\geqslant} \sum_{i=1}^{n} p_i d_i \cdot \sum_{\{i,j\}\in E} 2(p_i^2 + p_j^2) \\
&= 2\left(\sum_{i=1}^{n} p_i^2 d_i\right) \cdot \left(\sum_{\{i,j\}\in E} p_i^2 + \sum_{\{i,j\}\in E} p_j^2\right) = 2\left(\sum_{i=1}^{n} p_i^2 d_i\right) \cdot 2\left(\sum_{\{i,j\}\in E} p_i^2\right) \\
&\underset{\substack{\uparrow \\ (\circ)}}{\geqslant} 2\left(\sum_{i=1}^{n} p_i^2 d_i\right) \cdot \left(\sum_{i=1}^{n} p_i^2 d_i\right) = 2\left(\sum_{i=1}^{n} p_i^2 d_i\right)^2,
\end{aligned}
$$

wobei $(\circ)$ so zustande kommt: Anstatt über alle Kanten zu summieren, summieren wir über alle Knoten und multiplizieren jeweils mit dem Grad — da dabei dann jede Kante zweimal vorkommt, korrigieren wir dies durch Streichen des Vorfaktors. Ganz formal kann man wie folgt argumentieren:

$$
\begin{aligned}
2\left(\sum_{\{i,j\}\in E} p_i^2\right) &= 2\left(\sum_{\substack{\{i,j\}\in E \\ i<j}} p_i^2\right) = 2\left(\sum_{\substack{i,j=1 \\ i<j}}^{n} \mathbb{1}_E(i,j)\, p_i^2\right) = \sum_{i,j=1}^{n} \mathbb{1}_E(i,j) p_i^2 \\
&= \sum_{i=1}^{n}\left(p_i^2 \sum_{j=1}^{n} \mathbb{1}_E(i,j)\right) = \sum_{i=1}^{n} p_i^2 \cdot \#\{\{i,j\}\in E\} = \sum_{i=1}^{n} p_i^2 d_i,
\end{aligned}
$$

wobei wir die Abkürzung

$$\mathbb{1}_E : V \times V \to \mathbb{R}, \ \mathbb{1}_E(i,j) = \begin{cases} 1, & \text{falls } \{i,j\} \in E, \\ 0, & \text{sonst} \end{cases} \tag{5.6}$$

benutzt haben. Als Nächstes schätzen wir den Zähler ab. Wir empfehlen dem Leser für die mit (Δ) gekennzeichneten Gleichungen jeweils den (dreieckigen!) Bereich in $\mathbb{N} \times \mathbb{N}$ zu skizzieren, über den summiert wird.

$$
\begin{aligned}
Z \ &= \ \sum_{\{i,j\} \in E} (p_i - p_j)^2 \cdot \sum_{\{i,j\} \in E} (p_i + p_j)^2 \\[2mm]
&= \ \left\| \big((p_i - p_j)^2\big)_{\{i,j\} \in E} \right\|^2_{\mathbb{R}^{\#E}} \cdot \left\| \big((p_i + p_j)^2\big)_{\{i,j\} \in E} \right\|^2_{\mathbb{R}^{\#E}} \\[2mm]
&\underset{\substack{\uparrow \\ \text{CSB-} \\ \text{Ungl.}}}{\geqslant} \ \left\langle \big((p_i - p_j)\big)_{\{i,j\} \in E}, \big((p_i + p_j)\big)_{\{i,j\} \in E} \right\rangle^2_{\mathbb{R}^{\#E}} \\[2mm]
&\underset{\substack{\uparrow \\ (5.6)}}{=} \ \Big(\sum_{\substack{i,j=1 \\ i<j}}^{n} \mathbb{1}_E(i,j) \cdot (p_i - p_j)(p_i + p_j) \Big)^2 \\[2mm]
&\underset{\substack{\uparrow \\ \text{Teleskop-} \\ \text{summe}}}{=} \ \Big(\sum_{i=1}^{n-1} \sum_{j=i+1}^{n} \mathbb{1}_E(i,j) \sum_{k=i}^{j-1} p_k^2 - p_{k+1}^2 \Big)^2 \\[2mm]
&\underset{\substack{\uparrow \\ (\Delta)}}{=} \ \Big(\sum_{i=1}^{n-1} \sum_{k=i}^{n-1} \sum_{j=k+1}^{n} \mathbb{1}_E(i,j) \cdot (p_k^2 - p_{k+1}^2) \Big)^2 \\[2mm]
&\underset{\substack{\uparrow \\ (\Delta)}}{=} \ \Big(\sum_{k=1}^{n-1} \sum_{i=1}^{k} \sum_{j=k+1}^{n} \mathbb{1}_E(i,j) \cdot (p_k^2 - p_{k+1}^2) \Big)^2 \\[2mm]
&= \ \Big(\sum_{k=1}^{n-1} (p_k^2 - p_{k+1}^2) \sum_{\substack{i \leqslant k < j \\ \{i,j\} \in E}} 1 \Big)^2 \\[2mm]
&= \ \Big(\sum_{k=1}^{n-1} (p_k^2 - p_{k+1}^2) \, \#\partial S_k \Big)^2 \\[2mm]
&\underset{\substack{\uparrow \\ \text{Dfn } \alpha \\ (5.1)}}{\geqslant} \ \Big(\sum_{k=1}^{n-1} (p_k^2 - p_{k+1}^2) \, \alpha \min(\text{vol } S_k, \text{vol } S_k^{\mathrm{c}}) \Big)^2 \\[2mm]
&\underset{\substack{\uparrow \\ p_k = 0 \text{ für} \\ k \geqslant r \text{ u. } 5.20}}{=} \ \Big(\sum_{k=1}^{r} (p_k^2 - p_{k+1}^2) \, \alpha \, \text{vol } S_k \Big)^2 \\[2mm]
&= \ \alpha^2 \Big(\sum_{k=1}^{r} p_k^2 \, \text{vol } S_k - \sum_{k=1}^{r} p_{k+1}^2 \, \text{vol } S_k \Big)^2 \\[2mm]
&\underset{\substack{\uparrow \\ \text{Indexshift}}}{=} \ \alpha^2 \Big(\sum_{k=0}^{r-1} p_{k+1}^2 \, \text{vol } S_{k+1} - \sum_{k=0}^{r-1} p_{k+1}^2 \, \text{vol } S_k \Big)^2 \\[2mm]
&\underset{\substack{\uparrow \\ \text{vol } S_0 = 0 \\ \text{u. } p_r = 0 \\ \text{Lemma} \\ 5.20}}{=} \ \alpha^2 \Big(\sum_{k=0}^{r-1} p_{k+1}^2 \, d_{k+1} \Big)^2
\end{aligned}
$$

$$\underset{\substack{\uparrow \\ \text{Indexshift} \\ \text{u. } p_k = 0 \\ \text{für } k \geqslant r}}{=} \alpha^2 \left(\sum_{k=1}^{n} p_k^2 d_k \right)^2$$

Zusammensetzen der Abschätzungen für Zähler und Nenner liefert

$$\frac{Z}{N} \geqslant \frac{\alpha^2 \left(\sum_{k=1}^{n} p_k^2 d_k \right)^2}{2 \left(\sum_{i=1}^{n} p_i^2 d_i \right)^2} = \cdot \frac{\alpha^2}{2}.$$

Für den Term mit den Negativteilen erhält man genau die gleiche Abschätzung durch analoge Argumentation und Benutzung der „dualen" Aussagen in Lemma 5.20, bzw. mit $n_k = 0$ für $k \leqslant r$. Wir überlassen diese Rechnung dem Leser. Wie bereits nach (5.1) erläutert, folgt $\lambda_2 \geqslant \alpha^2/2 \geqslant \text{Cheeg}(G)^2/2$. $\qquad \square$

Wir bemerken, dass die Cheeger-Ungleichung nach Jeff Cheeger benannt ist, der 1970 eine kontinuierliche Version, d.h. für Mannigfaltigkeiten statt Graphen, bewies. Daher stammen die Begriffe „Volumen", „Rand" usw., wie wir sie in diesem Kapitel benutzt haben. Der obige etwas vereinfachte Beweis stammt von Fan Chung aus dem Jahr 2007.

Als Letztes wollen wir noch notieren, dass Satz 5.21 implizit eine obere Schranke für den Eigenwert $\lambda_2(\mathcal{L})$ liefert.

Korollar 5.22. *Sei $G = (V, E)$ ein Graph mit $\deg(i) > 0$ für alle $i \in V$. Dann gilt für den zweitkleinsten Eigenwert λ_2 der normalisierten Laplacematrix von G die Abschätzung $\lambda_2 \leqslant 8$ und für die Cheegerkonstante $\text{Cheeg}(G) \leqslant 4$.* $\qquad \square$

Referenzen

Die in diesem Kapitel benutzten Konzepte der spektralen Graphentheorie sind allesamt Standard und praktisch überall zu finden. Der Beweis von Satz 5.21, inklusive der vorhergehenden Lemmas, ist [Chu07] entnommen. Der Autor bedankt sich bei Thomas Sauerwald für viele interessante Diskussionen über den Inhalt dieses Kapitels.

Aufgaben

Aufgabe 5.1. Sei G ein d-regulärer Graph mit Adjazenzmatrix A und Laplacian L. Zeigen Sie, dass $\sigma(L) = d - \sigma(A)$ gilt; genauer: $Av = \mu v$ gilt genau dann, wenn $Lv = (d - \mu)v$ gilt.

Bemerkung: Manchmal ist es rechnerisch einfacher, Eigenwerte und Eigenvektoren von A zu bestimmen und dann Obiges zu benutzen um die Eigenwerte/Eigenvektoren des Laplacians zu bekommen.

Aufgabe 5.2. Bestimmen Sie jeweils den Laplacian L, dessen Eigenwerte und ein zugehöriges Orthonormalsystem für den folgenden unzusammenhängenden Graphen G:

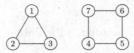

Machen Sie das gleiche für den *vollständigen Graphen* C_8, indem Sie zuerst zwei Eigenwerte erraten, dann deren Eigenräume bestimmen und dann weitermachen:

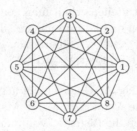

Aufgabe 5.3. Betrachten Sie den Graphen G, gegeben durch die folgende Adjazenzmatrix.

$$
A = \begin{bmatrix}
0 & 0 & 1 & 1 & 0 & 0 & 1 & 0 \\
0 & 0 & 0 & 0 & 1 & 1 & 1 & 0 \\
1 & 0 & 0 & 1 & 0 & 0 & 0 & 1 \\
1 & 0 & 1 & 0 & 0 & 0 & 1 & 0 \\
0 & 1 & 0 & 0 & 0 & 1 & 0 & 1 \\
0 & 1 & 0 & 0 & 1 & 0 & 0 & 1 \\
1 & 1 & 0 & 1 & 0 & 0 & 0 & 0 \\
0 & 0 & 1 & 0 & 1 & 1 & 0 & 0
\end{bmatrix}
$$

(i) Zeichnen Sie G von Hand, indem Sie die Knoten so anordnen wie beim vollständigen Graphen C_8 in Aufgabe 5.2 und dann die Kanten eintragen.

(ii) Berechnen Sie den Laplacian L und bestimmen Sie den zweitkleinsten Eigenwert λ_2 und einen zugehörigen Eigenvektor v_2.

(iii) Zeichnen Sie nun den Graphen erneut, indem Sie die Knoten als Punkte in $\mathbb{R}^2$ darstellen, sodass Knoten i als x-Koordinate den i-ten Eintrag von v_2 hat. Die y-Koordinaten wählen Sie so, dass das Bild gut aussieht. Können Sie nun die Cluster sehen?

(iv) Machen Sie das gleiche wie in (iii) für die zwei Graphen aus Aufgabe 5.2 und für den Graphen G, der durch die unter https://mathematicaldatascience. github.io/graph.html hinterlegte Adjazenzmatrix gegeben ist.

(v) Oben hatten wir die Heuristik propagiert, dass Punkte, die nah zusammen liegen, mit höherer Wahrscheinlichkeit durch eine Kante miteinander verbunden sind als Punkte, die weit auseinander liegen, und dass deshalb die Anordnung der Punkte die Cluster erkennen lässt. Gehen Sie nochmal durch die Beispiele und notieren Sie Effekte, die zeigen, dass man vorsichtig sein muss.

Hinweis: Z.B. in Python gibt es fertige Funktionen, die anhand der Adjazenzmatrix den Laplacian bestimmen, bzw. Eigenwerte nach Größe sortiert nebst mit zugehörigen Eigenvektoren ausrechnen.

Aufgabe 5.4. Sei G ein d-regulärer Graph, L der (normale) Laplacian und $\mathcal{L}$ der normalisierte Laplacian. Zeigen Sie $\sigma(\mathcal{L}) = \frac{1}{d} \cdot \sigma(L)$; genauer: $Lv = \lambda v$ gilt genau dann, wenn $\mathcal{L}v = \frac{\lambda}{d}v$ gilt.

Aufgabe 5.5. Berechnen Sie die Cheegerkonstante Cheeg(G) des Graphen G:

Stellen Sie eine Vermutung auf, was die Cheegerkonstante des *Kreises K_n*

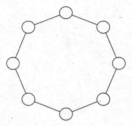

mit $n \geqslant 2$ Knoten sein könnte und beweisen Sie diese.

Aufgabe 5.6. (i) Ein Graph G habe die Laplacematrix L und es gelte

$$\det(L - \lambda) = \lambda^3(\lambda - 2)(\lambda - 3)^4(\lambda - 4)^2.$$

Wie viele Zusammenhangskomponenten hat G?

(ii) Bestimmen Sie die Cheegerkonstante des folgenden Graphen:

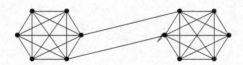

Bestpassende Unterräume

In Kapitel 2 haben wir eine affin-lineare Funktion $f\colon \mathbb{R}^d \to \mathbb{R}$, bzw. den affin-linearen Unterraum $\mathrm{gr}(f) \subseteq \mathbb{R}^{d+1}$, an eine gelabelte Datenmenge $\{(x_i, y_i) \in \mathbb{R}^d \times \mathbb{R} \mid i = 1, \dots, n\}$ angepasst. Die dort verwandte Methode der kleinsten Quadrate minimiert die Summe über die *Abstände in Labelrichtung* zwischen den Datenpunkten und dem affin-linearen Unterraum, vergleiche die Bilder vor den Sätzen 2.1 und 2.9.

Die in diesem Kapitel vorgestellte Theorie ist eng verbunden mit derjenigen der Singulärwertzerlegung, die im nachfolgenden Kapitel 7 entwickelt wird. Dort gehen wir dann auch auf die genauen Zusammenhänge ein.

Im Gegensatz zur affin-linearen Regression betrachten wir in diesem Kapitel eine ungelabelte Datenmenge $\{x_1, \dots, x_n\} \subseteq \mathbb{R}^d$ und approximieren diese durch einen Unterraum, indem wir die Summe der Quadrate der euklidischen Abstände zwischen Punkten und Unterraum minimieren. Im folgenden Bild soll also die Summe der Quadrate der Längen der gepunkteten Linien minimiert werden.

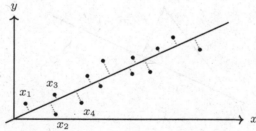

Wir notieren bezüglich der Einschränkung auf lineare Unterräume (anstelle affin-linearer) dass man bei Datenmengen, für die dies keine guten Ergebnisse liefert, die gesamte Datenmenge zuerst zentrieren kann, vergleiche Kapitel 3.3.

Definition 6.1. Seien $D := \{x_1, \dots, x_n\} \subseteq \mathbb{R}^d$ und $1 \leqslant k \leqslant d$. Ein Unterraum $V \subseteq \mathbb{R}^d$ heißt *k-bestpassender Unterraum* für D, falls $\dim V = k$ ist und für

© Der/die Autor(en), exklusiv lizenziert an
Springer-Verlag GmbH, DE, ein Teil von Springer Nature 2023
S.-A. Wegner, *Mathematische Einführung in Data Science*,
https://doi.org/10.1007/978-3-662-68697-3_6

jeden k-dimensionalen Unterraum $W \subseteq \mathbb{R}^d$ die Abschätzung

$$\sum_{i=1}^{n} \operatorname{dist}(x_i, V)^2 \leqslant \sum_{i=1}^{n} \operatorname{dist}(x_i, W)^2$$

gilt, wobei $\operatorname{dist}(x, V) = \min_{v \in V} \|x - v\|$ der Abstand von $x \in \mathbb{R}^d$ zu V ist.

Es ist einfach zu sehen, dass k-bestpassende Unterräume für eine gegebene Datenmenge D im Allgemeinen nicht eindeutig sind, vergleiche Aufgabe 6.3.

Im Folgenden sei der Raum $\mathbb{R}^d$ stets ausgestattet mit dem Standardskalarprodukt $\langle \cdot, \cdot \rangle$ und der davon induzierten euklidischen Norm $\|\cdot\|$. Wir schreiben $x \perp y$ für orthogonale Vektoren, $x \perp V$, wenn ein Vektor x orthogonal auf einem Unterraum $V \subseteq \mathbb{R}^d$ steht und $V^\perp$ für das orthogonale Komplement des Unterraums V. Wir bezeichnen mit

$$\pi_V \colon \mathbb{R}^d \to \mathbb{R}^d, \ u \mapsto \pi_V(x)$$

die Orthogonalprojektion und vermerken, dass wir Werte unter dieser per

$$\pi_V(x) = \sum_{j=1}^{k} \langle x, b_j \rangle b_j$$

berechnen können, wenn $\{b_1, \ldots, b_k\}$ eine beliebige Orthonormalbasis von V ist. Wir erinnern den Leser daran, dass in der Linearen Algebra gezeigt wird, dass stets $x - \pi_V(x) \perp V$ und $\pi_V(x) = \operatorname{argmin}_{v \in V} \|x - v\|$ gelten. Betrachten wir nun die Projektion eines Datenpunktes $x \in D$ auf einen potentiellen bestpassenden Unterraum V, so erhalten wir das folgende Bild.

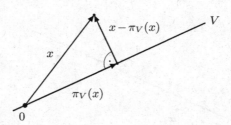

Da wir bei festen Daten über $V \subseteq \mathbb{R}^d$ optimieren, suggeriert das Bild, dass wir, anstatt das Abstandsquadrat von x zu V zu minimieren, auch das Normquadrat der Projektion maximieren können. In der Tat gilt das Folgende.

Lemma 6.2. *Sei eine Datenmenge $D = \{x_1, \ldots, x_n\} \in \mathbb{R}^d$ gegeben mit Koordinaten $x_i = (x_{i1}, \ldots, x_{id})$ für $i = 1, \ldots, n$. Wir betrachten die* Datenmatrix

$$X = \begin{bmatrix} x_1 \\ \vdots \\ x_n \end{bmatrix} = \begin{bmatrix} x_{11} & \cdots & x_{1d} \\ \vdots & & \vdots \\ x_{n1} & \cdots & x_{nd} \end{bmatrix} \in \mathbb{R}^{n \times d},$$

deren i-te Zeile gerade die Koordinaten des Punktes x_i enthält. Sei weiter $1 \leqslant k \leqslant d$ und $V \subseteq \mathbb{R}^d$ sei ein Unterraum mit Orthonormalbasis $\{v_1, \ldots, v_k\}$. Dann ist V genau dann ein k-bestpassender Unterraum für D, wenn für jedes Orthonormalsystem $\{w_1, \ldots, w_k\} \subseteq \mathbb{R}^d$ die Ungleichung

$$\sum_{j=1}^{n} \|Xv_j\|^2 \geqslant \sum_{j=1}^{n} \|Xw_j\|^2$$

gilt.

Beweis. Sei zuerst $B \subseteq \mathbb{R}^d$ ein beliebiger Unterraum mit einer Orthonormalbasis $\{b_1, \ldots, b_k\}$ und sei $\pi_B \colon \mathbb{R}^d \to \mathbb{R}^d$ die Orthogonalprojektion auf B. Dann gilt

$$
\begin{aligned}
\sum_{i=1}^{n} \|x_i\|^2 \underset{\substack{\uparrow \\ \text{Pytha-}\\ \text{goras}}}{=}\ & \sum_{i=1}^{n} \|x_i - \pi_B(x_i)\|^2 + \sum_{i=1}^{n} \|\pi_B(x_i)\|^2 \\
= \ & \sum_{i=1}^{n} \operatorname{dist}(x_i, B)^2 + \sum_{i=1}^{n} \sum_{j=1}^{k} |\langle x_i, b_j \rangle|^2 \\
= \ & \sum_{i=1}^{n} \operatorname{dist}(x_i, B)^2 + \sum_{j=1}^{k} \|Xb_j\|^2.
\end{aligned}
$$

Ist nun $V = \operatorname{span}\{v_1, \ldots, v_k\}$ wie im Lemma und $W \subseteq \mathbb{R}^d$ ein beliebiger Unterraum mit Orthonormalbasis $\{w_1, \ldots, w_k\}$, so folgt mit dem Obigen die Äquivalenz

$$\sum_{i=1}^{n} \operatorname{dist}(x_i, V)^2 \leqslant \sum_{i=1}^{n} \operatorname{dist}(x_i, W)^2 \iff \sum_{j=1}^{k} \|Xv_j\|^2 \geqslant \sum_{j=1}^{k} \|Xw_j\|^2.$$

Per Definition 6.1 ist V genau dann ein k-bestpassender Unterraum, wenn die linke Ungleichung für alle k-dimensionalen $W \subseteq \mathbb{R}^d$ gilt. Dies ist folglich dazu äquivalent, dass die rechte Ungleichung für alle Orthonormalsysteme $\{w_1, \ldots, w_k\}$ gilt. $\square$

Ist eine Datenmenge $D = \{x_1, \ldots, x_n\} \subseteq \mathbb{R}^d$ gegeben, so können wir nach Lemma 6.2 die zugehörige Datenmatrix X bilden und für diese die Optimierungsaufgabe

$$\{v_1, \ldots, v_k\} \in \operatorname*{argmax}_{\substack{\{\tilde{v}_1, \ldots, \tilde{v}_k\} \subseteq \mathbb{R}^d \\ \text{Orthonormal-}\\ \text{basis}}} \sum_{j=1}^{n} \|X\tilde{v}_j\|^2$$

bearbeiten. Ist ein entsprechender Maximierer gefunden, so erhalten wir per $V := \operatorname{span}\{v_1, \ldots, v_k\}$ einen k-bestpassenden Unterraum. Auf den ersten Blick ist oben nicht klar, ob ein Maximierer existiert. Betrachtet man allerdings den Spezialfall $k = 1$, dann reduziert sich das Optimierungsproblem auf die

Maximierung einer stetigen Funktion über die kompakte Einheitssphäre und die Existenz von

$$v_1 \in \underset{\|v\|=1}{\operatorname{argmax}} \|Xv\|^2 = \underset{\|v\|=1}{\operatorname{argmax}} \|Xv\|$$

ist gesichert. Entsprechend erhalten wir einen 1-bestpassenden Unterraum $V_1 = \operatorname{span}\{v_1\}$. Die entscheidende Idee ist es nun, für $k = 2$ nicht wieder von vorne anzufangen, sondern (etwas kühn!) darauf zu spekulieren, *dass ein 2-bestpassender Unterraum V_2 existiert, der V_1 als Teilraum enthält*. Dies führt auf das Optimierungsproblem

$$v_2 \in \underset{\substack{\|v\|=1 \\ v \perp v_1}}{\operatorname{argmax}} \|Xv\|,$$

bei welchem wieder eine stetige Funktion über eine kompakte Teilmenge, nämlich $\partial B_1(0) \cap V_1^\perp$, maximiert wird. Die Existenz von v_2 ist also wieder gesichert. Gezeigt werden muss hingegen, dass $V_2 := \operatorname{span}\{v_1, v_2\}$ tatsächlich ein 2-bestpassender Unterraum ist! Im folgenden Satz erledigen wir dies, und zwar nicht für $k = 2$ sondern mit einem Induktionsargument direkt für beliebiges $1 \leqslant k \leqslant d$.

Satz 6.3. *Sei $D = \{x_1, \ldots, x_n\} \in \mathbb{R}^d$ gegeben und $X = \begin{bmatrix} x_1 \\ \vdots \\ x_n \end{bmatrix} \in \mathbb{R}^{n \times d}$ die zugehörige Datenmatrix. Für $1 \leqslant k \leqslant d$ können wir dann*

$$v_j \in \underset{\substack{\|v\|=1 \\ v \perp v_1, \ldots, v_{j-1}}}{\operatorname{argmax}} \|Xv\|$$

sukzessive für $j = 1, \ldots, n$ wählen, wobei die Orthogonalitätsbedingung im Fall $j = 1$ als leer zu lesen ist. Mit den so gewählten v_j ist $V_k := \operatorname{span}\{v_1, \ldots, v_k\}$ ein k-bestpassender Unterraum für D.

Beweis. Da für jedes j jeweils eine stetige Funktion über eine kompakte Menge maximiert wird, ist die Existenz der $v_1, \ldots, v_k$ kein Problem. Um zu zeigen, dass V_k ein k-bestpassender Unterraum ist, definieren wir

$$K := \big\{ k \in \{1, \ldots, d\} \mid V_k \text{ ist } k\text{-bestpassender Unterraum} \big\}.$$

Dann gilt $1 \in K$ nach Lemma 6.2 bzw. nach den Erläuterungen direkt vor Satz 6.3. Wir behaupten nun, dass die Implikation

$$\forall k \in \{1, \ldots, d-1\}: k \in K \implies k+1 \in K$$

gilt. Sei hierzu $1 \leqslant k' < d$ mit $k \in K$. Wir wählen die $v_1, \ldots, v_{k+1}$ wie oben und definieren V_k und V_{k+1} als die entsprechenden aufgespannten Unterräume. Um zu zeigen, dass $k+1 \in K$ gilt, fixieren wir einen beliebigen $(k+1)$-dimensionalen

Unterraum $W \subseteq \mathbb{R}^d$ und definieren

$$U := \operatorname{span}\{\pi_W(v_1), \ldots, \pi_W(v_k)\} \subseteq W.$$

Da $\dim U \leqslant k$ gilt, können wir einen (suggestiv benannten!) Vektor $w_{k+1} \in W$ mit $w_{k+1} \perp U$ und $\|w_{k+1}\| = 1$ wählen. Für $i = 1, \ldots, k$ gilt dann

$$\langle w, v_i \rangle = \langle w, \underbrace{v_i - \pi_W(v_i)}_{\perp W} \rangle + \langle w, \underbrace{\pi_W(v_i)}_{\in U} \rangle = 0 + 0 = 0$$

und damit $w_{k+1} \perp v_1, \ldots, v_k$. Zusammen mit $\|w_{k+1}\| = 1$ impliziert dies

$$\|X w_{k+1}\|^2 \leqslant \max_{\substack{\|v\|=1 \\ v \perp v_1, \ldots, v_k}} \|Xv\|^2 \underset{\substack{\uparrow \\ \text{Dfn} \\ v_{k+1}}}{=} \|X v_{k+1}\|^2.$$

Andererseits können wir $\{w_{k+1}\}$ zu einer Orthonormalbasis $\{w_1, \ldots, w_k, w_{k+1}\}$ von W ergänzen. Für das Orthonormalsystem $\{w_1, \ldots, w_k\} \subseteq \mathbb{R}^d$ gilt dann nach Lemma 6.2 die Ungleichung

$$\sum_{j=1}^k \|A w_j\|^2 \leqslant \sum_{j=1}^k \|A v_j\|^2,$$

weil $V_k = \operatorname{span}\{v_1, \ldots, v_k\}$ per Voraussetzung ein k-bestpassender Unterraum ist. Addition der beiden abgesetzten Ungleichungen liefert

$$\sum_{j=1}^{k+1} \|A v_j\|^2 \geqslant \sum_{j=1}^{k+1} \|A w_j\|^2,$$

woraus durch eine erneute Anwendung von Lemma 6.2 folgt, dass V_{k+1} ein $(k+1)$-bestpassender Unterraum ist. $\qquad\square$

Der durch Satz 6.3 gegebenen Algorithmus zur Berechnung von V_k ist ein sogenannter *gieriger Algorithmus*: Bei der sukzessiven Wahl der v_j hätte es zum Beispiel passieren können, dass

$$\min_{\substack{V \subseteq \mathbb{R}^d \\ \dim V = 2}} \sum_{i=1}^n \operatorname{dist}(x_i, V)^2 < \min_{\substack{v_1 \in V \subseteq \mathbb{R}^d \\ \dim V = 2}} \sum_{i=1}^n \operatorname{dist}(x_i, V)^2$$

eintritt, also die „gierige" Festlegung auf den ersten Basisvektor v_1, die zum bestpassenden Unterraum der Dimension 1 führt, zur Folge hat, dass das Argmin über beliebige 2-dimensionale Unterräume gar nicht mehr erreicht werden kann. Satz 6.3 zeigt gerade, dass dies *nicht* passiert und damit in diesem Fall die gierige Strategie Erfolg hat.

Ist eine Datenmenge gegeben, die man mit einem k-bestpassenden Unterraum approximieren möchte, so stellt sich in natürlicher Weise die Frage, welches k man wählen soll. Wir beginnen mit der folgenden Feststellung.

Lemma 6.4. *Sei $D = \{x_1, \ldots, x_n\} \subseteq \mathbb{R}^d$ eine Datenmenge, $r := \dim \operatorname{span} D$ und sei V_r wie in Satz 6.3. Dann gilt $V_r = \operatorname{span} D$.*

Beweis. Zunächst ist klar, dass $V := \operatorname{span}\{x_1, \ldots, x_n\}$ ein r-bestpassender Unterraum ist, da $\operatorname{dist}(x_i, V) = 0$ für alle i gilt. Für den r-bestpassenden Unterraum V_r muss per Definition dann

$$\sum_{i=1}^{n} \operatorname{dist}(x_i, V_r)^2 \;=\; \sum_{i=1}^{n} \operatorname{dist}(x_i, V)^2 \;=\; 0$$

gelten. Da $V_r \subseteq \mathbb{R}^d$ abgeschlossen ist, geht dies nur, wenn $x_i \in V_r$ für alle i gilt. Aus Dimensionsgründen folgt dann $V_r = V$. $\qquad\square$

Sinnvollerweise ist also $k < r$ zu wählen. Für $k = r$ erhält man den von der Datenmenge aufgespannten Raum und bei einer Wahl von $k > r$ sind die nach der Rekursionsformel in Satz 6.3 gewählten $v_{r+1}, \ldots, v_k$ nach Obigem lediglich eine beliebige Ergänzung von $v_1, \ldots, v_k$ zu einen Orthonormalsystem.

Ist eine Datenmenge D gegeben, so ist es eventuell schwierig, die Dimension von $\operatorname{span} D$ zu ermitteln, womit Obiges nur bedingt nützlich ist. Der folgende Satz zeigt, wie man bei der rekursiven Berechnung der $v_1, v_2, \ldots$ erkennt, wann man bei v_r angekommen ist.

Proposition 6.5. *Sei $D = \{x_1, \ldots, x_n\} \in \mathbb{R}^d$ gegeben und $X = \begin{bmatrix} x_1 \\ \vdots \\ x_n \end{bmatrix} \in \mathbb{R}^{n \times d}$ die zugehörige Datenmatrix. Für $1 \leqslant k \leqslant d$ sei*

$$\sigma_k \;=\; \|X v_k\| \;=\; \max_{\substack{\|v\|=1 \\ v \perp v_1, \ldots, v_{k-1}}} \|X v\|,$$

wobei wir wieder die Orthogonalitätsbedingung im Fall $k = 1$ als leer auffassen. Dann gilt $\sigma_1 \geqslant \sigma_2 \geqslant \cdots \geqslant \sigma_r > 0$ und $\sigma_{r+1} = \cdots = \sigma_d = 0$ mit $r = \dim \operatorname{span} D$.

Beweis. Dass die σ_k fallend und nicht-negativ sind, ist per Konstruktion klar. Für $k \geqslant r + 1$ folgt

$$\sigma_k^2 \;=\; \max_{\substack{\|v\|=1 \\ v \perp v_1, \ldots, v_{k-1}}} \|X v\|^2 \;=\; \min_{\substack{\|v\|=1 \\ v \perp V_{k-1}}} \sum_{i=1}^{n} \operatorname{dist}(x_i, V_{k-1})^2 \;=\; 0$$

nach Lemma 6.4 und wegen $V_{k-1} \supseteq V_r$, also $\sigma_{r+1}, \ldots, \sigma_d = 0$. Wir behaupten nun, dass andererseits $\sigma_1, \ldots, \sigma_r > 0$ gilt. Dies sieht man am besten per Widerspruch: Angenommen, es gibt ein $1 \leqslant k \leqslant r$ mit $\sigma_k = \|X v_k\| = 0$. Dann sind wegen $\sigma_1 \geqslant \sigma_2 \geqslant \cdots \geqslant \sigma_d \geqslant 0$ auch $\sigma_{k+1}, \ldots, \sigma_d$ gleich Null. Letzteres heißt dann

$$\|Xv_k\| = \|Xv_{k+1}\| = \cdots = \|Xv_d\| = 0.$$

Damit haben wir $v_k, \ldots, v_d \in \ker X$ und folglich gilt $\dim \ker X \geqslant d - (k-1)$. Weiter gilt $\operatorname{rk} X = \dim \operatorname{span}\{x_1, \ldots, x_n\} = r$, da Zeilenrang$=$Spaltenrang. Es folgt

$$\dim \ker X + \dim \operatorname{ran} X \;\geqslant\; (d-k+1) + r \;=\; d+1+(r-k) \;\underset{\underset{k \leqslant r}{\uparrow}}{\geqslant}\; d+1$$

im Widerspruch zum Rangsatz. $\qquad\qquad\qquad\qquad\qquad\qquad\qquad\qquad \square$

Die σ_j in Proposition 6.5 sind wichtige Kennzahlen der Matrix X, die wir im folgenden Kapitel zur *Singulärwert*zerlegung noch genauer untersuchen werden. Insbesondere werden wir in Korollar 7.19 die Approximationsqualität von V_k, d.h. die Summe $\operatorname{dist}(x_1, V_k)^2 + \cdots + \operatorname{dist}(x_n, V_k)^2$ via der $\sigma_{k+1}, \ldots, \sigma_r$ ausdrücken.

Referenzen

Dieses Kapitel folgt hauptsächlich [BHK20, Chapter 3], wurde aber im Verlauf von mehreren durch den Autor gehaltenen Vorlesungen immer wieder verändert. Insbesondere werden im vorliegenden Text zunächst die bestpassenden Unterräume getrennt von der Singulärwertzerlegung eingeführt, die erst im folgenden Kapitel 7 behandelt wird. Das Zahlenbeispiel aus Aufgabe 6.1 stammt aus [Ham].

Aufgaben

Aufgabe 6.1. Berechnen Sie für die Datenmenge $D = \{(3,2,2),(2,3,-2)\} \subseteq \mathbb{R}^3$ die Vektoren v_1, v_2, v_3 mithilfe der Rekursionsformel in Satz 6.3. Erstellen Sie einen Plot des 1-dimensionalen und 2-dimensionalen bestpassenden Unterraumes mit einem geeigneten Programm.

Hinweis: Verwenden Sie Lagrange-Multiplier und prüfen Sie Zwischenergebnisse per CAS.

Aufgabe 6.2. Bestimmen Sie, z.B. durch Benutzung geeigneter Pakete in Python, einen 1-bestpassenden Unterraum zu den Daten aus Aufgabe 2.3 und plotten Sie diesen. Vergleichen Sie mit der Regressionsgerade aus Aufgabe 2.3.

Aufgabe 6.3. Zeigen Sie, dass n-viele Datenpunkte in $\mathbb{R}^d$ einen k-bestpassenden Unterraum im Allgemeinen nicht eindeutig bestimmen. Dies gilt selbst dann, wenn der Rang der Datenmatrix $X \in \mathbb{R}^{n \times d}$ echt größer als k ist.

Hinweis: Ein Beispiel, in dem die Nichteindeutigkeit anschaulich klar ist, ist schnell gefunden. Für den Beweis empfiehlt es sich allerdings, Methode 1 oder Methode $1\frac{1}{2}$ aus dem nachfolgenden Kapitel 7 zu benutzen.

7

Singulärwertzerlegung

Ist $A \in \mathbb{R}^{n \times n}$ eine symmetrische Matrix mit Spektrum $\sigma(A) = \{\lambda_1, \ldots, \lambda_n\}$, so existiert nach dem aus der Linearen Algebra wohlbekannten Satz über die orthogonale Diagonalisierbarkeit stets eine orthogonale Matrix $B \in \mathbb{R}^{n \times n}$, die der Matrixgleichung

$$B^\mathsf{T} A B = \operatorname{diag}(\lambda_1, \ldots, \lambda_n)$$

genügt. In diesem Kapitel verallgemeinern wir das Obige auf beliebige nicht-quadratische Matrizen $A \in \mathbb{R}^{n \times d}$. Dazu müssen wir zunächst den Begriff des Eigenwertes verallgemeinern; beachte insbesondere, dass die übliche Eigenwert-gleichung $Av = \lambda v$ für $A \in \mathbb{R}^{n \times d}$ mit $n \neq d$ nicht wohldefiniert ist.

Definition 7.1. Sei $A \in \mathbb{R}^{n \times d}$. Eine Zahl $\sigma > 0$ heißt *Singulärwert* von A, falls $v \in \mathbb{R}^d \backslash \{0\}$ und $u \in \mathbb{R}^n \backslash \{0\}$ existieren mit $Av = \sigma u$ und $A^\mathsf{T} u = \sigma v$. Wir nennen v und u zu σ gehörende *Singulärvektoren*; genauer heißt v ein *rechter* und u ein *linker Singulärvektor*. Die Menge aller Singulärwerte bezeichnen wir mit s(A).

Singulärwerte und Singulärvektoren einer Matrix $A \in \mathbb{R}^{n \times d}$ sind eng verbunden mit den Eigenwerten und Eigenvektoren der Matrizen $A^\mathsf{T} A \in \mathbb{R}^{d \times d}$ und $A A^\mathsf{T} \in \mathbb{R}^{n \times n}$. Für die spätere Nutzung notieren wir die folgenden Eigenschaften.

Lemma 7.2. *Sei $A \in \mathbb{R}^{n \times d}$. Dann gelten:*

(i) *$A^\mathsf{T} A$ und $A A^\mathsf{T}$ sind symmetrisch und positiv semidefinit.*

(ii) *Es gilt $\sigma(A^\mathsf{T} A) \backslash \{0\} = \sigma(A A^\mathsf{T}) \backslash \{0\}$.*

(iii) *Für Eigenwerte $\lambda \neq 0$ gilt $\dim \ker(A^\mathsf{T} A - \lambda) = \dim \ker(A A^\mathsf{T} - \lambda)$.*

(iv) *Es gilt $\operatorname{rk} A = \operatorname{rk} A^\mathsf{T} A = \operatorname{rk} A A^\mathsf{T} = \operatorname{rk} A^\mathsf{T}$.*

(v) *Mit (geometrischer = algebraischer) Vielfachheit gezählt, gibt es genau $\operatorname{rk}(A)$-viele von Null verschiedene Eigenwerte von $A^\mathsf{T} A$ bzw. $A A^\mathsf{T}$.*

Beweis. (i) Die Symmetrie ist klar; um die positive Semidefinitheit zu sehen,

© Der/die Autor(en), exklusiv lizenziert an
Springer-Verlag GmbH, DE, ein Teil von Springer Nature 2023
S.-A. Wegner, *Mathematische Einführung in Data Science*,
https://doi.org/10.1007/978-3-662-68697-3_7

berechnen wir für $x \in \mathbb{R}^d$ und $y \in \mathbb{R}^n$ jeweils

$$\langle x, A^\mathsf{T} A x \rangle = \langle Ax, Ax \rangle = \|Ax\|^2 \geqslant 0$$

und

$$\langle y, AA^\mathsf{T} y \rangle = \langle A^\mathsf{T} y, A^\mathsf{T} y \rangle = \|A^\mathsf{T} y\|^2 \geqslant 0.$$

(ii) Sei $\lambda \in \sigma(A^\mathsf{T} A) \backslash \{0\}$. Dann existiert $v \in \mathbb{R}^d \backslash \{0\}$ mit $A^\mathsf{T} A v = \lambda v$. Multiplikation mit A von links liefert $AA^\mathsf{T} A v = \lambda A v$. Wir setzen $u := Av \in \mathbb{R}^n$ und erhalten $AA^\mathsf{T} u = \lambda u$ mit

$$\|u\|^2 = \|Av\|^2 \langle Av, Av \rangle = \langle v, A^\mathsf{T} A v \rangle = \langle v, \lambda v \rangle = \lambda \|v\|^2 \neq 0,$$

also $u \neq 0$ und daher $\lambda \in \sigma(AA^\mathsf{T}) \backslash \{0\}$. Die andere Inklusion zeigt man analog.

(iii) Seien $v_1, \dots, v_k \in \ker(A^\mathsf{T} A - \lambda)$ linear unabhängig. Wir setzen $u_j := Av_j$ und notieren $u_j \in \ker(AA^\mathsf{T} - \lambda)$ für $j = 1, \dots, k$ wegen (ii). Sei jetzt $\alpha_1 u_1 + \cdots + \alpha_k u_k = 0$. Dann folgt

$$0 = \sum_{j=1}^k \alpha_j A v_j = \sum_{j=1}^k \alpha_j \lambda v_j = \lambda \sum_{j=1}^k \alpha_j v_j \stackrel{\lambda \neq 0}{\Longrightarrow} \sum_{j=1}^k \alpha_j v_j = 0$$

und damit $\alpha_1 = \cdots = \alpha_k = 0$, was zeigt, dass die $u_1, \dots, u_k$ linear unabhängig sind. Analog sieht man, dass linear unabhängige $u_1, \dots, u_k \in \ker(AA^\mathsf{T} - \lambda)$ per $v_j := A^\mathsf{T} u_j$ auf k-viele linear unabhängige Vektoren in $\ker(A^\mathsf{T} A - \lambda)$ führen.

(iv) Wir zeigen, dass $\ker A = \ker A^\mathsf{T} A$ gilt; daraus folgt $\operatorname{rk} A = \operatorname{rk} A^\mathsf{T} A$ nach dem Rangsatz. Die Inklusion „$\subseteq$" ist klar. Für „$\supseteq$" gelte $A^\mathsf{T} A x = 0$. Dann folgt

$$0 = \langle x, A^\mathsf{T} A x \rangle = \langle Ax, Ax \rangle = \|Ax\|^2$$

und damit $Ax = 0$. Die mittlere behauptete Gleichung ist klar und die letzte zeigt man analog zur ersten.

(v) Nach dem Satz über orthogonale Diagonalisierbarkeit gibt es eine orthogonale Matrix $B \in \mathbb{R}^{d \times d}$ mit

$$B^\mathsf{T}(A^\mathsf{T} A) B = \operatorname{diag}(\lambda_1, \dots, \lambda_n),$$

wobei $\lambda_1, \dots, \lambda_n$ die Eigenwerte von $A^\mathsf{T} A$ mit Vielfachheiten sind. Die rechte Seite der Gleichung hat also als Rang die Anzahl der von Null verschiedenen Eigenwerte, wenn diese mit Vielfachheiten gezählt werden. Der Rang der linken Seite in der Matrixgleichung ist gleich $\operatorname{rk} A^\mathsf{T} A$. □

Jetzt stellen wir die Verbindung zwischen Singulärwerten und Singulärvektoren von A zu Eigenwerten und Eigenvektoren von AA^T und $A^\mathsf{T} A$ her.

Lemma 7.3. *Sei $A \in \mathbb{R}^{n \times d}$. Es gilt:*

(i) *Sind u und v Singulärvektoren zum Singulärwert $\sigma \in s(A)$, so ist v Eigenvektor von $A^\intercal A$ und u Eigenvektor von $AA^\intercal$ jeweils zum Eigenwert σ^2.*

Umgekehrt haben wir:

(ii) *Ist v Eigenvektor von $A^\intercal A$ zum positiven Eigenwert $\lambda > 0$, dann sind v und $u := \frac{1}{\sqrt{\lambda}} A v$ Singulärvektoren zum Singulärwert $\sqrt{\lambda}$.*

(iii) *Ist u Eigenvektor von $AA^\intercal$ zum positiven Eigenwert $\lambda > 0$, dann sind u und $v := \frac{1}{\sqrt{\lambda}} A^\intercal u$ Singulärvektoren zum Singulärwert $\sqrt{\lambda}$.*

Beweis. (i) Es gelten

$$AA^\intercal v = A^\intercal \sigma u = \sigma \sigma v = \sigma^2 v \quad \text{und} \quad AA^\intercal u = A\sigma v = \sigma\sigma u = \sigma^2 u.$$

(ii) Hier haben wir $Av = \sqrt{\lambda} u$ per Definition und

$$A^\intercal u = A^\intercal \left(\frac{1}{\sqrt{\lambda}} A v \right) = \frac{1}{\sqrt{\lambda}} A^\intercal A v = \frac{\lambda}{\sqrt{\lambda}} v = \sqrt{\lambda} v.$$

(iii) Wieder gilt $A^\intercal u = \sqrt{\lambda} u$ per Definition und

$$Av = A \left(\frac{1}{\sqrt{\lambda}} A^\intercal u \right) = \frac{1}{\sqrt{\lambda}} AA^\intercal u = \frac{\lambda}{\sqrt{\lambda}} u = \sqrt{\lambda} u,$$

was den Beweis beendet. $\qquad\qquad\qquad\qquad\qquad\qquad\qquad\qquad\qquad\qquad$ $\square$

Mit Lemma 7.3 folgt also schon mal, dass es für $A \in \mathbb{R}^{n \times d}$ höchstens $p := \min(n, d)$-viele paarweise verschiedene Singulärwerte geben kann. Wie auch bei Eigenwerten wollen wir Singulärwerte allerdings im Folgenden „mit Vielfachheiten" zählen. Dass dies möglich ist, folgt ebenfalls aus Lemma 7.3 in Kombination mit Lemma 7.2. Nach diesen gilt nämlich für $\sigma \in s(A)$

$$\mathrm{vfh}(\sigma) := \dim \left\{ v \in \mathbb{R}^d \,\middle|\, \begin{array}{l} v = 0 \text{ oder } v \text{ rechter} \\ \text{SV von } A \text{ zum SW } \sigma \end{array} \right\}$$

$$= \dim \left\{ u \in \mathbb{R}^n \,\middle|\, \begin{array}{l} u = 0 \text{ oder } u \text{ linker} \\ \text{SV von } A \text{ zum SW } \sigma \end{array} \right\}$$

$$= \text{Vielfachheit des Eigenwertes } \sigma^2 \text{ von } A^\intercal A,$$
$$\text{oder, äquivalent, von } AA^\intercal.$$

Wir nennen die obige Zahl die *Vielfachheit des Singulärwertes* $\sigma > 0$. Zählen wir die Vielfachheiten mit, so gibt es nach Lemma 7.2 genau $r := \mathrm{rk}(A)$-viele Singulärwerte.

Lemma 7.4. *Sei $A \in \mathbb{R}^{n \times d}$ und sei $\{v_1, \ldots, v_r\}$ ein Orthonormalsystem aus Eigenvektoren von $A^\intercal A$ zu den Eigenwerten $\sigma_1^2 \geqslant \cdots \geqslant \sigma_r^2 > 0$. Dann ist*

$\{u_1, \ldots, u_r\}$ *mit* $u_i = \frac{1}{\sigma_i} A v_i$ *ein Orthonormalsystem. Analoges gilt, wenn ein Orthonormalsystem* $\{u_1, \ldots, u_r\}$ *gegeben ist, für* $\{v_1, \ldots, v_r\}$ *mit* $v_i = \frac{1}{\sigma_i} A^\mathsf{T} u_i$.

Beweis. Es gilt

$$\langle u_i, u_j \rangle = \big\langle \frac{1}{\sigma_i} A v_i, \frac{1}{\sigma_j} A v_j \big\rangle = \frac{1}{\sigma_i \sigma_j} \langle v_i, A^\mathsf{T} A v_j \rangle = \frac{\sigma_j}{\sigma_i} \langle v_i, v_j \rangle,$$

d.h. für $i \neq j$ gilt $\langle u_i, u_j \rangle = 0$ und für $i = j$ gilt $\|u_j\|^2 = 1$, also $\|u_j\| = 1$. Den zweiten Teil erledigt man mit einer analogen Rechnung. $\qquad\square$

Ergänzen wir die Orthonormalsysteme aus Lemma 7.4 zu Orthonormalbasen $\mathcal{V} = \{v_1, \ldots, v_d\}$ und $\mathcal{U} = \{u_1, \ldots, u_n\}$, so folgt, dass die Darstellungsmatrix der linearen Abbildung $\mathbb{R}^d \to \mathbb{R}^n$, $x \mapsto Ax$ gerade die mit Nullen geeignet aufgefüllte „Diagonalmatrix" $\mathrm{diag}(\sigma_1, \ldots, \sigma_r) \in \mathbb{R}^{n \times d}$ ist, wenn wir $\mathbb{R}^d$ mit der Basis $\mathcal{V}$ und $\mathbb{R}^n$ mit der Basis $\mathcal{U}$ ausstatten. Organisieren wir die Basisvektoren in Matrizen, so erhalten wir eine entsprechende Faktorisierung von A.

Definition 7.5. Sei $A \in \mathbb{R}^{n \times d}$ und $r = \mathrm{rk}\, A$. Eine Faktorisierung

$$A = U \Sigma V^\mathsf{T}$$

mit orthogonalen Matrizen $V \in \mathbb{R}^{d \times d}$, $U \in \mathbb{R}^{n \times n}$ und einer Diagonalmatrix $\Sigma = \mathrm{diag}(\sigma_1, \ldots, \sigma_r) \in \mathbb{R}^{n \times d}$ mit $\sigma_1 \geqslant \cdots \geqslant \sigma_r > 0$ heißt *Singulärwertzerlegung*, oder kurz *SVD*, von A.

Bemerkung 7.6. (i) Da U und V orthogonal sind, können wir die Gleichung $A = U \Sigma V^\mathsf{T}$ in Definition 7.5 zu

$$U^\mathsf{T} A V = \mathrm{diag}(\sigma_1, \ldots, \sigma_r) \in \mathbb{R}^{n \times d}$$

umstellen und erhalten das zu Beginn des Kapitels angekündigte Analogon des orthogonalen Diagonalisierungssatzes.

(ii) Setzt man $\sigma_{r+1} := \cdots := \sigma_p := 0$ für $p = \min(n, d)$, so gilt für die Diagonalmatrix in der Singulärwertzerlegung

$$\Sigma \in \left\{ \begin{bmatrix} \sigma_1 & & \\ & \ddots & \\ & & \sigma_p \end{bmatrix}, \begin{bmatrix} \sigma_1 & & & 0 & \cdots & 0 \\ & \ddots & & \vdots & & \vdots \\ & & \sigma_p & 0 & \cdots & 0 \end{bmatrix}, \begin{bmatrix} \sigma_1 & & \\ & \ddots & \\ & & \sigma_p \\ 0 & \cdots & 0 \\ \vdots & & \vdots \\ 0 & \cdots & 0 \end{bmatrix} \right\},$$

je nachdem, ob $n = d$, $n < d$ oder $n > d$ ausfällt. Beachte aber, dass die $\sigma_{r+1}, \ldots, \sigma_p$ nach Definition 7.1 keine Singulärwerte sind.

Wir notieren die folgende einfache, aber sehr hilfreiche, Darstellung von Matrix-Matrix-Matrix-Produkten der Form $U \Sigma V^\mathsf{T}$.

Lemma 7.7. *Seien* $U = (u_{ij}) \in \mathbb{R}^{n \times n}$ *und* $V = (v_{ij}) \in \mathbb{R}^{d \times d}$ *orthogonale Matrizen mit Spalten* $u_1, \ldots, u_n \in \mathbb{R}^n$ *bzw.* $v_1, \ldots, v_d \in \mathbb{R}^d$. *Sei* $\Sigma = \mathrm{diag}(\sigma_1, \ldots, \sigma_p) \in \mathbb{R}^{n \times d}$ *eine Matrix mit* $\sigma_i \in \mathbb{R}$ *und* $p = \min(n, d)$. *Dann gelten*

$$U\Sigma V^{\mathsf{T}} = \sum_{i=1}^{p} u_i \sigma_i v_i^{\mathsf{T}} \quad \text{und} \quad (U\Sigma V^{\mathsf{T}})_{ij} = \sum_{\ell=1}^{p} u_{i\ell} \sigma_\ell v_{j\ell}.$$

Ist $1 \leqslant k \leqslant p$ *und haben wir* $\sigma_{r+1} = \cdots = \sigma_p = 0$, *so gilt die obige Gleichung mit* k *statt* p *auf der rechten Seite.*

Beweis. Wir rechnen nach

$$\sum_{i=1}^{p} u_i \sigma_i v_i^{\mathsf{T}} = \sum_{i=1}^{p} \begin{bmatrix} u_{1i} \\ \vdots \\ u_{ni} \end{bmatrix} \begin{bmatrix} \sigma_i v_{1i} \cdots \sigma_i v_{di} \end{bmatrix}$$

$$= \sum_{i=1}^{p} \begin{bmatrix} u_{1i}\sigma_i v_{1i} & \cdots & u_{1i}\sigma_i v_{di} \\ \vdots & & \vdots \\ u_{ni}\sigma_i v_{1i} & \cdots & u_{ni}\sigma_i v_{di} \end{bmatrix}$$

$$= \begin{bmatrix} \sum_{i=1}^{p} u_{1i}\sigma_i v_{1i} & \cdots & \sum_{i=1}^{p} u_{1i}\sigma_i v_{di} \\ \vdots & & \vdots \\ \sum_{i=1}^{p} u_{ni}\sigma_i v_{1i} & \cdots & \sum_{i=1}^{p} u_{ni}\sigma_i v_{di} \end{bmatrix}$$

$$= \begin{bmatrix} u_{11} & \cdots & u_{1p} \\ \vdots & & \vdots \\ u_{n1} & \cdots & u_{np} \end{bmatrix} \cdot \begin{bmatrix} \sigma_1 v_{11} & \cdots & \sigma_1 v_{d1} \\ \vdots & & \vdots \\ \sigma_p v_{1p} & \cdots & \sigma_p v_{dp} \end{bmatrix}$$

$$= \begin{bmatrix} u_{11} & \cdots & u_{1p} \\ \vdots & & \vdots \\ u_{n1} & \cdots & u_{np} \end{bmatrix} \cdot \begin{bmatrix} \sigma_1 & & \\ & \ddots & \\ & & \sigma_p \end{bmatrix} \cdot \begin{bmatrix} v_{11} & \cdots & v_{d1} \\ \vdots & & \vdots \\ v_{1p} & \cdots & v_{dp} \end{bmatrix} = U\Sigma V^{\mathsf{T}},$$

wobei die letzte Gleichung im Fall $n = p$ klar ist. In den anderen beiden Fällen, vergleiche Bemerkung 7.6(ii), sieht man, dass das Abschneiden von Zeilen von V^{T} bzw. von Spalten von U keinen Einfluss auf die Einträge von $U\Sigma V^{\mathsf{T}}$ hat. $\square$

Wir sind jetzt bereit für unseren ersten Satz zur Singulärwertzerlegung.

Satz 7.8. (Methode 1 zur Bestimmung einer SVD) *Sei* $A \in \mathbb{R}^{n \times d}$ *und* $r = \mathrm{rk}\, A$. *Die folgenden Schritte führen zu einer Singulärwertzerlegung von* A:

1. *Bilde die Marix* $A^{\mathsf{T}}A$, *bestimme deren echt positive Eigenwerte und nummeriere diese absteigend* $\lambda_1 \geqslant \cdots \geqslant \lambda_r > 0$ *(mit Vielfachheiten ergeben sich genau* r-*viele; insbesondere muss man* r *nicht a priori kennen!). Bestimme ein zugehöriges Orthonormalsystem aus Eigenvektoren* $v_1, \ldots, v_r$.

2. *Setze* $\sigma_i = \sqrt{\lambda_i}$ *für* $i = 1, \ldots, r$.

3. *Setze* $u_i = \frac{1}{\sigma_i} A v_i$ *für* $i = 1, \ldots, r$; *erhalte ein ONS* $\{u_1, \ldots, u_r\}$.

4. *Ergänze zu Orthonormalbasen* $\mathcal{V} = \{v_1, \ldots, v_d\}$ *und* $\mathcal{U} = \{u_1, \ldots, u_n\}$.

5. *Setze* $V = [v_1 \cdots v_d]$, $U = [u_1 \cdots u_n]$ *und* $\Sigma = \mathrm{diag}(\sigma_1, \ldots, \sigma_r) \in \mathbb{R}^{n \times d}$.

Hat AA^T kleineres Format als $A^\mathsf{T}A$, so kann es einfacher sein, mit dieser Matrix zu beginnen und ansonsten analog zu verfahren. Dies bezeichnen wir als Methode $1\frac{1}{2}$.

Beweis. Dass die Schritte 1–5 zu zwei orthogonalen Matrizen U und V führen, deren Spalten Singulärvektoren zu den Singulärwerten σ_i sind, folgt aus den Lemmas 7.2, 7.3 und 7.4. Gezeigt werden muss, dass $A = U\Sigma V^\mathsf{T}$ gilt. Nach Lemma 7.7 genügt es hierfür zu prüfen, dass die beiden linearen Abbildungen

$$A\colon \mathbb{R}^d \to \mathbb{R}^n \quad \text{und} \quad B := \sum_{i=1}^{r} u_i\sigma_i v_i^\mathsf{T} \colon \mathbb{R}^d \to \mathbb{R}^n$$

auf der Basis $\mathcal{V}$ übereinstimmen. Für $1 \leqslant j \leqslant r$ gilt

$$Bv_j = \Big(\sum_{i=1}^{r} u_i\sigma_i v_i^\mathsf{T}\Big)v_j = \sum_{i=1}^{r} u_i\sigma_i v_i^\mathsf{T}v_j = \sum_{i=1}^{r} u_i\sigma_i \langle v_i, v_j\rangle = \sigma_j u_j = Av_j.$$

Für $r < j \leqslant d$ haben wir $Bv_j = 0$ und es bleibt zu zeigen, dass $Av_j = 0$ gilt. Wir wissen $\sigma_1, \ldots, \sigma_r \neq 0$ und wegen $A^\mathsf{T}u_i = \sigma_i v_i$ müssen die $v_1, \ldots, v_r$ im Bild von A^T liegen. Da $\operatorname{ran} A^\mathsf{T}$ Dimension r hat, sind also $v_{r+1}, \ldots, v_d$ orthogonal zu $\operatorname{ran} A^\mathsf{T}$. D.h. für beliebiges $u \in \mathbb{R}^d$ und $r < j \leqslant d$ haben wir

$$\langle Av_j, u\rangle = \langle v_j, A^\mathsf{T}u\rangle = 0.$$

Dies geht aber nur, wenn Av_j für die genannten j Null ist.   □

Durch die multiplen Wahlmöglichen ist klar, dass die Matrizen U und V im Allgemeinen nicht eindeutig durch A bestimmt sind. Die Matrix Σ ist es allerdings, und zwar aufgrund unserer Konvention, die Singulärwerte $\sigma_1 \geqslant \sigma_2 \geqslant \cdots \geqslant \sigma_r > 0$ immer absteigend zu sortieren.

Proposition 7.9. *Gelte $A = U\Sigma V^\mathsf{T}$ mit orthogonalen Matrizen $U \in \mathbb{R}^{n\times n}$, $V = \mathbb{R}^{d\times d}$ und einer Diagonalmatrix $\Sigma = \operatorname{diag}(\sigma_1, \ldots, \sigma_p) \in \mathbb{R}^{n\times d}$, wobei $p = \min(n, d)$ ist. Sei $r = \operatorname{rk} A$. Dann sind genau r-viele der σ_i gleich Null. Die restlichen sind die Singulärwerte von A und kommen in der Diagonalmatrix entsprechend ihrer Vielfachheit oft vor.*

Beweis. Da U und V vollen Rang haben, folgt $\operatorname{rk} \Sigma = \operatorname{rk} A = r$ und damit die erste Aussage. Für $j \in \{1, \ldots, p\}$ mit $\sigma_j \neq 0$ gelten nach Lemma 7.7

$$Av_j = U\Sigma V^\mathsf{T}v_j = \sum_{i=1}^{r} u_i\sigma_i v_i^\mathsf{T}v_j = \sigma_j u_j$$

und

$$A^\mathsf{T}u_j = (U\Sigma V^\mathsf{T})^\mathsf{T}u_j = \sum_{i=1}^{r} (u_i\sigma_i v_i^\mathsf{T})^\mathsf{T}u_j = \sum_{i=1}^{r} v_i\sigma_i u_i^\mathsf{T}u_j = \sigma_j v_j.$$

Folglich ist σ_j Singulärwert mit der j-ten Spalte v_j von V und der j-ten Spalte u_j von U als zugehörigen Singulärvektoren. □

Als Nächstes stellen wir den bereits am Ende von Kapitel 6 angekündigten Zusammenhang zwischen Singulärwertzerlegungen und bestpassenden Unterräumen her. Hierfür benötigen wir die Courant-Fischer-Formel, diesmal aber in leicht anderer Version als in Satz 5.13, nämlich für absteigend durchnummerierte Eigenwerte.

Satz 7.10. (Courant-Fischer-Formel für absteigend nummerierte Eigenwerte) *Sei $M \in \mathbb{R}^{n \times n}$ eine symmetrische Matrix mit Eigenwerten $\lambda_1 \geqslant \lambda_2 \geqslant \cdots \geqslant \lambda_n$ und einer Orthonormalbsis aus Eigenvektoren $\{v_1, \ldots, v_n\}$. Dann gilt für $k = 1, \ldots, n$*

$$\lambda_k = \max_{\substack{x \neq 0 \\ \langle x, v_i \rangle = 0 \\ \text{für } i=1,\ldots,k-1}} \frac{\langle x, Mx \rangle}{\langle x, x \rangle} \quad und \quad v_k \in \operatorname*{argmax}_{\substack{x \neq 0 \\ \langle x, v_i \rangle = 0 \\ \text{für } i=1,\ldots,k-1}} \frac{\langle x, Mx \rangle}{\langle x, x \rangle},$$

wobei die Orthogonalitätsbedingung für $k = 1$ als leer zu lesen ist.

Beweis. Seien M und $\lambda_1 \geqslant \lambda_2 \geqslant \cdots \geqslant \lambda_n$ wie angegeben. Die Matrix $-M$ hat dann die Eigenwerte $-\lambda_1 \leqslant -\lambda_2 \leqslant \cdots \leqslant -\lambda_n$ und die $v_1, \ldots, v_n$ bilden (ohne Vorzeichenänderung!) eine Orthonormalbasis aus Eigenvektoren für $-M$. Nach Satz 5.13 gilt dann für $k = 1, \ldots, n$

$$-\lambda_k = \min_{\substack{x \neq 0 \\ \langle x, v_i \rangle = 0 \\ \text{für } i=1,\ldots,k-1}} \frac{\langle x, -Mx \rangle}{\langle x, x \rangle} = -\max_{\substack{x \neq 0 \\ \langle x, v_i \rangle = 0 \\ \text{für } i=1,\ldots,k-1}} \frac{\langle x, Mx \rangle}{\langle x, x \rangle},$$

sowie

$$v_k \in \operatorname*{argmin}_{\substack{x \neq 0 \\ \langle x, v_i \rangle = 0 \\ \text{für } i=1,\ldots,k-1}} \frac{\langle x, -Mx \rangle}{\langle x, x \rangle} = \operatorname*{argmin}_{\substack{x \neq 0 \\ \langle x, v_i \rangle = 0 \\ \text{für } i=1,\ldots,k-1}} \frac{\langle x, Mx \rangle}{\langle x, x \rangle},$$

was den Beweis beendet. □

Als Erstes zeigen wir jetzt, dass die in Kapitel 6 vorgestellte algorithmische Berechnungsmethode für den k-bestpassenden Unterraum eine Singulärwertzerlegung liefert.

Satz 7.11. (Methode 2 zur Bestimmung einer SVD) *Sei $A \in \mathbb{R}^{n \times d}$ und $r = \operatorname{rk} A$. Die folgenden Schritte führen zu einer Singulärwertzerlegung von A:*

1. Für $k \geqslant 1$ bestimme iterativ

$$\sigma_k = \max_{\substack{\|v\|=1 \\ v \perp v_1, \ldots, v_{k-1}}} \|Av\|, \quad v_k \in \operatorname*{argmax}_{\substack{\|v\|=1 \\ v \perp v_1, \ldots, v_{k-1}}} \|Av\|, \quad u_k := \frac{1}{\sigma_k} A v_k,$$

solange $\sigma_k \neq 0$ gilt (dies ist genau für $k = 1, \ldots, r$ der Fall; man muss
also r nicht a priori kennen!).

2. *Ergänze zu Orthonormalbasen $\mathcal{V} = \{v_1, \ldots, v_d\}$ und $\mathcal{U} = \{u_1, \ldots, u_n\}$.*

3. *Setze $V = [v_1 \cdots v_d]$, $U = [u_1 \cdots u_d]$ und $\Sigma = \mathrm{diag}(\sigma_1, \ldots, \sigma_r) \in \mathbb{R}^{n \times d}$.*

Startet man mit A^T anstelle von A und geht ansonsten analog vor, so erhält
man ebenfalls eine Singulärwertzerlegung. Dies bezeichnen wir als Methode $2\frac{1}{2}$.

Beweis. Seien $\lambda_1 \geqslant \cdots \geqslant \lambda_r > 0$ wie in Satz 7.8 die echt positiven Eigenwerte von $A^\mathsf{T}A$ und $\{v_1, \ldots, v_r\}$ ein Orthonormalsystem aus Eigenvektoren. Die Courant-Fischer Formel 7.10 (mit Substitution $v := x/\|x\|$) impliziert dann

$$\sigma_k = \lambda_k^{1/2} = \max_{\substack{\|v\|=1 \\ v \perp v_1, \ldots, v_{k-1}}} (\langle v, A^\mathsf{T}Av \rangle)^{1/2} = \max_{\substack{\|v\|=1 \\ v \perp v_1, \ldots, v_{k-1}}} (\langle Av, Av \rangle)^{1/2} = \max_{\substack{\|v\|=1 \\ v \perp v_1, \ldots, v_{k-1}}} \|Av\|.$$

Per Konstruktion sind die $v_1, \ldots, v_r$ ein Orthonormalsystem. Gezeigt werden muss jetzt also, dass v_i Eigenvektor zum Eigenwert λ_i ist für $i = 1, \ldots, r$. Da $A^\mathsf{T}A$ symmetrisch ist, können wir eine orthogonale Matrix $B \in \mathbb{R}^{d \times d}$ wählen mit $B^\mathsf{T}A^\mathsf{T}AB = \mathrm{diag}(\lambda_1, \ldots, \lambda_r, 0, \ldots, 0)$. Wir betrachten die isometrische Bijektion

$$B^\mathsf{T} \colon \mathbb{R}^d \to \mathbb{R}^d, \ v \mapsto B^\mathsf{T}v$$

und vermerken, dass vermöge dieser $v \in \ker(A^\mathsf{T}A - \lambda_i)$ genau dann gilt, wenn $B^\mathsf{T}v \in \ker(\mathrm{diag}(\cdots) - \lambda_i)$ ist. Letzteres heißt gerade, dass $(B^\mathsf{T}v)_j = 0$ ist für diejenigen j mit $\lambda_j = \lambda_i$. Weiter berechnen wir

$$\|Av\|^2 = \|ABB^\mathsf{T}v\|^2 = \|B^\mathsf{T}ABB^\mathsf{T}v\|^2 = \|\mathrm{diag}(\cdots)B^\mathsf{T}v\|^2 = \sum_{j=1}^r \lambda_j^2 (B^\mathsf{T}v)_j^2.$$

Sei i_1 die Vielfachheit von λ_1 und $1 \leqslant i \leqslant i_1$. Wir behaupten

$$\operatorname*{argmax}_{\|x\|=1} \sum_{j=1}^r \lambda_j^2 x_j^2 = \{x \in \partial \mathrm{B}_1(0) \mid x_j = 0 \text{ für } j > i_1\} =: M_1.$$

In der Tat liefert Einsetzen eines jeden $x \in M_1$ in die auf der linken Seite zu maximierende Funktion jeweils λ_1^2. Ist $x = (x_1, \ldots, x_d)$ gegeben mit $\|x\| = 1$ und existiert $j_0 > i_1$ mit $x_{j_0} \neq 0$, so haben wir

$$\sum_{j=1}^r \lambda_j^2 x_j^2 \leqslant \sum_{j=1}^r \lambda_1^2 x_j^2 \leqslant \lambda_1^2 \|x\|^2 = \lambda_1^2,$$

wobei im Fall dass $j_0 \leqslant r$ gilt, die erste Abschätzung strikt ist, weil dann der j_0-te Summand echt vergrößert wird. Ist $j_0 > r$, so ist die Summe über die x_i^2 echt kleiner als $\|x\|^2$ und daher die zweite Abschätzung strikt. Es folgt, dass M_1 genau die angegebene Menge der Maximierer ist. Nach Obigem ist $B^\mathsf{T}v_i \in M_1$

und es folgt $v_i \in \ker(A^\intercal A - \lambda_1)$ für $1 \leqslant i \leqslant i_1$. Weiterhin notieren wir

$$M_1 = \mathrm{span}\{B^\intercal v_1, \dots, B^\intercal v_{i_1}\} \cap \partial \mathrm{B}_1(0).$$

Sei i_2 die Vielfachheit von λ_{i_1+1} und ab jetzt $i_1 < i \leqslant i_1 + i_2$. Wir behaupten

$$\underset{\substack{\|x\|=1 \\ x \perp B^\intercal v_1, \dots, B^\intercal v_{i_1}}}{\mathrm{argmax}} \sum_{j=1}^{r} \lambda_j^2 x_j^2 = \{x \in \partial \mathrm{B}_1(0) \,|\, x_j = 0 \text{ für } j \leqslant i_1 \text{ und für } j > i_2\} =: M_2.$$

Sei $x \in M_2$. Dann gilt $\|x\| = 1$ und $x \perp B^\intercal v_1, \dots, B^\intercal v_{i_1}$. Einsetzen von x in die Summe auf der linken Seite liefert $\lambda_{i_1+1}^2$. Sei x gegeben mit $\|x\| = 1$ und $x \perp B^\intercal v_1, \dots, B^\intercal v_{i_1}$, also $x \perp M_1$ und damit $x_j = 0$ für $j \leqslant i_1$. Falls es ein $j_0 > i_2$ mit $x_{j_0} \neq 0$ gibt, so sieht man

$$\sum_{j=1}^{r} \lambda_j^2 x_j^2 = \sum_{j=i_1+1}^{r} \lambda_j^2 x_j^2 \leqslant \sum_{j=i_1+1}^{r} \lambda_{i_1+1}^2 x_j^2 \leqslant \lambda_{i_1+1}^2 \|x\|^2 = \lambda_{i_1+1}^2,$$

wobei wieder mindestens eine der Ungleichungen strikt ist. Damit haben wir die Gleichung für M_2 und es folgt, dass $v_{i_1+1}, \dots, v_{i_1+i_2}$ Eigenvektoren zu λ_{i_1+1} sind. Für alle weiteren Eigenwerte wiederholen wir die gleichen Argumente. $\square$

Die Bedingung, nach der in Satz 7.11 die $v_1, \dots, v_r$ gewählt werden, stimmt mit derjenigen in Satz 6.3 überein. Man kann also sagen, dass die Berechnung der k-bestpassenden Unterräume für $k = 1, \dots, r$ zu einer Datenmenge $\{a_1, \dots, a_n\} \subseteq \mathbb{R}^d$ nebenbei eine Singulärwertzerlegung der Matrix A liefert, deren Zeilen die a_i sind. Der nächste Satz zeigt, dass auch die Umkehrung wahr ist. Beachte, dass die Matrix V nicht eindeutig durch A bestimmt ist.

Satz 7.12. *Sei $D = \{a_1, \dots, a_n\} \subseteq \mathbb{R}^d$ eine Datenmenge bestehend aus Punkten $a_i = (a_{i1}, \dots, a_{id})$ für $i = 1, \dots, n$. Wir betrachten die* Datenmatrix

$$A = \begin{bmatrix} a_{11} & \cdots & a_{1d} \\ \vdots & & \vdots \\ a_{n1} & \cdots & a_{nd} \end{bmatrix} \in \mathbb{R}^{n \times d},$$

deren i-te Zeile gerade die Koordinaten des Punktes a_i enthält. Sei $A = U \Sigma V^\intercal$ eine beliebige Singulärwertzerlegung von A. Dann spannen die k-ersten Spalten $v_1, \dots, v_k$ von V einen k-bestpassenden Unterraum für D auf.

Beweis. Sei $r = \mathrm{rk}\, A$ und zuerst $k \leqslant r$. Dann sind, nach Proposition 7.9, die Spalten $v_1, \dots, v_k$ von V Singulärvektoren zu $\sigma_1, \dots, \sigma_k > 0$. Nach Lemma 7.3 ist daher v_i Eigenvektor von $A^\intercal A$ zum Eigenwert σ_i für $i = 1, \dots, k$. Wie im Beweis des vorherigen Satzes 7.11 folgt

$$v_i \in \underset{\substack{\|v\|=1 \\ v \perp v_1, \dots, v_{i-1}}}{\mathrm{argmax}} \|Av\|$$

für $i = 1, \ldots, k$. Nach Satz 6.3 spannen die $v_1, \ldots, v_k$ also einen k-bestpassenden Unterraum für D auf. Ist $k > r$, so gilt nach Lemma 6.4

$$\text{span}\{a_1, \ldots, a_n\} \subseteq \text{span}\{v_1, \ldots, v_r\} \subseteq \text{span}\{v_1, \ldots, v_k\}$$

und letzterer Raum ist trivialerweise k-bestpassend. $\square$

Bemerkung 7.13. Man kann die Existenz einer Singulärwertzerlegung auch ohne die Theorie der orthogonalen Diagonalisierbarkeit beweisen, sondern direkt mit dem Algorithmus in Satz 7.11 („algorithmischer Beweis"): Seien hierzu U, V und Σ so definiert, wie in Satz 7.11 angegeben. Wir wissen also per Konstruktion, dass $V^\mathsf{T} V = \text{id}_{\mathbb{R}^d}$ und $U^\mathsf{T} U = \text{id}_{\mathbb{R}^n}$ gilt. Zu zeigen ist $U^\mathsf{T} A V = \text{diag}(\sigma_1, \ldots, \sigma_r)$. Dazu rechnen wir das Matrixprodukt aus, wobei wir mit u_i^T die Zeilen von U^T bezeichnen:

$$U^\mathsf{T} A V = \begin{bmatrix} u_1^\mathsf{T} \\ \vdots \\ u_n^\mathsf{T} \end{bmatrix} A \begin{bmatrix} v_1 \cdots v_n \end{bmatrix} = \begin{bmatrix} u_1^\mathsf{T} \\ \vdots \\ u_n^\mathsf{T} \end{bmatrix} \begin{bmatrix} Av_1 \cdots Av_n \end{bmatrix} = \begin{bmatrix} u_1^\mathsf{T} Av_1 \cdots u_1^\mathsf{T} Av_d \\ \vdots \quad\quad \vdots \\ u_n^\mathsf{T} Av_1 \cdots u_n^\mathsf{T} Av_d \end{bmatrix}.$$

Für $1 \leqslant i \leqslant r$ gilt dann $u_i^\mathsf{T} A v_i = u_i^\mathsf{T} \sigma_i u_i = \sigma_i \langle u_i, u_i \rangle = \sigma_i$, wobei wir die Definition $u_i = \frac{1}{\sigma_i} A v_i$ benutzt haben. Für $1 \leqslant i < k \leqslant r$ gilt $u_k^\mathsf{T} A v_i = u_k^\mathsf{T} \sigma_k u_i = \sigma_k \langle u_k, u_i \rangle = 0$. Für $k > r$ ist $\|Av_k\| = 0$, also sind alle dementsprechenden Einträge in der Produktmatrix Null:

$$U^\mathsf{T} A V = \begin{bmatrix} \sigma_1 & \boxed{u_1^\mathsf{T} Av_2 \ \ u_1^\mathsf{T} Av_2 \ \cdots \ u_1^\mathsf{T} Av_d} \\ 0 & \sigma_2 & \boxed{u_2^\mathsf{T} Av_2 \ \cdots \ u_2^\mathsf{T} Av_d} \\ \vdots & & \vdots \\ 0 & 0 & \cdots\cdots\cdots \ \boxed{u_n^\mathsf{T} Av_d} \end{bmatrix}.$$

Wir zeigen nun iterativ, dass die oben umrahmten Zeilen ebenfalls Null sind und nennen diese zu diesem Zweck von oben beginnend $w_1^\mathsf{T}, w_2^\mathsf{T}, \ldots, w_n^\mathsf{T}$. Weiter bezeichnen wir die Teilmatrix, die genau unterhalb von w_i^T liegt, mit B_i. Für $i = 1$ haben wir also

$$U^\mathsf{T} A V = \begin{bmatrix} \sigma_1 & w_1^\mathsf{T} \\ 0 & B_1 \end{bmatrix}$$

und behaupten, dass $w_1 = 0$ ist. Dazu berechnen wir

$$\left\| U^\mathsf{T} A V \begin{bmatrix} \sigma_1 \\ w_1 \end{bmatrix} \right\|^2 = \left\| \begin{bmatrix} \sigma_1 & w_1^\mathsf{T} \\ 0 & B_1 \end{bmatrix} \begin{bmatrix} \sigma_1 \\ w_1 \end{bmatrix} \right\|^2 = \left\| \begin{bmatrix} \sigma_1^2 + \langle w_1, w_1 \rangle \\ B_1 w_1 \end{bmatrix} \right\|^2 \geqslant (\sigma_1^2 + \|w_1\|^2)^2$$

und

$$\left\| \begin{bmatrix} \sigma_1 \\ w_1 \end{bmatrix} \right\|^2 = \sigma_1^2 + \|w_1\|^2.$$

Weil U^T und V Isometrien sind, und mit $v := \begin{bmatrix} \sigma_1 \\ w_1 \end{bmatrix} / \left\| \begin{bmatrix} \sigma_1 \\ w_1 \end{bmatrix} \right\|$, erhalten wir

$$\sigma_1 = \max_{\|x\|=1} \|Ax\| = \|A\|_{\text{op}} = \|U^\mathsf{T}\|_{\text{op}} \|A\|_{\text{op}} \|V\|_{\text{op}}$$

$$\geq \|U^\mathsf{T}AV\|_{\mathrm{op}} = \max_{\|x\|=1} \|U^\mathsf{T}AVx\| \geq \frac{\|U^\mathsf{T}AV\begin{bmatrix}\sigma_1\\w_1\end{bmatrix}\|}{\|\begin{bmatrix}\sigma_1\\w_1\end{bmatrix}\|}$$

$$\geq \frac{\sigma_1^2 + \|w_1\|^2}{\sqrt{\sigma_1^2 + \|w_1\|^2}} = \sqrt{\sigma_1^2 + \|w_1\|^2} \geq \sigma_1,$$

was zeigt, dass alle Ungleichungen in der Tat Gleichungen waren. Das geht aber nur, wenn $w_1 = 0$ ist. Sind nun bereits $w_1, \ldots, w_k = 0$, so zeigt man $w_{k+1} = 0$, indem man das letzte Argument wiederholt, aber mit

$$v = \begin{bmatrix} 0 \\ \vdots \\ 0 \\ w_{k+1} \\ B_{k+1} \end{bmatrix} \bigg/ \left\| \begin{bmatrix} 0 \\ \vdots \\ 0 \\ w_{k+1} \\ B_{k+1} \end{bmatrix} \right\|.$$

Bevor wir gleich zu weiteren Anwendungen der Singulärwertzerlegung kommen (neben der Berechnung bestpassender Unterräume), wollen wir noch zeigen, dass die Singulärwertzerlegung den Satz über die orthogonale Diagonalisierbarkeit in der Tat verallgemeinert.

Proposition 7.14. *Sei $A \in \mathbb{R}^{n \times n}$ eine symmetrische Matrix, sei $r = \mathrm{rk}\,A$ und seien $\sigma_1 \geq \cdots \geq \sigma_r > 0$ deren Singulärwerte mit rechten Singulärvektoren $v_1, \ldots, v_r$, welche wir zu einer Orthonormalbasis $\{v_1, \ldots, v_n\}$ ergänzen. Dann sind $\sigma_1, \ldots, \sigma_r$ die echt positiven Eigenwerte von A und Null ist Eigenwert mit Vielfachheit $n - r$. Ferner gilt $V^\mathsf{T}AV = \mathrm{diag}(\sigma_1, \ldots, \sigma_r, 0, \ldots, 0)$ mit $V = [v_1 \cdots v_n]$.*

Beweis. Sei λ ein Eigenwert ungleich Null. Dann gilt $Av = \lambda v$ mit einem $v \neq 0$. Da A symmetrisch ist, folgt $A^\mathsf{T}v = \lambda v$, d.h. λ ist Singulärwert mit rechtem Singulärvektor v und linkem Singulärvektor ebenfalls v. Wir erhalten $A = V\Sigma V^\mathsf{T}$ wenn wir für die $\sigma_{r+1}, \ldots, \sigma_n$ die Orthonormalsysteme $\mathcal{U} = \mathcal{V} = \{v_1, \ldots, v_n\}$ auf die gleiche Weise zu Orthonormalbasen erweitern. $\square$

Multiplikation mit V^T von links in Proposition 7.14 liefert also genau eine, wie ganz am Anfang des Kapitels angegebene, orthogonale Diagonalisierung $V^\mathsf{T}AV = \mathrm{diag}(\sigma_1, \ldots, \sigma_r, 0, \ldots, 0)$. Der Leser sei aber wie folgt gewarnt: Ist A *quadratisch aber nicht symmetrisch*, so stimmen die σ_i im Allgemeinen *nicht* mit den Eigenwerten von A überein!

7.1 Dimensionalitätsreduktion

Berechnet man die Singulärwertzerlegung, z.B. von Bewertungsmatrizen A, siehe Beispiel 7.22, oder Bildmatrizen A, siehe Aufgabe 7.4, so fällt auf, dass die

Singulärwerte $\sigma_1 \geqslant \sigma_2 \geqslant \cdots \geqslant \sigma_r > 0$ häufig *sehr schnell fallen*, d.h. bereits für relativ kleines k haben wir

$$\sigma_{k+1} \approx \cdots \approx \sigma_r \approx 0.$$

Die zentrale Idee ist es nun, in der Singulärwertzerlegung ohnehin kleine Singulärwerte auf exakt Null zu setzen und auf diese Weise eine Approximation

$$\check{A} := U \check{\Sigma} V^\mathsf{T} \quad \text{mit} \quad \check{\Sigma} := \mathrm{diag}(\sigma_1, \ldots, \sigma_k) \in \mathbb{R}^{n \times d} \tag{7.1}$$

der Ausgangsmatrix A zu definieren. Um A mit $\check{A}$ zu vergleichen, verwenden wir die folgende Norm auf dem Raum $\mathbb{R}^{n \times d}$.

Definition 7.15. Sei $A \in \mathbb{R}^{n \times d}$ gegeben mit $A = (a_{ij})$. Dann ist die *Frobeniusnorm* von A definiert durch

$$\|A\|_\mathrm{F} := \Big(\sum_{i=1}^n \sum_{j=1}^d |a_{ij}|^2 \Big)^{1/2}.$$

Man sieht, dass die Frobeniusnorm nichts anderes ist als die euklidische Norm des Vektors $(a_{11}, a_{12}, \ldots, a_{nd}) \in \mathbb{R}^{n \cdot d}$, bei dem wir alle Matrixeinträge hintereinander schreiben. Daher ist klar, dass es sich bei $\| \cdot \|_\mathrm{F}$ tatsächlich um eine Norm auf $\mathbb{R}^{n \times d}$ handelt. Wir notieren den folgenden zentralen Zusammenhang zwischen Frobeniusnorm und Singulärwerten.

Proposition 7.16. *Sei $A \in \mathbb{R}^{n \times d}$, $r = \mathrm{rang}(A)$ und $\sigma_1 \geqslant \cdots \geqslant \sigma_r > 0$ seien die Singulärwerte von A. Dann gilt*

$$\|A\|_\mathrm{F} = \Big(\sum_{j=1}^r \sigma_j^2 \Big)^{1/2} = \left\| \begin{bmatrix} \sigma_1 \\ \vdots \\ \sigma_r \end{bmatrix} \right\|,$$

wobei auf der rechten Seite $\| \cdot \|$ für die euklidische Norm auf $\mathbb{R}^r$ steht.

Beweis. Im folgenden bezeichnen wir mit $\mathrm{spur}(B)$ für eine quadratische Matrix B die Summe der Einträge auf der Hauptdiagonalen von B. Damit ergibt sich

$$\mathrm{spur}(AA^\mathsf{T}) = \sum_{i=1}^n \sum_{j=1}^d a_{ij} a_{ij} = \sum_{j=1}^d \sum_{i=1}^n |a_{ij}|^2 = \|A\|_\mathrm{F}^2.$$

Weiter sieht man durch Berechnung der Hauptdiagonalen von Matrix-Matrix-Produkten XY und YX für $X \in \mathbb{R}^{m \times \ell}$ und $Y \in \mathbb{R}^{\ell \times m}$, dass $\mathrm{spur}(XY) = \mathrm{spur}(YX)$ gilt. Jetzt berechnen wir

$$\begin{aligned} \|A\|_\mathrm{F}^2 &= \mathrm{spur}(AA^\mathsf{T}) = \mathrm{spur}(U\Sigma V^\mathsf{T}(U\Sigma V^\mathsf{T})^\mathsf{T}) \\ &= \mathrm{spur}(U\Sigma V^\mathsf{T} V\Sigma^\mathsf{T} U^\mathsf{T}) = \mathrm{spur}(U\Sigma\Sigma^\mathsf{T} U^\mathsf{T}) \end{aligned}$$

$$= \mathrm{spur}(U^{\mathsf{T}}U\Sigma\Sigma^{\mathsf{T}}) = \mathrm{spur}(\Sigma\Sigma^{\mathsf{T}}) = \sigma_1^2 + \cdots + \sigma_r^2$$

und sind fertig. □

Als Nächstes quantifizieren wir die Approximationsqualität, die wir erreichen, wenn wir die Singulärwerte $\sigma_{k+1}, \ldots, \sigma_r$ auf Null setzen, also die Datenmatrix A durch die in (7.1) definierte Approximation $\check{A}$ ersetzen.

Satz 7.17. (Nullsetzen von Singulärwerten) *Sei $A \in \mathbb{R}^{n \times d}$ und $A = U\Sigma V^{\mathsf{T}}$ eine Singulärwertzerlegung von $A = (a_{ij})$ mit Singulärwerten $\sigma_1 \geqslant \cdots \geqslant \sigma_r > 0$. Für fixiertes $1 \leqslant k \leqslant r$ sei $\check{A} = (\check{a}_{ij})$ definiert wie in (7.1). Wir bezeichnen mit v_j die j-te Spalte von V und mit a_i bzw. $\check{a}_i$ die i-te Zeile von A bzw. von $\check{A}$, jeweils gelesen als (Spalten-)vektoren in $\mathbb{R}^d$. Dann gilt*

(i) $\|A - \check{A}\|_{\mathrm{F}} = \sqrt{\sigma_{k+1}^2 + \cdots + \sigma_r^2}$,

(ii) $\check{a}_i = \pi_{\mathrm{span}\{v_1, \ldots, v_k\}}(a_i)$ *für alle* $1 \leqslant i \leqslant n$.

Beweis. (i) Wegen $A - \check{A} = U(\Sigma - \check{\Sigma})V^{\mathsf{T}} = U \, \mathrm{diag}(0, \ldots, 0, \sigma_{k+1}, \ldots, \sigma_r)V^{\mathsf{T}}$ sind nach Proposition 7.9 die $\sigma_{k+1} \geqslant \cdots \geqslant \sigma_r$ gerade die Singulärwerte von $A - \check{A}$. Damit folgt aus Proposition 7.16 die gewünschte Formel.

(ii) In der Notation von Lemma 7.7 liefert eben dieses eine Formel für die Einträge der i-ten Zeile von A, nämlich

$$a_i = (a_{i1}, \ldots, a_{id}) = \Big(\sum_{\ell=1}^r u_{i\ell}\sigma_\ell v_{1\ell}, \ldots, \sum_{\ell=1}^r u_{i\ell}\sigma_\ell v_{d\ell} \Big)$$

$$= \sum_{\ell=1}^r u_{i\ell}\sigma_\ell (v_{1\ell}, \ldots, v_{d\ell}) = \sum_{\ell=1}^r u_{i\ell}\sigma_\ell v_\ell,$$

wobei $v_\ell = (v_{1\ell}, \ldots, v_{d\ell})$. Für $\check{A}$ gilt die gleiche Rechnung, außer dass die Summation jeweils bei $k \leqslant r$ abbricht. Daraus ergibt sich dann

$$\pi_{\mathrm{span}\{v_1, \ldots, v_k\}}(a_i) = \sum_{\mu=1}^k \langle a_i, v_\mu \rangle v_\mu = \sum_{\mu=1}^k \Big\langle \sum_{\ell=1}^r u_{i\ell}\sigma_\ell v_\ell, v_\mu \Big\rangle v_\mu$$

$$= \sum_{\mu=1}^k \sum_{\ell=1}^r u_{i\ell}\sigma_\ell \langle v_\ell, v_\mu \rangle v_\mu = \sum_{\ell=1}^k u_{i\ell}\sigma_\ell v_\ell = \check{a}_i$$

wie behauptet. □

Schreibt man die Matrix-Matrix-Matrix-Multiplikation $U\check{\Sigma}V^{\mathsf{T}}$ in Satz 7.17 aus, vergleiche Lemma 7.7, so erhält man

$$\check{A} = U\check{\Sigma}V^{\mathsf{T}} = \begin{bmatrix} u_{11} \cdots u_{1k} \\ \vdots \quad\ \vdots \\ u_{n1} \cdots u_{nk} \end{bmatrix} \begin{bmatrix} \sigma_1 & & \\ & \ddots & \\ & & \sigma_k \end{bmatrix} \begin{bmatrix} v_{11} \cdots v_{d1} \\ \vdots \quad\ \vdots \\ v_{1k} \cdots v_{dk} \end{bmatrix},$$

was die Berechnung von $\breve{A}$ in Beispielen vereinfacht. Ferner sieht man, dass $\breve{A}$ durch $(k \cdot n + k + k \cdot d)$-viele reelle Zahlen rekonstruiert werden kann. Dies verwenden wir in Aufgabe 7.4 zur Bildkompression via Singulärwertzerlegung.

Nach Satz 7.17(i) approximiert das Weglassen von Singulärwerten die Ausgangsmatrix in der Frobeniusnorm, wobei wir den Frobeniusabstand durch die Anzahl der Singulärwerte, die wir auf Null setzen, steuern können. Wegen $|a_{ij} - \breve{a}_{ij}| \leqslant \|A - \breve{A}\|_F$ erhalten wir insbesondere eine *punktweise* Approximation der Matrix $A = (a_{ij})$ durch $\breve{A} = (\breve{a}_{ij})$. Außerdem kontrollieren wir durch die Wahl von k den Rang der Matrix $\breve{A}$, erhalten also eine *Approximation von A durch Matrizen niedrigeren Ranges*. Diese ist im folgenden Sinne optimal.

Korollar 7.18. (über die Bestapproximation niedrigeren Ranges) *Unter den Voraussetzungen von Satz 7.17 gilt*

$$\breve{A} \in \underset{\substack{B \in \mathbb{R}^{n \times d} \\ \text{rk}\, B = k}}{\operatorname{argmin}} \|A - B\|_F.$$

Beweis. Angenommen, es existiert $B \in \mathbb{R}^{n \times d}$ mit $\|A - B\|_F < \|A - \breve{A}\|_F$. Wir setzen

$$V_k := \text{span}\{v_1, \ldots, v_k\}, \quad W := \text{span}\{b_1, \ldots, b_n\} \quad \text{und} \quad \breve{V} := \text{span}\{\breve{a}_1, \ldots, \breve{a}_n\},$$

wobei $b_i \in \mathbb{R}^d$ derjenige Vektor ist, der durch die Einträge der i-ten Zeile von B gegeben ist. Nach Satz 7.12 ist V_k ein k-bestpassender Unterraum für $\{a_1, \ldots, a_n\}$. Wir behaupten, dass $\breve{V} = V_k$ gilt. Nach Satz 7.17(ii) haben wir $\breve{a}_i \in V_k$ für $i = 1, \ldots, n$, also $\breve{V} \subseteq V_k$. Die Gleichheit folgt dann aus $\dim \breve{V} = \text{rk}\, \breve{A} = k = \dim V_k$. Wir erhalten damit für jedes $i = 1, \ldots, n$ die Abschätzungen

$$\underset{\substack{\uparrow \\ b_i \in W}}{\|a_i - b_i\|} \geqslant \underset{\substack{\uparrow \\ V_k \text{ k-best-}\\ \text{passend für}\\ a_1, \ldots, a_n}}{\|a_i - \pi_W(a_i)\|} \geqslant \underset{\substack{\uparrow \\ V_k = \breve{V}}}{\|a_i - \pi_{V_k}(a_i)\|} = \underset{\substack{\uparrow \\ \text{Satz}\\ 7.17(ii)}}{\|a_i - \pi_{\breve{V}}(a_i)\|} = \|a_i - \breve{a}_i\|.$$

Quadrieren und Absummieren liefert dann

$$\|A - \breve{A}\|_F^2 = \sum_{i=1}^n \|a_i - \breve{a}_i\|^2 \leqslant \sum_{i=1}^n \|a_i - b_i\|^2 = \|A - B\|_F^2$$

im Widerspruch zur Annahme.   □

Als Nächstes beweisen wir eine quantitative Version von Proposition 6.5: Sind uns alle Singulärwerte $\sigma_1 \geqslant \cdots \geqslant \sigma_r > 0$ bekannt, so können wir via Korollar 7.19 für eine gewünschte Approximationsqualität das dafür nötige k finden, oder umgekehrt für ein gewünschtes k den Approximationsfehler berechnen.

Korollar 7.19. (Finetuning bestpassender Unterräume) *Unter den Voraussetzungen von Satz 7.17 gilt*

$$\sum_{j=k+1}^{r} \sigma_j^2 = \sum_{i=1}^{n} \operatorname{dist}(a_i, \operatorname{span}\{v_1, \dots, v_k\})^2 = \min_{\substack{V \subseteq \mathbb{R}^d \\ \dim V = k}} \sum_{i=1}^{n} \operatorname{dist}(a_i, V)^2.$$

Beweis. Sei $V_k := \operatorname{span}\{v_1, \dots, v_k\}$. Nach Satz 7.12 ist V_k ein k-bestpassender Unterraum für $\{a_1, \dots, a_n\}$. Die erste Gleichung im Korollar folgt dann per

$$\sum_{i=1}^{n} \operatorname{dist}(x_i, V_k)^2 = \sum_{i=1}^{n} \|a_i - \pi_{V_k}(a_i)\|^2 \underset{\substack{\uparrow \\ \text{Satz} \\ 7.17(\text{ii})}}{=} \|A - \check{A}\|_{\mathrm{F}}^2 \underset{\substack{\uparrow \\ \text{Satz} \\ 7.17(\text{i})}}{=} \sum_{j=k+1}^{r} \sigma_j^2.$$

Die zweite Gleichung gilt, weil V_k ein k-bestpassender Unterraum ist. $\square$

Ist eine Datenmenge in $\mathbb{R}^d$ gegeben, und liegen vielleicht sogar alle Datenpunkte nah an einem niedrigdimensionalen Unterraum W von $\mathbb{R}^d$, so kann man die „Dimensionalität" der Datenmenge reduzieren, indem man die Datenpunkte auf W orthogonalprojiziert. Denkt man z.B. an den in Kapitel 3 diskutierten k-NN Algorithmus, so ist es wünschenswert, dass durch diese Projektion paarweise Abstände zwischen möglichst vielen Datenpunkten nur leicht verändert werden. Das folgende Bild suggeriert, dass ein bestpassender Unterraum mit nicht zu kleiner Dimension ein guter Kandidat für W sein könnte.

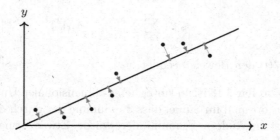

Um nicht nur die Dimension, sondern auch die Anzahl der Koordinaten zu reduzieren, verwenden wir nicht die Projektion π_{V_k} selbst, sondern die Abbildung

$$T_{V_k} : \mathbb{R}^d \to \mathbb{R}^k, \ x \mapsto \begin{bmatrix} v_{11} \cdots v_{d1} \\ \vdots \quad \vdots \\ v_{1k} \cdots v_{dk} \end{bmatrix} x. \tag{7.2}$$

Wegen $T_{V_k} x = (\langle v_1, x \rangle, \dots, \langle v_k, x \rangle)$ ist $T_{V_k} x$ der Koordinatenvektor der orthogonalen Projektion von x auf $V_k = \operatorname{span}\{v_1, \dots, v_k\}$ bezüglich der Basis $\mathcal{V}_k = \{v_1, \dots, v_k\}$.

Korollar 7.20. (über die Dimensionalitätsreduktion via SVD) *Unter den Voraussetzungen von Satz 7.19 sei T_{V_k} definiert wie in (7.2). Dann gilt*

$$\forall\, i,j \in \{1,\ldots,n\}\colon \|T_{V_k}a_i - T_{V_k}a_j\| \leqslant 2\Big(\sum_{\ell=k+1}^{r}\sigma_\ell\Big)^{1/2}.$$

Beweis. Wir bezeichnen mit $\mathcal{V}_k$ die Orthonormalbasis $\{v_1,\ldots,v_k\}$ des Raums $V_k = \operatorname{span}\{v_1,\ldots,v_k\}$. Nach Satz 7.17(ii) haben wir dann

$$(\breve{a}_i)_{\mathcal{V}_k} = (\pi_{V_k}(a_i))_{\mathcal{V}_k} = (\langle v_1, a_i\rangle, \ldots, \langle v_k, a_i\rangle) = T_{V_k}a_i$$

für $1 \leqslant i \leqslant n$. Für i und j wie im Korollar ergibt sich

$$\|T_{V_k}a_i - T_{V_k}a_j\| = \|\breve{a}_i - \breve{a}_j\| \leqslant \|\breve{a}_i - a_i\| + \|a_i - a_j\| + \|a_j - \breve{a}_j\|$$

sowie

$$\|a_i - a_j\| \leqslant \|a_i - \breve{a}_i\| + \|\breve{a}_i - \breve{a}_j\| + \|\breve{a}_j - a_j\|$$
$$= \|a_i - \breve{a}_i\| + \|T_{V_k}a_i - T_{V_k}a_j\| + \|\breve{a}_j - a_j\|.$$

Abziehen von $\|a_i - a_j\|$ von der ersten Ungleichung und Abziehen von $\|T_{V_k}a_i - T_{V_k}a_j\|$ von der zweiten Ungleichung liefert

$$\big|\|T_{V_k}a_i - T_{V_k}a_j\| - \|a_i - a_j\|\big| \leqslant \|a_i - \breve{a}_i\| + \|a_j - \breve{a}_j\|$$
$$= \Big(\sum_{\ell=1}^{d}|a_{j\ell} - \breve{a}_{j\ell}|^2\Big)^{1/2} + \Big(\sum_{\ell=1}^{d}|a_{i\ell} - \breve{a}_{i\ell}|^2\Big)^{1/2}$$
$$\leqslant 2\Big(\sum_{j=1}^{n}\sum_{\ell=1}^{d}|a_{j\ell} - \breve{a}_{j\ell}|^2\Big)^{1/2} = 2\|A - \breve{A}\|_{\mathrm{F}},$$

was mit Satz 7.17(i) den Beweis beendet.   □

Anders als in Korollar 7.18 ist V_k unter den k-dimensionalen Unterräumen im Allgemeinen nicht optimal im Sinne, dass die Summe der durch die Projektion entstehenden Abstandsänderungen minimiert würde. Etwas formaler haben wir

$$V_k \notin \operatorname*{argmin}_{\substack{V \subseteq \mathbb{R}^d \\ \dim V = k}} \sum_{i,j=1}^{n}\big|\|\pi_V(a_i) - \pi_V(a_j)\| - \|a_i - a_j\|\big|$$

im Allgemeinen und zeigen dies mit dem folgenden Beispiel.

Beispiel 7.21. Betrachte für $d = n = 2$ die Matrix $A = \left[\begin{smallmatrix}2 & 1 \\ 1 & 2\end{smallmatrix}\right]$ mit Singulärwertzerlegung

$$A = \begin{bmatrix} \sqrt{2}/2 & -\sqrt{2}/2 \\ \sqrt{2}/2 & \sqrt{2}/2 \end{bmatrix} \begin{bmatrix} 3 & 0 \\ 0 & 1 \end{bmatrix} \begin{bmatrix} \sqrt{2}/2 & \sqrt{2}/2 \\ -\sqrt{2}/2 & \sqrt{2}/2 \end{bmatrix}.$$

Für die Datenmenge $\{(2,1),(1,2)\}$ ergibt sich also $V_1 = \mathrm{span}\{(\sqrt{2}/2, \sqrt{2}/2)\}$ als ein 1-bestpassender Unterraum. Das folgende Bild zeigt allerdings, dass bei Projektion auf den Unterraum V die Abstände der zwei Punkte unverändert bleiben, während bei Projektion auf V_1 der Abstand nach Projektion Null ist.

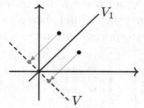

Das folgende Beispiel illustriert einerseits eine klassische Anwendung für die Approximation einer Datenmatrix durch eine Matrix niedrigeren Ranges per Singulärwertzerlegung und die sich dadurch ergebende Möglichkeit der Kompression von Daten. Andererseits werden wir in den folgenden zwei Unterkapiteln sowohl die *Hauptkomponentenanalyse* als auch das SVD-basierte *kollaborative Filtern* anhand des folgenden Beispiels erklären; die darin vorkommende Bewertungstabelle ist [LRU12] entnommen.

Beispiel 7.22. Gegeben sei die folgende Tabelle von Filmbewertungen,

	Alien	Casablanca	Star Wars	Titanic	Matrix
Antje	0	2	0	2	1
Birgit	1	0	1	0	1
Constanze	5	0	5	0	5
Dorothee	0	4	0	4	2
Eleonore	3	0	3	0	3
Fatema	0	5	0	5	0
Gül	4	0	4	0	4

welche wir in der Datenmatrix

$$A := \begin{bmatrix} 0 & 2 & 0 & 2 & 1 \\ 1 & 0 & 1 & 0 & 1 \\ 5 & 0 & 5 & 0 & 5 \\ 0 & 4 & 0 & 4 & 2 \\ 3 & 0 & 3 & 0 & 3 \\ 0 & 5 & 0 & 5 & 0 \\ 4 & 0 & 4 & 0 & 4 \end{bmatrix}$$

organisieren, und für die wir per Python eine Singulärwertzerlegung bestimmen:

$$A = \underbrace{\begin{bmatrix} 0.07 & 0.29 & 0.32 & 0.51 & 0.66 & 0.18 & -0.23 \\ 0.13 & -0.02 & -0.01 & -0.79 & 0.59 & -0.02 & -0.06 \\ 0.68 & -0.11 & -0.05 & -0.05 & -0.24 & 0.56 & -0.35 \\ 0.15 & 0.59 & 0.65 & -0.25 & -0.33 & -0.09 & 0.11 \\ 0.41 & -0.07 & -0.03 & 0.10 & -0.02 & -0.78 & -0.43 \\ 0.07 & 0.73 & -0.67 & 0.00 & -0.00 & 0.00 & 0.00 \\ 0.55 & 0.09 & -0.04 & 0.17 & 0.17 & -0.11 & 0.78 \end{bmatrix}}_{U} \underbrace{\begin{bmatrix} 12.4 & 0.0 & 0.0 & 0.0 & 0.0 \\ 0.0 & 9.5 & 0.0 & 0.0 & 0.0 \\ 0.0 & 0.0 & 1.3 & 0.0 & 0.0 \\ 0.0 & 0.0 & 0.0 & 0.0 & 0.0 \\ 0.0 & 0.0 & 0.0 & 0.0 & 0.0 \\ 0.0 & 0.0 & 0.0 & 0.0 & 0.0 \\ 0.0 & 0.0 & 0.0 & 0.0 & 0.0 \end{bmatrix}}_{\Sigma} \underbrace{\begin{bmatrix} 0.56 & 0.09 & 0.56 & 0.09 & 0.59 \\ -0.12 & 0.69 & -0.12 & 0.69 & 0.02 \\ -0.40 & -0.09 & -0.40 & -0.09 & 0.80 \\ 0.41 & 0.09 & 0.40 & 0.09 & -0.80 \\ 0.51 & 0.48 & -0.51 & -0.48 & -0.00 \\ 0.48 & -0.51 & -0.48 & 0.51 & -0.00 \end{bmatrix}}_{V^{\mathsf{T}}}$$

$$
= \begin{bmatrix} 0.07 & 0.29 & 0.32 \\ 0.13 & -0.02 & -0.01 \\ 0.68 & -0.11 & -0.05 \\ 0.15 & 0.59 & 0.65 \\ 0.41 & -0.07 & -0.03 \\ 0.07 & 0.73 & -0.67 \\ 0.55 & 0.09 & -0.04 \end{bmatrix} \begin{bmatrix} 12.4 & & \\ & 9.5 & \\ & & 1.3 \end{bmatrix} \begin{bmatrix} 0.56 & 0.09 & 0.56 & 0.09 & 0.59 \\ -0.12 & 0.69 & -0.12 & 0.69 & 0.02 \\ -0.40 & -0.09 & -0.40 & -0.09 & 0.80 \end{bmatrix}.
$$

Wir schreiben oben „$A = \cdots$" auch wenn die Einträge von A nach zwei Nach-kommastellen abgeschnitten wurden und daher nicht exakt sind. Nullsetzen von σ_3 liefert die Rang-2-Bestapproximation

$$
\check{A} = \begin{bmatrix} 0.15 & 1.97 & 0.15 & 1.97 & 0.56 \\ 0.92 & 0.01 & 0.92 & 0.01 & 1.94 \\ 4.84 & 0.03 & 4.84 & 0.03 & 4.95 \\ 0.36 & 4.03 & 0.36 & 4.03 & 1.20 \\ 2.92 & 0.00 & 2.92 & 0.00 & 2.98 \\ -0.34 & 4.86 & -0.34 & 4.86 & 0.65 \\ 3.71 & 1.20 & 3.71 & 1.20 & 4.04 \end{bmatrix} = \begin{bmatrix} 0.07 & 0.29 \\ 0.13 & -0.02 \\ 0.68 & -0.11 \\ 0.15 & 0.59 \\ 0.41 & -0.07 \\ 0.07 & 0.73 \\ 0.55 & 0.09 \end{bmatrix} \begin{bmatrix} 12.4 & \\ & 9.5 \end{bmatrix} \begin{bmatrix} 0.56 & 0.09 & 0.56 & 0.09 & 0.59 \\ -0.12 & 0.69 & -0.12 & 0.69 & 0.02 \end{bmatrix}
$$

mit $\|A - \check{A}\|_{\mathrm{F}} = 1.3$. Um die Matrix $\check{A}$ anhand der Singulärwertzerlegung zu speichern, würden wir $14 + 2 + 10 = 26$ reelle Zahlen speichern müssen im Gegensatz zu $5 \cdot 7 = 35$ für die Originalmatrix A. Auf den ersten Blick scheint dies nicht sehr beeindruckend, aber natürlich verbessert sich das Verhältnis *rapide*, wenn man größere Datenmatrizen betrachtet.

Bevor wir jetzt zur Hauptkomponentenanalyse kommen, notieren wir noch, dass in diesem Kapitel der Begriff „Dimensionalität" bisher nicht formal defi-niert wurde. Im Sinne der Korollare 7.18 und 7.20 kann dies leicht nachgeholt werden, indem man für eine gegebene Datenmenge $D = \{a_1, \ldots, a_n\} \in \mathbb{R}^d$ die Dimension von span D oder, äquivalent, den Rang der Datenmatrix $A = (a_{ij})$ als *Dimensionalität* von D bzw. von A formal einführt.

7.2 Hauptkomponentenanalyse

Wie angekündigt, bleiben wir bei Beispiel 7.22 und erläutern nun die Methode der *Hauptkomponentenanalyse* oder kurz *PCA* als Abkürzung für *Principal Component Analysis*. Ganz konkret betrachten wir zunächst die Bewertung des Films Titanic durch Bewerterin Birgit, also den vorletzten Eintrag in der zweiten Zeile der Matrix:

$$
\begin{array}{c} \text{Titanic} \\ \downarrow \end{array}
$$

$$
\text{Birgit} \to \begin{bmatrix} 0 & 2 & 0 & 2 & 1 \\ 1 & 0 & 1 & \mathbf{0} & 1 \\ 5 & 0 & 5 & 0 & 5 \\ 0 & 4 & 0 & 4 & 2 \\ 3 & 0 & 3 & 0 & 3 \\ 0 & 5 & 0 & 5 & 0 \\ 4 & 0 & 4 & 0 & 4 \end{bmatrix}.
$$

Diesen können wir herausprojizieren, indem wir die Matrix von links mit einem Zeilenvektor multiplizieren, der im zweiten Eintrag eine Eins und sonst Nullen hat, und von rechts mit einem Spaltenvektor, der eine Eins im vorletzten Eintrag hat und sonst Nullen. Die Einträge dieser Zeilen- bzw. Spaltenvektoren können als kartesische Koordinaten von Birgit im *Raum der Bewerterinnen* bzw. von Titanic im *Raum der Filme* verstanden werden. Letztere definieren wir formal als die Vektorräume von Abbildungen

$$B := \mathbb{R}^{\{\text{Antje, Birgit, ...}\}} \quad \text{und} \quad F := \mathbb{R}^{\{\text{Alien, Casablanca, ...}\}}.$$

Benutzen wir $\mathcal{B} := \{\mathbb{1}_{\text{Antje}}, \mathbb{1}_{\text{Birgit}}, \dots\}$ sowie $\mathcal{F} := \{\mathbb{1}_{\text{Alien}}, \mathbb{1}_{\text{Casablanca}}, \dots\}$ als Basen von B bzw. F, so folgt $B \cong \mathbb{R}^5$ und $F \cong \mathbb{R}^7$ und die Einheitsvektoren in $\mathbb{R}^5$ bzw. in $\mathbb{R}^7$ können mit den gegebenen Bewerterinnen bzw. den gegebenen Filmen identifiziert werden.

Wir nennen jetzt

$$R\colon B \times F \to \mathbb{R}, \ (b,f) \mapsto (b)_{\mathcal{B}}^{\mathsf{T}} \cdot A \cdot (f)_{\mathcal{F}}$$

die *Bewertungsabbildung*. Im Fall von Birgit und Titanic ergibt sich unter Einbeziehung der in Beispiel 7.22 angegebene Singulärwertzerlegung dann:

$$R(\text{Birgit, Titanic}) = \begin{bmatrix} 0 & 1 & 0 & \cdots & 0 \end{bmatrix} \begin{bmatrix} 0 & 2 & 0 & 2 & 1 \\ 1 & 0 & 1 & 0 & 1 \\ 5 & 0 & 5 & 0 & 5 \\ 0 & 4 & 0 & 4 & 2 \\ 3 & 0 & 3 & 0 & 3 \\ 0 & 5 & 0 & 5 & 0 \\ 4 & 0 & 4 & 0 & 4 \end{bmatrix} \begin{bmatrix} 0 \\ \vdots \\ 0 \\ 1 \\ 0 \end{bmatrix}$$

Birgit in kartesischen Koordinaten / Titanic in kartesischen Koordinaten

$$= \begin{bmatrix} 0 & 1 & 0 & \cdots & 0 \end{bmatrix} \begin{bmatrix} 0.07 & 0.29 & \cdots & -0.23 \\ 0.13 & -0.02 & & -0.06 \\ 0.68 & -0.11 & & -0.35 \\ 0.15 & 0.59 & & 0.11 \\ 0.41 & -0.07 & & -0.43 \\ 0.07 & 0.73 & & 0.00 \\ 0.55 & 0.09 & \cdots & 0.78 \end{bmatrix} \begin{bmatrix} 12.4 & & & \\ & 9.5 & & \\ & & 1.3 & \\ & & & \ddots \end{bmatrix} \begin{bmatrix} 0.56 & 0.09 & 0.56 & 0.09 & 0.59 \\ -0.12 & 0.69 & -0.12 & 0.69 & 0.02 \\ \vdots & & & & \vdots \\ 0.48 & -0.51 & -0.48 & 0.51 & 0.00 \end{bmatrix} \begin{bmatrix} 0 \\ \vdots \\ 0 \\ 1 \\ 0 \end{bmatrix}$$

$$= \begin{bmatrix} 0.13 & -0.02 & \cdots & -0.06 \end{bmatrix} \begin{bmatrix} 12.4 & & & \\ & 9.5 & & \\ & & 1.3 & \\ & & & \ddots \end{bmatrix} \begin{bmatrix} 0.09 \\ 0.69 \\ \vdots \\ 0.00 \end{bmatrix}$$

Birgit in $\mathcal{U}$-Koordinaten / Titanic in $\mathcal{V}$-Koordinaten

In der letzten Zeile können wir die Einträge des Zeilenvektors links und des Spaltenvektors rechts wieder als Koordinaten von Birgit und Titanic auffassen — jetzt aber bezüglich *neuer Basen* $\mathcal{U} = \{u_1, \dots, u_5\}$ von B und $\mathcal{V} = \{v_1, \dots, v_7\}$ von F. Deren Elemente ergeben sich per

$$u_1 = \quad 0.07 \cdot \text{Antje} + 0.13 \cdot \text{Birgit} + \cdots + 0.55 \cdot \text{Gül},$$

$$u_2 = \quad 0.29 \cdot \text{Antje} - 0.02 \cdot \text{Birgit} + \cdots + 0.09 \cdot \text{Gül},$$

$$\vdots$$

$$u_5 = -0.23 \cdot \text{Antje} - 0.06 \cdot \text{Birgit} + \cdots + 0.78 \cdot \text{Gül},$$

$$v_1 = \quad\ 0.56 \cdot \text{Alien} + 0.09 \cdot \text{Casablanca} + \cdots + 0.59 \cdot \text{Matrix},$$

$$v_2 = -0.12 \cdot \text{Alien} + 0.69 \cdot \text{Casablanca} + \cdots + 0.02 \cdot \text{Matrix},$$

$$\vdots$$

$$v_7 = \quad\ 0.48 \cdot \text{Alien} - 0.51 \cdot \text{Casablanca} + \cdots + 0.00 \cdot \text{Matrix}$$

aus den alten Basisvektoren. Bezeichnen wir mit $\mathbb{R}_{\mathcal{B}}^5$ den Raum der Koordinatenvektoren bezüglich der Basis $\mathcal{B}$ des Raumes B usw., so erhalten wir das folgende Basiswechseldiagramm:

Wir weisen darauf hin, dass wir zu Beginn des Kapitels mit $\mathcal{U} = \{u_1, \ldots, u_n\}$ und $\mathcal{V} = \{v_1, \ldots, v_n\}$ die Basen von $\mathbb{R}^n$ bzw. von $\mathbb{R}^d$ bezeichnet haben, deren Elemente u_j und v_j die Spalten der Matrizen U bzw. V waren. Hier erhalten wir natürlich genau dasselbe, wenn wir die abstrakten Räume B und F mit $\mathbb{R}_{\mathcal{V}}^5$ bzw. $\mathbb{R}_{\mathcal{U}}^7$ identifizieren.

Die neuen Basisvektoren $u_1, \ldots, u_7$ und $v_1, \ldots, v_5$ sind per Definition Elemente des Raumes B der Bewerterinnen bzw. des Raumes F der Filme. Da sie in unserer Ausgangstabelle nicht vorkommen, bezeichnen wir sie als *künstliche Bewerterinnen* und *künstliche Filme*. Wegen der Basiseigenschaft können wir die echten Bewerterinnen und Filme aus den künstlichen rekonstruieren, z.B.

$$\text{Antje} = \begin{bmatrix} u_1 & u_2 & \cdots & u_7 \end{bmatrix} \cdot (\text{erste Zeile von } U)^{\mathsf{T}}$$

$$= 0.07 \cdot u_1 + 0.29 \cdot u_2 + \cdots - 0.23 \cdot u_7,$$

$$\text{Alien} = \begin{bmatrix} v_1 & v_2 & \cdots & v_5 \end{bmatrix} \cdot (\text{erste Zeile von } V)^{\mathsf{T}}$$

$$= \begin{bmatrix} v_1 & v_2 & \cdots & v_5 \end{bmatrix} \cdot \text{erste Spalte von } V^{\mathsf{T}}$$

$$= 0.56 \cdot v_1 - 0.12 \cdot v_2 + \cdots + 0.48 \cdot v_5.$$

Der springende Punkt ist, dass wir die Basen $\mathcal{U}$ und $\mathcal{V}$ gerade so gewählt haben, dass für alle $b \in B$ und alle $f \in F$ die Gleichung

$$R(b, f) = (b)_{\mathcal{U}}^{\mathsf{T}} \cdot \Sigma \cdot (f)_{\mathcal{V}}$$

gilt. Da Σ nur drei Diagonalelemente ungleich Null hat, ist also jede Bewertung von künstlichen oder echten Bewerterinnen bzw. Filmen eine Summe dreier Zahlen, in denen die Singulärwerte als (schnell) fallende Gewichte interpretiert werden können. Wegen Satz 7.17(i) wissen wir überdies, dass die Bewertungen der Ausgangstabelle nur minimal verfälscht werden, wenn wir $\sigma_3 = 1.3$ auf Null setzen, also nur zwei Summanden behalten. Für Birgits Bewertung von Titanic haben wir z.B.

$$R(\text{Birgit}, \text{Titanic}) = \begin{bmatrix} 0.13 & -0.02 & \cdots & -0.06 \end{bmatrix} \begin{bmatrix} 12.4 & & & \\ & 9.5 & & \\ & & 1.3 & \\ & & & \ddots \end{bmatrix} \begin{bmatrix} 0.09 \\ 0.69 \\ \vdots \\ 0.00 \end{bmatrix}$$

$$= 0.13 \cdot 12.4 \cdot 0.09 - 0.02 \cdot 9.5 \cdot 0.69 + 0.01 \cdot 1.3 \cdot 0.09$$

$$\approx 0.13 \cdot 12.4 \cdot 0.09 - 0.02 \cdot 9.5 \cdot 0.69.$$

Es folgt, dass jede Bewertung fast komplett durch die ersten zwei Einträge der $\mathcal{U}$- bzw. $\mathcal{V}$-Koordinaten einer Bewerterin bzw. eines Films zustande kommt. Diese sogenannten *Hauptkomponenten* können sehr einfach an der Rang-2-Bestapproximation von A aus Beispiel 7.22 abgelesen werden und korrespondieren in unserem Fall mit zwei *versteckten Konzepten*:

Schaut man oben auf die Hauptkomponenten der Filme, so liegt es nicht fern die versteckten Konzepte als „SF" und „Romantik" zu identifizieren: Alien, Star Wars und Matrix haben große erste Hauptkomponenten und kleine zweite, während es bei Casablanca und Titanic genau anderesherum ist. Wegen der Singulärwerte $\sigma_1 = 12.4$ und $\sigma_2 = 9.5$ hat dabei „SF" größeren Einfluss auf die Bewertungen als „Romantik". An den Hauptkomponenten der Bewerterinnen kann man ablesen, wie stark diese auf die zwei Konzepte reagieren. Beispielsweise ist Birgit für das erste Konzept wenig und für das zweite gar nicht empfänglich. Für Constanzes Bewertung spielt hingegen das erste Konzept eine große Rolle und für Fatemas Bewertung das zweite.

Um das Obige etwas formaler zu machen, beachten wir zunächst, dass wir zwar alle künstlichen Bewerterinnen und Filme benötigen, um die echten Bewerterinnen und Filme jeweils einzeln zu rekonstruieren, dass aber jeweils die ersten beiden ausreichen, wenn wir *nur die Bewertungen* rekonstruieren wollen. Wir definieren die *Konzepträume*

$$U_2 := \text{span}\{u_1, u_2\} \subseteq B \quad \text{und} \quad V_2 := \text{span}\{v_1, v_2\} \subseteq F$$

der Bewerterinnen bzw. der Filme, und statten sie mit den Orthonormalbasen

$\check{\mathcal{U}} = \{u_1, u_2\}$ und $\check{\mathcal{V}} = \{u_1, u_2\}$ aus. Weiter bezeichnen wir mit

$$\check{U} = [u_1 \ u_2], \quad \check{V} = [v_1 \ v_2] \quad \text{und} \quad \check{\Sigma} = \begin{bmatrix} 12.4 & \\ & 9.5 \end{bmatrix}$$

die abgeschnittenen Matrizen. Wegen $A \approx \check{A} = \check{U}\check{\Sigma}\check{V}^{\mathsf{T}}$ erhalten wir das „fast"
kommutative Diagramm

$$
\begin{array}{ccc}
(\text{Film})_{\mathcal{E}} \quad \mathbb{R}^5_{\mathcal{E}} & \xrightarrow{\quad A \quad} & \mathbb{R}^7_{\mathcal{F}} \quad (\text{Bewerterin})_{\mathcal{F}} \\
\Big\downarrow \quad \check{V}^{\mathsf{T}}\Big\downarrow & \substack{\text{kommutiert} \\ \text{„fast"}} & \check{U}^{\mathsf{T}}\Big\downarrow \qquad \Big\downarrow \\
(\pi_{V_2}(\text{Film}))_{\check{v}} \quad \mathbb{R}^2_{\check{V}} & \xrightarrow{\quad \check{\Sigma} \quad} & \mathbb{R}^2_{\check{U}} \quad (\pi_{U_2}(\text{Bewerterin}))_{\check{u}},
\end{array}
$$

in welchem die Einträge der Vektoren $(\pi_{U_2}(\text{Bewerterin}))_{\check{u}}$ und $(\pi_{V_2}(\text{Film}))_{\check{v}}$
gerade die Hauptkomponenten sind. Lassen wir zur Schreiberleichterung π_{V_2}
und π_{U_2} weg, so suggerieren die Ausdrücke $(\text{Bewerterin})_{\check{u}}$ und $(\text{Film})_{\check{v}}$, dass es
sich um die Koordinaten der Bewerterin und des Films jeweils im Konzeptraum
handelt. Dies ist zwar nicht korrekt, denn Nachrechnen (!) zeigt, dass z.B. weder

$$\text{Birgit} \approx 0.13 \cdot u_1 - 0.02 \cdot u_2 \quad \text{noch} \quad \text{Titanic} \approx 0.09 \cdot v_1 + 0.69 \cdot v_2$$

gilt, sondern eben nur

$$R(\text{Birgit}, \text{Titanic}) \approx [0.13 \ -0.02] \begin{bmatrix} 12.4 & \\ & 9.5 \end{bmatrix} \begin{bmatrix} 0.09 \\ 0.69 \end{bmatrix}.$$

Die Vorstellung ist aber zweckdienlich, denn $\left[\begin{smallmatrix} 0.13 \\ -0.02 \end{smallmatrix}\right]$ und $\left[\begin{smallmatrix} 0.09 \\ -0.69 \end{smallmatrix}\right]$ enthalten offenbar alle Informationen über Birgit und Titanic, die nötig sind, um Bewertungen
von Birgit für echte Filme, oder Bewertungen echter Bewerterinnen für Titanic,
zu rekonstruieren.

Die künstlichen Bewerterinnen u_1, u_2 können als *Prototypen von Bewerterinnen* gesehen werden, die auf genau eins der Konzepte ansprechen. Die künstlichen Filme v_1, v_2 kann man sich analog als *Prototypen von Filmen* vorstellen,
die auf genau einem der Konzepte basieren. In unserem Beispiel ist v_1 ein *reiner
SF-Film* und u_1 eine *reine SF-Fanin*, während v_2 ein *reiner Romantikfilm* ist
und u_2 eine *reine Romantik-Fanin*. In der Tat sprengt z.B.

$$R(u_1, \text{Matrix}) \approx (u_1)_{\check{u}}^{\mathsf{T}} \begin{bmatrix} 12.4 & \\ & 9.5 \end{bmatrix} (\text{Matrix})_{\check{v}} = [1 \ 0] \begin{bmatrix} 12.4 & \\ & 9.5 \end{bmatrix} \begin{bmatrix} 0.59 \\ 0.02 \end{bmatrix} = 7.19$$

sogar die Bewertungsskala! Dies zeigt, dass es in Anwendungen nötig sein kann,
die Daten erst einem geeigneten Preprocessing zu unterziehen, siehe die Bemerkungen ganz am Ende des Kapitels.

Manche Autoren nennen die u_i *typische Bewerterinnen* und die v_i *typische*

Filme. Dabei ist dann „typisch" nicht im Sinne von durchschnittlich zu verstehen, sondern im oben erläuterten Sinne eines Typs von Film.

Zum Abschluss bemerken wir noch, dass man in unserem niedrigdimensionalen Beispiel die versteckten Konzepte auch direkt an der Bewertungsmatrix ablesen kann, wenn man geeignet umsortiert.

	Alien	Matrix	Star Wars	Titanic	Casablanca
Birgit	1	1	1	0	0
Eleonore	3	3	3	0	0
Gül	4	4	4	0	0
Constanze	5	5	5	0	0
Dorothee	0	2	0	4	4
Fatema	0	0	0	5	5
Antje	0	1	0	2	2

Entscheidend ist aber, dass die vorgestellte SVD-basierte Methode die Hauptkomponenten und Konzepträume *automatisch* findet — und zwar auch dann, wenn wir a priori keine Vermutungen haben, welche versteckten Konzepte hinter einer Datenmatrix liegen könnten! In der Tat kann es sogar sein, dass wir auch nach Durchführung der Hauptkomponentenanalyse keine gute Interpretation haben, beispielsweise weil uns ganz und gar unbekannte Filme bewertet wurden.

7.3 Kollaboratives Filtern

Eine Instanz kollaborativen Filterns haben wir bereits in Kapitel 3 diskutiert und dort auch in Bemerkung 3.13(ii) erläutert, dass die Bezeichnung daher rührt, dass Vorhersagen für einen Bewerter auf Bewertungen anderer Bewerter basieren. Im dortigen Beispiel 3.12 haben wir die Kosinusähnlichkeit der Bewertungsvektoren benutzt, um Bewerterinnen zu vergleichen. Im Folgenden nutzen wir stattdessen eine lineare Fortsetzung der abgeschnittenen Diagonalmatrix $\check{\Sigma}$.

Wir beginnen mit einem Szenario, in welchem zusätzlich zu der Bewertungsmatrix aus Beispiel 7.22 eine weitere Bewerterin gegeben ist, bei der wir nur die Bewertungen für die Filme Alien und Casablanca kennen.

	Alien	Casablanca	Star Wars	Titanic	Matrix
Hannah	4	1	n/a	n/a	?

Um Hannahs Bewertung für den Film Matrix vorherzusagen, benutzen wir nun zuerst die gegebenen zwei Bewertungen, um Hannah in der Basis $\mathcal{U}_2$ zu entwickeln. Diese führen in der Tat auf das lineare Gleichungssystem

$$R(\text{Hannah}, \text{Alien}) = [x\ \ y]\begin{bmatrix}12.4 & \\ & 9.5\end{bmatrix}\begin{bmatrix}0.56 \\ -0.12\end{bmatrix} = 6.94x - 1.14y \overset{!}{=} 4$$

$$R(\text{Hannah}, \text{Casablanca}) = [x \ y] \begin{bmatrix} 12.4 \\ & 9.5 \end{bmatrix} \begin{bmatrix} 0.09 \\ 0.69 \end{bmatrix} = 1.12x + 6.55y \overset{!}{=} 1,$$

was die Lösung $x = 0.58$ und $y = 0.04$ hat, und woraus dann $(\text{Hannah})u_2 = \begin{bmatrix} 0.58 \\ 0.04 \end{bmatrix}$ folgt. Damit können wir nun

$$R(\text{Hannah}, \text{Matrix}) = [0.58 \ 0.04] \begin{bmatrix} 12.4 \\ & 9.5 \end{bmatrix} \begin{bmatrix} 0.59 \\ 0.02 \end{bmatrix} = 4.24$$

berechnen, und auf dieser Grundlage die Bewertung 4 des Films Matrix durch Hannah vorhersagen.

Das SVD-basierte kollaborative Filtern eignet sich gut für sogenannte *Out-of-sample-Vorhersagen*, wie wir sie oben durchgeführt haben. Bei ausreichend großer anfänglich bekannter Stichprobe können Bewertungen neuer Bewerterin-nen, oder auch neuer Filme, durch die Bewertungen der Prototypen (=Basis-vektoren der Konzepträume) dargestellt werden. Beachte, dass es hierfür — im Gegensatz z.B. zur Vorhersage mit Kosinusähnlichkeit — nicht nötig ist, dass eine neue Bewerterin einen sehr ähnlichen Filmgeschmack hat wie eine existie-rende Bewerterin. Oben war das der Fall, liegt aber daran, dass wir eine sehr kleine Matrix mit nur zwei Konzepten betrachtet haben.

Wir haben bereits notiert, dass die Methode, so wie wir sie oben erklärt ha-ben, nicht automatisch Vorhersagen im Intervall $[0, 5]$ liefert. Um solche Effekte zu korrigieren muss man nachsteuern, z.B. vorher normalisieren und danach runden. Darüber hinaus können Basisvektoren auftauchen, die schwieriger zu interpretieren sind, als das in unserem künstlichen Beispiel der Fall war.

Sind bereits alle Bewerterinnen und Filme zu Beginn gegeben, aber nicht alle Bewertungen bekannt, so spricht man von *In-sample-Vorhersagen*, d.h. man will die fehlenden Einträge der Matrix

$$A = \begin{bmatrix} 1 & 1 & \square & 0 & 5 & \square \\ 2 & \square & 3 & \square & 4 & \square \\ \square & \square & 5 & 0 & 0 & \square \\ \square & 2 & 2 & \square & \square & 5 \end{bmatrix}$$

vorhersagen. Analog zu Beispiel 3.11 kann man hier provisorisch mit Zeilen- oder Spaltenmittelwert auffüllen, die Singulärwertzerlegung berechnen, dann das Aufgefüllte wieder löschen und neu mit der SVD-Methode vorhersagen. Alternativ kann man anstelle der Faktorisierung $A = U\Sigma V^{\mathsf{T}}$ die Faktorisierung $A = PQ^{\mathsf{T}}$ verwenden, wobei $P \in \mathbb{R}^{n \times k}$ und $Q \in \mathbb{R}^{d \times k}$ orthogonale Spalten haben. Bei der letzteren Faktorisierung sieht man die Singulärwerte nicht mehr, aber diese explizit zu kennen ist für die Berechnung von Vorhersagen auch gar nicht nötig. Es gilt dann

$$(P, Q) \in \underset{\substack{(P,\,Q)\ \text{haben} \\ \text{orthogonale} \\ \text{Spalten}}}{\operatorname{argmin}} \|A - PQ^{\mathsf{T}}\|_{\mathrm{F}}^2 = \underset{\substack{(P,\,Q)\ \text{haben} \\ \text{orthogonale} \\ \text{Spalten}}}{\operatorname{argmin}} \sum_{i,j} (a_{ij} - \langle p_i, q_i \rangle)^2,$$

wobei p_i die i-te Zeile von P und q_j die j-te Zeile von Q bezeichnet. Fehlen jetzt einige der a_{ij}'s, so lässt man diese Summanden weg und optimiert über den Rest. Mit dieser Methode hat Simon Funk bei der Netflix Challenge 2006 einen vorderen Platz erreicht.

Referenzen

Die Singulärwertzerlegung ist von erheblicher theoretischer und praktischer Bedeutung in vielen Anwendungen [Kal96]. Unser Zugang zu Beginn dieses Kapitels folgt [SSBD14, Appendix C.4]. Der algorithmische Beweis für die Existenz der SVD in Bemerkung 7.13 folgt [DH08, Satz 5.15]. Der wagemutige Vorlesende einer Grundvorlesung über Lineare Algebra kann mit Letzterem beginnen und dann, als Spezialfall, den Satz über die orthogonale Diagonalisierbarkeit bringen. Die Anwendungen in den Unterkapiteln 7.3−7.1 folgen [LRU12]. Wir verweisen außerdem auf [Agg16] für eine sehr ausführliche Diskussion des kollaborativen Filterns. Mehr Informationen zur Netflix Challenge finden sich in [Gow14], und unter [Fun06] kann ein originaler Blogpost von Simon Funk nachgelesen werden.

Aufgaben

Aufgabe 7.1. Finden Sie Beispiele für Matrizen $A \in \mathbb{R}^{n \times d}$ mit

(i) $\sigma(A^{\mathsf{T}}A) \neq \sigma(AA^{\mathsf{T}})$,

(ii) $\dim \ker(A^{\mathsf{T}}A - 0) \neq \dim \ker(AA^{\mathsf{T}} - 0)$.

Aufgabe 7.2. Sei $A \in \mathbb{R}^{n \times d}$ und $\sigma > 0$. Zeigen Sie, dass $v \in \mathbb{R}^d$ Eigenvektor von $A^{\mathsf{T}}A$ und $u \in \mathbb{R}^n$ Eigenvektor von AA^{T} jeweils mit Eigenwert σ^2 sein kann, ohne dass v und u (ein zusammengehöriges Paar von) Singulärvektoren mit Singulärwert σ sind.

Aufgabe 7.3. Finden Sie 1-bestpassende Unterräume jeweils für die im Folgenden angegebenen Punkte mithilfe von Methode 1 oder $1\frac{1}{2}$:

(i) $\begin{bmatrix} 4 \\ 0 \end{bmatrix}$, $\begin{bmatrix} 3 \\ -5 \end{bmatrix} \in \mathbb{R}^2$, (ii) $\begin{bmatrix} 2 \\ 2 \end{bmatrix}$, $\begin{bmatrix} -1 \\ 1 \end{bmatrix} \in \mathbb{R}^2$, (iii) $\begin{bmatrix} 3 \\ 2 \end{bmatrix}$, $\begin{bmatrix} 2 \\ 6 \end{bmatrix} \in \mathbb{R}^2$,

(iv) $\begin{bmatrix} 3 \\ 2 \\ 2 \end{bmatrix}$, $\begin{bmatrix} 2 \\ 3 \\ -2 \end{bmatrix} \in \mathbb{R}^3$, (v) $\begin{bmatrix} 1 \\ 1 \\ 0 \end{bmatrix}$, $\begin{bmatrix} 0 \\ 0 \\ 1 \end{bmatrix} \in \mathbb{R}^4$.

Malen Sie Bilder für (i)–(iv).

Aufgabe 7.4. Das folgende Graustufenbild

wird durch die unter `https://mathematicaldatascience.github.io/MFO.html` abrufbare Matrix $A \in \mathbb{R}^{320 \times 240}$ dargestellt. Berechnen Sie für A eine Singulärwertzerlegung. Betrachten Sie dann für $k = 1, 5, 10, 50$ jeweils $\breve{A}$ entsprechend (7.1).

(i) Plotten Sie jeweils das durch $\breve{A}$ gegebene Graustufenbild.

(ii) Berechnen Sie jeweils $\left\| \begin{bmatrix} \sigma_1 \\ \vdots \\ \sigma_k \end{bmatrix} \right\| / \left\| \begin{bmatrix} \sigma_1 \\ \vdots \\ \sigma_r \end{bmatrix} \right\|$ und interpretieren Sie diese Zahl.

(iii) Berechnen Sie jeweils, wie viele reelle Zahlen gespeichert werden müssen, um das $\breve{A}$ entsprechende Bild aus diesen zu rekonstruieren.

Aufgabe 7.5. Nehmen Sie an, dass wir zusätzlich zu den Informationen in Beispiel 7.22 noch wissen, dass der Film Notting Hill durch Antje mit 4 und durch Birgit mit 1 bewertet wurde. Welche Bewertung durch Constanze und welche durch Fatema sagt dann die Methode aus Kapitel 7.3 vorher?

Aufgabe 7.6. Betrachte die folgende Tabelle von Buchbewertungen.

	Hunger Games	Jane Eyre	Twilight	Animal Farm	Da Vinci Code
Ari	1	0	1	0	1
Bo	0	2	0	2	1
Cosmo	5	1	5	0	5
Dieter	1	4	1	4	3
Erik	3	1	3	0	3
Finn	0	5	0	5	0
Güçlü	4	1	4	0	4

(i) Angenommen, Leser Hajo bewertet Hunger Games mit 2 und Jane Eyre mit 5. Welche der anderen Bücher würden Sie Hajo als Leseempfehlung geben?

(ii) Was könnten die versteckten Konzepte hinter der Bewertungstabelle sein?

Hinweis: Nutzen Sie ohne Beweis, dass die Bewertungsmatrix A die folgende SVD hat:

$$
A = \begin{bmatrix}
0.12 & 0.07 & 0.01 & -0.54 & 0.57 & 0.57 & -0.14 \\
0.12 & -0.27 & 0.32 & 0.22 & 0.00 & 0.00 & -0.86 \\
0.62 & 0.28 & -0.09 & -0.40 & -0.57 & 0.00 & -0.14 \\
0.36 & -0.48 & 0.66 & -0.08 & 0.00 & 0.00 & 0.43 \\
0.38 & 0.14 & -0.11 & 0.68 & 0.00 & 0.57 & 0.14 \\
0.19 & -0.72 & -0.65 & -0.06 & 0.00 & 0.00 & 0.00 \\
0.50 & 0.21 & -0.10 & 0.13 & 0.57 & -0.57 & 0.00
\end{bmatrix}
\begin{bmatrix}
13.2 & 0.0 & 0.0 & 0.0 & 0.0 \\
0.0 & 8.9 & 0.0 & 0.0 & 0.0 \\
0.0 & 0.0 & 1.3 & 0.0 & 0.0 \\
0.0 & 0.0 & 0.0 & 0.3 & 0.0 \\
0.0 & 0.0 & 0.0 & 0.0 & 0.0 \\
0.0 & 0.0 & 0.0 & 0.0 & 0.0 \\
0.0 & 0.0 & 0.0 & 0.0 & 0.0
\end{bmatrix}
\begin{bmatrix}
0.51 & 0.31 & 0.51 & 0.20 & 0.57 \\
0.25 & -0.61 & 0.25 & -0.68 & 0.11 \\
-0.39 & -0.20 & -0.39 & 0.02 & 0.80 \\
-0.11 & 0.69 & -0.11 & -0.69 & 0.07 \\
-0.70 & 0.00 & 0.70 & 0.00 & 0.00
\end{bmatrix}.
$$

Fluch und Segen
der hohen Dimension

Datenmengen bestehen oftmals nicht nur aus sehr vielen Datenpunkten, sondern oft hat auch jeder Datenpunkt sehr viele Features. Wir haben es dann mit Mengen

$$D = \{(x^{(i)}, y^{(i)}) \mid i = 1, \ldots, n\} \subseteq \mathbb{R}^d \times \mathbb{R}$$

zu tun, bei denen n und d beide sehr groß sind. In Beispiel 3.17 haben wir etwa gesehen, dass die Vektorisierungen relativ kurzer Texte bereits Elemente eines Raumes mit Dimension größer gleich 100 bilden. Reduziert man sich bei der Vektorisierung auf die Wörter der deutschen Sprache in ihrer Grundform, ersetzt also vor der Vektorisierung z.B. „Bäume", „Baumes" und „Bäumen" jeweils durch „Baum" und zählt dann die Vorkommnisse des letzteren Wortes, so kommt man dennoch auf einen Vektorraum mit Dimension $d \approx 148\,000$. Nimmt man als Texte jetzt z.B. alle Artikel der deutschen Wikipedia, so erhält man $n \approx 2.8$ Millionen Datenpunkte. In der Tat kann aber d auch sehr viel größer sein als n: Betrachte z.B. alle Informationen über die Studierendenschaft einer Universität. Schließt man hier neben biographischen Daten und Textbeiträgen auf sozialen Medien auch jedes Foto und jedes Video mit ein, so ist klar, dass man bei der Dimension schnell in die Milliarden gerät, während die Anzahl der Datenpunkte in den (zehn-)tausenden verbleibt.

In den vorhergehenden Kapiteln haben wir teils mehr und teils weniger weit fortentwickelte mathematische Methoden gesehen, mit denen Datenmengen D wie oben, oder auch solche mit mehrdimensionalen Labeln $y \in \mathbb{R}^m$, untersucht werden können. Bei diesen Methoden scheint es auf den ersten Blick unerheblich, wie groß n und d am Ende sind, da die benutzte Lineare Algebra, Analysis oder Wahrscheinlichkeitstheorie unabhängig davon funktioniert. Auf den zweiten Blick wird klar, dass bei der konkreten Berechnung eines nächsten Nachbarn, einer Kosinusähnlichkeit, einer Singulärwertzerlegung oder des Minimierers einer Kostenfunktion, die Größe von n und d sehr wohl relevant ist:

je größer letztere sind, desto aufwendiger wird die Berechnung. Dies wird oft als der *Fluch der hohen Dimension* bezeichnet. Aus diesem Grund sind z.B. Techniken zur Dimensionalitätsreduktion erstrebenswert und zwar insbesondere solche, die nicht selbst wieder auf einer mathematischen Methode basieren, die in hohen Dimensionen Schwierigkeiten machen kann. Nach einigen Vorbereitungen werden wir eine solche in Kapitel 11 vorstellen.

Neben dem Problem der praktischen Berechenbarkeit haben Räume hoher Dimension einige zunächst sehr unintuitiv erscheinende geometrische Eigenschaften, die sich insbesondere dann zeigen, wenn man die Verteilung zufällig gewählter Punkte betrachtet. Obwohl gewöhnungsbedürftig, führen diese hochdimensionalen Effekte zu Methoden, die in mäßig großen Dimensionen nicht zur Verfügung stehen. Dies bezeichnet man als *Segen der hohen Dimension*. In diesem ersten von mehreren Kapiteln zu hochdimensionalen Räumen werden wir einige der unintuitiven Effekte kennenlernen. Allgemeine Resultate zu den vorgenannten Regelmäßigkeiten werden wir in späteren Kapiteln vorführen und dann auch zu deren Rolle bei der Behandlung hochdimensionaler Daten zurückkommen.

Im Folgenden bezeichnen wir mit $\| \cdot \|$ die euklidische Norm, mit $\mathcal{B}^d$ die σ-Algebra der Borelmengen und mit λ^d das Lebesguemaß auf $\mathbb{R}^d$.

Definition 8.1. Sei $(\Omega, \Sigma, \mathrm{P})$ ein Wahrscheinlichkeitsraum, sei $B \in \mathcal{B}^d$ eine Borelmenge und sei $X \colon \Omega \to \mathbb{R}^d$ ein Zufallsvektor.

(i) Wir sagen, dass X *auf B gleichmäßig verteilt* ist, falls

$$\mathrm{P}[X \in A] = \frac{\lambda^d(A \cap B)}{\lambda^d(B)}$$

für jede Borelmenge $A \in \mathcal{B}^d$ gilt. Ist dies der Fall, so schreiben wir $X \sim \mathcal{U}(B)$ und notieren bereits hier, dass wir später insbesondere den Fall des *Hypercubes* $\mathrm{H}_d := [-1,1]^d$ und den der abgeschlossenen *Einheitskugel* $\mathrm{B}_{\mathbb{R}^d} := \bar{\mathrm{B}}_1(0) \subseteq \mathbb{R}^d$ betrachten werden.

(ii) Wir sagen, dass X *(sphärisch) gaußverteilt* ist *mit Mittelwert* $\mu \in \mathbb{R}^d$ *und Varianz* $\sigma > 0$, falls

$$\mathrm{P}[X \in A] = \frac{1}{(2\pi\sigma^2)^{d/2}} \int_A \mathrm{e}^{-\frac{\|x-\mu\|^2}{2\sigma^2}} \, \mathrm{d}\lambda^d(x)$$

für jede Borelmenge $A \in \mathcal{B}^d$ gilt. Ist dies der Fall, so schreiben wir $X \sim \mathcal{N}(0, \sigma^2, \mathbb{R}^d)$, oder, wenn keine Verwechselungsgefahr besteht, nur $X \sim \mathcal{N}(0, \sigma^2)$. Eine einfache Rechnung, siehe Anhang A.2, zeigt, dass $X = (X_1, \ldots, X_d) \sim \mathcal{N}(0, \sigma^2, \mathbb{R}^d)$ genau dann gilt, wenn $X_i \sim \mathcal{N}(0, \sigma^2, \mathbb{R})$ für alle $i = 1, \ldots, d$ und die X_i unabhängig sind. Ist $\mu = 0$ und $\sigma = 1$, so sprechen wir von *standardnormalverteilten* Zufallsvektoren.

Wir beginnen nun mit dem d-dimensionalen Hypercube $\mathrm{H}_d = [-1, 1]^d$, welcher offenbar eine kompakte und (absolut)konvexe Teilmenge von $\mathbb{R}^d$ ist. Betrachten wir seine „Ecken" $v = (\pm 1, \pm 1, \ldots, \pm 1) \in \mathrm{H}_d$, so sehen wir, dass

$$\|v - 0\| = \sqrt{(\pm 1)^2 + (\pm 1)^2 + \cdots + (\pm 1)^2} = \sqrt{d} \xrightarrow{d \to \infty} \infty$$

gilt, und damit deren Abstände zum Mittelpunkt $0 = (0, 0, \ldots, 0)$ des Hypercubes mit wachsender Dimension immer größer werden. Außerdem gibt es mit wachsendem d immer mehr, nämlich 2^d-viele, Ecken, für die das Vorgenannte gilt. Bezeichnen wir mit $\mathrm{e}_i = (0, \ldots, 0, 1, 0, \ldots, 0)$ den i-ten Einheitsvektor, so gilt für $i \neq j$ andererseits

$$\| \pm \mathrm{e}_i - (\pm \mathrm{e}_j)\| = \|(0, \ldots, 0, \pm 1, 0, \ldots, 0, \pm 1, 0, \ldots, 0)\| = \sqrt{2}$$

und weiter

$$\| \mathrm{e}_i - (-\mathrm{e}_i)\| = \|(0, \ldots, 0, 2, 0, \ldots, 0)\| = 2.$$

Liest man die $\pm \mathrm{e}_i$ als Mittelpunkte zweier verschiedener „Seiten" des Hypercubes, so heißt Obiges, dass die Abstände beliebiger verschiedener Seitenmittelpunkte konstant, d.h. unabhängig von der Dimension, sind. Beide Berechnungen legen in Kombination nahe, dass die Ecken des Hypercubes mit wachsender Dimensionen wie immer länger werdende Stacheln nach außen abstehen, während die Seitenmittelpunkte nahe dem Ursprung verbleiben:

Wenn sich Abstände bei wachsendem d nicht homogen verhalten, so steht zu erwarten, dass das Volumen im hochdimensionalen Hypercube inhomogen verteilt ist. Um dies zu sehen, betrachten wir für $0 < \varepsilon < 1$ die Teilmenge

$$S_{\varepsilon, d} = \mathrm{H}_d \setminus (1 - \varepsilon)\, \mathrm{H}_d$$

von H_d, die wir uns als ε-dicke äußere Schale vorstellen können und die in den folgenden drei Bildern für die Dimensionen 1, 2 und 3 veranschaulicht ist.

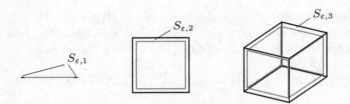

Da $(1 - \varepsilon)\,\mathrm{H}_d = [-1 + \varepsilon, 1 - \varepsilon]^d$ ein Quader ist, können wir das Verhältnis des Volumens von $S_{\varepsilon,d}$ zum Volumen des gesamten Hypercubes wie folgt berechnen

$$\frac{\lambda^d(S_{\varepsilon,d})}{\lambda^d(\mathrm{H}_d)} = \frac{\lambda^d(\mathrm{H}^d) - \lambda^d((1-\varepsilon)\,\mathrm{H}_d)}{\lambda^d(\mathrm{H}_d)} = \frac{2^d - ((2(1-\varepsilon))^d}{2^d} = 1 - (1-\varepsilon)^d \xrightarrow{d\to\infty} 1,$$

wobei $0 < \varepsilon < 1$ beliebig ist. Letzteres bedeutet, dass der überwiegende Teil des Volumens des Hypercubes nah an dessen Oberfläche verortet ist.

Das Volumen des gesamten Hypercubes $\mathrm{H}_d = [-1, 1]^d$, so wie wir ihn bisher betrachtet haben, geht gegen unendlich. Betrachten wir stattdessen einen Hypercube mit Seitenlänge Eins, z.B. $[0, 1]^d$, so haben wir $\lambda^d([0, 1]^d) = 1$ für jede Dimension d. Das Volumen in einer ε-dicken Schale $\lambda^d([0, 1]^d \setminus [\varepsilon, 1 - \varepsilon]^d) = 1 - (1 - 2\varepsilon)^d$ konvergiert gegen Eins, solange $0 < \varepsilon < 1/2$ ist. Wir haben also auch hier den Effekt, dass für großes d fast das ganze Volumen des Hypercubes nah an dessen Oberfläche liegt.

Andererseits kann auch nicht viel Volumen von $[-1, 1]^d$ bzw. $[0, 1]^d$ in den Ecken liegen: Wir betrachten für eine Ecke $v = (v_1, \ldots, v_d) \in \mathrm{H}_d$ mit $v_i \in \{1, -1\}$ die Menge

$$K_v := \big\{ x \in \mathbb{R}^d \mid x_i \in [1 - \varepsilon, 1], \text{ falls } v_i = 1$$
$$\text{und } x_i \in [-1, -1 + \varepsilon], \text{ falls } v_i = -1 \big\},$$

also einen Quader mit Seitenlänge $0 < \varepsilon < 1/2$ der in der v-ten Ecke von H_d sitzt, wie im folgenden Bild für $d = 2$ veranschaulicht.

Es folgt $\lambda^d(K_v) = \varepsilon^d$, und da es 2^d Ecken gibt, geht das Volumen in der Nähe der Ecken gegen Null

$$\sum_{v \in V} \lambda^d(K_v) = 2^d \cdot \varepsilon^d \xrightarrow{d\to\infty} 0,$$

wobei wir mit V die Menge der Ecken von H_d bezeichnen. Wir können uns also vorstellen, dass das Volumen von H_d einerseits in einer dünnen Schicht nah unter der Oberfläche des Hypercubes verortet ist, und sich gleichzeitig um die Seitenmittelpunkte herum ansammelt.

Die folgenden Bilder illustrieren die drei ganz verschiedenen Eigenschaften des Hypercubes, die wir oben diskutiert haben. Wir halten den Leser zum vorsichtigen Umgang mit diesen Bildern an: Neben der Tatsache, dass jeweils nur ein bestimmter Effekt veranschaulicht und die restlichen Eigenschaften ignoriert werden, handelt es sich um 2-dimensionale Bilder eines hochdimensionalen Objektes:

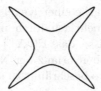

Der Hypercube ist kompakt und konvex.	Die Abstände der Ecken vom Mittelpunkt wachsen mit der Dimension, die der Seitenmittelpunkte nicht.	Das Volumen konzentriert sich an der Oberfläche und um den Seitenmittelpunkt.

Interpretieren wir unsere obigen Erkenntnisse über die Volumenverteilung in einer probabilistischen Weise, so ergibt sich, dass aus H_d gleichmäßig zufällig ausgewählte Punkte mit hoher Wahrscheinlichkeit nah an dessen Oberfläche und nah an der Mitte einer Seite liegen werden. Haben wir also z.B. eine Datenmenge gegeben, deren Features gleichmäßig in H_d verteilt sind, so legt Obiges nahe, dass die paarweisen Abstände von Punkten, wie auch deren Winkel, alle sehr nah beieinander liegen werden: Das ganz rechte Bild suggeriert etwa $\angle(x, y) \approx 90°$ für zwei gleichmäßig zufällig gewählte $x, y \in H_d$ und in Aufgabe 8.1 werden wir experimentell unterlegen, dass $\|x - y\| \approx \sqrt{\frac{3}{2}d}$ zu erwarten ist. Beides zusammen bedeutet, dass man mit Prediktoren, die auf Abständen oder beispielsweise auf der Kosinusähnlichkeit basieren, in Schwierigkeiten gerät.

Als Nächstes betrachten wir Punkte, die zufällig aus dem ganzen Raum $\mathbb{R}^d$ gewählt werden, und zwar entsprechend einer Gaußverteilung, von der wir der Einfachheit halber annehmen, dass ihr Mittelwert Null und ihre Varianz Eins sind. Wie in Definition 8.1(ii) erklärt, können wir dies durch einen Zufallsvektor $X \colon \Omega \to \mathbb{R}^d$ formalisieren, dessen Koordinaten unabhängige standardnormalverteilte Zufallsvariablen sind. Das folgende Bild zeigt die Verteilung der Normen von $50\,000$ Punkten $x^{(i)} \in \mathbb{R}^{100}$, die auf diese Weise zufällig gewählt wurden.

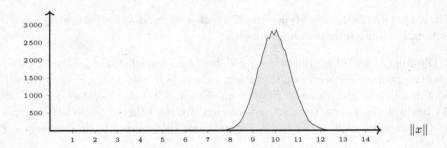

Die Simulation zeigt, dass im Durchschnitt $\|x\| \approx 10$ gilt und sogar fast alle Punkte in der Nähe der Oberfläche einer Kugel mit Radius 10 im $\mathbb{R}^{100}$ liegen. Führen wir dieses Experiment mehrfach durch und variieren dabei die Dimension d, so suggerieren die Ergebnisse, dass $E(\|X\|) \approx \sqrt{d}$ für $X \sim \mathcal{N}(0, 1, \mathbb{R}^d)$ gilt. Außerdem scheint die Stichprobenvarianz der Normen durch eine von der Dimension unabhängige Konstante beschränkt zu sein, was zur Vermutung führt, dass $V(X)$ beschränkt ist.

d	1	10	100	1 000	10 000	100 000	1 000 000
$\frac{1}{100}\sum_{i=1}^{100}\|x^{(i)}\|$	0.73	3.05	10.10	31.61	100.03	316.21	1000.03
$\sqrt{d}$	1.00	3.16	10.00	31.62	100.00	316.22	1000.00
Varianz	0.33	0.48	0.54	0.45	0.52	0.36	0.44

Wir überlassen es dem Leser als Aufgabe 8.2, die obigen Experimente selbst durchzuführen, und schauen uns nun Erwartungswert und Varianz für $X \sim \mathcal{N}(0, 1, \mathbb{R}^d)$ abstrakt an. Da die Koordinatenfunktionen $X_i \sim \mathcal{N}(0, 1)$ unabhängig und normalverteilt sind, ergibt sich ohne Schwierigkeiten

$$
\begin{aligned}
E(\|X\|^2) &= E(X_1^2 + \cdots + X_d^2) = E(X_1^2) + \cdots + E(X_d^2) \\
&= E((X_1 - E(X_1))^2) + \cdots + E((X_d - E(X_d))^2) \\
&= V(X_1) + \cdots + V(X_d) = d,
\end{aligned}
\tag{8.1}
$$

wobei wir erstmal das Normquadrat betrachten, da a priori nicht klar ist, wie die Wurzelfunktion mit dem Erwartungswert interagiert. Analog ergibt sich für die Varianz

$$
\begin{aligned}
V(\|X\|^2) &= V(X_1^2) + \cdots + V(V_d^2) \\
&= d \cdot V(X_1^2) = d \cdot (E(X_1^4) - E(X_1^2)^2) \\
&= d \cdot \left(\frac{1}{\sqrt{2\pi}} \int_{\mathbb{R}} x^4 \exp(-x^2/2)\,\mathrm{d}x - V(X_1)\right) \\
&= (3 - 1)d = 2d.
\end{aligned}
\tag{8.2}
$$

Nach dieser Vorarbeit können wir das folgende genauere Resultat beweisen, welches das durch die Experimente gezeichnete Bild bestätigen wird: Für einen d-dimensionalen Zufallsvektor X ist $\mathrm{E}(X) \approx \sqrt{d}$ für $d \to \infty$ und die Varianz ist durch eine von d unabhängige Konstante beschränkt.

Satz 8.2. *Sei $X \sim \mathcal{N}(0, 1, \mathbb{R}^d)$. Dann gilt*

(i) $\forall\, d \in \mathbb{N}\colon |\mathrm{E}(\|X\| - \sqrt{d})| \leqslant 1/\sqrt{d}$,

(ii) $\forall\, d \in \mathbb{N}\colon \mathrm{V}(\|X\|) \leqslant 2$.

Beweis. (i) Wir beginnen mit der folgenden Gleichung

$$\|X\| - \sqrt{d} = \frac{\|X\|^2 - d}{2\sqrt{d}} - \frac{(\|X\|^2 - d)^2}{2\sqrt{d}(\|X\| + \sqrt{d})^2} =: S_d - R_d,$$

die aus $\|X\|^2 - d = (\|X\| - \sqrt{d})(\|X\| + \sqrt{d})$ folgt. Dann benutzen wir (8.2) und $\|X\| \geqslant 0$, um wie folgt abzuschätzen:

$$0 \leqslant \mathrm{E}(R_d) \leqslant \frac{\mathrm{E}((\|X\|^2 - d)^2)}{2d^{3/2}} = \frac{\mathrm{V}(\|X\|^2)}{2d^{3/2}} = \frac{2d}{2d^{3/2}} = \frac{1}{\sqrt{d}}.$$

Es folgt $\mathrm{E}(R_d) \to 0$ für $d \to \infty$. Da $\mathrm{E}(\|X\|^2) = d$ gilt, erhalten wir $\mathrm{E}(S_n) = 0$ und folglich

$$|\mathrm{E}(\|X\| - \sqrt{d})| = |\mathrm{E}(S_d - R_d)| = |-\mathrm{E}(R_d)| \leqslant \frac{1}{\sqrt{d}},$$

wie behauptet.

(ii) Für die Varianz berechnen wir

$$\begin{aligned}
\mathrm{V}(\|X\|) = \mathrm{V}(\|X\| - \sqrt{d}) &= \mathrm{E}\big((\|X\| - \sqrt{d})^2\big) - \big(\mathrm{E}(\|X\| - \sqrt{d})\big)^2 \\
&\leqslant \mathrm{E}\big((\|X\| - \sqrt{d})^2\big) = \mathrm{E}\big(\|X\|^2 - 2\|X\|\sqrt{d} + d\big) \\
&= \mathrm{E}(\|X\|^2) - 2\sqrt{d}\,\mathrm{E}(\|X\|) + d \\
&= 2d - 2\sqrt{d}\,\mathrm{E}\big(\|X\| - \sqrt{d} + \sqrt{d}\big) \\
&= 2\sqrt{d}\,\mathrm{E}(R_d) \\
&\leqslant 2,
\end{aligned}$$

womit (ii) gezeigt ist. $\qquad\square$

Als Nächstes wollen wir den Abstand zweier unabhängiger standardnormalverteilter Zufallsvektoren $X, Y \sim \mathcal{N}(0, 1, \mathbb{R}^d)$ untersuchen. Für den quadrierten

Abstand ergibt sich wieder durch direkte Rechnung

$$
\begin{aligned}
\mathrm{E}(\|X-Y\|^2) &= \sum_{i=1}^{d} \mathrm{E}((X_i - Y_i)^2) \\
&= \sum_{i=1}^{d} \mathrm{E}(X_i^2) + 2\,\mathrm{E}(X_i)\,\mathrm{E}(Y_i) + \mathrm{E}(Y_i^2) \qquad (8.3) \\
&= \sum_{i=1}^{d} (1 + 2\cdot 0 \cdot 0 + 1) = 2d,
\end{aligned}
$$

was $\mathrm{E}(\|X-Y\|) \approx \sqrt{2d}$ nahelegt. Experimente bestätigen dies, siehe Aufgabe 8.2, und in der Tat zeigen ähnliche Argumente wie die im Beweis von Satz 8.2 das Folgende.

Satz 8.3. *Seien $X, Y \sim \mathcal{N}(0, 1, \mathbb{R}^d)$. Dann gelten*

(i) $\forall\, d \in \mathbb{N}$: $\mathrm{E}(\|X-Y\| - \sqrt{2d}) \leqslant 1/\sqrt{2d}$,

(ii) $\forall\, d \in \mathbb{N}$: $\mathrm{V}(\|X-Y\|) \leqslant 3$. $\qquad\qquad\square$

Die Details des Beweises lassen wir als Aufgabe 8.3.

Um den Erwartungswert des Winkels $\angle(X, Y)$ zu bestimmen, können wir auf die bereits bekannten Gleichungen $\mathrm{E}(\|X\|^2) = \mathrm{E}(\|Y\|^2) = d$ und $\mathrm{E}(\|X - Y\|^2) = 2d$ zurückgreifen und erhalten damit das folgende Resultat.

Satz 8.4. *Seien $X, Y \sim \mathcal{N}(0, 1, \mathbb{R}^d)$ und sei $\xi \in \mathbb{R}^d$ konstant. Dann gelten*

(i) $\mathrm{E}(\langle X, Y \rangle) = 0$ und $\mathrm{V}(\langle X, Y \rangle) = d$,

(ii) $\mathrm{E}(\langle X, \xi \rangle) = 0$ und $\mathrm{V}(\langle X, \xi \rangle) = \|\xi\|^2$.

Beweis. (i) Wir verwenden das Kosinusgesetz

$$
\|X - Y\|^2 = \|X\|^2 + \|Y\|^2 - 2\|X\|\|Y\|\cos(\theta),
$$

wobei θ wie im folgenden Bild der Winkel zwischen X und Y ist.

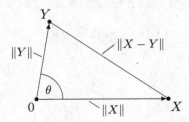

Dann benutzen wir $\cos\theta = \langle X/\|X\|, Y/\|Y\| \rangle$ und erhalten

$$
\langle X, Y \rangle = \tfrac{1}{2}\big(\|X\|^2 + \|Y\|^2 - \|X - Y\|^2\big).
$$

Den Erwartungswert dieses Skalarproduktes können wir durch Ausnutzung unser Vorarbeiten in (8.1) und (8.3) per

$$E(\langle X, Y \rangle) = \tfrac{1}{2}\big(E(\|X\|^2) + E(\|Y\|^2) - E(\|X - Y\|^2)\big) = \tfrac{1}{2}(d + d - 2d) = 0$$

berechnen. Für die Varianz erhalten wir mit (8.2):

$$\begin{aligned}
V(\langle X, Y \rangle) &= V(X_1 Y_1 + \cdots + X_d Y_d) = V(X_1 Y_1) + \cdots + V(X_d Y_d) \\
&= d \cdot V(X_1 Y_1) = d \cdot \big(E(X_1^2)\,E(Y_1^2) - E(X_1)^2\,E(Y_1)^2\big) \\
&= d \cdot \big(E(X_1^2 - E(X_1))\,E(Y_1^2 - E(Y_1))\big) = d \cdot V(X_1)\,V(Y_1) = d.
\end{aligned}$$

(ii) Mit $\xi = (\xi_1, \ldots, \xi_d)$ sieht man sofort

$$E(\langle X, \xi \rangle) = \sum_{i=1}^{d} E(X_i \xi_i) = \sum_{i=1}^{d} \xi_i\, E(X_i) = 0$$

und

$$V(\langle X, \xi \rangle) = \sum_{i=1}^{d} V(\xi_i X_i) = \sum_{i=1}^{d} \xi_i^2\, V(X_i) = \|\xi\|^2,$$

wie behauptet. □

Nach Satz 8.4 ist zu erwarten, dass zwei standardnormalverteilt-zufällig gewählte Punkte $x, y \in \mathbb{R}^d$ orthogonal sind. Im Gegensatz zu allen vorherigen Resultaten sind aber die Stichprobenvarianzen unbeschränkt und man kann daher nicht schließen, dass tatsächlich für die meisten der Punkte x, y in einer Stichprobe $\langle x, y \rangle \approx 0$ gilt. Normieren wir allerdings die Vektoren vor der Skalarproduktbildung, d.h. betrachten wir $\langle x/\|x\|, y/\|y\| \rangle$, so suggerieren Simulationen, vergleiche Aufgabe 8.2(iii)–(iv), dass in der Tat

$$E\big(\langle \tfrac{X}{\|X\|}, \tfrac{Y}{\|Y\|} \rangle\big) \approx 0 \quad \text{und} \quad V\big(\langle \tfrac{X}{\|X\|}, \tfrac{Y}{\|Y\|} \rangle\big) \xrightarrow{d \to 0} 0$$

gelten. Beachte, dass eine direkte Berechnung von Erwartungswert und Varianz nicht-trivial ist, insbesondere da X und $\|X\|$ nicht unabhängig sind.

Bisher haben wir mit Erwartungswert und Varianz gearbeitet und argumentiert, dass eine kleine und beschränkte Varianz impliziert, dass für die Elemente einer Stichprobe die uns interessierenden Größen (Norm, Abstand, Winkel) nah beim Erwartungswert liegen. Experimente haben dies bestätigt. Im folgenden Kapitel 10 werden wir explizite Abschätzungen für die Wahrscheinlichkeiten

$$P\big[\,|\|X\| - \sqrt{d}\,| \geqslant \varepsilon\,\big] \quad \text{und} \quad P\big[\,|\langle X, Y \rangle| \geqslant \varepsilon\,\big]$$

beweisen unter der Voraussetzung $X, Y \sim \mathcal{N}(0, 1, \mathbb{R}^d)$. Im Fall der Gleichverteilung werden wir statt des Hypercubes die abgeschlossene Einheitskugel betrachten und für $X, Y \sim \mathcal{U}(\overline{B}_1(0))$ ebenfalls explizite Abschätzungen des obigen Typs beweisen. Damit quantifizieren wir die Ergebnisse dieses Kapitels. Wir weisen jetzt schon einmal vorsorglich darauf hin, dass bei diesen Abschätzungen genau darauf geachtet werden muss, ob und wenn ja in welcher Weise $\varepsilon \searrow 0$ und $d \to \infty$ gehen dürfen bzw. müssen. Wir werden in den Kapiteln 9–10 zeigen, dass

Verteilung	$\|X\|$	$\|X - Y\|$	$\langle X, Y \rangle$
$X, Y \sim \mathcal{N}(0, 1, \mathbb{R}^d)$	$\approx \sqrt{d}$	$\approx \sqrt{2d}$	≈ 0
$X, Y \sim \mathcal{U}(\overline{B}_1(0))$	≈ 1	$\approx \sqrt{2}$	≈ 0

gilt. Hierbei ist z.B. mit $\|X\| \approx \sqrt{d}$ gemeint, dass die Wahrscheinlichkeit dafür, dass $\big|\|X\| - \sqrt{d}\big|$ größer als ein Schwellwert ist, durch einen Ausdruck abgeschätzt werden kann, der klein ist, wenn die Dimension groß genug ist. Idealerweise ist der Schwellwert eine Konstante $\varepsilon > 0$, die wir beliebig vorgeben können, und die Schranke für die Wahrscheinlichkeit hängt allein von d ab; in der Tat müssen wir aber damit leben, dass oft beide Ausdrücke von ε und d abhängen. Wir werden dann Grenzwerte vermeiden und Sätze beweisen, die garantieren, dass für „fast alle" Datenpunkte einer Menge D, z.B. mehr als der $(1 - 1/N)$-te Teil, eine Eigenschaft gilt, oder das für jeden Punkt von D die Eigenschaft „mit hoher Wahrscheinlichkeit", z.B. $P[\cdot]$ größer als $1 - 1/N$, gilt. Hierbei kann N von $n = \#D$ und d abhängen. Diese Herangehensweise wird als *nicht-asymptotische Analysis* bezeichnet.

Referenzen

Dieses Kapitel orientiert sich hauptsächlich an [BHK20] und [Köp13]. Der Begriff *Segen der hohen Dimension* ist [Don04] entnommen und der Beweis von Satz 8.2 folgt [Pin20]. Das Bild des hochdimensionalen Hypercubes auf Seite 119 ist in der Tat ein Echidnahedron, das mit Mathematica geplottet werden kann [Ras14]. In [Bul06, Dub21] sind ähnliche Darstellungen (die aber keine Echidnahedrone sind) gegeben. In [Köp13, Figure 4] ist eine 2-dimensionale Darstellung einer hochdimensionalen Hypercubes mit abstehenden Spitzen zu sehen. Eine Vorversion der Kapitel 8–12 ist in Form von Lecture Notes im arXiv verfügbar, siehe [Weg21].

Aufgaben

Aufgabe 8.1. Schreiben Sie ein Programm, z.B. in Python, das Punkte $x^{(1)}, \ldots, x^{(n)}$ erzeugt, die gleichmäßig zufällig aus dem Hypercube $H^d(1)$ gewählt werden, indem Sie deren Koordinaten gleichmäßig zufällig aus $[-1, 1]$ wählen. Verifizieren Sie dann, dass für geeignet große d

(i) $\frac{1}{n}\sum_{i=1}^{n}\|x^{(i)}\|_\infty \approx 1$,
(ii) $\frac{1}{n}\sum_{i=1}^{n}\|x^{(i)}\|_2, \approx \sqrt{\frac{d}{3}}$,

(iii) $\frac{1}{n(n-1)}\sum_{i\neq j}\|x^{(i)}-x^{(j)}\|_2 \approx \sqrt{\frac{2}{3}d}$,
(iv) $\frac{1}{n(n-1)}\sum_{i\neq j}\angle(x^{(i)},x^{(j)}) \approx \frac{\pi}{2}$

gelten. Hierbei bezeichnet $\|\cdot\|_\infty$ die Maximumsnorm, $\|\cdot\|_2$ die euklidische Norm und der Winkel $\theta = \angle(x,y)$ ist per $\cos\theta = \langle x/\|x\|, y/\|y\|\rangle$ gegeben. Plotten Sie außerdem die Verteilung der euklidischen Normen. Wächst jeweils die Varianz mit d?

Hinweis: Testen Sie ihr Programm erst z.B. mit $n = 10$ und $d = 5$ und erhöhen Sie beide Parameter später. Nutzen Sie Funktionen wie `average`, `maximum`, `acos` etc. Für den Plot müssen Sie das Intervall $[\min_i\|x^{(i)}\|, \max_i\|x^{(i)}\|]$ in gleichlange Teilintervalle teilen. Deren Anzahl ist ein zusätzlicher Parameter, für den Sie einen geeigneten Wert durch Ausprobieren finden müssen.

Aufgabe 8.2. Schreiben Sie ein Programm, z.B. in Python, das zufällige Punkte $x^{(1)},\ldots,x^{(n)} \in \mathbb{R}^d$ erzeugt, deren Koordinaten standardnormalverteilt sind.

(i) Plotten Sie für $d = 100$ und $n = 50\,000$ die Verteilung der Normen. Es sollte sich ein Bild wie auf Seite 121 ergeben.

(ii) Verifizieren Sie, dass für geeignet große d

$$\frac{1}{n}\sum_{j=1}^{n}\|x^{(j)}\| \approx \sqrt{d} \quad \text{und} \quad \frac{1}{n(n-1)}\sum_{k\neq j}\|x^{(j)}-x^{(k)}\| \approx \sqrt{2d}$$

gelten und dass die Stichprobenvarianzen jeweils beschränkt sind. Vergleichen Sie Ihre Ergebnisse des ersten Teils mit der Tabelle auf Seite 122. Für den zweiten Teil kommt etwas sehr Ähnliches heraus.

(iii) Verifizieren Sie, dass für geeignet große d

$$\frac{1}{n(n-1)}\sum_{i\neq j}\langle x^{(i)},x^{(j)}\rangle \approx 0$$

gilt, dass aber die Stichprobenvarianz gegen unendlich geht, vergleiche Satz 8.4, bzw. Aufgabe 8.3 für eine quantitative und nicht-experimentelle Version hiervon.

(iv) Verifizieren Sie, dass für geeignet große d

$$\frac{1}{n(n-1)}\sum_{i\neq j}\Big\langle \frac{x^{(i)}}{\|x^{(i)}\|}, \frac{x^{(j)}}{\|x^{(j)}\|}\Big\rangle \approx 0$$

gilt und dass nun die Stichprobenvarianz nicht nur beschränkt ist, sondern für $d \to \infty$ sogar gegen Null konvergiert.

Aufgabe 8.3. Seien $X, Y \sim \mathcal{N}(0,1,\mathbb{R}^d)$. Zeigen Sie:

(i) $\forall\, d \in \mathbb{N}\colon \mathrm{E}(\|X-Y\| - \sqrt{2d}) \leqslant 1/\sqrt{2d}$,

(ii) $\forall\, d \in \mathbb{N}\colon \mathrm{V}(\|X-Y\|) \leqslant 3$.

Hinweis: Berechnen Sie zuerst $\mathrm{V}((X_i-Y_i)^2) = 3$ durch Nachweis von $X_i-Y_i \sim \mathcal{N}(0,2,\mathbb{R})$ und Anwendung einer geeigneten Formel zur Berechnung des vierten Moments. Folgern Sie dann $\mathrm{V}(\|X-Y\|^2) \leqslant 3d$. Adaptieren Sie schließlich die Argumente, mit denen wir $\mathrm{E}(\|X\| - \sqrt{d})$ und $\mathrm{V}(\|X\|)$ in Beweis von Satz 8.2 berechnet bzw. abgeschätzt haben.

Aufgabe 8.4. Falls Sie Horrorfilme mögen, schauen Sie sich Andrzej Sekuła's Film *Hypercube* von 2002 an.

9

Maßkonzentration

Wie auch schon im vorherigen Kapitel 8 bezeichnet im Folgenden $\|\cdot\|$ die euklidische Norm, $\mathcal{B}^d$ die σ-Algebra der Borelmengen und λ^d das Lebesguemaß auf $\mathbb{R}^d$. Weiter bezeichnen wir mit

$$\mathrm{B}_r(x_0) = \{x \in \mathbb{R}^d \mid \|x - x_0\| < r\} \quad \text{und} \quad \overline{\mathrm{B}}_r(x_0) = \{x \in \mathbb{R}^d \mid \|x - x_0\| \leqslant r\}$$

die offene, bzw. abgeschlossene, Kugel mit Mittelpunkt x_0 und Radius $r > 0$ in $\mathbb{R}^d$. Die abgeschlossene Einheitskugel kürzen wir mit $\mathrm{B}_{\mathbb{R}^d} := \overline{\mathrm{B}}_1(0)$ ab und wir erinnern daran, dass $r\,\mathrm{B}_{\mathbb{R}^d} = \overline{\mathrm{B}}_r(x_0)$ gilt.

Wir beginnen nun mit der folgenden Beobachtung. Sei $B \subseteq \mathbb{R}^d$ eine messbare Menge, sodass $\mu \cdot B \subseteq B$ für $0 < \mu < 1$ gilt; also z.B. ein Sterngebiet mit Mittelpunkt Null oder eine kreisförmige Menge. Dann können wir $B\backslash(1-\varepsilon)B \subseteq B$ als den Teil von B interpretieren, der nah an der „Oberfläche" von B liegt.

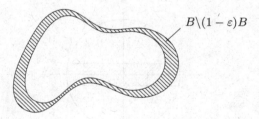
$B\backslash(1-\varepsilon)B$

Analog zum Hypercube in Kapitel 8 können wir das Verhältnis

$$\begin{aligned}
\frac{\lambda^d(B\backslash(1-\varepsilon)B)}{\lambda^d(B)} &= \frac{\lambda^d(B) - \lambda^d((1-\varepsilon)B)}{\lambda^d(B)} \\
&= \frac{\lambda^d(B) - (1-\varepsilon)^d\lambda^d(B)}{\lambda^d(B)} \\
&= 1 - (1-\varepsilon)^d
\end{aligned}$$

berechnen und sehen, dass dieses für beliebig kleines $\varepsilon > 0$ nah bei Eins liegt, wenn nur d groß genug ist, vgl. auch Bemerkung 9.3. Dies verallgemeinert den Fall des Hyercubes und zeigt, dass sich fast das ganze Maß von B knapp unter dessen „Oberfläche" befindet, während das „Innere" wenig zum Maß beiträgt. Mit der wohlbekannten Abschätzung $e^t \leqslant \frac{1}{1-t}$ liefert das Obige für den Spezialfall der Einheitskugel $B = B_{\mathbb{R}^d}$ den folgenden sogenannten Satz über die Oberflächenkonzentration.

Satz 9.1. (über die Oberflächenkonzentration) *Sei* $d \in \mathbb{N}$ *und* $0 < \varepsilon \leqslant 1$. *Dann gilt*

$$\lambda^d(\bar{B}_1(0) \setminus B_{1-\varepsilon}(0)) \geqslant (1 - e^{-\varepsilon d}) \cdot \lambda^d(\bar{B}_1(0)),$$

d.h. mindestens der $(1 - e^{-\varepsilon d})$*-te Teil des Volumens der d-dimensionalen Einheitskugel befindet sich* ε*-nah an deren Oberfläche.* $\square$

Gerade im Fall der Einheitskugel wird dieser Effekt der Maßkonzentration anschaulich klarer: Teilt man die Kugel in Schalen auf, die alle die gleiche Dicke, aber entsprechend unterschiedliche Radien haben, so werden Schalen mit kleinem Radius weniger zum Volumen beitragen als Schalen mit großem Radius. Letzteres ist ab Dimensionen 2 der Fall, aber je mehr Dimensionen zur Verfügung stehen, desto stärker wirkt sich der Radius auf das Volumen aus.

Um den nächsten Satz über die Taillenkonzentration zu formulieren, fassen wir die erste Koordinate des $\mathbb{R}^d$ als „Norden" auf und betrachten dann eine um den „Äquator" herum aus der Einheitskugel herausgeschnittene 2ε-breite Scheibe W_ε.

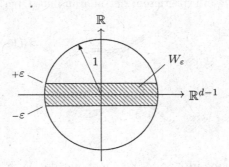

Satz 9.2 wird zeigen, dass sich der Großteil des Volumens der Einheitskugel in dieser Scheibe befindet, oder mit anderen Worten, an dessen Taille. Ebenso wie im Fall der Oberflächenkonzentration ist das nur auf den ersten Blick überraschend: Gehen wir vom Ursprung aus in „Nordrichtung", so wird die Kugel dünner und zwar in allen der verbleibenden $(d-1)$-vielen Richtungen.

Satz 9.2. (über die Taillenkonzentration) *Sei* $d \in \mathbb{N}_{\geqslant 3}$ *und* $\varepsilon > 0$. *Dann gilt*

$$\lambda^d(W_\varepsilon) \geqslant \left(1 - \frac{2}{\varepsilon\sqrt{d-1}} e^{-\frac{\varepsilon^2(d-1)}{2}}\right) \cdot \lambda^d(B_{\mathbb{R}^d}),$$

wobei $W_\varepsilon = \{(x_1, \ldots, x_d) \in B_{\mathbb{R}^d} \mid |x_1| \leqslant \varepsilon\}$.

Beweis. Wir stellen zuerst fest, dass die Aussage für $\varepsilon \geqslant 1$ trivial ist und nehmen daher $\varepsilon < 1$ an. Für $\delta \geqslant 0$ definieren wir $H_\delta = \{(x_1, \ldots, x_d) \in \overline{B}_1(0) \mid x_1 \geqslant \delta\}$, siehe das folgende Bild, und verwenden, dass offenbar $\frac{1}{2} \cdot \lambda^d(W_\varepsilon) = \lambda^d(H_0 \backslash H_\varepsilon)$ gilt.

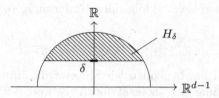

Wir berechnen also als Erstes das Volumen von H_δ. Für $x_1 \in [\delta, 1]$ schneiden wir eine Scheibe in Höhe x_1 aus H_δ heraus und erhalten

$$
\begin{aligned}
H_{\delta, x_1} &= \{(x_2, \ldots, x_d) \in \mathbb{R}^{d-1} \mid (x_1, x_2, \ldots, x_d) \in H^\delta\} \\
&= \{(x_2, \ldots, x_d) \in \mathbb{R}^{d-1} \mid \|(x_1, x_2, \ldots, x_d)\| \leqslant 1\} \\
&= \{y \in \mathbb{R}^{d-1} \mid x_1^2 + \|y\|^2 \leqslant 1\} \\
&= \overline{B}_{(1-x_1^2)^{1/2}}(0),
\end{aligned}
$$

wobei die Kugel in der letzten Zeile in $\mathbb{R}^{d-1}$ genommen wird.

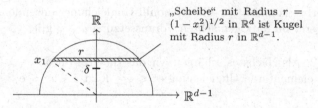

„Scheibe" mit Radius $r = (1 - x_1^2)^{1/2}$ in $\mathbb{R}^d$ ist Kugel mit Radius r in $\mathbb{R}^{d-1}$.

Jetzt wenden wir das Prinzip des Cavalieri an und erhalten

$$
\begin{aligned}
\lambda^d(H_\delta) &= \int_\delta^1 \lambda^{d-1}(H_{\delta, x_1}) \, d\lambda(x_1) \\
&= \int_\delta^1 \lambda^{d-1}(\overline{B}_{(1-x_1^2)^{1/2}}(0)) \, d\lambda(x_1) \\
&= \int_\delta^1 (1 - x_1^2)^{\frac{d-1}{2}} \lambda^{d-1}(\overline{B}_1(0)) \, d\lambda(x_1) \\
&= \lambda^{d-1}(B_{\mathbb{R}^{d-1}}) \cdot \int_\delta^1 (1 - x_1^2)^{\frac{d-1}{2}} \, d\lambda(x_1).
\end{aligned} \tag{9.1}
$$

Da wir $\lambda^d(W_\varepsilon) = 2 \cdot (\lambda^d(H_0 \backslash H_\varepsilon)) = 2 \cdot (\lambda^d(H_0) - \lambda^d(H_\varepsilon))$ nach unten abschätzen wollen, benötigen wir einerseits eine Abschätzung des Integrals in der letzten Zeile von (9.1) nach unten für $\delta = 0$, und andererseits eine Abschätzung nach oben für $\delta = \varepsilon$.

① Wir beginnen mit $\delta = 0$. Durch Verkleinerung der oberen Grenze im Integral der letzten Zeile von (9.1) schätzen wir sicher nach unten ab. Für $0 \leqslant x_1 \leqslant \frac{1}{\sqrt{d-1}}$ ergeben sich die folgenden Umformungen:

$$x_1^2 \leqslant \tfrac{1}{d-1} \implies 1 - \tfrac{1}{d-1} \leqslant 1 - x_1^2 \implies \left(1 - \tfrac{1}{d-1}\right)^{\frac{d-1}{2}} \leqslant \left(1 - x_1^2\right)^{\frac{d-1}{2}}.$$

Zur Schreiberleichterung benennen wir ab jetzt die Integrationsvariable in x um. Mit der Änderung der Integrationsgrenze und der letzten Ungleichung oben, erhalten wir dann

$$\int_0^1 (1 - x^2)^{\frac{d-1}{2}} \, \mathrm{d}\lambda(x) \geqslant \int_0^{\frac{1}{\sqrt{d-1}}} (1 - x^2)^{\frac{d-1}{2}} \, \mathrm{d}\lambda(x)$$

$$\geqslant \int_0^{\frac{1}{\sqrt{d-1}}} \left(1 - \tfrac{1}{d-1}\right)^{\frac{d-1}{2}} \, \mathrm{d}\lambda(x)$$

$$= \left(1 - \tfrac{1}{d-1}\right)^{\frac{d-1}{2}} \cdot \tfrac{1}{\sqrt{d-1}}$$

$$\underset{\substack{\uparrow \\ \text{Bernoulli-} \\ \text{Ungl.}}}{\geqslant} \left(1 - \tfrac{d-1}{2} \cdot \tfrac{1}{d-1}\right) \cdot \tfrac{1}{\sqrt{d-1}} = \tfrac{1}{2\sqrt{d-1}}.$$

Hierbei konnten wir die Bernoulli-Ungleichung anwenden, da $\frac{d-1}{2} \geqslant 1$ wegen unserer im Satz gemachten Voraussetzung $d \geqslant 3$ gilt.

② Als Nächstes schätzen wir das Integral für $\delta = \varepsilon > 0$ nach oben ab. Aus der elementaren Ungleichung $\mathrm{e}^x \leqslant \frac{1}{1-x}$ folgt $1 - x^2 \leqslant \mathrm{e}^{-x^2}$ und damit erhalten wir

$$\int_\varepsilon^1 (1 - x^2)^{\frac{d-1}{2}} \, \mathrm{d}\lambda(x) \leqslant \int_\varepsilon^1 \left(\mathrm{e}^{-x^2}\right)^{\frac{d-1}{2}} \tfrac{x}{\varepsilon} \, \mathrm{d}x \underset{\substack{\uparrow \\ x/\varepsilon \geqslant 1}}{\leqslant} \int_\varepsilon^1 \left(\mathrm{e}^{-x^2}\right)^{\frac{d-1}{2}} \tfrac{x}{\varepsilon} \, \mathrm{d}\lambda(x)$$

$$= \tfrac{1}{\varepsilon} \cdot \int_\varepsilon^1 x \, \mathrm{e}^{\frac{d-1}{2} x^2} \, \mathrm{d}x = \tfrac{1}{\varepsilon} \cdot \frac{\mathrm{e}^{-\frac{d-1}{2}} - \mathrm{e}^{-\frac{\varepsilon^2(d-1)}{2}}}{-(d-1)}$$

$$\leqslant \tfrac{1}{\varepsilon(d-1)} \, \mathrm{e}^{-\frac{\varepsilon^2(d-1)}{2}}.$$

Einsetzen der Ergebnisse von ① und ② in (9.1) liefert die zwei Abschätzungen

$$\lambda^d(H_0) \geqslant \lambda^d(\mathrm{B}_{\mathbb{R}^{d-1}}) \tfrac{1}{2\sqrt{d-1}} \quad \text{und} \quad \lambda^d(H_\varepsilon) \leqslant \lambda^d(\mathrm{B}_{\mathbb{R}^{d-1}}) \tfrac{1}{\varepsilon(d-1)} \, \mathrm{e}^{-\frac{\varepsilon^2(d-1)}{2}},$$

mit denen schließlich

$$\frac{\lambda^d(W_\varepsilon)}{\lambda^d(B_\mathbb{R})} = \frac{2 \cdot (\lambda^d(H_0) - \lambda^d(H_\varepsilon))}{2 \cdot \lambda^d(H_0)} = 1 - \frac{\lambda^d(H_\varepsilon)}{\lambda^d(H_0)}$$

$$\geqslant 1 - \frac{2\sqrt{d-1}}{\varepsilon(d-1)}\, e^{-\frac{\varepsilon^2(d-1)}{2}} = 1 - \frac{2}{\varepsilon\sqrt{d-1}}\, e^{-\frac{\varepsilon^2(d-1)}{2}}$$

folgt wie gewünscht. $\qquad\qquad\square$

Am Ende von Kapitel 8 hatten wir bereits darauf aufmerksam gemacht, dass im aktuellen Kontext mitunter Vorsicht geboten ist bei der asymptotischen Interpretation von Abschätzungen. Wir illustrieren dies nun am Satz über die Taillenkonzentration. Dessen Name suggeriert bereits, dass in einem *hoch*dimensionalen Raum das Volumen der Einheitskugel *nah* an deren Taille konzentriert ist. Die letzten zwei Größenangaben werden im Satz durch (kleines) ε und (großes) d abgebildet. Hierbei ist in folgendem Sinne Vorsicht geboten.

Bemerkung 9.3. (i) Bezeichnen wir die Konstante in Satz 9.2 mit

$$K_{\varepsilon,d} = 1 - \frac{2}{\varepsilon\sqrt{d-1}}\, e^{-\frac{\varepsilon^2(d-1)}{2}} \in (-\infty, 1),$$

so gilt $K_{\varepsilon,d} \xrightarrow{d \to \infty} 1$ für jedes feste $\varepsilon > 0$. In diesem Sinne ist die oben erläuterte Interpretation des Satzes zu verstehen.

(ii) Fixiert man hingegen die Dimension d, so gilt $K_{\varepsilon,d} \xrightarrow{\varepsilon \to 0} -\infty$. Auf diese Weise darf man den Satz folglich *nicht* interpretieren.

(iii) Betrachtet man $\varepsilon > 0$ und $d \in \mathbb{N}$ beide als fixiert, so ist die Abschätzung $\lambda^d(W_\varepsilon) \geqslant K_{\varepsilon,d}\lambda^d(B_{\mathbb{R}^d})$ aus Satz 9.2 nur dann nicht-trivial, wenn $K_{\varepsilon,d} > 0$ ausfällt. Per Substitution $a := \varepsilon\sqrt{d-1}$ sieht man, dass es ein $a_0 \in (1, 2)$ gibt, sodass

$$\forall\, \varepsilon > 0,\, d \in \mathbb{N}_{\geqslant 2} : \varepsilon > \frac{a_0}{\sqrt{d-1}} \implies K_{\varepsilon,d} > 0$$

gilt, vergleiche Aufgabe 9.3. Man kann also durchaus in Satz 9.2 beliebig kleine ε betrachten — wenn man dies durch entsprechend große d kompensiert.

(iv) Auch im Satz 9.1 zur Oberflächenkonzentration hängt die Konstante $1 - e^{-\varepsilon d}$ von ε und d ab, ist aber stets positiv. Dennoch ist der Satz natürlich nur dann interessant, wenn $1 - e^{-\varepsilon d}$ nah bei 1 liegt, und man sieht, dass auch hier ein Tradeoff zwischen kleinem ε und großem d möglich ist.

Die obigen Bemerkungen erklären jetzt sehr genau, warum man vom *Segen der hohen Dimension* spricht: Ist die Dimension d groß genug, so kann oben der Parameter $\varepsilon > 0$ derart klein gewählt werden, sodass sich eine nützliche Aussage ergibt. Ist d hingegen zu klein, so sind die Aussagen entweder trivial oder nicht von Nutzen, vergleiche auch Aufgabe 9.4.

Bevor wir zur probabilistischen Interpretation der Maßkonzentrationssätze kommen, notieren wir die folgende bloße Umformulierung von Satz 9.2.

Korollar 9.4. *Sei $d \in \mathbb{N}_{\geqslant 3}$. Dann gilt*

$$\frac{\lambda^d(\{(x_1,\ldots,x_d) \in B_{\mathbb{R}^d} \mid |x_1| > \varepsilon\})}{\lambda^d(B_{\mathbb{R}^d})} \leqslant \frac{2}{\varepsilon\sqrt{d-1}} \, e^{-\frac{\varepsilon^2(d-1)}{2}}$$

für jedes $\varepsilon > 0$. $\square$

Im Rest des Kapitels werden wir die zwei vorhergehenden Sätze und das obige Korollar nutzen, um Aussagen über gleichmäßig auf der Einheitskugel verteilte Zufallsvektoren, d.h. $X \colon \Omega \to \mathbb{R}^d$ mit $X \sim \mathcal{U}(B_{\mathbb{R}^d})$, zu gewinnen, vergleiche Definition 8.1. Für eine solche Zufallsvariable erhält man sofort

$$P\big[\|X\| \geqslant 1 - \varepsilon\big] = \frac{\lambda^d(\overline{B}_1(0) \setminus B_{1-\varepsilon}(0))}{\lambda^d(\overline{B}_1(0))} \geqslant 1 - e^{-\varepsilon d} \tag{9.2}$$

und kann interpretieren, dass ein aus $B_{\mathbb{R}^d}$ zufällig gewählter Punkt mit hoher Wahrscheinlichkeit nah an dessen Oberfläche liegt. Für den folgenden Satz wählen wir nun nicht nur einen Punkt zufällig aus, sondern mehrere auf einmal.

Satz 9.5. *Sei (Ω, Σ, P) ein Wahrscheinlichkeitsraum, sei $d \in \mathbb{N}_{\geqslant 3}$ und für $n \in \mathbb{N}_{\geqslant 2}$ seien $X^{(1)}, \ldots, X^{(n)} \colon \Omega \to \mathbb{R}^d$ unabhängig mit $X^{(i)} \sim \mathcal{U}(B_{\mathbb{R}^d})$. Dann gilt*

$$P\Big[\|X^{(i)}\| \geqslant 1 - \frac{2\log n}{d} \text{ für alle } i = 1,\ldots,n\Big] \geqslant 1 - \frac{1}{n}.$$

Beweis. Wir setzen $\varepsilon = \frac{2\log n}{d}$ und fixieren $1 \leqslant i \leqslant n$. Aus Satz 9.1 über die Oberflächenkonzentration folgt dann

$$P\big[\|X^{(i)}\| < 1 - \varepsilon\big] = \frac{\lambda^d(B_{1-\varepsilon}(0))}{\lambda^d(\overline{B}_1(0))} \leqslant e^{-\varepsilon d} = e^{-2\log n} = \frac{1}{n^2}.$$

Daraus ergibt sich

$$P\big[\forall i \colon \|X^{(i)}\| \geqslant 1 - \varepsilon\big] = 1 - P\big[\exists i \colon \|X^{(i)}\| \geqslant 1 - \varepsilon\big]$$

$$= 1 - \sum_{i=1}^{n} 1/n^2 = 1 - \frac{1}{n},$$

wie behauptet. $\square$

Bemerkung 9.6. Satz 9.5 kann so interpretiert werden, als dass n-viele aus der Einheitskugel des $\mathbb{R}^d$ gleichmäßig zufällig ausgewählte Punkte mit hoher Wahrscheinlichkeit nah an deren Oberfläche liegen werden. Dabei heben wir das Folgende nochmal besonders hervor:

(i) Die Normabschätzung gilt für alle Punkte — und nicht nur für alle bis auf eine in irgendeinem Sinne kleine Ausnahmemenge.

(ii) Die untere Schranke in der Normabschätzung wächst in der Dimension d und fällt in der Anzahl der Punkte n.

(iii) Die untere Schranke in der Wahrscheinlichkeitsabschätzung wächst in der Anzahl der Punkte n und ist unabhängig von d.

(iv) Dadurch, dass n in die Normabschätzung mit $\log n$ und in die Wahrscheinlichkeitsabschätzung mit $1/n$ eingeht, führt eine Erhöhung des Umfangs der Stichprobe zu einer viel stärkeren Verbesserung der Wahrscheinlichkeitsabschätzung, als dadurch die Normabschätzung verschlechtert wird.

Für großes d und moderat großes n erhält man also $1 - \frac{2 \log n}{d} \approx 1$ und auch $1 - \frac{1}{n} \approx 1$. In diesem Sinne ist die am Beginn dieser Bemerkung gegebene Interpretation zu verstehen.

Als Nächstes kommen wir zum Winkel zwischen zufällig aus $B_{\mathbb{R}^d}$ gewählten Punkten. Da nach Satz 9.5 deren Normen mit hoher Wahrscheinlichkeit nah bei Eins liegen, verzichten wir auf die Normierung und betrachten unten nur die paarweisen Skalarprodukte. Vergleiche aber Aufgabe 9.3.

Satz 9.7. *Sei (Ω, Σ, P) ein Wahrscheinlichkeitsraum, sei $d \in \mathbb{N}_{\geqslant 3}$ und für $n \in \mathbb{N}_{\geqslant 2}$ seien $X^{(1)}, \ldots, X^{(n)} \colon \Omega \to \mathbb{R}^d$ unabhängig mit $X^{(i)} \sim \mathcal{U}(B_{\mathbb{R}^d})$. Dann gilt*

$$P\big[|\langle X^{(j)}, X^{(k)} \rangle| \leqslant \frac{\sqrt{6 \log n}}{\sqrt{d-1}} \text{ für alle } j \neq k \big] \geqslant 1 - \frac{1}{n}.$$

Beweis. Wir erläutern zuerst die Beweisidee anschaulich und beschränken uns auf den Fall, dass zwei Punkte $x, y \in B_{\mathbb{R}^d}$ gleichmäßig zufällig und unabhängig gewählt werden. Nach dem Satz von der Oberflächenkonzentration gilt $\|x\| \approx 1$ und $\|y\| \approx 1$. Die Punkte x und y liegen also knapp unter der Oberfläche der Einheitskugel. Ändern wir das Koordinatensystem derart, dass x „in Nordrichtung" zeigt, so muss dann der unabhängig von x gewählte Punkt y nach dem Satz über die Taillenkonzentration nah am Äquator liegen:

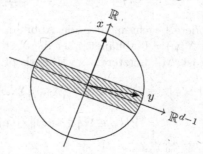

Folglich wird der Winkel der zwei Punkte ungefähr $90°$ sein, und daher das Skalarprodukt $\langle x, y \rangle \approx 0$ ausfallen. Wir werden jetzt zuerst diese Heuristik für zwei Punkte formalisieren und dann, mithilfe der üblichen Rechenregeln für Wahrscheinlichkeiten, die im Satz behauptete Abschätzung beweisen.

Wir setzen $\varepsilon = \frac{\sqrt{6 \log n}}{\sqrt{d-1}}$ und betrachten zunächst zwei Zufallsvariablen

$$X, Y \colon \Omega \to \mathbb{R}^d \quad \text{mit} \quad X, Y \sim \mathcal{U}(B_{\mathbb{R}^d}).$$

Sei $\omega \in \Omega$ derart, dass $x := X(\omega) \neq 0$. Wir setzen $b_1 := \frac{x}{\|x\|}$ und ergänzen zu einer Orthonormalbasis $\{b_1, \ldots, b_d\}$ von $\mathbb{R}^d$. Weiter bezeichnen wir mir $\{e_1, \ldots, e_d\}$ die Standardbasis von $\mathbb{R}^d$. Dann gibt es genau eine lineare Abbildung

$$T \colon \mathbb{R}^d \to \mathbb{R}^d \quad \text{mit} \quad Tb_i = e_i \quad \text{für} \quad i = 1, \ldots, d$$

und mit der Abkürzung $y := Y(\omega)$ folgt

$$|\langle X(\omega), Y(\omega) \rangle| = |\langle x, y \rangle| \underset{\substack{\uparrow \\ T \text{ orthog.}}}{=} |\langle Tx, Ty \rangle| \underset{\substack{\uparrow \\ x = \|x\| b_1}}{=} |\langle \|x\| Tb_1, Ty \rangle|$$

$$= \|x\| \cdot |\langle e_1, Ty \rangle| = \|X(\omega)\| \cdot |\langle e_1, TX(\omega) \rangle|.$$

Da die Einheitskugel invariant unter orthogonalen Abbildungen ist, folgt

$$P\big[|\langle e_1, TY \rangle| > \varepsilon\big] = \frac{\lambda^d(\{y \in B_{\mathbb{R}^d} \mid |\langle e_1, Ty \rangle| > \varepsilon\})}{\lambda^d(B_{\mathbb{R}^d})}$$

$$= \frac{\lambda^d(\{T^{-1}z \in B_{\mathbb{R}^d} \mid |\langle e_1, z \rangle| > \varepsilon\})}{\lambda^d(B_{\mathbb{R}^d})}$$

$$= \frac{\lambda^d(\{(z_1, \ldots, z_d) \in B_{\mathbb{R}^d} \mid |z_1| > \varepsilon\})}{\lambda^d(B_{\mathbb{R}^d})}$$

$$\underset{\substack{\uparrow \\ \text{Korollar} \\ 9.4}}{\leqslant} \frac{2}{\varepsilon \sqrt{d-1}} e^{-\frac{\varepsilon^2(d-1)}{2}}$$

$$= \frac{2}{\sqrt{6 \log n}} e^{-\frac{6 \log n}{2}} \underset{\substack{\uparrow \\ \frac{2}{\sqrt{6 \log n}} \leqslant 1}}{\leqslant} \frac{1}{n^3},$$

wobei wir insbesondere beachten, dass die Abbildung T von unserem vorgewählten $\omega \in \Omega$ mit $X(\omega) \neq 0$ abhängt, aber die oben gefundene Schranke von diesem unabhängig ist. Mit Letzterem im Hinterkopf berechnen wir

$$P\big[|\langle X, Y \rangle| > \varepsilon\big] = P(\{\omega \in \Omega \mid |\langle X(\omega), Y(\omega) \rangle| > \varepsilon\})$$

$$= \underset{\substack{\uparrow \\ \text{d.h. } X(\omega) \neq 0 \\ \text{automatisch}}}{} P(\{\omega \in \Omega \mid \|X(\omega)\| \cdot |\langle e_1, TY(\omega) \rangle| > \varepsilon\})$$

$$\underset{\underset{X(\omega) \in B_{\mathbb{R}^d}}{\uparrow}}{\leqslant}\ \mathrm{P}(\{\omega \in \Omega \mid |\langle e_1, TY(\omega)\rangle| > \varepsilon\}) \underset{\underset{\text{s.o.}}{\uparrow}}{\leqslant} \frac{1}{n^3}.$$

Seien nun schließlich $X^{(1)}, \dots, X^{(n)} \sim \mathcal{U}(B_{\mathbb{R}^d})$ gegeben. Dann gilt

$$
\begin{aligned}
\mathrm{P}\big[\forall j \neq k \colon |\langle X^{(j)}, X^{(k)}\rangle| \leqslant \varepsilon\big] &= 1 - \mathrm{P}\big[\exists j \neq k \colon |\langle X^{(j)}, X^{(k)}\rangle| > \varepsilon\big] \\
&= 1 - \binom{n}{2} \cdot \mathrm{P}\big[|\langle X, Y\rangle| > \varepsilon\big] \\
&\geqslant 1 - \frac{n^2 - n}{n^3} \\
&\geqslant 1 - \frac{1}{n},
\end{aligned}
$$

wie behauptet. $\qquad\qquad\qquad\qquad\qquad\qquad\qquad\qquad\qquad\qquad\qquad\square$

Für $n = 2$ liefert der Satz nur eine Abschätzung der Wahrscheinlichkeit nach unten durch $1/2$ dafür, dass der Betrag des Skalarproduktes zweier Zufallsvektoren kleiner gleich $\frac{\sqrt{6 \log 2}}{\sqrt{d-1}}$ ausfällt. Der Beweis zeigt in der Tat aber

$$\mathrm{P}\big[|\langle X, Y\rangle| \leqslant \varepsilon\big] \geqslant 1 - \frac{2}{\varepsilon\sqrt{d-1}}\, e^{-\frac{\varepsilon^2(d-1)}{2}} \qquad\qquad (9.3)$$

für $X, Y \sim \mathcal{U}(B_{\mathbb{R}^d})$.

Bemerkung 9.8. Zusammengenommen führen die Sätze 9.5 und 9.7 zu der Interpretation, dass n-viele gleichmäßig zufällig aus der d-dimensionalen Einheitskugel gewählte Punkte mit hoher Wahrscheinlichkeit paarweise orthogonal sind: Satz 9.5 liefert $\|x^{(j)}\| \approx 1$ und $\|x^{(k)}\| \approx 1$, woraus mit Satz 9.7 dann $\langle \frac{x^{(j)}}{\|x^{(j)}\|}, \frac{x^{(k)}}{\|x^{(k)}\|}\rangle \approx 0$ folgt, vergleiche Aufgabe 9.3 für eine formale Behandlung. Zu der Frage, unter welcher Konfiguration von n und d, bzw. im Fall von nur zwei Punkten, d und ε, diese Interpretation gültig ist, ermuntern wir den Leser dazu, Überlegungen analog zu Bemerkung 9.6 anzustellen und selbständig zu verschriftlichen. Insbesondere empfiehlt es sich hier auch konkrete Zahlbeispiele auszuprobieren, siehe Aufgabe 9.4.

Jetzt betrachten wir den Abstand von gleichmäßig zufällig aus $B_{\mathbb{R}^d}$ gewählten Punkten. Wir beschränken uns hier auf zwei Punkte und überlassen es dem Leser, Resultate für n-viele Punkte ähnlich den vorhergehenden Sätzen abzuleiten.

Satz 9.9. *Sei $(\Omega, \Sigma, \mathrm{P})$ ein Wahrscheinlichkeitsraum, $X, Y \colon \Omega \to \mathbb{R}^d$ unabhängige Zufallsvektoren mit $X, Y \sim \mathcal{U}(B_{\mathbb{R}^d})$. Dann gilt*

$$\mathrm{P}\big[\,\big|\|X - Y\| - \sqrt{2}\,\big| \leqslant \varepsilon\big] \geqslant 1 - 2\,e^{-\varepsilon d/5} - \frac{9}{\varepsilon\sqrt{d-1}}\, e^{-\frac{\varepsilon^2(d-1)}{36}}$$

für $0 < \varepsilon < 1$ und $d \in \mathbb{N}_{\geqslant 3}$.

Beweis. Wir drehen die Abstandsabschätzung zunächst um und multiplizieren dann mit der Ungleichung $\|X - Y\| + \sqrt{2} \geqslant \sqrt{2}$. Auf diese Weise erhalten wir

$$\begin{aligned}
\mathrm{P}\big[|\,\|X - Y\| - \sqrt{2}\,| \leqslant \varepsilon\big] &= 1 - \mathrm{P}\big[|\,\|X - Y\| - \sqrt{2}\,| \geqslant \varepsilon\big] \\
&\geqslant 1 - \mathrm{P}\big[|\,\|X - Y\| - \sqrt{2}\,|(\|X - Y\| + \sqrt{2}) \geqslant \varepsilon\sqrt{2}\,\big] \\
&= 1 - \mathrm{P}\big[|\,\|X - Y\|^2 - 2\,| \geqslant \varepsilon\sqrt{2}\,\big] \\
&= \mathrm{P}\big[-\varepsilon\sqrt{2} \leqslant \|X\|^2 + \|Y\|^2 - 2\langle X, Y\rangle - 2 \leqslant \varepsilon\sqrt{2}\,\big] \\
&\geqslant \mathrm{P}\big[|\,\|X\|^2 - 1\,| \leqslant \tfrac{\varepsilon\sqrt{2}}{3}\,\big]^2 \cdot \mathrm{P}\big[|\langle X, Y\rangle| \leqslant \tfrac{\varepsilon\sqrt{2}}{6}\,\big].
\end{aligned}$$

Dann schätzen wir den ersten Term mithilfe der Bernoulli-Ungleichung und (9.2) ab, was auf

$$\begin{aligned}
\mathrm{P}\big[|\,\|X\|^2 - 1\,| \leqslant \tfrac{\varepsilon\sqrt{2}}{3}\,\big] &= \mathrm{P}\big[1 - \|X\|^2 \leqslant \tfrac{\varepsilon\sqrt{2}}{3}\,\big] \\
&= \mathrm{P}\big[\|X\| \geqslant (1 - \tfrac{\varepsilon\sqrt{2}}{3})^{1/2}\,\big] \\
&\geqslant \mathrm{P}\big[\|X\| \geqslant 1 - \tfrac{1}{2} \cdot \tfrac{\varepsilon\sqrt{2}}{3}\,\big] \\
&\geqslant 1 - \mathrm{e}^{-\frac{\varepsilon\sqrt{2}}{6}d}
\end{aligned}$$

führt. Den zweiten Term erledigen wir mit (9.3) wie folgt:

$$\mathrm{P}\big[|\langle X, Y\rangle| \leqslant \tfrac{\varepsilon\sqrt{2}}{6}\,\big] \geqslant 1 - \frac{6\sqrt{2}}{\varepsilon\sqrt{d-1}}\,\mathrm{e}^{-\frac{\varepsilon^2(d-1)}{36}}.$$

Ausmultiplizieren liefert

$$\begin{aligned}
\mathrm{P}\big[|\,\|X - Y\| - \sqrt{2}\,| \leqslant \varepsilon\big] &\geqslant \big(1 - \mathrm{e}^{-\frac{\varepsilon\sqrt{2}}{6}d}\big)^2\big(1 - \frac{6\sqrt{2}}{\varepsilon\sqrt{d-1}}\,\mathrm{e}^{-\frac{\varepsilon^2(d-1)}{36}}\big) \\
&= \big(1 - 2\,\mathrm{e}^{-\frac{\varepsilon\sqrt{2}}{6}d} + \mathrm{e}^{-\frac{\varepsilon\sqrt{2}}{3}d}\big)\big(1 - \frac{6\sqrt{2}}{\varepsilon\sqrt{d-1}}\,\mathrm{e}^{-\frac{\varepsilon^2(d-1)}{36}}\big) \\
&\geqslant 1 - 2\,\mathrm{e}^{-\frac{\varepsilon\sqrt{2}}{6}d} - \frac{6\sqrt{2}}{\varepsilon\sqrt{d-1}}\,\mathrm{e}^{-\frac{\varepsilon^2(d-1)}{36}}
\end{aligned}$$

und damit das Gewünschte, wenn man $\frac{\sqrt{2}}{6} \geqslant \frac{1}{5}$ und $6\sqrt{2} \leqslant 9$ benutzt. $\square$

Bemerkung 9.10. Die Resultate oben suggerieren, dass für $X, Y \sim \mathcal{U}(\mathrm{B}_{\mathbb{R}^d})$

$$\mathrm{E}(\|X\|) \approx 1, \quad \mathrm{E}(\langle X, Y\rangle) \approx 0 \quad \text{und} \quad \mathrm{E}(\|X - Y\|) \approx \sqrt{2}$$

gelten, in Analogie zu den Sätzen 8.2 und 8.4 für standardnormalverteilte Zufallsvektoren. Beachte allerdings, dass wir einerseits das Obige nicht bewiesen haben, und andererseits, dass unsere Aussagen „mit hoher Wahrscheinlichkeit" quantitativ, und daher in gewissem Sinne sogar besser sind, vergleiche auch die Diskussion am Ende von Kapitel 8.

Referenzen

Dieses Kapitel basiert hauptsächlich auf [BHK20].

Aufgaben

Aufgabe 9.1. Sei λ^d das Lebesguemaß und $B_{\mathbb{R}^d}$ die d–dimensionale Einheitskugel.

(i) Zeigen Sie, dass $\lambda^d(B_{\mathbb{R}^d}) = \frac{2\pi}{d} \cdot \lambda^{d-2}(B_{\mathbb{R}^{d-2}})$ für $d \geqslant 3$ gilt.

(ii) Benutzen Sie die Rekursionsformel aus (i) und die bekannten Fälle $d = 1, 2$ um $\lambda^d(B_{\mathbb{R}^d})$ für $d = 3, \ldots, 10$ zu berechnen und die Funktion $d \mapsto \lambda^d(B_{\mathbb{R}^d})$ zu skizzieren.

(iii) Berechnen Sie $\lim_{d \to \infty} \lambda^d(B_{\mathbb{R}^d})$.

(iv) Zeigen Sie, dass $\lambda^d(B_{\mathbb{R}^d}) = \frac{\pi^{d/2}}{\Gamma(d/2+1)}$ gilt, wobei $\Gamma \colon (0, \infty) \to \mathbb{R}$ die Gammafunktion bezeichnet.

Hinweis: Überlegen Sie sich für (i) zunächst, dass

$$\lambda^d(B_{\mathbb{R}^d}) = \int_{x_1^2 + x_2^2 \leqslant 1} \left(\int_{x_3^2 + \cdots + x_d^2 \leqslant 1 - x_1^2 - x_2^2} 1 \, d\lambda(x_3, \ldots, x_d) \right) d\lambda(x_1, x_2)$$

nach dem Satz von Fubini gilt. Schreiben Sie als Nächstes das innere Integral als Vielfaches von $\lambda^{d-2}(B_{\mathbb{R}^{d-2}})$ um. Es verbleibt dann ein 2-dimensionales Integral über den Vorfaktor, welches durch Transformation in Polarkoordinaten gelöst werden kann.

Aufgabe 9.2. Zeigen Sie, dass es ein $a_0 \in (1, 2)$ gibt, sodass gilt

$$\forall\, \varepsilon > 0,\ d \in \mathbb{N}_{\geqslant 2} \colon \varepsilon > \frac{a_0}{\sqrt{d-1}} \implies 1 - \frac{2}{\varepsilon\sqrt{d-1}} e^{-\frac{\varepsilon^2(d-1)}{2}} > 0,$$

vergleiche Bemerkung 9.3(iii). In der Tat gilt sogar $a_0 < \sqrt{5} - 1$.

Hinweis: Betrachten Sie $f \colon (0, \infty) \to \mathbb{R}$, $f(a) = \frac{2}{a} e^{a^2/2}$, und zeigen Sie erstmal, dass es ein $a_0 > 0$ gibt, sodass $f(a) < 1$ für $a > a_0$ gilt. Folgern Sie dann, dass $a_0 \in (1, 2)$ gelten muss. Substituieren Sie schließlich $a = \varepsilon\sqrt{d-1}$.

Aufgabe 9.3. Sei $(\Omega, \Sigma, \mathbb{P})$ ein Wahrscheinlichkeitsraum, seien $d \in \mathbb{N}_{\geqslant 3}$ und $n \in \mathbb{N}$ derart, dass $2\log(n) \leqslant d$, seien $X^{(1)}, \ldots, X^{(n)} \colon \Omega \to \mathbb{R}^d$ unabhängig mit $X^{(j)} \sim \mathcal{U}(B_{\mathbb{R}^d})$. Zeigen Sie, dass gilt:

$$\mathbb{P}\left[\left|\left\langle \frac{X^{(j)}}{\|X^{(j)}\|}, \frac{X^{(k)}}{\|X^{(k)}\|} \right\rangle\right| \leqslant \frac{\sqrt{6\log n}}{\sqrt{d-1}} \text{ für alle } j \neq k\right] \geqslant 1 - \frac{1}{n}.$$

Hinweis: Benutzen Sie $1 \leqslant \frac{d^2}{(d-2\log n)^2}$ und den Satz von der totalen Wahrscheinlichkeit.

Aufgabe 9.4. Gehen Sie ein paar Zahlbeispiele durch, um ein Gefühl dafür zu bekommen, für welche n, d und ε die Aussagen in diesem Kapitel tatsächlich die angegebene Interpretationen zulassen, also z.B. Satz 9.5 wirklich so gelesen werden kann, als dass $\|X\| \approx 1$ mit einer Wahrscheinlichkeit nah bei 1 gilt, usw.

10

Gaußsche Zufallsvektoren in hohen Dimensionen

Wir wenden uns nun gaußverteilten Zufallsvariablen zu. Der Einfachheit halber betrachten wir die meiste Zeit $X \sim \mathcal{N}(0, 1, \mathbb{R}^d)$. In Satz 8.2 hatten wir bereits gezeigt, dass dann $|\mathrm{E}(X) - \sqrt{d}| \leqslant \frac{1}{\sqrt{d}}$ und $\mathrm{V}(\|X\|) \leqslant 2$ gelten. Experimente, vgl. Seite 121, hatten ergeben, dass sich fast alle Stichproben von X auf einem dünnen schalenförmigen Gebiet mit Radius $\sqrt{d}$ wiederfinden. Auf den ersten Blick mag dies überraschen, ist man doch aus niedrigen Dimensionen ein anderes Bild gewohnt und sieht, dass auch in hoher Dimension die Dichtefunktion um Null herum die größten Werte annimmt und nach außen hin schnell abfällt:

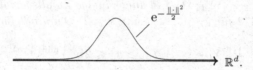

Stellt man sich aber den $\mathbb{R}^d$ aufgeteilt in Schalen gleicher Dicke mit wachsenden Radien r vor, und erinnert sich an Kapitel 9, so sieht man, dass das Maß der Schalen von innen nach außen wächst. Integriert man nun die Dichte über eine solche Schale, so ist bei kleinem Radius zwar der Integrand groß, aber das Maß der Schale ist klein, und daher ebenfalls das Integral. Bei großen Radien ist es gerade umgekehrt. Bei mittleren Radien halten sich beide Effekte die Waage, sodass sich hier — wie wir zeigen werden, in einer Schale mit Radius $r \approx \sqrt{d}$ — die Wahrscheinlichkeit konzentriert.

Unser erstes Ziel in diesem Kapitel ist es, das Obige zu quantifizieren und zu beweisen. Dies führt auf Satz 10.4, welcher in der englischsprachigen Literatur als „Gaussian Annulus Theorem" bezeichnet wird. Wir bleiben bei der dreidimensionalen Nomenklatur und werden daher die Bezeichnung „Gaußscher Schalensatz" benutzen — anstelle der etwas direkteren Übersetzung „Gaußscher Ringsatz". Wir benötigen hierfür einige Vorbereitungen und insbesondere zwei wichtige Eigenschaften gaußscher Zufallsvektoren. Diese notieren wir unten als Fakt; ausführliche Beweise finden sich in Anhang A.2.

Fakt 10.1. *Sei* $(\Omega, \Sigma, \mathrm{P})$ *ein Wahrscheinlichkeitsraum.*

(i) *Für einen Zufallsvektor* $X \colon \Omega \to \mathbb{R}^d$ *gilt genau dann* $X \sim \mathcal{N}(0, 1, \mathbb{R}^d)$, *wenn seine Koordinaten* $X_1, \dots, X_d$ *unabhängig sind und* $X_i \sim \mathcal{N}(0, 1)$ *für alle* i *gilt.*

(ii) *Sind* $X_1, \dots, X_n \colon \Omega \to \mathbb{R}$ *unabhängige Zufallsvariablen mit* $X_i \sim \mathcal{N}(0, 1)$ *für alle* i *und* $\lambda_1, \dots, \lambda_n \in \mathbb{R}$, *so ist* $\lambda_1 X_1 + \cdots + \lambda_n X_n \sim \mathcal{N}(0, \lambda_1^2 + \cdots + \lambda_n^2)$.

Wir starten nun mit dem ersten von zwei vorbereitenden Resultaten, welches auf der sogenannten *Chernoff-Methode* basiert.

Lemma 10.2. (Bernstein Tailbound) *Sei* $(\Omega, \Sigma, \mathrm{P})$ *ein Wahrscheinlichkeitsraum und seien* $Y_1, \dots, Y_d \colon \Omega \to \mathbb{R}$ *unabhängige Zufallsvariablen mit* $\mathrm{E}(Y_i) = 0$ *und* $|\mathrm{E}(Y_i^k)| \leqslant k!/2$ *für* $i = 1, \dots, d$ *und* $k \geqslant 2$. *Dann gilt für* $a > 0$

$$\mathrm{P}\big[\,|Y_1 + \cdots + Y_d| \geqslant a\,\big] \leqslant 2\,\mathrm{e}^{-\frac{1}{4}\min(\frac{a^2}{d}, a)}.$$

Beweis. Wir setzen $Y = Y_1 + \cdots + Y_n$ und aus Gründen, die wir gleich sehen werden, betrachten wir für $0 < t \leqslant 1/2$:

$$\mathrm{P}\big[Y \geqslant a\big] \underset{\underset{t>0}{\uparrow}}{=} \mathrm{P}\big[\mathrm{e}^{tY} \geqslant \mathrm{e}^{ta}\big] \underset{\underset{\mathrm{Markov}}{\uparrow}}{\leqslant} \frac{\mathrm{E}(\mathrm{e}^{tY})}{\mathrm{e}^{ta}}$$

$$= \mathrm{e}^{-ta}\,\mathrm{E}(\mathrm{e}^{t(Y_1 + \cdots + Y_d)}) \underset{\underset{Y_i\,\mathrm{unabh.}}{\uparrow}}{=} \mathrm{e}^{-ta} \prod_{i=1}^{n} \mathrm{E}(\mathrm{e}^{tY_i}).$$

(10.1)

Als Nächstes schätzen wir die Faktoren von oben einzeln wie folgt ab:

$$\mathrm{E}(\mathrm{e}^{tY_i}) = \big|\mathrm{E}\big(1 + tY_i + \sum_{k=2}^{\infty} \frac{(tY_i)^k}{k!}\big)\big| \leqslant 1 + \sum_{k=2}^{\infty} \frac{t^k\,|\mathrm{E}(Y_i^k)|}{k!} \underset{\underset{|\mathrm{E}(Y_i^k)| \leqslant k!/2}{\uparrow}}{\leqslant} 1 + \sum_{k=2}^{\infty} \frac{t^k}{2}$$

$$= 1 + \tfrac{1}{2}\big(\sum_{k=0}^{\infty} t^k - t - 1\big) \underset{\underset{\substack{t<1\ \mathrm{und} \\ \mathrm{geom.\,R.}}}{\uparrow}}{=} 1 + \tfrac{1}{2}\big(\frac{1}{1-t} - \frac{(t+1)(t-1)}{t-1}\big)$$

$$= 1 + \tfrac{1}{2}\frac{t^2}{1-t} \underset{\substack{\uparrow \\ \frac{1}{1-t}\leqslant 2}}{\leqslant} 1 + t^2 \leqslant e^{t^2}.$$

Da Obiges für alle $0 < t \leqslant 1/2$ gilt und in (10.1) die linke Seite nicht von t abhängt, minimieren wir dort jetzt die rechte Seite über diese t und erhalten

$$P[Y \geqslant a] \leqslant \inf_{0<t\leqslant 1/2} e^{-ta} \prod_{i=1}^{d} e^{t^2} \leqslant \inf_{0<t\leqslant 1/2} e^{-ta+dt^2}, \qquad (10.2)$$

wobei sich gleich zeigen wird, dass das Infimum in Wirklichkeit ein Minimum ist. Wir betrachten die Funktion $f\colon \mathbb{R} \to \mathbb{R}$, $f(t) = e^{-ta+dt^2}$. Ableiten und Nullsetzen liefert

$$\frac{\mathrm{d}}{\mathrm{d}t}f(t) = (-a + 2dt)\,e^{-ta+dt^2} \overset{!}{=} 0 \implies t = \tfrac{a}{2d},$$

und da $f(t) \to \infty$ für $t \to \pm\infty$ gilt, ist $t_0 := \frac{a}{2d} > 0$ der einzige Minimierer von f. Ist nun $t_0 \leqslant 1/2$, so wird das Infimum von $f|_{(0,1/2]}$ an dieser Stelle angenommen. Ist $t_0 > 1/2$, so ist $f|_{(0,1/2]}$ monoton fallend und das Infimum wird in $t_1 := 1/2$ angenommen. Insbesondere haben wir in letzterem Fall $a > d$ und es ergibt sich für die jeweilige Minimalstelle

$$-t_0 a + dt_0^2 = -\tfrac{a^2}{2d} + \tfrac{da^2}{4d^2} = -\tfrac{a^2}{4d} \quad \text{bzw.} \; -t_1 a + dt_1^2 = -\tfrac{a}{2} + \tfrac{d}{4} \underset{\substack{\uparrow \\ d<a}}{<} -\tfrac{a}{4}.$$

Damit können wir die Abschätzung in (10.2) fortsetzen zu

$$\inf_{0<t\leqslant 1/2} e^{-ta+dt^2} = e^{-ta+dt^2}\Big|_{t=\min(\frac{a}{2d},\frac{1}{2})} \leqslant e^{-\min(\frac{a^2}{4d},\frac{a}{4})} \qquad (10.3)$$

und erhalten
$$P[Y_1 + \cdots + Y_d \geqslant a] \leqslant e^{-\frac{1}{4}\min(\frac{a^2}{d},a)}.$$

Wiederholen wir das Bisherige, ersetzen aber überall Y_i durch $-Y_i$, so führen die gleichen Rechnungen auf

$$P[Y_1 + \cdots + Y_d \leqslant -a] = P[-Y_1 - \cdots - Y_d \geqslant a] \leqslant e^{-\frac{1}{4}\min(\frac{a^2}{d},a)}$$

und beides zusammen beendet den Beweis. $\qquad\qquad\square$

Jetzt kommen wir zum zweiten vorbereitenden Resultat, welches wir gleich benötigen um das k-te Moment einer gaußverteilten Zufallsvariabe zu berechnen.

Lemma 10.3. *Für $k \in \mathbb{N}_{\geqslant 1}$ gilt* $\frac{1}{\sqrt{2\pi}} \int_{\mathbb{R}} t^{2k}\,e^{-t^2/2}\,\mathrm{d}t = \frac{(2k)!}{2^k k!}.$

Beweis. ① Mithilfe des Lebesgueschen Konvergenzsatzes können wir in der folgenden Rechnung Ableitung und Integral vertauschen:

$$\frac{\mathrm{d}^k}{\mathrm{d}a^k}\left(\int_{\mathbb{R}} \mathrm{e}^{-at^2}\,\mathrm{d}t\right)\Big|_{a=\frac{1}{2}} = \left(\int_{\mathbb{R}} \frac{\mathrm{d}^k}{\mathrm{d}a^k}\,\mathrm{e}^{-at^2}\,\mathrm{d}t\right)\Big|_{a=\frac{1}{2}} = (-1)^k \int_{\mathbb{R}} t^{2k}\,\mathrm{e}^{-t^2/2}\,\mathrm{d}t.$$

② Andererseits erhalten wir durch Substitution $u := \sqrt{a}\,t$ für $a > 0$:

$$\int_{\mathbb{R}} \mathrm{e}^{-at^2}\,\mathrm{d}t = \frac{1}{\sqrt{a}} \int_{\mathbb{R}} \mathrm{e}^{-u^2}\,\mathrm{d}u = \sqrt{\frac{\pi}{a}}.$$

③ Lesen wir nun zuerst ① rückwärts und setzen dann ② ein, so erhalten wir

$$\int_{\mathbb{R}} t^{2k}\,\mathrm{e}^{-t^2/2}\,\mathrm{d}t = (-1)^k \frac{\mathrm{d}^k}{\mathrm{d}a^k}\left(\int_{\mathbb{R}} \mathrm{e}^{-at^2}\,\mathrm{d}t\right)\Big|_{a=\frac{1}{2}} = (-1)^k \frac{\mathrm{d}^k}{\mathrm{d}a^k}\left(\frac{\sqrt{\pi}}{\sqrt{a}}\right)\Big|_{a=\frac{1}{2}}$$

und müssen als Nächstes die Ableitung auf der rechten Seite ausrechnen:

$$\frac{\mathrm{d}^k}{\mathrm{d}a^k}\left(a^{-1/2}\right) = (-1/2)\cdot(-1/2-1)\cdots(-1/2-(k-1))\cdot a^{-1/2-k}$$

$$= \frac{(-1)^k}{2^k}\cdot\left(1\cdot 3\cdots(2k-3)\cdot(2k-1)\right)\cdot a^{-1/2-k}$$

$$= \frac{(-1)^k}{2^k}\cdot\frac{1\cdot 2\cdot 3\cdots(2k-3)\cdot(2k-2)\cdot(2k-1)\cdot(2k)}{2\cdot 4\cdots(2k-2)\cdot(2k)}\cdot a^{-1/2-k}$$

$$= \frac{(-1)^k}{2^k}\cdot\frac{(2k)!}{2^k k!}\cdot a^{-1/2-k}.$$

④ Einsetzen der Ableitung und Division durch $\sqrt{2\pi}$ führt auf

$$\frac{1}{\sqrt{2\pi}}\int_{\mathbb{R}} t^{2k}\,\mathrm{e}^{-t^2/2}\,\mathrm{d}t = \frac{(-1)^k}{\sqrt{2}}\frac{(-1)^k}{2^k}\frac{(2k)!}{2^k k!}\,a^{-1/2-k}\Big|_{a=\frac{1}{2}} = \frac{1}{\sqrt{2}}\frac{1}{2^k}\frac{(2k)!}{2^k k!}\,2^{1/2+k},$$

was sich nach Kürzen genau zum im Lemma angegebenen Ausdruck vereinfacht.

$\square$

Jetzt sind wir bereit dafür den Gaußschen Schalensatz zu beweisen. Bevor wir beginnen, machen wir darauf aufmerksam, dass in der folgenden Ungleichung die rechte Seite gleich Null ist für $\varepsilon = 4\sqrt{\log 2} \approx 3.3$. Interessant wird die Ungleichung also erst für entsprechend größere ε, vergleiche Beispiel 10.5. Es ist hier auch nicht möglich, durch Erhöhung der Dimension kleinere ε's zuzulassen. Anschaulich bedeutet dies, dass die „absolute Dicke" der Schale im Bild auf Seite 141 konstant ist—wenn wir von einer *dünnen Schale* sprechen, so ist damit die „Dicke relativ zum Radius" gemeint, denn diesen lassen wir unten mit $\sqrt{d}$ wachsen.

Satz 10.4. (Gaußscher Schalensatz) *Sei* $(\Omega, \Sigma, \mathrm{P})$ *ein Wahrscheinlichkeitsraum, sei* $X\colon \Omega \to \mathbb{R}^d$ *ein Zufallsvektor mit* $X \sim \mathcal{N}(0, 1, \mathbb{R}^d)$ *und* $0 \leqslant \varepsilon \leqslant \sqrt{d}$. *Dann* *gilt*

$$P\big[\,|\,\|X\| - \sqrt{d}\,| \leqslant \varepsilon\,\big] \geqslant 1 - 2\,e^{-\varepsilon^2/16}.$$

Beweis. Wir multiplizieren mit der Ungleichung $\|X\| + \sqrt{d} \geqslant \sqrt{d}$ und erhalten

$$
\begin{aligned}
P\big[\,|\,\|X\| - \sqrt{d}\,| \geqslant \varepsilon\,\big] &\leqslant P\big[\,|\,\|X\| - \sqrt{d}\,| \cdot (\|X\| + \sqrt{d}) > \varepsilon \cdot \sqrt{d}\,\big] \\
&= P\big[\,|X_1^2 + \cdots + X_d^2 - d| > \varepsilon\sqrt{d}\,\big] \\
&= P\big[\,|(X_1^2 - 1) + \cdots + (X_d^2 - 1)| > \varepsilon\sqrt{d}\,\big] \\
&= P\big[\,|\tfrac{X_1^2-1}{2} + \cdots + \tfrac{X_d^2-1}{2}| > \tfrac{\varepsilon\sqrt{d}}{2}\,\big] \\
&= P\big[\,|Y_1 + \cdots + Y_d| > a\,\big],
\end{aligned}
$$

wobei wir im letzten Schritt $Y_i := \frac{X_i^2-1}{2}$ und $a := \frac{\varepsilon\sqrt{d}}{2}$ abgekürzt haben, und natürlich nun die Bernstein Tailbound aus Lemma 10.2 anwenden wollen. Hierfür prüfen wir erst die drei dort geforderten Voraussetzungen.

① Die Y_i sind paarweise unabhängig nach Fakt 10.1(i).

② Es gilt $E(Y_i) = \frac{1}{2}(E(X_i^2) - 1) = \frac{1}{2}(E((X_i - E(X_i))^2) - 1) = 0$, wobei wir erst $E(X_i) = 0$ eingefügt und dann $E((X_i - E(X_i))^2) = V(X_i) = 1$ eingesetzt haben.

③ Für $k \geqslant 2$ gilt

$$|E(Y_i^k)| = |E((\tfrac{X_i^2-1}{2})^k)| = \tfrac{1}{2^k}|E((X_i^2 - 1)^k)| \leqslant \tfrac{1}{2^k} E(X_i^{2k} + 1),$$

wobei die Ungleichung aus der Monotonie des Erwartungswertes folgt und aus der (punktweisen) Abschätzung $|X_i^2 - 1|^k \leqslant X_i^{2k} + 1$: Ist nämlich $|X_i| \leqslant 1$, so haben wir $0 \leqslant X_i^2 \leqslant 1$, also $|X_i^2 - 1|^k \leqslant 1$. Ist andererseits $|X_i| > 1$, so haben wir $X_i^2 - 1 > 0$, also $|X_i^2 - 1|^k = (X_i^2 - 1)^k \leqslant (X_i^2)^k = X_i^{2k}$. Jetzt verwenden wir das Gesetz des unbewussten Statistikers, siehe Proposition A.8, sowie Lemma 10.3, um das $2k$-te Moment von $X_i \sim \mathcal{N}(0,1)$ zu berechnen.

$$
\begin{aligned}
\tfrac{1}{2^k} E(X_i^{2k} + 1) &= \tfrac{1}{2^k}\Big(\tfrac{1}{\sqrt{2\pi}} \int_{\mathbb{R}} t^{2k}\,e^{-t^2/2}\,dt + 1\Big) = \tfrac{1}{2^k}\Big(\tfrac{(2k)!}{2^k k!} + 1\Big) \\
&= \frac{(2k) \cdot (2k-1) \cdot (2k-2) \cdot (2k-3) \cdots 5 \cdot 4 \cdot 3 \cdot 2 \cdot 1}{(2k)^2 \cdot (2k-2)^2 \cdots (2 \cdot 3)^2 \cdot (2 \cdot 2)^2 \cdot (2 \cdot 1)^2} \cdot k! + \frac{1}{2^k} \\
&= \frac{(2k-1) \cdot (2k-3) \cdots 5 \cdot 3 \cdot 1}{(2k) \cdot (2k-2) \cdots 6 \cdot 4 \cdot 2} \cdot k! + \frac{1}{2^k} \\
&\leqslant 1 \cdot 1 \cdots 1 \cdot \frac{3}{4} \cdot \frac{1}{2} \cdot k! + \frac{k!}{4 \cdot 2} \\
&= \Big(\frac{3}{4} + \frac{1}{4}\Big)\frac{k!}{2},
\end{aligned}
$$

woraus sich $|\mathrm{E}(Y_i^k)| \leqslant k!/2$ ergibt und damit auch die letzte Voraussetzung von Lemma 10.2 erfüllt ist.

Anwendung von Lemma 10.2, zusammen mit unserer Vorarbeit zu Beginn dieses Beweises, liefert

$$
\begin{aligned}
\mathrm{P}\big[\,|\|x\| - \sqrt{d}| \geqslant \varepsilon\,\big] \;&\leqslant\; \mathrm{P}\big[\,|Y_1 + \cdots + Y_d| \geqslant \tfrac{\varepsilon\sqrt{d}}{2}\,\big] \\
&\leqslant\; 2\,\mathrm{e}^{-\frac{1}{4}\min(\frac{(\varepsilon\sqrt{d}/2)^2}{d},\,\frac{\varepsilon\sqrt{d}}{2})} \\
&\leqslant\; 2\,\mathrm{e}^{-\frac{1}{4}\min(\frac{\varepsilon^2}{4},\,\frac{\varepsilon^2}{2})} \\
&=\; 2\,\mathrm{e}^{-\varepsilon^2/16},
\end{aligned}
$$

wobei wir die Voraussetzung $\varepsilon \leqslant \sqrt{d}$ benutzt haben, um $\frac{\varepsilon\sqrt{d}}{2} \geqslant \frac{\varepsilon^2}{2}$ abzuschätzen. □

Wir setzen die bereits vor dem Satz begonnenen Bemerkungen fort und illustrieren das obige Ergebnis durch ein Zahlenbeispiel.

Beispiel 10.5. Sei $\varepsilon = 10$, $d \geqslant 100$ und bezeichne

$$
R_d := \bar{\mathrm{B}}_{\sqrt{d}+10}(0) \setminus \mathrm{B}_{\sqrt{d}-10}(0)
$$

ein schalenförmiges Gebiet in $\mathbb{R}^d$ mit Mittelpunkt Null und Radien $\sqrt{d} \pm 10$. Dann gilt für $X \sim \mathcal{N}(0, 1, \mathbb{R}^d)$ nach Satz 10.4

$$
\mathrm{P}\big[X \in R_d\big] = \mathrm{P}\big[\sqrt{d} - 10 \leqslant \|X\| \leqslant \sqrt{d} + 10\big] \geqslant 0.99.
$$

Dabei ist $R_d = \bar{\mathrm{B}}_{20}(0)$ für $d = 100$ eine Vollkugel, aber für $d > 100$ wird es eine echte Schale und diese wird für sehr große d im Verhältnis zum Radius dünn, da ihre „Dicke" konstant gleich 20 ist.

Mit denselben Argumenten, die im Beweis von Satz 10.4 zur Anwendung kamen, erhalten wir eine Abschätzung für $\mathrm{P}\big[\,|\|X\|^2 - d| \geqslant \varepsilon\,\big]$, vergleiche unsere Berechnungen von Erwartungswert und Varianz (8.1) und (8.2) auf Seite 122. Wir überlassen den Beweis, sowie die Frage, für welche ε und d die Abschätzungen in Korollar 10.6 interessant sind, als Aufgabe 10.2 dem Leser.

Korollar 10.6. *Sei $(\Omega, \Sigma, \mathrm{P})$ ein Wahrscheinlichkeitsraum, $X \colon \Omega \to \mathbb{R}^d$ ein Zufallsvektor mit $X \sim \mathcal{N}(0, 1, \mathbb{R}^d)$. Dann gilt*

$$
\mathrm{P}\big[\,|\|X\|^2 - d| \leqslant \varepsilon\,\big] \geqslant 1 - 2\,\mathrm{e}^{-\frac{1}{8}\min(\frac{\varepsilon^2}{2d},\,\varepsilon)}
$$

für $0 < \varepsilon \leqslant \sqrt{d}$. □

Als Nächstes betrachten wir Winkel zwischen standardnormalverteilten unabhängigen Zufallsvariablen, vergleiche auch hier unsere Ergebnisse zu Erwartungswert und Varianz in Satz 8.4, sowie die Simulationen in Aufgaben 8.2. Wir weisen wieder darauf hin, dass die Schranke im folgenden Gaußschen Orthogonalitätssatz 10.7 für $\varepsilon > \frac{2}{\sqrt{d}-7}$ nicht-trivial ist. Im Gegensatz zum Schalensatz ist hier also wieder ein Tradeoff möglich im Sinne, dass umso kleinere ε betrachtet werden können, je größer die Dimension ist.

Satz 10.7. (Gaußscher Orthogonalitätssatz) *Sei* $(\Omega, \Sigma, \mathrm{P})$ *ein Wahrscheinlichkeitsraum und seien* $X, Y \colon \Omega \to \mathbb{R}^d$ *unabhängige Zufallsvektoren mit* $X, Y \sim \mathcal{N}(0, 1, \mathbb{R}^d)$. *Für* $d \in \mathbb{N}$ *und* $\varepsilon > 0$ *gilt dann*

$$\mathrm{P}\left[|\langle \tfrac{X}{\|X\|}, \tfrac{Y}{\|Y\|}\rangle| \leqslant \varepsilon\right] \geqslant 1 - \frac{2/\varepsilon + 7}{\sqrt{d}}.$$

Hierbei lesen wir den linken Ausdruck stillschweigend als bedingte Wahrscheinlichkeit unter der Bedingung, dass $\|X\|, \|Y\| \neq 0$ *gilt — was natürlich mit Wahrscheinlichkeit Eins der Fall ist.*

Beweis. Da X und Y unabhängig sind, genügt es, den Beweis für $Y \equiv y \in \mathbb{R}^d \setminus \{0\}$ zu machen. Wir setzen $\lambda_i := \frac{y_i}{\|y\|}$, und definieren die Zufallsvariable $U \colon \Omega \to \mathbb{R}$ per

$$U := \langle X, \tfrac{y}{\|y\|}\rangle = \sum_{i=1}^{d} \frac{y_i}{\|y\|} X_i = \sum_{i=1}^{d} \lambda_i X_i.$$

Mit Fakt 10.1(ii) folgt dann $U \sim \mathcal{N}(0, \lambda_1^2 + \cdots + \lambda_d^2) = \mathcal{N}(0, 1)$. Jetzt benutzen wir erst den Satz von der totalen Wahrscheinlichkeit, notieren dabei aber den sich ergebenden zweiten Summanden erst gar nicht, sondern schätzen ihn nach unten mit Null ab. Dies mag sehr grob erscheinen, aber wegen des Schalensatzes verlieren wir in der Tat fast nichts, da nämlich $\|X\| \leqslant \frac{\sqrt{d}}{2}$ nur mit kleiner Wahrscheinlichkeit eintritt, wenn d geeignet groß ist. Wir erhalten

$$\mathrm{P}\left[|\langle \tfrac{X}{\|X\|}, \tfrac{y}{\|y\|}\rangle| \leqslant \varepsilon\right]$$

$$= \mathrm{P}\left[|\langle \tfrac{X}{\|X\|}, \tfrac{y}{\|y\|}\rangle| \leqslant \varepsilon \mid \tfrac{\sqrt{d}}{2} \leqslant \|X\|\right] \cdot \mathrm{P}\left[\tfrac{\sqrt{d}}{2} \leqslant \|X\|\right] + \cdots$$

$$\geqslant \mathrm{P}\left[|U| \leqslant \varepsilon \|X\| \mid \tfrac{\sqrt{d}}{2} \leqslant \|X\|\right] \cdot \mathrm{P}\left[\sqrt{d} - \tfrac{\sqrt{d}}{2} \leqslant \|X\| \leqslant \sqrt{d} + \tfrac{\sqrt{d}}{2}\right]$$

$$\geqslant \mathrm{P}\left[|U| \leqslant \tfrac{\varepsilon\sqrt{d}}{2}\right] \cdot \mathrm{P}\left[|\|X\| - \sqrt{d}| \leqslant \tfrac{\sqrt{d}}{2}\right]$$

$$\geqslant \mathrm{P}\left[|U| \leqslant \tfrac{\varepsilon\sqrt{d}}{2}\right] \cdot (1 - 2\,\mathrm{e}^{-(\frac{\sqrt{d}}{2})^2/16}),$$

wobei die letzte Abschätzung des zweiten Faktors gerade der Schalensatz 10.4 mit $\varepsilon = \frac{\sqrt{d}}{2}$ ist. Da $U \sim \mathcal{N}(0, 1)$ gilt, erhalten wir für den ersten Faktor

$$\mathrm{P}\left[|U| \leqslant \tfrac{\varepsilon\sqrt{d}}{2}\right] = \frac{1}{\sqrt{2\pi}} \int_{-\frac{\varepsilon\sqrt{d}}{2}}^{\frac{\varepsilon\sqrt{d}}{2}} \mathrm{e}^{-t^2/2}\,\mathrm{d}t \geqslant 1 - \frac{2}{\sqrt{2\pi}} \int_{-\frac{\varepsilon\sqrt{d}}{2}}^{\infty} \frac{1}{t^2}\,\mathrm{d}t$$

$$= 1 - \frac{2}{\sqrt{2\pi}}\left(-\frac{1}{t}\Big|^{\infty}_{-\frac{\varepsilon\sqrt{d}}{2}}\right) \geqslant 1 - 1 \cdot \frac{2}{\varepsilon\sqrt{d}},$$

und wenn wir dies oben einsetzen, ergibt sich

$$\mathrm{P}\big[|\langle \tfrac{X}{\|X\|}, \tfrac{y}{\|y\|}\rangle| \leqslant \varepsilon\big] \geqslant \Big(1 - \frac{2}{\varepsilon\sqrt{d}}\Big)\Big(1 - 2\,\mathrm{e}^{-\frac{d}{64}}\Big) = 1 - \frac{2}{\varepsilon\sqrt{d}} - 2\,\mathrm{e}^{-\frac{d}{64}} + \frac{4\,\mathrm{e}^{-\frac{d}{64}}}{\varepsilon\sqrt{d}}.$$

Jetzt schätzen wir den positiven Summanden am Ende nach unten mit Null ab, und ferner $2\,\mathrm{e}^{-\frac{d}{64}} \leqslant \frac{7}{\sqrt{d}}$ nach oben. Dies liefert die gewünschte untere Schranke.

□

Wir notieren die folgende Variante, bei der Y konstant ist und bei der auf die Normierung von X verzichtet wird. Diese werden wir in Kapitel 12 benutzen.

Korollar 10.8. *Sei $(\Omega, \Sigma, \mathrm{P})$ ein Wahrscheinlichkeitsraum, $Z\colon \Omega \to \mathbb{R}^d$ ein Zufallsvektor mit $Z \sim \mathcal{N}(0,1,\mathbb{R}^d)$ und $\xi \in \mathbb{R}^d$ fest. Für $d \in \mathbb{N}$ und $\varepsilon > 0$ gilt dann*

$$\mathrm{P}\big[|\langle Z, \xi\rangle| \leqslant \varepsilon\big] \geqslant 1 - \frac{\|\xi\|}{\varepsilon}.$$

Beweis. Für $\xi = 0$ ist die Aussage trivial. Andernfalls berechnen wir mit $U := \langle Z, \frac{\xi}{\|\xi\|}\rangle \sim \mathcal{N}(0,1)$ wie im vorhergehenden Beweis

$$\mathrm{P}\big[|\langle Z, \xi\rangle| \leqslant \varepsilon\big] = \mathrm{P}\big[|\langle Z, \tfrac{\xi}{\|\xi\|}\rangle| \leqslant \tfrac{\varepsilon}{\|\xi\|}\big] = \mathrm{P}\big[|U| \leqslant \tfrac{\varepsilon}{\|\xi\|}\big]$$

$$\geqslant 1 - \frac{2}{\sqrt{2\pi}}\int_{-\frac{\varepsilon}{\|\xi\|}}^{\infty} \frac{1}{t^2}\,\mathrm{d}t \geqslant 1 - 1 \cdot \frac{\|\xi\|}{\varepsilon}. \qquad \qquad □$$

Wir betrachten nun ein Zahlenbeispiel um ein Gefühl dafür zu bekommen, in welche Dimensionen der Gaußsche Orthogonalitätssatz interessante Abschätzungen liefert.

Beispiel 10.9. Sei $\varepsilon = 0.1$. Dann gilt für $X, Y \sim \mathcal{N}(0,1,\mathbb{R}^d)$

$$\mathrm{P}\Big[|\langle \tfrac{X}{\|X\|}, \tfrac{Y}{\|Y\|}\rangle| \leqslant 0.1\Big] \geqslant 0.9,$$

wenn $d \geqslant 100\,000$ ist. Letzteres heißt, dass der Winkel $\angle(X, Y)$ im Gradmaß $90° \pm 6°$ beträgt mit einer Wahrscheinlichkeit von mehr als 0.9. Beachte, dass wir zur Anwendung des Orthogonalitätssatzes deutlich höhere Dimensionen benötigen als für den Gaußschen Schalensatz. Die folgende Tabelle enthält die mittleren normalisierten paarweisen Skalarprodukte von 100 bezüglich Standardnormalverteilung zufällig gewählten Punkten in $\mathbb{R}^d$, vergleiche Aufgabe 8.2.

d	1	10	100	1 000	10 000	100 000
$\frac{1}{100 \cdot 99} \sum_{i \neq j} \big\langle \frac{x^{(i)}}{\|x^{(i)}\|}, \frac{x^{(j)}}{\|x^{(j)}\|} \big\rangle$	-0.0097	0.0007	-0.0023	-0.0006	0.0001	-0.00004
Varianz	0.9999	0.1018	0.0098	0.0010	0.0001	0.00001

Die Simulation deutet darauf hin, dass eventuell auch in niedrigeren Dimensionen bereits mit fast orthogonalen Vektoren zu rechnen ist.

Als Letztes kommen wir nun zum Abstand unabhängiger Zufallsvektoren.

Satz 10.10. (Erster Gaußscher Abstandssatz) *Sei* $(\Omega, \Sigma, \mathrm{P})$ *ein Wahrscheinlichkeitsraum,* $X, Y \colon \Omega \to \mathbb{R}^d$ *seien unabhängige Zufallsvektoren mit* $X, Y \sim \mathcal{N}(0, 1, \mathbb{R}^d)$ *und sei* $0 < \varepsilon \leqslant \sqrt{d}$. *Dann gilt*

$$\mathrm{P}\big[\,\big|\,\|X - Y\| - \sqrt{2d}\,\big| \leqslant \varepsilon \,\big] \geqslant 1 - 4\,e^{-\varepsilon^2/72} - \frac{6\sqrt{2}}{\varepsilon d} - \frac{7}{\sqrt{d}}.$$

Beweis. Wir gehen analog zum Beweis des Schalensatzes vor, bzw. zum Beweis von Satz 9.9. D.h. wir drehen die Ungleichung um und multiplizieren mit $\|X - Y\| + \sqrt{2d} \geqslant \sqrt{2d}$. Dies führt auf

$$\mathrm{P}\big[\,\big|\,\|X - Y\| - \sqrt{2d}\,\big| \leqslant \varepsilon \,\big]$$
$$= 1 - \mathrm{P}\big[\,\big|\,\|X - Y\| - \sqrt{2d}\,\big| \geqslant \varepsilon \,\big]$$
$$\geqslant 1 - \mathrm{P}\big[\,\big|\,\|X - Y\| - \sqrt{2d}\,\big| \big(\|X - Y\| + \sqrt{2d}\big) \geqslant \varepsilon\sqrt{2d} \,\big]$$
$$= 1 - \mathrm{P}\big[\,\big|\,\|X - Y\|^2 - 2d\,\big| \geqslant \varepsilon\sqrt{2d} \,\big]$$
$$= \mathrm{P}\big[-\varepsilon\sqrt{2d} \leqslant \|X\|^2 + \|Y\|^2 - 2\langle X, Y\rangle - 2d \leqslant \varepsilon\sqrt{2d} \,\big]$$
$$\geqslant \mathrm{P}\big[\,\big|\,\|X\|^2 - d\,\big| \leqslant \tfrac{\varepsilon\sqrt{2d}}{3} \,\big]^2 \cdot \mathrm{P}\big[\,|\langle X, Y\rangle| \leqslant \tfrac{\varepsilon\sqrt{2d}}{6} \,\big],$$

und wieder schätzen wir jetzt beide Faktoren einzeln ab. Dann ergeben sich

$$\underset{\substack{\uparrow \\ \text{Kor. 10.6}}}{\mathrm{P}\big[\,\big|\,\|X\|^2 - d\,\big| \leqslant \tfrac{\varepsilon\sqrt{2d}}{3} \,\big]} \geqslant 1 - 2\,e^{-\frac{1}{8}\min(\frac{\varepsilon^2}{9}, \frac{\varepsilon\sqrt{2d}}{3})} \underset{\substack{\uparrow \\ \varepsilon \leqslant \sqrt{d}}}{\geqslant} 1 - 2\,e^{-\varepsilon^2/72}$$

und

$$\underset{\substack{\uparrow \\ \text{Satz 10.7}}}{\mathrm{P}\big[\,|\langle X, Y\rangle| \leqslant \tfrac{\varepsilon\sqrt{2d}}{6} \,\big]} \geqslant 1 - \frac{\frac{12}{\varepsilon\sqrt{2d}} + 7}{\sqrt{d}} = 1 - \big(\tfrac{6\sqrt{2}}{\varepsilon d} + \tfrac{7}{\sqrt{d}}\big).$$

Ausmultiplizieren und weiteres Abschätzen liefert

$$\big(1 - 2\,e^{-\varepsilon^2/72}\big)^2 \big(1 - \big(\tfrac{6\sqrt{2}}{\varepsilon d} + \tfrac{7}{\sqrt{d}}\big)\big)$$
$$= \big(1 - 4\,e^{-\varepsilon^2/72} + 4\,e^{-\varepsilon^2/36}\big)\big(1 - \big(\tfrac{6\sqrt{2}}{\varepsilon d} + \tfrac{7}{\sqrt{d}}\big)\big)$$

$$\geqslant 1 - 4\,\mathrm{e}^{-\varepsilon^2/72} - \frac{6\sqrt{2}}{\varepsilon d} - \frac{7}{\sqrt{d}},$$

wie behauptet. □

Wir überlassen es dem Leser zu prüfen, für welche ε und d der Satz tatsächlich die Interpretation erlaubt, dass mit hoher Wahrscheinlichkeit $\|X - Y\| \approx \sqrt{2d}$ gilt, sowie den Vergleich mit den experimentellen Daten in der folgenden Tabelle,

d	1	10	100	1 000	10 000	100 000
$\frac{1}{100\cdot 99}\sum_{i \neq j}\|x^{(i)} - x^{(j)}\|$	1.06	4.41	14.05	44.65	141.50	447.35
$\sqrt{2d}$	1.41	4.47	14.14	44.72	141.42	447.21
Varianz	0.74	1.10	0.92	0.89	0.96	1.08

in welcher wieder für 100 bezüglich Normalverteilung zufällig gewählte Punkte im $\mathbb{R}^d$ nun allerdings deren paarweise mittlere Abstände angegeben sind.

Zum Abschluss notieren wir noch das folgende Korollar über die Quadrate der Abstände von zufällig gaußverteilten Punkten.

Korollar 10.11. *Es gilt*

$$\mathrm{P}\big[\,\big|\|X - Y\|^2 - 2d\big| \leqslant \varepsilon\,\big] \geqslant 1 - 4\,\mathrm{e}^{-\varepsilon^2/72} - \frac{6\sqrt{2}}{\varepsilon d} - \frac{7}{\sqrt{d}}$$

unter den Voraussetzungen von Satz 10.10. □

Referenzen

Dieses Kapitel basiert hauptsächlich auf [BHK20] und [Ver18], enthält aber auch einige Umformulierungen und kleine Erweiterungen der dort diskutierten Ergebnisse.

Aufgaben

Aufgabe 10.1. (Klassisches Beispiel der Chernoff-Methode) Seien $Y_1, \ldots, Y_n$ unabhängige Bernoulli-Zufallsvariablen mit $\mathrm{P}[Y_i = 1] = p \in [0, 1]$ und sei $Y := Y_1 + \cdots + Y_n$. Sei $\delta > 0$.

(i) Zeigen Sie, dass $\mathrm{E}(\mathrm{e}^{tY_i}) \leqslant \mathrm{e}^{p(\mathrm{e}^t - 1)}$ für $t > 0$ gilt.

(ii) Gehen Sie wie im Beweis von Lemma 10.2 vor, um die folgende Abschätzung zu zeigen:

$$\mathrm{P}[X \geqslant (1 + \delta)np] \leqslant \left(\frac{\mathrm{e}^\delta}{(1+\delta)^{1+\delta}}\right)^{np}.$$

Hinweis: Oft ist es bei der Chernoff-Methode gar nicht nötig, das Infimum, wie in Lemma 10.2 geschehen, explizit auszurechnen. Im aktuellen Beispiel genügt es etwa $t = \log(1 + \delta)$ zu wählen.

(iii) Wir betrachten jetzt ein Experiment, bei dem mit einem fairen Würfel n-mal gewürfelt wird. Wenden Sie (ii) an, um die Wahrscheinlichkeit dafür abzuschätzen, dass in mindestens 70% der n-vielen Würfe eine Sechs fällt.

(iv) Vergleichen Sie die Schranke aus (iii) mit den Schranken, die sich durch Anwendung der Markov- bzw. der Tschebyscheff-Ungleichung ergeben. Simulieren Sie das Würfelspiel und testen Sie, wie scharf die drei theoretischen Schranken sind.

Aufgabe 10.2. Beweisen Sie Korollar 10.6.

Aufgabe 10.3. Nach dem Gaußschen Orthogonalitätssatz sind zwei Punkte, die im hochdimensionalen Raum gemäß Normalverteilung zufällig gewählt werden, mit hoher Wahrscheinlichkeit fast orthogonal. Andererseits ist klar, dass die Wahrscheinlichkeit dafür, dass die Punkte exakt orthogonal sind, Null ist. Man kann also erwarten, dass auch die Wahrscheinlichkeit dafür, dass das Skalarprodukt sehr klein ist, selbst klein sein wird. Quantifizieren Sie dies, indem Sie zeigen, dass

$$\mathrm{P}\Big[\big|\big\langle \tfrac{X}{\|X\|}, \tfrac{Y}{\|Y\|}\big\rangle\big| \leqslant \tfrac{\varepsilon}{2\sqrt{d}}\Big] \leqslant 2\,\mathrm{e}^{-d/16} + \varepsilon$$

für $\varepsilon > 0$ gilt, wenn $X, Y \sim \mathcal{N}(0, 1)$. Finden Sie überdies ein Zahlenbeispiel, welches illustriert, was im Vortext mit „sehr kleinem Skalarprodukt" gemeint ist.

Hinweis: Bringen Sie die Zufallsvariable U wie im Beweis von Satz 10.7 ins Spiel und überlegen Sie sich dann, dass für Zufallsvariablen A, B und Konstanten a, b gilt $\mathrm{P}[A \cdot B \leqslant a \cdot b] \leqslant \mathrm{P}[A \leqslant a \text{ oder } B \leqslant b]$.

11

Dimensionalitätsreduktion à la Johnson-Lindenstrauss

Zu Beginn von Kapitel 8 hatten wir Situationen diskutiert, in denen die Dimension d der Features einer natürlich gegebenen Datenmenge D sehr groß ist und sogar sehr viel größer sein kann als die Anzahl n der Datenpunkte. Besonders im letzteren Fall stellt sich die Frage, ob tatsächlich alle Dimensionen nötig sind, um die in der Datenmenge enthaltenen Informationen darzustellen. Strategien, um die Dimensionalität (formal: $\dim \operatorname{span} D$) ohne, oder zumindest mit kontrollierbarem, Informationsverlust zu verringern, laufen unter der Bezeichnung *Dimensionalitätsreduktion*. Eine naheliegende Idee besteht darin, die Datenmenge auf einen k-dimensionalen Teilraum $V \subset \mathbb{R}^d$ zu *projizieren*, wobei k deutlich kleiner als d ist.

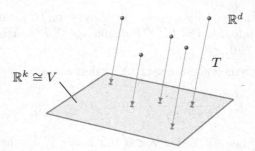

Hierbei kann man zuerst einmal nach einer Projektion $T \colon \mathbb{R}^d \to \mathbb{R}^d$ im Sinne der Linearen Algebra Ausschau halten, d.h. $T \in \mathrm{L}(\mathbb{R}^d)$ mit $T^2 = T$ fordern und $V := \operatorname{ran} T$ setzen. Außerdem wäre es gut, wenn T unabhängig von der gegebenen Datenmenge ist und idealerweise die paarweisen Abstände zwischen Datenpunkten durch T nicht verändert würden.

Man merkt nun schnell, dass diese Wunschliste an Eigenschaften für T etwas zu viel des Guten ist: will man die Erhaltung aller Abstände, unabhängig von der Datenmenge, so müsste T in der Tat eine Isometrie sein und wäre dann

S.-A. Wegner, *Mathematische Einführung in Data Science*, https://doi.org/10.1007/978-3-662-68697-3_11

insbesondere injektiv, was sich mit der Idee einer Dimensionalitäts*reduktion* nicht verträgt.

Aus der Linearen Algebra wissen wir andererseits, dass eine Isometrie durch Multiplikation mit einer orthogonalen Matrix gegeben ist. Es liegt also nahe, es für $k < d$ mit einer orthogonalen Projektion zu versuchen, bzw. mit

$$T_A \colon \mathbb{R}^d \to \mathbb{R}^k,\ x \mapsto Ax,$$

wobei $A \in \mathbb{R}^{k \times d}$ orthonormale Zeilen hat, vergleiche die Bemerkungen auf S. 105. Letzteres garantiert $AA^\mathsf{T} = \mathrm{id}_{\mathbb{R}^k}$ und daher, dass T_A orthogonal auf den k-dimensionalen Unterraum $V := \mathrm{ran}\, T \subset \mathbb{R}^d$ abbildet. Wir benötigen jetzt also eine *beliebige aber konkrete* Matrix A. Sei dazu $(\Omega, \Sigma, \mathrm{P})$ ein Wahrscheinlichkeitsraum. Wir betrachten eine messbare Abbildung

$$U \colon \Omega \to \mathbb{R}^{k \times d},\ U = \begin{bmatrix} u_{11} & \cdots & u_{1d} \\ \vdots & & \vdots \\ u_{k1} & \cdots & u_{kd} \end{bmatrix}$$

mit $U \sim \mathcal{N}(0, 1, \mathbb{R}^{k \times d})$. Letzteres bedeutet, dass die Einträge $u_{ij} \sim \mathcal{N}(0, 1)$ unabhängige Zufallsvariablen sind und wir uns daher Realisierungen von U leicht verschaffen können. Wir halten die folgenden Eigenschaften einer solchen *Zufallsmatrix* fest.

Bemerkung 11.1. Sei $(\Omega, \Sigma, \mathrm{P})$ ein Wahrscheinlichkeitsraum und für $k < d$ sei $U \colon \Omega \to \mathbb{R}^{k \times d}$ eine Zufallsmatrix mit $U \sim \mathcal{N}(0, 1, \mathbb{R}^{k \times d})$.

(i) Bezeichnen wir mit $u_i = [u_{i1} \cdots u_{id}]$ die Zeilen von U, so sind diese, bzw. deren Transponate, für $i = 1, \ldots, k$ unabhängige $\mathbb{R}^d$-wertige Zufallsvektoren mit $u_i \sim \mathcal{N}(0, 1, \mathbb{R}^d)$.

(ii) Der Gaußsche Orthogonalitätssatz 10.7 liefert dann für $i \neq j$ und $\varepsilon > 0$

$$\mathrm{P}\left[\left| \left\langle \frac{u_i}{\|u_i\|}, \frac{u_j}{\|u_j\|} \right\rangle \right| \leqslant 0.1 \right] \geqslant 1 - \frac{2/\varepsilon + 7}{\sqrt{d}}.$$

Wir erhalten also, dass die Zeilen von U mit hoher Wahrscheinlichkeit fast orthogonal sind. Würden wir selbige jetzt noch normieren, so hätten wir $UU^\mathsf{T} \approx \mathrm{id}_{\mathbb{R}^k}$ und kämen damit einer Matrix A, wie wir sie uns anfangs gewünscht hatten, sehr nahe.

Satz 11.2. (über die Zufallsprojektion) *Sei* $(\Omega, \Sigma, \mathrm{P})$ *ein Wahrscheinlichkeitsraum und für* $k < d$ *sei* $U \colon \Omega \to \mathbb{R}^{k \times d}$ *eine Zufallsmatrix mit* $U \sim \mathcal{N}(0, 1, \mathbb{R}^{k \times d})$. *Für* $x \in \mathbb{R}^d \backslash \{0\}$ *und* $0 < \varepsilon \leqslant 1$ *gilt dann*

$$\mathrm{P}\left[\left| \|Ux\| - \sqrt{k}\,\|x\| \right| \leqslant \varepsilon \sqrt{k}\,\|x\| \right] \geqslant 1 - 2\,\mathrm{e}^{-k\varepsilon^2/16}.$$

Beweis. Wir notieren zuerst, dass für beliebiges $x \in \mathbb{R}^d$ die Anwendung von U

auf x, d.h.

$$Ux = \begin{bmatrix} u_{11} & \cdots & u_{1d} \\ \vdots & & \vdots \\ u_{k1} & \cdots & u_{kd} \end{bmatrix} \begin{bmatrix} x_1 \\ \vdots \\ x_d \end{bmatrix} = \begin{bmatrix} \langle u_1, x \rangle \\ \vdots \\ \langle u_k, x \rangle \end{bmatrix},$$

gerade den obigen Vektor von Skalarprodukten ergibt. Jetzt fixieren wir $x \in \mathbb{R}^d \setminus \{0\}$ und betrachten den k-dimensionalen Zufallsvektor

$$U(\cdot)\frac{x}{\|x\|} : \Omega \to \mathbb{R}^k.$$

Dessen i-te Koordinatenfunktion ist durch

$$\left(U(\cdot)\frac{x}{\|x\|}\right)_i = \langle u_i, \frac{x}{\|x\|}\rangle = \sum_{j=1}^{d} u_{ij}\frac{x_j}{\|x\|}$$

gegeben und wir erhalten mit Fakt 10.1(ii), dass

$$\left(U(\cdot)\frac{x}{\|x\|}\right)_i \sim \mathcal{N}\left(0, \frac{x_1^2}{\|x\|^2} + \cdots + \frac{x_d^2}{\|x\|^2}\right) = \mathcal{N}(0,1)$$

für alle $i = 1, \ldots, k$ gilt, und daher $U(\cdot)\frac{x}{\|x\|} \sim \mathcal{N}(0,1,\mathbb{R}^k)$ mit Fakt 10.1(i). Es folgt

$$\begin{aligned} \mathrm{P}\left[\left|\|Ux\| - \sqrt{k}\,\|x\|\right| \leqslant \varepsilon\sqrt{k}\,\|x\|\right] &= \mathrm{P}\left[\left|\|U\frac{x}{\|x\|}\| - \sqrt{k}\right| \leqslant \varepsilon\sqrt{k}\right] \\ &\leqslant 1 - 2\,\mathrm{e}^{-(\varepsilon\sqrt{k})^2/16} \\ &= 1 - 2\,\mathrm{e}^{-\varepsilon^2 k/16}, \end{aligned}$$

wobei wir für die Abschätzung den Schalensatz 10.4 angewandt haben und zwar mit k statt d und $\varepsilon\sqrt{k}$ statt ε. Die dafür nötige Voraussetzung $0 < \varepsilon\sqrt{k} \leqslant \sqrt{k}$ gilt wegen unserer Annahme $\varepsilon \leqslant 1$. $\qquad\square$

Da wir k vorgeben, macht es Sinn, durch $\sqrt{k}$ zu dividieren und dann $\frac{1}{\sqrt{k}}$ in die Matrix U zu „absorbieren".

Definition 11.3. Sei $(\Omega, \Sigma, \mathrm{P})$ ein Wahrscheinlichkeitsraum und für $k < d$ sei $U\colon \Omega \to \mathbb{R}^{k \times d}$ eine Zufallsmatrix mit $U \sim \mathcal{N}(0,1,\mathbb{R}^{k \times d})$ und $\omega \in \Omega$. Die folgende Abbildung

$$T_{U(\omega)}\colon \mathbb{R}^d \to \mathbb{R}^k,\ T_{U(\omega)}x := \frac{1}{\sqrt{k}}U(\omega)x.$$

heißt *Johnson-Lindenstrauss-Projektion*.

Hierbei ist zu beachten, dass der Begriff „Projektion" formal nicht konsistent mit dessen Bedeutung im Sinne der Linearen Algebra ist — er ist es aber fast, nämlich wenn wir $\mathbb{R}^k$ per $U(\omega)^\intercal$ mit einem Unterraum von $\mathbb{R}^d$ identifizieren und dabei ignorieren, dass $U(\omega)^\intercal$ eventuell nicht ganz vollen Rang hat.

Bemerkung 11.4. (i) Mit der obigen Notation wird Satz 11.2 zu

$$\forall\, x \in \mathbb{R}^d \backslash\{0\},\; 0 < \varepsilon \leqslant 1\colon\; \mathrm{P}\big[\,\big|\|T_U x\| - \|x\|\big| \leqslant \varepsilon \|x\|\,\big] \geqslant 1 - 2\,\mathrm{e}^{-k\varepsilon^2/16},$$

wobei $U \sim \mathcal{N}(0, 1, \mathbb{R}^{k \times d})$ ist. Die Heuristik ist jetzt natürlich, dass dann

$$\left|\frac{\|T_U x\|}{\|x\|} - 1\right| \leqslant \varepsilon \quad\text{bzw.}\quad \frac{\|T_U x\|}{\|x\|} \approx 1$$

mit hoher Wahrscheinlichkeit gilt.

(ii) Der Nachteil bei Obigem ist, dass nur die relative Änderung der Längen nah bei Eins ist, aber deren absolute Änderung durchaus groß sein kann. Wählen wir unsere Punkte oben allerdings nur aus einer beschränkte Menge $B \subseteq \overline{\mathrm{B}}_r(0)$ mit festem $r > 0$, so können wir durch passende Wahl von ε und k bei gegebenem r erreichen, dass

$$\big|\|T_U x\| - \|x\|\big| \approx 0$$

mit hoher Wahrscheinlichkeit gilt. Als Zahlenbeispiel betrachte etwa $r = 1$. Wählen wir $\varepsilon = 0.2$ und $k = 1000$, so folgt $\mathrm{P}\big[\,\big|\|T_U x\| - \|x\|\big| < 0.2\,\big] \geqslant 0.8$ für jedes $x \in \mathbb{R}^d$ mit $\|x\| \leqslant 1$ — und dies sogar unabhängig von $d \geqslant 1000$.

Als Nächstes wollen wir untersuchen, was mit paarweisen Abständen passiert, wenn wir diese per T_U projizieren.

Satz 11.5. (Johnson-Lindenstrauss-Lemma) *Sei* $(\Omega, \Sigma, \mathrm{P})$ *ein Wahrscheinlichkeitsraum und weiter* $0 < \varepsilon < 1$, $n \geqslant 1$ *und* $k \geqslant \frac{48}{\varepsilon^2} \log n$. *Sei* $U\colon \Omega \to \mathbb{R}^{k \times d}$ *eine Zufallsmatrix mit* $U \sim \mathcal{N}(0, 1, \mathbb{R}^{k \times d})$. *Dann gilt für je* n-*viele Punkte* $x^{(1)}, \dots, x^{(n)} \in \mathbb{R}^d$ *die Abschätzung*

$$\mathrm{P}\big[(1 - \varepsilon)\|x_i - x_j\| \leqslant \|T_U x_i - T_U x_j\| \leqslant (1 + \varepsilon)\|x_i - x_j\|\; \text{für alle } i, j\big] \geqslant 1 - \tfrac{1}{n}.$$

Beweis. Für $i \neq j$ definieren wir $x := x_i - x_j$ und berechnen mithilfe des vorhergehenden Satzes 11.2

$$
\begin{aligned}
P_{ij} &:= \mathrm{P}\big[(1 - \varepsilon)\|x_i - x_j\| \leqslant \|T_U x_i - T_U x_j\| \leqslant (1 + \varepsilon)\|x_i - x_j\|\big] \\
&= \mathrm{P}\big[(1 - \varepsilon)\|x\| \leqslant \|T_U x\| \leqslant (1 + \varepsilon)\|x\|\big] \\
&= \mathrm{P}\big[\,\big|\|T_U x\| - \|x\|\big| \leqslant \varepsilon \|x\|\big] \\
&= \mathrm{P}\big[\,\big|\|U x\| - \sqrt{k}\,\|x\|\big| \leqslant \varepsilon \sqrt{k}\,\|x\|\big] \\
&\geqslant 1 - 2\,\mathrm{e}^{-k\varepsilon^2/16}.
\end{aligned}
$$

Da es $\binom{n}{2} \leqslant \frac{n^2}{2}$-viele Möglichkeiten für $1 \leqslant i, j \leqslant n$ mit $i \neq j$ gibt, erhalten wir für die im Satz angegebene Wahrscheinlichkeit

$$P[\cdots] = 1 - P\left[\exists\, i \neq j\colon \|T_U x_i - T_U x_j\| \notin \left((1-\varepsilon)\|x_i - x_j\|, (1+\varepsilon)\|x_i - x_j\|\right)\right]$$

$$= 1 - \sum_{i \neq j}(1 - P_{ij}) \geqslant 1 - \sum_{i \neq j} 2\,\mathrm{e}^{-k\varepsilon^2/16} \geqslant 1 - \frac{n^2}{2}\cdot 2\,\mathrm{e}^{-k\varepsilon^2/16}$$

$$\geqslant 1 - n^2\,\mathrm{e}^{-\left(\frac{48}{\varepsilon^2}\log n\right)\varepsilon^2/16} \geqslant 1 - n^2\,\mathrm{e}^{\log(n^{-3})}$$

$$= 1 - \frac{1}{n},$$

wie behauptet. $\qquad\qquad\qquad\qquad\qquad\qquad\qquad\qquad\qquad\qquad\square$

Wir notieren zunächst die folgenden bemerkenswerten Punkte im Zusammenhang mit dem obigen Satz.

(i) Die Dimension d des Ausgangsraumes kommt weder in der Normabschätzung noch in der Wahrscheinlichkeitsabschätzung vor.

(ii) Die Anzahl n der Punkte geht in die Wahrscheinlichkeitsabschätzung per $1/n$ ein, in die Dimension k des niedrigdimensionalen Raumes aber nur mit $\log n$.

(iii) Die Normabschätzung gilt für alle Punktepaare mit hoher Wahrscheinlichkeit und nicht nur mit hoher Wahrscheinlichkeit für alle Punktepaare.

Jetzt knüpfen wir nochmal an Bemerkung 11.4(ii) an.

Bemerkung 11.6. Wir betrachten eine Datenmenge

$$D = \{(x^{(i)}, y^{(i)}) \mid i = 1, \ldots, n_1\} \subseteq \mathbb{R}^d \times \mathbb{R},$$

bei der die $x^{(i)}$ in einer beschränkten Menge $B \subseteq \mathbb{R}^d$ liegen, und wir nehmen an, dass wir daran interessiert sind, einen auf B definierten Prediktor zu ermitteln. Dazu wählen wir n_2-viele ungelabelte Punkte in B, projizieren die gelabelten Punkte (Trainingsdaten) sowie die ungelabelten Punkte auf $\mathbb{R}^k$ und führen dort einen geeigneten Algorithmus aus, welcher den ungelabelten Punkten Label zuweist. Durch Wahl einer geeignet großen Test- oder Trainingsdatenmenge erreichen wir, dass $n = n_1 + n_2$ groß und damit schonmal die Wahrscheinlichkeit in Satz 11.5 nah bei Eins liegen wird. Da n in k nur logarithmisch eingeht, hängt k praktisch nur von ε ab. Da alle Datenpunkte aus einer beschränkten Menge kommen, können wir wie in Bemerkung 11.4(ii) erreichen, dass

$$\left|\|T_U x^{(i)} - T_U x^{(j)}\|\right| \approx 0 \quad \text{und} \quad k \ll d$$

gilt und zwar für alle Punkte $x^{(i)}$, $x^{(j)}$ aus Trainingsmenge oder Testmenge.

In Aufgabe 11.3 werden wir zufällig erzeugte Daten mit der Johnson-Lindenstrauss-Projektion behandeln, dabei den tatsächlichen Fehler der Abstände aus-

rechnen und mit der Schranke aus dem Johnson-Lindenstrauss-Lemma verglei-
chen. Bei $n = 300$ unabhängigen Stichproben von $X \sim \mathcal{N}(0, 1, \mathbb{R}^{1000})$ ergibt
sich das folgende Bild für den tatsächlichen multiplikativen Fehler (durchge-
zogene Linie) im Vergleich zur Schranke $\varepsilon = \sqrt{48 \log(n)/k}$ (gestrichelte Linie)
des Johnson-Lindenstrauss-Lemmas.

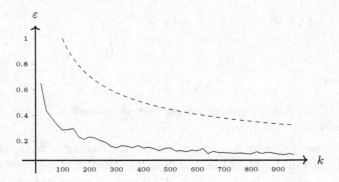

Referenzen

Dieses Kapitel basiert ebenfalls auf [BHK20]. Wir weisen auch auf die Originalarbeit [JL84] hin. Einige der Aufgaben in diesem und den vorherigen Kapiteln sind
[For20] entnommen. Außerdem notieren wir, dass im Internet Versionen des Johnson-
Lindenstrauss-Lemmas zu finden sind, bei denen die Konstante 8 (statt 48) beträgt;
dem Autor ist unbekannt, ob diese Versionen korrekt sind.

Aufgaben

Aufgabe 11.1. Sei $X = X_1 + \cdots + X_d$ mit $X_i \sim \mathcal{N}(0, 1)$ gegeben.

(i) Zeigen Sie $\mathrm{E}(\mathrm{e}^{tX_i}) = (1 - 2t)^{-d/2}$ für $t \in (0, \frac{1}{2})$.

(ii) Zeigen Sie $\mathrm{P}[X \geqslant a] \leqslant \inf\limits_{t \in (0, \frac{1}{2})} \dfrac{\mathrm{e}^{-ta}}{(1 - 2t)^{d/2}}$ für $a > 0$.

Hinweis: Für (i) verwende das Gesetz des unbewussten Statistikers

$$\mathrm{E}(f(X_i)) = \frac{1}{\sqrt{2\pi}} \int_{\mathbb{R}} f(t)\, \mathrm{e}^{-\frac{t^2}{2}}\, \mathrm{d}t.$$

Aufgabe 11.2. Benutzen Sie Aufgabe 11.1 um einen alternativen Beweis für das
Johnson-Lindenstrauss-Lemma zu geben, welcher *ohne* den Gaußschen Schalensatz
auskommt.

Aufgabe 11.3. Sei $d > k$ gegeben.

(i) Implementieren Sie die Johnson-Lindenstrauss-Projektion $T_U : \mathbb{R}^d \to \mathbb{R}^k$ und
testen Sie diese für kleine d und k.

(ii) Setzen Sie dann $d = 1000$, erzeugen Sie 300 Punkte in $\mathbb{R}^d$ zufällig nach einer Verteilung Ihrer Wahl, projizieren Sie diese via T_U auf $\mathbb{R}^k$ und berechnen Sie für unterschiedliche k die größte auftretende Abstandsänderung

$$\varepsilon := \max\left(1 - \min_{x \neq y} \frac{\|T_U x - T_U y\|}{\|x - y\|}, \max_{x \neq y} \frac{\|T_U x - T_U y\|}{\|x - y\|} - 1\right).$$

(iii) Vergleichen Sie in einem Plot die experimentellen Werte für ε mit der Schranke für ε, die das Johnson-Lindenstrauss-Lemma liefert. Dies sollte ein Bild wie auf Seite 158 ergeben.

12

Trennung hochdimensionaler Gaußiane und Parameteranpassung

Nachdem wir in Kapitel 10 Eigenschaften der Gaußverteilung im hochdimensionalen Raum untersucht haben, werden wir in diesem Kapitel diese Erkenntnisse auf Datenmengen wie im folgenden Bild anwenden, die von einer oder mehrerer Gaußverteilungen stammen.

Wir formalisieren dies wie folgt.

Definition 12.1. Sei (Ω, Σ, P) ein Wahrscheinlichkeitsraum.

(i) Sei $X \colon \Omega \to \mathbb{R}^d$ ein Zufallsvektor mit $X \sim \mathcal{N}(\mu, \sigma^2, \mathbb{R}^d)$ und $\omega_1, \ldots, \omega_n \in \Omega$. Dann nennen wir die Menge $G = \{X(\omega_i) \mid i = 1, \ldots, n\} \subseteq \mathbb{R}$ einen *(d-dimensionalen) Gaußian*.

(ii) Seien $X_1, \ldots, X_m \colon \Omega \to \mathbb{R}^d$ unabhängige Zufallsvektoren derart, dass $X_i \sim \mathcal{N}(\mu_i, \sigma_i^2, \mathbb{R}^d)$, und seien weiter Punkte $\omega_1, \ldots, \omega_n \in \Omega$ gegeben. Dann nennen wir die Gaußiane $G_j = \{X_j(\omega_i) \mid i = 1, \ldots, n\}$ für $j = 1, \ldots, m$ *unabhängig*.

Seien unabhängige Gaußiane $G_1, \ldots, G_m$ gegeben. Wir setzen

$$D := G_1 \cup \cdots \cup G_m \subseteq \mathbb{R}^d.$$

Das Bild auf der vorherigen Seite 161 zeigt die Vereinigung $D = G_1 \cup G_2$ zweier Gaußiane mit verschiedenen Mittelwerten und jeweils 200 Punkten. Wie dieses einfarbige Bild bereits suggeriert, vergessen wir nun, welcher Datenpunkt von welchem Gaußian kommt. Die erste sich natürlich ergebende Aufgabe besteht darin, diese Information anhand von D wiederzuerlangen, d.h. die Gaußiane *zu trennen*. Ist dies geschehen, so besteht die zweite natürliche Aufgabe darin, für jeden Gaußian seine Parameter μ_i und σ_i zu bestimmen — wobei wir ebenfalls annehmen, dass diese uns nicht (mehr) bekannt sind. Dies bezeichnet man als *Parameteranpassung, Parameterschätzung* oder auch als *Fitting*. Bevor wir mit der Trennungsaufgabe beginnen, notieren wir noch, dass im Fall einer echten Datenmenge D beide Aufgaben natürlich nicht in einem „definitiven" Sinn gelöst werden können: Bereits im obigen Bild sieht man, dass es durchaus passieren kann, dass ein Punkt, der zwar vom Gaußian links unten stammt, trotzdem rechts oben liegt. Jeder sinnvolle Trennungsalgorithmus wird diesen Punkt dann als zum rechten Gaußian zugehörig klassifizieren. Bei gegebenen Daten haben wir keine Möglichkeit diese Fehlklassifikation zu bemerken und streben demnach nicht wirklich eine „korrekte" Klassifizierung sondern eher eine Klassifizierung mit „hoher Plausibilität" an. Wir werden das Letztere später, in den Erläuterungen vor Definition 12.9, mithilfe des Begriffs der bedingten Wahrscheinlichkeit noch genauer fassen.

12.1 Trennung von Gaußianen

Wir beginnen mit der oben beschriebenen Trennungsaufgabe und beschränken uns im Folgenden auf zwei Gaußiane, deren Varianzen beide Eins sind, vergleiche aber Bemerkung 12.13. Das Bild auf Seite 161 legt nun die folgende Idee zur Konstruktion eines Klassifizierers sofort nahe: Zuerst wählt man einen Punkt $z \in D$ zufällig aus, und bemerkt, dass dieser mit hoher Wahrscheinlichkeit in der Nähe einer der Mittelwerte der zwei Gaußiane liegen wird. Dann weist man z das Label 1 zu und ermittelt für alle weiteren Punkte in D die Abstände zu z. Fällt ein solcher Abstand klein aus, so erhält der Punkt ebenfalls Label 1. Andernfalls erhält er Label 2. Ist bei dieser Vorgehensweise der Abstand der Mittelwerte $\Delta := \|\mu_1 - \mu_2\|$ der Gaußiane groß genug, so ist zu erwarten, dass es nach Berechnung aller Abstände $\|z - x\|$, $x \in D$, sinnvoll ist, von „kleinen" und „großen" Abständen zu sprechen. Wir betrachten hierzu wieder die auf Seite 161 abgebildete Datenmenge D.

Beispiel 12.2. In den folgenden Bildern ist oben jeweils der Punkt z markiert. Darunter ist dann die Verteilung der Abstände aller anderen Punkte zu z abgebildet.

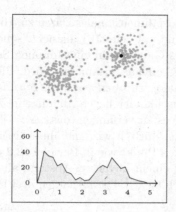 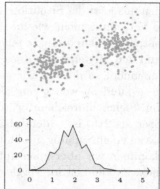

Wie wir bereits erwähnt haben, tritt hierbei eine Situation wie im rechten Bild, bei der z „auf halber Strecke" zwischen den Gaußianen liegt, nur mit geringer Wahrscheinlichkeit ein, vergleiche Aufgabe 12.3.

Eine naheliegende Heuristik, nach welcher man nun von den Abständen zum Klassifizierer gelangt, besteht darin, dass man bei n-vielen Datenpunkten die $n/2$-nächsten Nachbarn von z mit Label 1 versieht und den Rest mit Label 2. Wir formulieren dies in Pseudocode.

Algorithmus 12.3. *Gegeben sei eine Datenmenge $D = \{x^{(1)}, \ldots, x^{(n)}\} \subseteq \mathbb{R}^d$, die Vereinigung zweier unabhängiger Gaußiane ist, welche jeweils aus $n/2$-vielen Punkten bestehen.*

```
1:  function TRENNUNG (D)
2:      z ← random point of D
3:      for i ← 1 to n do
4:          d_i ← ‖z − x^(i)‖
5:      I ← (i_1, …, i_n) with d_{i_j} ≤ d_{i_{j+1}} for j = 1, …, n
6:      for j ← 1 to n/2 do
7:          ℓ_{i_j} ← 1
8:      for j ← n/2 + 1 to n do
9:          ℓ_{i_j} ← 2
10:     return (ℓ_1, …, ℓ_n)
```

Hierbei kann in Zeile 5 für die Sortierung der Datenpunkte nach ihren Abständen von z ein geeigneter Sortieralgorithmus benutzt werden.

In den Aufgaben werden wir Algorithmus 12.3 sowohl für niedrigdimensionale als auch für hochdimensionale Datenmengen implementieren. Wir notieren, dass wir den Vektor ℓ natürlich auch als Abbildung $\ell \colon D \to \{1, 2\}$, $\ell(x^{(i)}) := \ell_i$, lesen können. Weiter bemerken wir noch, dass es sich bei Obigem um unüberwachtes Lernen handelt.

Wir wenden uns jetzt der Situation hochdimensionaler Daten zu. Hier wissen wir, dass die Verteilung nicht wie im Bild auf Seite 161 aussieht, sondern dass sich ein Großteil der Datenpunkte eines Gaußians in einer dünnen Schale mit Radius $\sqrt{d}$ um den Mittelpunkt μ des Gaußians ansammeln wird. Bleiben wir bei zwei Gaußianen, so müssen wir analog zu oben voraussetzen, dass deren Mittelpunkte μ_1 und μ_2 weit genug auseinander liegen, damit eine Trennung gelingen kann. Sicher hinreichend wäre es zu verlangen, dass $\Delta := \|\mu_1 - \mu_2\|$ geeignet größer als $2\sqrt{d}$ ist — denn dann dürften wir eine ähnliche Verteilung der Abstände zu einem zufällig gewählten Punkt wie in Beispiel 12.2 erwarten. In der Tat kommen wir aber auch mit einem kleineren Abstand aus, solange dieser nur nicht zu klein ist im Vergleich zu $\sqrt{d}$. Die folgenden drei Bilder

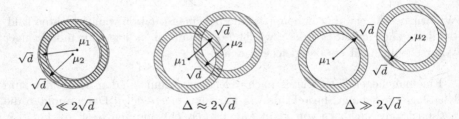

$$\Delta \ll 2\sqrt{d} \qquad\qquad \Delta \approx 2\sqrt{d} \qquad\qquad \Delta \gg 2\sqrt{d}$$

von jeweils zwei Gaußianen suggerieren schließlich, dass auch falls Δ „etwas kleiner" als $2\sqrt{d}$ ist, die beiden Schalen, in welchen sich der Hauptteil der Punkte der Gaußiane befindet, nur eine relativ kleine Schnittmenge haben. Wie hierbei die Symbole „$\ll$", „$\approx$" und „$\gg$" zu verstehen sind, heben wir in der folgenden Bemerkung hervor.

Bemerkung 12.4. Bei der Beschreibung, „wie groß" der Abstand Mittelpunkte, d.h. $\Delta = \|\mu_1 - \mu_2\|$, der zwei zu trennenden Gaußiane sein muss, sind wir, analog zu den vorhergehenden Kapiteln 8–10, an Aussagen interessiert, die *für alle geeignet großen Dimensionen* gelten. Wir stellen uns daher im Folgenden $\Delta = \Delta(d)$ als eine Funktion der Dimension vor.

(i) Wächst Δ im Vergleich zu $\sqrt{d}$ zu langsam, so geraten wir für große d notwendigerweise in eine Situation, in welcher die Schalengebiete stark überlappen, siehe das ganz linke Bild vor dieser Bemerkung. Dies ist mit $\Delta \ll 2\sqrt{d}$ gemeint.

(ii) Wächst Δ derart, dass für große d stets $\Delta(d) > 2\sqrt{d} + \varepsilon$ gilt mit einem festen ε, das größer als die nach Satz 10.4 konstante „Schalendicke" ist, vergleiche auch die Diskussion vor Satz 10.4 und Beispiel 10.5, so sollte eine Trennung sicher möglich sein. Auf diese Weise ist $\Delta \gg 2\sqrt{d}$ zu verstehen.

(iii) Wächst Δ genauso schnell wie $2\sqrt{d}$, so suggeriert das mittlere Bild vor dieser Bemerkung, dass eine Trennung möglich ist. Wir werden im Folgenden sehen, dass letztere sogar dann gelingt, wenn $\Delta(d)$ nur etwas langsamer wächst als $2\sqrt{d}$. Dies ist mit $\Delta \approx 2\sqrt{d}$ gemeint.

Unser Ziel besteht jetzt also darin herauszufinden, *wie viel langsamer $\Delta(d)$ im Vergleich zu $2\sqrt{d}$ wachsen darf*, sodass eine Trennung via des oben bereits diskutieren Algorithmus 12.3 immer noch gelingt. Wir betrachten $x, y \in D$ aus einer Datenmenge wie dort angegeben. Nach Kapitel 10 erwarten wir, dass $\|x - y\| \approx \sqrt{2d}$ für Punkte gilt, die zum gleichen Gaußian gehören, und wir müssen uns folglich überlegen, wie $\|x - y\|$ ausfällt, wenn x und y zu verschiedenen Gaußianen gehören. In der Tat ergibt sich für solche Punkte x und y das folgende Bild.

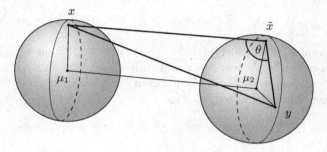

Denn:

1. Der Punkt x wird mit hoher Wahrscheinlichkeit nah an der Oberfläche einer Kugel um μ_1 mit Radius $\sqrt{d}$ liegen (Schalensatz 10.4) und es wird mit hoher Wahrscheinlichkeit fast $x - \mu_1 \perp \mu_2 - \mu_1$ gelten (Orthogonalitätssatz 10.7 mit $Y \equiv \mu_2 - \mu_1$).

2. Der Punkt $\tilde{x} := \mu_2 + x - \mu_1 = x + (\mu_2 - \mu_1)$ entsteht durch Parallelverschiebung, also wird nach Obigem mit hoher Wahrscheinlichkeit fast $\tilde{x} - \mu_2 \perp \mu_1 - \mu_2$ gelten.

3. Der Punkt y wird mit hoher Wahrscheinlichkeit nah an der Oberfläche einer Kugel um μ_2 mit Radius $\sqrt{d}$ liegen (nochmal Schalensatz 10.4). Gleichzeitig wird der Abstand von $\tilde{x}$ und y ungefähr $\sqrt{2d}$ sein (Abstandssatz 10.10), und schließlich wird fast $y - \mu_2 \perp \mu_1 - \mu_2$ gelten (nochmal Orthogonalitätssatz 10.7).

In dem entstandenen Dreieck gilt also $\theta \approx 90°$ und es folgt

$$\|x - y\|^2 \approx \|x - \tilde{x}\|^2 + \|\tilde{x} - y\|^2 \approx \Delta^2 + 2d$$

mit Pythagoras. Der folgende Satz formalisiert die angegebene Heuristik mithilfe von Erwartungswert und Varianz unter Verwendung des Kosinusgesetzes.

Satz 12.5. *Sei (Ω, Σ, P) ein Wahrscheinlichkeitsraum, seien μ_1, $\mu_2 \in \mathbb{R}^d$ und seien $X, Y \colon \Omega \to \mathbb{R}^d$ unabhängige Zufallsvektoren mit $X \sim \mathcal{N}(\mu_1, 1, \mathbb{R}^d)$ und $Y \sim \mathcal{N}(\mu_2, 1, \mathbb{R}^d)$. Sei $\Delta = \|\mu_1 - \mu_2\|$. Dann gelten* *(i)* $\mathrm{E}\big(\|X - Y\|^2\big) = \Delta^2 + 2d,$

(ii) $\mathrm{V}\big(\|X - Y\|^2\big) \leqslant 3d + 8\Delta^2 + 5\sqrt{d}\,\Delta.$

Beweis. (i) Seien $X, Y \colon \Omega \to \mathbb{R}^d$ wie oben und sei $\tilde{X} := \mu_2 + X - \mu_1$. D.h. es gilt $\tilde{X} \sim \mathcal{N}(\mu_2, 1, \mathbb{R}^d)$ und $\tilde{X}$ und Y sind unabhängig. Wir wenden punktweise das Kosinusgesetz mit $\theta = \angle(X - \tilde{X}, Y - \tilde{X})$ an und erhalten

$$
\begin{aligned}
\|X - Y\|^2 &= \|X - \tilde{X}\|^2 + \|Y - \tilde{X}\|^2 - 2\|X - \tilde{X}\|\|Y - \tilde{X}\|\cos(\theta) \\
&= \|\mu_1 - \mu_2\|^2 + \|Y - \tilde{X}\|^2 - 2\langle X - \tilde{X}, Y - \tilde{X}\rangle \\
&= \Delta^2 + \|Y - \tilde{X}\|^2 - 2\big(\langle \mu_1 - \mu_2, Y - \mu_2\rangle + \langle \mu_2 - \mu_1, X - \mu_1\rangle\big).
\end{aligned}
$$

Wenn wir nun um μ_2 verschieben, liefert (8.1) auf Seite 122, dass $\mathrm{E}(\|Y - \tilde{X}\|^2) = 2d$ ist. Entsprechende Verschiebung und Anwendung von Satz 8.4 zeigt weiter, dass die Erwartungswerte der beiden obigen Skalarprodukte jeweils Null sind. Zusammengenommen erhalten wir also

$$
\mathrm{E}(\|X_1 - X_2\|^2) = 2d + \Delta^2 + 2(0 - 0) = \Delta^2 + 2d.
$$

(ii) Bei der Abschätzung der Varianz von $\|X - Y\|^2$ gilt es zu beachten, dass die drei sich ergebenden Summanden nicht unabhängig sind, siehe Proposition A.6. Daher gilt

$$
\begin{aligned}
\mathrm{V}(\|X - Y\|^2) &= \mathrm{V}(\Delta^2 + \|Y - \tilde{X}\|^2 - 2\langle X - \tilde{X}, Y - \tilde{X}\rangle) \\
&= \mathrm{V}(\|Y - \tilde{X}\|^2) + 4\,\mathrm{V}(\langle X - \tilde{X}, Y - \tilde{X}\rangle) \\
&\quad + \mathrm{Cov}(\|Y - \tilde{X}\|^2 - 2\langle X - \tilde{X}, Y - \tilde{X}\rangle) \\
&\leqslant \mathrm{V}(\|Y - \tilde{X}\|^2) + 4\,\mathrm{V}(\langle X - \tilde{X}, Y - \tilde{X}\rangle) \\
&\quad + \sqrt{\mathrm{V}(\|Y - \tilde{X}\|^2)\cdot 4\,\mathrm{V}(\langle X - \tilde{X}, Y - \tilde{X}\rangle)},
\end{aligned}
$$

wobei wir $\mathrm{V}(\|Y - \tilde{X}\|^2) \leqslant 3d$ gemäß des Hinweises in Aufgabe 8.3 abschätzen können. Für die Varianz des Skalarproduktes ergibt sich

$$
\begin{aligned}
\mathrm{V}(\langle X - \tilde{X}, Y - \tilde{X}\rangle) &= \mathrm{V}(\langle X - \mu_1, \mu_2 - \mu_1\rangle + \langle Y - \mu_2, \mu_1 - \mu_2\rangle) \\
&= \mathrm{V}(\langle X - \mu_1, \mu_2 - \mu_1\rangle) + \mathrm{V}(\langle Y - \mu_2, \mu_1 - \mu_2\rangle) \\
&\leqslant 2\|\mu_1 - \mu_2\|^2,
\end{aligned}
$$

wobei wir Satz 8.4 mit $Z := X_i - \mu_i \sim \mathcal{N}(0, 1, \mathbb{R}^d)$ und $\xi := \pm(\mu_1 - \mu_2)$ angewandt haben, um $\mathrm{V}(\langle Z, \xi\rangle) = \|\xi\|^2$ zu schließen. Schließlich erhalten wir

$$
\mathrm{V}(\|X - Y\|^2) \leqslant \underset{\underset{\text{s.o.}}{\uparrow}}{\mathrm{V}(\|Y - \tilde{X}\|^2)} + 4\,\mathrm{V}(\langle X - \tilde{X}, Y - \tilde{X}\rangle) + \sqrt{\cdots}
$$

$$\leqslant 3d + 8\|\mu_1 - \mu_2\|^2 + \sqrt{3d \cdot 8\|\mu_1 - \mu_2\|^2}$$

$$\leqslant 3d + 8\Delta^2 + 5\sqrt{d}\,\Delta,$$

wie behauptet. □

Mit ein bisschen mehr Arbeit erhalten wir Abschätzungen für Erwartungswert und Varianz des Abstandes selbst, d.h. ohne das Quadrat. Im Fall der Varianz sind diese eher technisch, und wir formulieren daher im Satz für die Varianz nur die sich ergebende qualitative asymptotische Aussage.

Satz 12.6. *Sei* $(\Omega, \Sigma, \mathrm{P})$ *ein Wahrscheinlichkeitsraum, seien* μ_1, $\mu_2 \in \mathbb{R}^d$ *und seien* $X, Y \colon \Omega \to \mathbb{R}^d$ *unabhängige Zufallsvektoren mit* $X \sim \mathcal{N}(\mu_1, 1, \mathbb{R}^d)$ *und* $Y \sim \mathcal{N}(\mu_2, 1, \mathbb{R}^d)$. *Sei* $\Delta = \|\mu_1 - \mu_2\|$. *Dann gelten*

(i) $\forall\, d \in \mathbb{N} \colon |\mathrm{E}(\|X - Y\|) - \sqrt{\Delta^2 + 2d}\,| \leqslant 5/\sqrt{d}$.

(ii) $\forall\, d \in \mathbb{N} \colon \mathrm{V}(\|X - Y\|) \leqslant 5/\sqrt{d} + 14 \leqslant 19$.

Beweis. (i) Wir gehen wie im Beweis von Satz 8.2 vor und zerlegen den Term, von welchem der Erwartungswert gesucht ist, wie folgt:

$$\|X - Y\| - \sqrt{\Delta^2 + 2d} = \underbrace{\frac{\|X - Y\|^2 - (\Delta^2 + 2d)}{2\sqrt{\Delta^2 + 2d}}}_{=:S_d} - \underbrace{\frac{(\|X - Y\|^2 - (\Delta^2 + 2d))^2}{2\sqrt{\Delta^2 + 2d}(\|X - Y\| + \sqrt{\Delta^2 + 2d})^2}}_{=:R_d}.$$

Nach Satz 12.5(i) ist $\mathrm{E}(S_d) = 0$. In R_d schätzen wir im Nenner $\|X - Y\| \geqslant 0$ ab und im Zähler wenden wir erst Satz 12.5(i) an um den Erwartungswert in eine Varianz umzuschreiben und dann Satz 12.5(ii) um diese abzuschätzen. Dies führt auf

$$0 \leqslant \mathrm{E}(R_d) \leqslant \frac{\mathrm{V}(\|X - Y\|^2)}{2(\Delta^2 + 2d)^{3/2}} \leqslant \frac{3d + 8\Delta^2 + 5\sqrt{d}\,\Delta}{2(\Delta^2 + 2d)^{3/2}} =: r_d,$$

was wir jetzt per Fallunterscheidung behandeln. Sei zunächst $\Delta \geqslant \sqrt{2d}$. Dann folgt

$$r_d = \frac{3d + 8\Delta^2 + 5\sqrt{d}\,\Delta}{2(\Delta^2 + 2d)^{3/2}} \underset{\substack{\uparrow \\ 0 \leqslant d \leqslant \frac{1}{2}\Delta^2}}{\leqslant} \frac{\frac{3}{2}\Delta^2 + 8\Delta^2 + \frac{5}{\sqrt{2}}\Delta^2}{2(\Delta^2)^{3/2}} \leqslant \frac{5}{\sqrt{d}}.$$

Ist andererseits $\Delta < \sqrt{2d}$, so folgt

$$r_d = \frac{3d + 8\Delta^2 + 5\sqrt{d}\,\Delta}{2(\Delta^2 + 2d)^{3/2}} \underset{\substack{\uparrow \\ 0 \leqslant \Delta^2 \leqslant 2d}}{\leqslant} \frac{3d + 16d + 5\sqrt{2}\,d}{2(2d)^{3/2}} \underset{\substack{\uparrow \\ 1 \leqslant 2^{3/2}}}{\leqslant} \frac{5}{\sqrt{d}}$$

und somit $\mathrm{E}(R_d) \leqslant \frac{5}{\sqrt{d}}$ für alle $d \in \mathbb{N}$.

(ii) Um die Varianz zu behandeln, berechnen wir zuerst

$$V(\|X - Y\|) = \big|E(\|X - Y\|^2) - [E(\|X - Y\|)]^2\big|$$

$$\underset{\substack{\uparrow \\ \text{Satz } 12.5(i)}}{=} \big|(\Delta^2 + 2d) - [\,E(\|X - Y\| - \sqrt{\Delta^2 + 2d}\,) + \sqrt{\Delta^2 + 2d}\,]^2\big|$$

$$= \big|(\Delta^2 + 2d) - [\big(E(\|X - Y\| - \sqrt{\Delta^2 + 2d}\,)\big)^2$$
$$+ 2\sqrt{\Delta^2 + 2d} \cdot E(\|X - Y\| - \sqrt{\Delta^2 + 2d}\,) + (\Delta^2 + 2d)]\big|$$

$$\underset{\substack{\uparrow \\ \text{s.o.}}}{\leqslant} r_d + 2\sqrt{\Delta^2 + 2d} \cdot r_d.$$

Der erste Term kann durch $5/\sqrt{d}$ abgeschätzt werden, den zweiten Term behandeln wir wieder via Fallunterscheidung. Ist $\Delta \geqslant \sqrt{2d}$, so gilt

$$2\sqrt{\Delta^2 + 2d} \cdot r_d = \frac{3d + 8\Delta^2 + 5\sqrt{d}\,\Delta}{\Delta^2 + 2d} \underset{\substack{\uparrow \\ 0 \leqslant d \leqslant \frac{1}{2}\Delta^2}}{\leqslant} \frac{\frac{3}{2}\Delta^2 + 8\Delta^2 + \frac{5}{\sqrt{2}}\Delta^2}{\Delta^2} \leqslant 14,$$

und ist $\Delta < \sqrt{2d}$, so haben wir ebenfalls

$$2\sqrt{\Delta^2 + 2d} \cdot r_d = \frac{3d + 8\Delta^2 + 5\sqrt{d}\,\Delta}{\Delta^2 + 2d} \underset{\substack{\uparrow \\ 0 \leqslant \Delta^2 \leqslant 2d}}{\leqslant} \frac{3d + 16d + 5\sqrt{2}\,d}{2d} \leqslant 14,$$

was den Beweis beendet. □

Satz 12.6 sagt uns, dass wir zwischen zufällig gewählten Punkten von verschiedenen Gaußianen einen Abstand von $\|x - y\| \approx \sqrt{\Delta^2 + 2d}$ zu erwarten haben und dass sich für große d die Verteilung dieser Abstände, unabhängig von d, nah um diesen Wert konzentriert. Wir formalisieren dies weiter durch eine explizite Wahrscheinlichkeitsabschätzung.

Satz 12.7. (Zweiter Gaußscher Abstandssatz) *Sei* (Ω, Σ, P) *ein Wahrscheinlichkeitsraum, seien* μ_1, $\mu_2 \in \mathbb{R}^d$ *und seien* $X, Y : \Omega \to \mathbb{R}^d$ *unabhängige Zufallsvektoren mit* $X \sim \mathcal{N}(\mu_1, 1, \mathbb{R}^d)$ *und* $Y \sim \mathcal{N}(\mu_2, 1, \mathbb{R}^d)$. *Sei* $\Delta = \|\mu_1 - \mu_2\|$. *Für* $\varepsilon \leqslant \sqrt{d}$ *gilt dann*

$$P\big[\,\big|\|X - Y\| - \sqrt{\Delta^2 + 2d}\,\big| \leqslant \varepsilon\,\big] \geqslant 1 - 4e^{-\varepsilon^2/648} - \frac{26}{\varepsilon d} - \frac{7}{\sqrt{d}} - \frac{12}{\varepsilon}.$$

Beweis. Wir verwenden dieselbe Technik wie im Beweis des Schalensatzes 10.4, d.h. wir schätzen

$$P := P\big[\,\big|\|X - Y\| - \sqrt{\Delta^2 + 2d}\,\big| \geqslant \varepsilon\,\big]$$

nach oben ab, indem wir die Abschätzung in $\mathrm{P}[\cdots]$ mit der trivialen Ungleichung $\|X - Y\| + \sqrt{\Delta^2 + 2d} \geqslant \sqrt{\Delta^2 + 2d}$ multiplizieren. Dann führen wir, wie im Beweis von Satz 12.5, die Zufallsvariable $\tilde{X} := \mu_2 + X - \mu_1 \sim \mathcal{N}(\mu_2, 1, \mathbb{R}^d)$ ein und wenden wie dort geschehen das Kosinusgesetz an. Dies liefert

$$P \leqslant \mathrm{P}\big[\,|\|X - Y\|^2 - (\Delta^2 + 2d)| \geqslant \varepsilon\sqrt{\Delta^2 + 2d}\,\big]$$

$$= 1 - \mathrm{P}\big[-\varepsilon\sqrt{\Delta^2 + 2d} \leqslant \Delta^2 + \|Y - \tilde{X}\|^2 - 2(\langle\mu_1 - \mu_2, Y - \mu_2,\rangle$$
$$+ \langle\mu_2 - \mu_1, X - \mu_1\rangle) - (\Delta^2 + 2d) \leqslant \varepsilon\sqrt{\Delta^2 + 2d}\,\big]$$

$$\leqslant 1 - \mathrm{P}\big[-\tfrac{\varepsilon\sqrt{\Delta^2+2d}}{3} \leqslant \|Y - \tilde{X}\|^2 - 2d \leqslant \tfrac{\varepsilon\sqrt{\Delta^2+2d}}{3}\,\big]$$
$$\cdot\mathrm{P}\big[-\tfrac{\varepsilon\sqrt{\Delta^2+2d}}{3} \leqslant -2\langle\mu_1 - \mu_2, Y - \mu_2\rangle \leqslant \tfrac{\varepsilon\sqrt{\Delta^2+2d}}{3}\,\big]$$
$$\cdot\mathrm{P}\big[-\tfrac{\varepsilon\sqrt{\Delta^2+2d}}{3} \leqslant -2\langle\mu_2 - \mu_1, X - \mu_1\rangle \leqslant \tfrac{\varepsilon\sqrt{\Delta^2+2d}}{3}\,\big]$$

$$\leqslant 1 - \mathrm{P}\big[\,|\|Y - \tilde{X}\|^2 - 2d| \leqslant \tfrac{\varepsilon\sqrt{2d}}{3}\,\big] \cdot \mathrm{P}\big[\,|\langle Z, \xi\rangle| \leqslant \tfrac{\varepsilon\sqrt{\Delta^2}}{6}\,\big]^2,$$

wobei $Z := X_i - \mu_i \sim \mathcal{N}(0, 1, \mathbb{R}^d)$ und $\xi := \mu_1 - \mu_2$. Die zwei Wahrscheinlichkeiten am Ende der obigen Rechnung können wir mithilfe von Korollar 10.11 per

$$\mathrm{P}\big[\,|\|Y - \tilde{X}\|^2 - 2d| \leqslant \tfrac{\varepsilon\sqrt{2d}}{3}\,\big] \geqslant 1 - 4\,\mathrm{e}^{-\varepsilon^2/648} - \frac{18\sqrt{2}}{\varepsilon d} - \frac{7}{\sqrt{d}}$$

und mit Satz 10.8 durch

$$\mathrm{P}\big[\,|\langle Z, \xi\rangle| \leqslant \tfrac{\varepsilon\sqrt{\Delta^2}}{6}\,\big] \geqslant 1 - \frac{6\|\xi\|}{\varepsilon\Delta} = 1 - \frac{6}{\varepsilon}$$

abschätzen. Da uns eigentlich $1 - P$ interessiert, betrachten wir nun

$$1 - P \underset{\substack{\uparrow\\ \text{s.o.}}}{\geqslant} \mathrm{P}\big[\,|\|Y - \tilde{X}\|^2 - 2d| \leqslant \tfrac{\varepsilon\sqrt{2d}}{3}\,\big] \cdot \mathrm{P}\big[\,|\langle Z, \xi\rangle| \leqslant \tfrac{\varepsilon\sqrt{\Delta^2}}{6}\,\big]^2$$

$$\geqslant \big(1 - 4\,\mathrm{e}^{-\varepsilon^2/648} - \frac{18\sqrt{2}}{\varepsilon d} - \frac{7}{\sqrt{d}}\big)\big(1 - \frac{6}{\varepsilon}\big)^2$$

$$\geqslant 1 - 4\,\mathrm{e}^{-\varepsilon^2/648} - \frac{26}{\varepsilon d} - \frac{7}{\sqrt{d}} - \frac{12}{\varepsilon},$$

wobei wir für die letzte Ungleichung erst ausmultipliziert und dann alle positiven Summanden nach unten mit Null abgeschätzt haben. $\qquad\square$

Wir weisen darauf hin, dass $\varepsilon > 100$ notwendig dafür ist, dass die untere Schranke in der Wahrscheinlichkeitsabschätzung in Satz 12.7 positiv wird. Dies liegt an den zwei von der Dimension unabhängigen Termen auf der rechten Seite. Ähnlich wie in Beispiel 10.9 zum Orthogonalitätssatz betrachten wir nun eine Simulation und vergleichen diese mit Satz 12.7.

Beispiel 12.8. Das folgende Bild zeigt die Verteilung der Abstände $\|x - y\|$

für $(x, y) \in G_1 \times G_2$. Dabei ist G_1 ein Gaußian in $\mathbb{R}^{100}$ mit Varianz Eins und Mittelpunkt $\mu_1 = 0$ ist und G_2 ein Gaußian in $\mathbb{R}^{100}$ mit Varianz Eins und Mittelpunkt $\mu_2 = (\Delta, 0, \ldots, 0)$ und $\Delta = 10$.

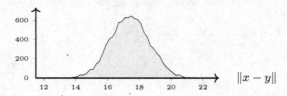

Es ergibt sich $\sqrt{\Delta^2 + 2d} \approx 17.32$ und in der Tat gilt in unserer Simulation sogar für *alle* Paare $(x, y) \in G_1 \times G_2$ die Abschätzung $\big| \|x - y\| - \sqrt{\Delta^2 + 2d} \big| < 5$.

Haben wir, wie in Algorithmus 12.3, einen Punkt $z \in D = G_1 \cup G_2$ zufällig gewählt, so wissen wir, dass sich die Abstände $\|z-x\|$ für $x \in D$ in der Nähe von $\sqrt{2d}$ und $\sqrt{\Delta^2 + 2d}$ konzentrieren werden. Ist Δ dabei groß genug, so erwarten wir ein Bild der folgenden Form.

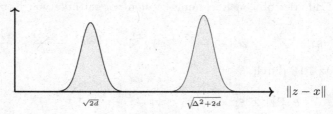

Anstatt nun, wie in Algorithmus 12.3 geschehen, erst alle Punkte ihren Abständen nach zu sortieren, kann man in hohen Dimensionen auch alle x mit $\sqrt{2d} - \varepsilon \leqslant \|z - x\| \leqslant \sqrt{2d} + \varepsilon$ mit Label 1 versehen. Dabei kann man ε durch Ausprobieren ermitteln oder sogar ganz *unabhängig von der Datenmenge* schätzen, indem man ε z.B. so wählt, dass

$$\mathrm{P}\big[\big| \|X - Y\| - \sqrt{2d} \big| \leqslant \varepsilon \big] \underset{\substack{\uparrow \\ \text{Satz } 10.10}}{\geqslant} 1 - 4\,\mathrm{e}^{-\varepsilon^2/72} - \frac{6\sqrt{2}}{\varepsilon d} - \frac{7}{\sqrt{d}} \geqslant 0.9$$

gilt. Hierfür genügt die Kenntnis von d und keine weitere Information über D ist vonnöten. Wir belassen es als Aufgabe 12.4, diese Varianten des Trennungsalgorithmus zu formulieren und zu testen.

Klar ist, dass wir mit jeder Version des Trennungsalgorithmus nur dann erfolgreich sein können, wenn $\Delta := \|\mu_1 - \mu_2\|$ groß genug ist. Die Frage nach dem „wie groß" beantworten wir nun zuerst durch eine asymptotische Wachstumsbedingung an $\Delta = \Delta(d)$, aufgefasst als *Funktion der Dimension*. Dafür müssen wir die Wahrscheinlichkeit quantifizieren, mit der zwei Punkte vom gleichen Gaußian stammen, *unter der Annahme*, dass ihr Abstand nah bei $\sqrt{2d}$ liegt. In

Simulationen kann die entsprechende *Häufigkeit* bestimmt werden, indem man bei der Vereinigung zweier Gaußiane $D = G_1 \cup G_2$ den Quotienten

$$L := \frac{\#\{(x,y) \in D \times D \mid |\|x - y\| - \sqrt{2d}| < \varepsilon \wedge (x, y \in G_1 \vee x, y \in G_2)\}}{\#\{(x,y) \in D \times D \mid |\|x - y\| - \sqrt{2d}| < \varepsilon\}}$$

bildet. Betrachtet man für eine feste Datenmenge $D = G_1 \cup G_2$ wie oben zwei diskrete (!) und unabhängige Zufallsvektoren $A, B \colon \Omega \to \mathbb{R}^d$, die auf D gleichverteilt sind, also $A, B \sim \mathcal{U}(G_1 \cup G_2)$, und notiert man für $x, y \in \mathbb{R}^d$ als Abkürzung $x \sim y$, falls x und y beide zu G_1 oder beide zu G_2 gehören, so ergibt sich, dass

$$L \underset{\substack{\uparrow \\ \text{mit } \#D^2 \\ \text{erweitern}}}{=} \frac{\mathrm{P}\big[|\|A - B\| - \sqrt{2d}| < \varepsilon \wedge A \sim B\big]}{\mathrm{P}\big[|\|A - B\| - \sqrt{2d}| < \varepsilon\big]} = \mathrm{P}\big[A \sim B \mid |\|A - B\| - \sqrt{2d}| < \varepsilon\big]$$

die bedingte Wahrscheinlichkeit dafür ist, dass zwei aus D gleichmäßig zufällig gewählte Punkte zum selben Gaußian gehören, *gegeben* dass deren Abstand ε-nah an $\sqrt{2d}$ liegt. Mit $\#G_1 = \#G_2$ folgt weiterhin

$$L \underset{\substack{\uparrow \\ \text{Bayes}}}{=} \frac{\mathrm{P}\big[|\|A - B\| - \sqrt{2d}| < \varepsilon \mid A \sim B\big] \cdot \mathrm{P}\big[A \sim B\big]}{\mathrm{P}\big[|\|A - B\| - \sqrt{2d}| < \varepsilon\big]}$$

$$\underset{\substack{\uparrow \\ \text{totale} \\ \text{Wahrsch.}}}{=} \frac{\mathrm{P}\big[|\|A - B\| - \sqrt{2d}| < \varepsilon \mid A \sim B\big] \cdot \frac{1}{2}}{\mathrm{P}\big[|\|X - Y\| - \sqrt{2d}||\varepsilon \mid A \sim B\big] \cdot \frac{1}{2} + \mathrm{P}\big[|\|A - B\| - \sqrt{2d}| < \varepsilon \mid A \nsim B\big] \cdot \frac{1}{2}}.$$

Im letzteren Ausdruck können wir jede der drei bedingten Wahrscheinlichkeiten für Werte der diskreten Zufallsvektoren A und B, inklusive des Faktors $1/2$, als (unbedingte) Wahrscheinlichkeit über gaußsche Zufallsvektoren ausdrücken, wenn wir noch berücksichtigen, dass $x \nsim y$ für $x, y \in D$ gerade bedeutet, dass $x \in G_1$ und $y \in G_2$ oder umgekehrt gilt.

Definition 12.9. Wir definieren $L \colon \mathbb{N} \times [0, \infty) \times (0, \infty) \to [0, 1]$ per

$$L(d, \Delta, \varepsilon) := \frac{\mathrm{P}\big[|\|X_1 - Y_1\| - \sqrt{2d}| < \varepsilon\big]}{\mathrm{P}\big[|\|X_1 - Y_1\| - \sqrt{2d}| < \varepsilon\big] + \mathrm{P}\big[|\|X_2 - Y_2\| - \sqrt{2d}| < \varepsilon\big]},$$

wobei $X_1, Y_1 \sim \mathcal{N}(0, 1, \mathbb{R}^d)$ und $X_2 \sim \mathcal{N}(\mu_1, 1, \mathbb{R}^d)$, $Y_2 \sim \mathcal{N}(\mu_2, 1, \mathbb{R}^d)$ unabhängige Zufallsvektoren mit $\Delta = \|\mu_1 - \mu_2\|$ sind.

Wir weisen darauf hin, dass wir oben für jedes d neue Zufallsvektoren mit den angegebenen Eigenschaften betrachten. Wir dürfen aber annehmen, dass diese alle auf einem einzigen Wahrscheinlichkeitsraum $(\Omega, \Sigma, \mathrm{P})$ definiert sind, vergleiche Satz A.13.

Satz 12.10. (Asymptotischer Trennungssatz) *Sei* (Ω, Σ, P) *ein Wahrscheinlich-keitsraum. Für jedes* $d \geqslant 1$ *seien* $\mu_1, \mu_2 \in \mathbb{R}^d$ *und unabhängige Zufallsvektoren* $X_1, Y_1, X_2, Y_2 \colon \Omega \to \mathbb{R}^d$ *mit* $X_1, Y_1 \sim \mathcal{N}(0, 1, \mathbb{R}^d)$ *und* $X_2 \sim \mathcal{N}(\mu_1, 1, \mathbb{R}^d)$, $Y_2 \sim \mathcal{N}(\mu_2, 1, \mathbb{R}^d)$ *gegeben. Weiter sei* $\Delta(d) := \|\mu_1 - \mu_2\|$ *(gelesen als Funktion der Dimension!) derart, dass* $\sqrt{(\Delta(d))^2 - 2d} - \sqrt{2d} \to \infty$ *für* $d \to \infty$ *gilt. Dann haben wir für festes* $\varepsilon > 0$

$$\liminf_{d \to \infty} L(d, \Delta(d), \varepsilon) \geqslant 1 - 4\,\mathrm{e}^{-\varepsilon^2/72},$$

wobei L *die Funktion aus Definition 12.9 ist.*

Beweis. Sei $\varepsilon > 0$ fest und sei $d_0 \in \mathbb{N}$ derart, dass $\varepsilon < \sqrt{d_0}$ gilt. Mithilfe des ersten Abstandssatzes 10.10 können wir den Zähler von L, unabhängig von Δ, dann durch

$$P\left[\,\big|\,\|X_1 - Y_1\| - \sqrt{2d}\,\big| < \varepsilon\right] \geqslant 1 - 4\,\mathrm{e}^{-\varepsilon^2/72} - \frac{6\sqrt{2}}{\varepsilon d} - \frac{7}{\sqrt{d}}$$

nach unten abschätzen. Im Nenner schätzen wir den ersten Summanden nach oben mit Eins ab. Dabei verschenken wir für große d, wieder aufgrund von Satz 10.10 und unabhängig von Δ, nicht viel. Wir setzen

$$\delta(d) := \min\left(\sqrt{d}, \sqrt{\Delta^2 + 2d} - \sqrt{2d} - \varepsilon\right) \xrightarrow{d \to \infty} \infty,$$

was per Voraussetzung gegen unendlich geht. Durch eventuelle Vergrößerung von d_0 erreichen wir $\delta(d) > 0$ für $d \geqslant d_0$. Für jedes solche d gilt dann $\sqrt{2d} + \varepsilon \leqslant \sqrt{\Delta^2 + 2d} - \delta(d)$ und wir erhalten für den zweiten Summanden im Nenner von L die Abschätzung

$$\begin{aligned} P\left[\,\big|\,\|X_2 - Y_2\| - \sqrt{2d}\,\big| < \varepsilon\right] &= 1 - P\left[\,\big|\,\|X_2 - Y_2\| - \sqrt{2d}\,\big| \geqslant \varepsilon\right] \\ &\leqslant 1 - P\left[\,\big|\,\|X_2 - Y_2\| - \sqrt{\Delta^2 + 2d}\,\big| \leqslant \delta(d)\right] \\ &\leqslant 4\,\mathrm{e}^{-\delta(d)^2/648} - \frac{26}{\delta(d)d} - \frac{7}{\sqrt{d}} - \frac{12}{\delta(d)} \end{aligned}$$

mithilfe des zweiten Abstandssatzes 12.7. Zusammen folgt also für $d \geqslant d_0$

$$L(d, \Delta, \varepsilon) \geqslant \frac{1 - 4\,\mathrm{e}^{-\varepsilon^2/72} - \dfrac{6\sqrt{2}}{\varepsilon d} - \dfrac{7}{\sqrt{d}}}{1 + 4\,\mathrm{e}^{-\delta(d)^2/648} - \dfrac{26}{\delta(d)d} - \dfrac{7}{\sqrt{d}} - \dfrac{12}{\delta(d)}} \xrightarrow{d \to \infty} 1 - 4\,\mathrm{e}^{-\varepsilon^2/72}$$

und damit die Aussage über den Limes Inferior. $\qquad\qquad\square$

Die folgende Proposition gibt explizit an, welche Wachstumsraten für $\Delta = \Delta(d)$ in Satz 12.10 zugelassen sind.

Proposition 12.11. *Für* $\Delta\colon \mathbb{N} \to [0,\infty)$ *sind die folgenden Aussagen äquivalent.*

(i) $\displaystyle\lim_{d\to\infty} \frac{\Delta(d)}{\sqrt[4]{d}} = \infty.$

(ii) $\displaystyle\lim_{d\to\infty} \sqrt{\Delta(d)^2 - 2d} - \sqrt{2d} = \infty.$

Beweis. (i) $\Longrightarrow$ (ii) Quadrieren in Bedingung (ii) führt zu

$$\forall\, R > 0 \;\exists\, d_0 \in \mathbb{N} \;\forall\, d \geqslant d_0 \colon \Delta(d)^2 \geqslant R \cdot \sqrt{d}.$$

Ist Letzteres gegeben, so folgt (ii) aus

$$\sqrt{\Delta(d)^2 - 2d} - \sqrt{2d} \geqslant \sqrt{R\sqrt{d} - 2d} - \sqrt{2d} \xrightarrow{d\to\infty} \frac{R}{2\sqrt{2}}.$$

(ii) $\Longrightarrow$ (i) Multiplikation mit $\sqrt{\Delta(d)^2 - 2d} + \sqrt{2d}$ in Bedingung (ii) liefert

$$\forall\, R > 0 \;\exists\, d_0 \in \mathbb{N} \;\forall\, d \geqslant d_0 \colon \Delta(d)^2 \geqslant R \cdot \left(\sqrt{\Delta(d)^2 - 2d} + \sqrt{2d} \right) \geqslant R \cdot \sqrt{d},$$

woraus per Division durch $\sqrt{d}$ und nachfolgendes Wurzelziehen (i) gezeigt ist. $\square$

In Kombination besagen Satz 12.10 und Proposition 12.11, dass für $d \to \infty$ eine Trennung zweier Gaußiane möglich ist, falls der Abstand Δ der Mittelpunkte „echt schneller" wächst als $\sqrt[4]{d}$. Im folgenden Beispiel werden wir Letzteres illustrieren, und dabei aber auch die Schwächen dieser lediglich asymptotischen Aussage aufzeigen.

Beispiel 12.12. (i) Im Folgenden betrachten wir den Abstand $\Delta = \Delta(d)$ als Funktion der Dimension. Wir betrachten also eine Folge von Datenmengen $D_d \subseteq \mathbb{R}^d$, die jeweils aus der Vereinigung zweier Gaußiane bestehen, deren Mittelpunkte den Abstand $\Delta = cd^{\alpha}$ haben für verschiedene $\alpha > 0$ und $c > 0$. Dies liefert die folgenden Bilder.

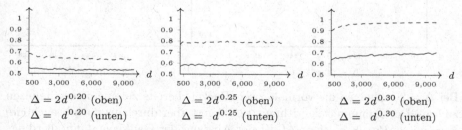

$\Delta = 2d^{0.20}$ (oben) $\qquad \Delta = 2d^{0.25}$ (oben) $\qquad \Delta = 2d^{0.30}$ (oben)

$\Delta = d^{0.20}$ (unten) $\qquad \Delta = d^{0.25}$ (unten) $\qquad \Delta = d^{0.30}$ (unten)

Konkret haben wir oben die Dimensionen $d = 200, 400, 600, \ldots, 10000$ verwendet und Gaußiane G_1, G_2 mit jeweils 100 Punkten um 0 bzw. um $(\Delta, 0, \ldots, 0)$. Nach Wahl eines zufälligen Punktes $z \in G_1 \cup G_2$ haben wir den 100-nächsten

Nachbarn von z das Label 1 und den restlichen Punkten das Label 2 zugewiesen und dann den Anteil der korrekt klassifizierten Punkte berechnet. Um die Genauigkeit zu erhöhen wurde die Simulation pro Dimension 100-mal durchgeführt; oben sieht man die Mittelwerte der korrekt klassifizierten Anteile.

Wir machen insbesondere darauf aufmerksam, dass die für den asymptotischen Trennungssatz 12.10 irrelevante Konstante 2 im rechten Bild für die betrachteten Dimensionen d sehr wohl die Güte der Trennung deutlich verbessert. Um ohne die Konstante eine annähernd gute Trennung zu erreichen, muss man beim Exponent 0.30 die Dimension noch sehr viel weiter erhöhen, vergleiche Aufgabe 12.5. Gleichzeitig sieht man aber auch, dass bei $\Delta = cd^{0.25}$, sowohl für $c = 1$ und $c = 2$, die Grenze der Trennbarkeit liegt.

(ii) Jetzt fixieren wir die Dimension $d = 10\,000$ und führen hier das Trennungsexperiment zunächst mit $\Delta = 30$ durch. Dies liefert die folgende Verteilung der paarweisen Abstände:

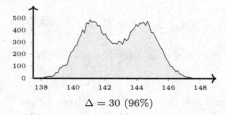

$$\Delta = 30 \ (96\%)$$

Obwohl die zwei „Buckel" im Vergleich zur abstrakten Zeichnung auf Seite 170 bereits ineinanderübergehen, klassifiziert der Trennungsalgorithmus 12.3 immerhin 96% der Punkte korrekt. Als Nächstes betrachten wir $\Delta = 20$ und $\Delta = 10$ und schauen uns wieder die Verteilung der paarweisen Abstände und die Rate der korrekt klassifizierten Punkte an:

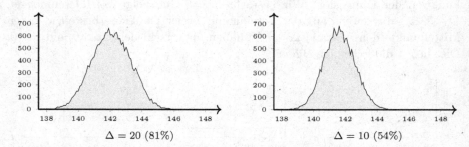

$$\Delta = 20 \ (81\%) \qquad\qquad \Delta = 10 \ (54\%)$$

Bei $\Delta = 20$ scheinen die vormals zwei „Buckel" bereits zu einem verschmolzen zu sein. Der Trennungsalgorithmus 12.3 liefert aber durchaus noch brauchbare Ergebnisse. Bei $\Delta = 10 = \sqrt[4]{d}$, ist der Abstand der Gaußiane dann allerdings zu klein, um deren Vereinigung wieder erfolgreich zu trennen.

Wir notieren die folgenden Bemerkungen zum Fall, dass die Varianzen der

Gaußiane nicht beide Eins sind, und zur Behandlung von mehr als zwei Gau-ßianen.

Bemerkung 12.13. (i) Für $X \sim \mathcal{N}(\mu, \sigma^2, \mathbb{R}^d)$ kann man leicht nachrechnen, dass $\mathrm{E}(\|X\|^2) = \sigma^2 d$ gilt. Es liegt daher nicht fern anzunehmen, dass unser Trennungsalgorithmus 12.3 auch für eine Vereinigung $D = G_1 \cup G_2$ von Gau-ßianen mit Varianzen ungleich Eins gelten wird. Sind die Varianzen von G_1 und G_2 verschieden und ist d groß genug, so kann man sogar erwarten, dass sich Gaußiane trennen lassen, auch wenn ihre Mittelpunkte $\mu_1 \approx \mu_2$ nah beieinan-der liegen. Selbst wenn die Mittelpunkte gleich sind, suggeriert der Schalensatz, dass die Punkte sich auf zwei dünne Schalen verteilen, die jetzt zwar konzen-trisch sind, aber unterschiedliche Radien haben.

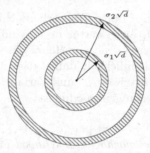

Wir überlassen es dem Leser als Aufgabe 12.6 dies experimentell zu überprüfen.

(ii) Besteht eine gegebene Datenmenge $D = G_1 \cup \cdots \cup G_m$ aus mehreren Gaußianen mit jeweils n Punkten pro Gaußian, so kann man die Trennung versuchen, indem man zunächst zu einem zufälligen $z \in D$ die n-nächsten Nachbarn mit 1 labelt. Dann entfernt man diese Punkte aus D, wählt einen neuen Punkt z und labelt dessen n-nächste Nachbarn mit 2, usw.

12.2 Parameteranpassung für Gaußiane

Nach der Trennung von Gaußianen besteht die zweite natürliche Aufgabe darin, für jeden einzelnen Gaußian seinen Mittelpunkt und seine Varianz zu schätzen. Wir betrachten hierzu der Einfachheit halber nur die 1-dimensionale Situation, also einen Gaußian

$$G = \{x_1, \ldots, x_n\} \subseteq \mathbb{R}, \tag{12.1}$$

bei dem die x_i Realisierungen einer gaußverteilten Zufallsvariable $X \colon \Omega \to \mathbb{R}$ auf einem Wahrscheinlichkeitsraum $(\Omega, \Sigma, \mathrm{P})$ sind, und bei der wir Mittelwert und Varianz nicht kennen. Es ist dann naheliegend, es mit Mittelwert und Varianz der Datenpunkte

$$\mu_\mathrm{s} := \frac{1}{n} \sum_{i=1}^n x_i \quad \text{und} \quad \sigma_\mathrm{s}^2 := \frac{1}{n} \sum_{i=1}^n (x_i - \mu_\mathrm{s})^2$$

als Schätzung zu versuchen. Das „s" steht hierbei für *Stichprobenmittelwert* bzw. für *Stichprobenvarianz*. Um zu formalisieren, in welchem Sinne dies tatsächlich eine gute Schätzung ist, verwenden wir die Maximum-Likelihood-Methode. Ist eine Menge (12.1) gegeben, so definieren wir hierzu die Likelihood-Funktion

$$L\colon \mathbb{R} \times (0,\infty) \to \mathbb{R}, \quad L(\mu,\sigma) := \prod_{i=1}^{n} \frac{1}{\sqrt{2\pi}\sigma} e^{-\frac{(x_i-\mu)^2}{2\sigma^2}}. \qquad (12.2)$$

Sind dann $X_1,\dots,X_n$ unabhängige Kopien von $X \sim \mathcal{N}(\mu,\sigma^2)$, so gilt

$$\mathrm{P}\big[\forall\, i\colon X_i \in [x_i - \varepsilon, x_i + \varepsilon]\,\big] = \Big(\frac{1}{\sqrt{2\pi}\sigma}\Big)^n \int_{x_1-\varepsilon}^{x_1+\varepsilon} e^{-\frac{(x-\mu)^2}{2\sigma^2}}\,\mathrm{d}x \cdots \int_{x_n-\varepsilon}^{x_n+\varepsilon} e^{-\frac{(x-\mu)^2}{2\sigma^2}}\,\mathrm{d}x.$$

Für kleines festes $\varepsilon > 0$ wird obige Wahrscheinlichkeit um so größer, je größer die Integranden, jeweils ausgewertet in x_i, sind. Dies führt zur Aufgabe, die Funktion L zu maximieren, und zur Heuristik, dass für einen Maximierer (μ^*, σ^*) von L die Wahrscheinlichkeit dafür, dass die Datenpunkte in G von einer Gaußverteilung mit Mittelwert μ^* und Varianz σ^{*2} kommen, im Vergleich zu allen anderen Gaußverteilungen maximiert.

Satz 12.14. (Fittingsatz) *Sei $G = \{x_1,\dots,x_n\} \subseteq \mathbb{R}$ gegeben und seien nicht alle x_i gleich. Dann hat die zugehörige Likelihood-Funktion L, definiert wie in (12.2), genau einen Maximierer und dieser ist gegeben durch*

$$\mu^* = \frac{1}{n}\sum_{i=1}^{n} x_i \quad und \quad \sigma^{*2} = \frac{1}{n}\sum_{i=1}^{n}(x_i - \mu^*)^2.$$

Beweis. Wie schon in früheren Beweisen betrachten wir anstelle von L die Log-Likelihood-Funktion $\ell\colon \mathbb{R} \times (0,\infty) \to \mathbb{R}$, $\ell(\mu,\sigma) := \log L$, für welche sich

$$\ell(\mu,\sigma) = \log\Big(\prod_{i=1}^{n} \frac{1}{\sqrt{2\pi}\sigma} e^{-\frac{(x_i-\mu)^2}{2\sigma^2}}\Big)$$

$$= \log\Big(\big(\frac{1}{\sqrt{2\pi}\sigma}\big)^n e^{-\frac{(x_1-\mu)^2}{2\sigma^2}-\cdots-\frac{(x_n-\mu)^2}{2\sigma^2}}\Big)$$

$$= n(0 - \log\sqrt{2\pi} - \log\sigma) - \frac{1}{2\sigma^2}\sum_{i=1}^{n}(x_i - \mu)^2$$

ergibt. Nullsetzen der partiellen Ableitungen liefert

$$\frac{\partial\ell}{\partial\mu} = \frac{1}{2\sigma^2}\sum_{i=1}^{n} 2(x_i - \mu)\cdot 1 \overset{!}{=} 0 \iff n\mu - \sum_{i=1}^{n} x_i = 0 \iff \mu = \frac{1}{n}\sum_{i=1}^{n} x_i$$

und

$$\frac{\partial\ell}{\partial\sigma} = -\frac{n}{\sigma} - \frac{-2}{2\sigma^3}\sum_{i=1}^{n}(x_i - \mu)^2 \overset{!}{=} 0 \iff n = \frac{1}{\sigma^2}\sum_{i=1}^{n}(x_i - \mu)^2$$

$$\Longleftrightarrow \quad \sigma^2 = \tfrac{1}{n} \sum_{i=1}^{n} (x_i - \mu)^2.$$

Es gibt also genau einen kritischen Punkt. Um zu sehen, dass dies der eindeutig bestimmte Maximierer ist, zeigen wir, dass die Log-Likelihood-Funktion am Rand und im Unendlichen von $\mathbb{R} \times (0, \infty)$ gegen $-\infty$ divergiert. Zur Schreibererleichterung lassen wir den $(\tfrac{1}{\sqrt{2\pi}})^n$-Term weg und betrachten

$$f \colon \mathbb{R} \times (0, \infty) \to \mathbb{R}, \ f(\mu, \sigma) := \tfrac{1}{\sigma^n} \, e^{-\frac{1}{2\sigma^2} g(\mu)}$$

mit

$$g \colon \mathbb{R} \to \mathbb{R}, \ g(\mu) := \sum_{i=1}^{n} (x_i - \mu)^2.$$

① Als Erstes schauen wir uns Punkte in $\{0\} \times (0, \infty)$ an. Gelte $(\mu, \sigma) \to (\mu_0, 0)$ mit $\mu_0 \in \mathbb{R}$. Da $\lim_{|\mu| \to \infty} g(\mu) = \infty$ gilt und g stetig und ungleich Null ist, ist $c := \min_{\mu \in \mathbb{R}} g(\mu) > 0$. Es folgt

$$f(\mu, \sigma) = \tfrac{1}{\sigma^n} \, e^{-\frac{1}{2\sigma^2} g(\mu)} \leqslant \tfrac{1}{\sigma^n} \, e^{-\frac{1}{2\sigma^2} c} \xrightarrow{\ \sigma \to 0\ } 0$$

und damit $\ell(\mu, \sigma) = \log\big((\tfrac{1}{\sqrt{2\pi}})^n f(\mu, \sigma)\big) \to -\infty$.

② Um zu sehen, dass $\lim_{\|(\mu,\sigma)\| \to \infty} f(\mu, \sigma) = 0$ gilt, schätzen wir die Werte von f außerhalb einer Box wie im folgenden Bild ab.

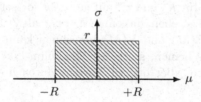

Formal behaupten wir

$$\forall \, \varepsilon > 0 \ \exists \, r, R > 0 \ \forall \, (\mu, \sigma) \in \mathbb{R} \times (0, \infty) \colon \ \big[|\mu| \geqslant R \text{ oder } \sigma \geqslant r \big] \implies f(\mu, \sigma) < \varepsilon.$$

Die Bedingung in der eckigen Klammer ist äquivalent zu $\|(\mu, \sigma)\|_\infty \geqslant \min(R, r)$, und weil $\| \cdot \|_\infty$ und $\| \cdot \|_2$ auf $\mathbb{R}^2$ äquivalent sind, erhalten wir dann genau die gewünschte Grenzwertaussage. Sei also jetzt $\varepsilon > 0$ gegeben. Als Erstes wählen wir $r > 0$ derart, dass $\tfrac{1}{\sigma^n} < \varepsilon$ gilt für alle $\sigma \geqslant r$. Mit $c = \min_{\mu \in \mathbb{R}} g(\mu) > 0$ wie im ersten Teil wählen wir als Nächstes $\Sigma > 0$, sodass $\tfrac{1}{\sigma^n} \, e^{-\frac{c}{2\sigma^2}} < \varepsilon$ für alle $0 < \sigma < \Sigma$ gilt. Weil $\lim_{\mu \to \infty} g(\mu) = \infty$ gilt, können wir schließlich $R > 0$ derart wählen, dass $\tfrac{1}{\Sigma^n} \, e^{-\frac{g(\mu)}{2r^2}} < \varepsilon$ für alle μ mit $|\mu| \geqslant R$ gilt.

Sei jetzt (μ, σ) mit $|\mu| \geqslant R$ oder $\sigma \geqslant r$ gegeben. Ist $\sigma \geqslant r$, so haben wir wegen $g \geqslant 0$ und nach unserer obigen Wahl von r gerade

$$\frac{1}{\sigma^n} e^{-\frac{g(\mu)}{2\sigma^2}} \leqslant \frac{1}{\sigma^n} < \varepsilon.$$

Andernfalls ist $\sigma < r$ und dann notwendigerweise $|\mu| \geqslant R$. Wir unterscheiden zwei Unterfälle: Ist $\sigma < \Sigma$, so ergibt sich

$$f(\mu, \sigma) = \frac{1}{\sigma^n} e^{-\frac{g(\mu)}{2\sigma^2}} \leqslant \frac{1}{\sigma^n} e^{-\frac{c}{2\sigma^2}} < \varepsilon$$

nach Wahl von Σ. Ist schließlich $\sigma \geqslant \Sigma$, und immer noch $\sigma < r$ und $|\mu| \geqslant R$, so folgt aus diesen drei Ungleichungen in der genannten Reihenfolge

$$f(\mu, \sigma) = \frac{1}{\sigma^n} e^{-\frac{g(\mu)}{2\sigma^2}} \leqslant \frac{1}{\Sigma^n} e^{-\frac{g(\mu)}{2\sigma^2}} \leqslant \frac{1}{\Sigma^n} e^{-\frac{g(\mu)}{2r^2}} < \varepsilon$$

entsprechend der obigen Wahl von R. Dies zeigt die Behauptung und wir hatten bereits argumentiert, dass aus dieser $\ell(\mu, \sigma) \to -\infty$ für $\|(\mu, \sigma)\| \to \infty$ folgt. $\quad\square$

Wir notieren die folgenden Bemerkungen zum sogenannten *Maximum-Likelihood-Schätzer* (μ^*, σ^*).

Bemerkung 12.15. (i) Satz 12.14 induziert eine Abbildung

$$M \colon \{(x_1, \ldots, x_n) \in \mathbb{R}^n \mid \exists\, i, j \colon x_i \neq x_j\} \to \mathbb{R}^2, \ M(x_1, \ldots, x_n) := (\mu^*, \sigma^*),$$

indem man den Schätzer als Funktion der Daten auffasst, die man in Anbetracht der expliziten Formeln für μ^* und σ^* auf ganz $\mathbb{R}^n$ fortsetzen kann. Wir haben in Aufgabe 2.14 bereits gesehen, dass man M auch als Zufallsvariable auffassen und in diesem Sinne $\mathrm{E}(M)$ und $\mathrm{V}(M)$ berechnen kann. Macht man dies, so kann es natürlicher erscheinen, statt des Maximum-Likelihood-Schätzers dieselbe Formel zu nehmen, aber bei der Varianz durch $n-1$ anstelle von n zu teilen.

(ii) Ist $X \colon \Omega \to \mathbb{R}^d$, $X \sim \mathcal{N}(\mu, \sigma^2, \mathbb{R}^d)$ mit $\mu = (\mu_1, \ldots, \mu_d) \in \mathbb{R}^d$ und $\sigma > 0$ ein Zufallsvektor, so zeigt man analog zu Satz 12.14, dass

$$\mu^* = \frac{1}{n} \sum_{i=1}^n x_i \in \mathbb{R}^d \quad \text{und} \quad \sigma^{*2} = \frac{1}{n} \sum_{i=1}^n \|\mu^* - x_i\|^2$$

eine Likelihood-Funktion analog zu (12.2) maximieren.

Wir beenden das Kapitel und auch den Teil dieses Buches zu hochdimensionalen Räumen damit, dass wir darauf aufmerksam machen, dass wir hier stets die sphärische Gaußverteilung betrachtet haben. Allgemein betrachtet man Gaußsche Zufallsvariablen $X \sim \mathcal{N}(\mu, \Sigma, \mathbb{R}^d)$ gegeben durch die Dichtefunktion

$$\rho(x) = \frac{1}{(2\pi)^{d/2}} \cdot \frac{1}{(\det \Sigma)^{1/2}} e^{-\frac{1}{2}\langle x - \mu, \Sigma^{-1}(x-\mu)\rangle}$$

mit positiv definiter *Kovarianzmatrix* Σ. In zwei Dimensionen sehen Stichproben dann wie folgt aus, wobei das linke Bild den von uns behandelten Fall zeigt, in dem Σ die Einheitsmatrix mal einem Skalar $\sigma > 0$ ist.

Im mittleren Bild ist Σ eine Diagonalmatrix und rechts dann eine beliebige positiv definite Matrix. Die Behandlung von in diesem Sinne allgemeinen Gaußianen ist verständlicherweise deutlich technischer, als das was wir in den vorangegangenen Kapiteln gemacht haben.

Referenzen

Grundlage für dieses Kapitel ist wieder [BHK20], wobei wir aber auch hier wieder Änderungen und Ergänzungen vorgenommen haben. Wir verweisen außerdem auf die Originalarbeit [DS07]. Beispiele für die in Algorithmus 12.3 erwähnten Sortieralgorithmen findet man etwa in [CLRS22, Part II]. Für mehr Details zur Behandlung von nicht-sphärischen Gaußianen verweisen wir auf [Bis06, Chapter 9]. Der Autor bedankt sich bei Thomas Sauerwald für diverse Diskussionen und Verbesserungsvorschläge in Bezug auf die Kapitel 8–12.

Aufgaben

Aufgabe 12.1. Die folgende Tabelle enthält die Größen von Amerikanern im Alter von 40-49 Jahren. Die Zahlen geben jeweils an, welcher Prozentsatz kleiner gleich der darüber angebenen Größe und größer als die in der Spalte links daneben angegebene Größe ist.

	147.32	149.86	152.40	154.94	157.48	160.02	162.56	165.10	167.64	170.18
Frauen	1.6	3.4	5.8	9.0	11.0	15.2	12.0	14.2	10.8	8.2
Männer	0	0	0	0	1.9	1.9	1.8	4.2	9.6	10.9

	172.72	175.26	177.80	180.34	182.88	185.42	187.96	190.50	193.04	195.58
Frauen	3.5	3.1	1.6	0.1	0	0	0	0	0.5	0
Männer	10.1	14.0	15.2	9.5	8.3	5.1	5.2	1.3	0.4	0.5

Quelle: https://www2.census.gov/library/publications/2010/compendia/statab/130ed/tables/11s0205.pdf

Plotten Sie die zwei (gaußschen) Verteilungen, erstellen Sie dann die Vereinigungsmenge und versuchen Sie, diese mit Algorithmus 12.3 wieder zu trennen.

Aufgabe 12.2. Erzeugen Sie zwei Gaußiane $G_1, G_2 \subseteq \mathbb{R}^{100}$, den einen mit Mittelpunkt Null und den anderen mit Mittelpunkt $(\Delta, 0, \ldots, 0)$ für verschiedene $\Delta > 0$,

und plotten Sie dann die Verteilung der paarweisen Abstände in der Vereinigungsmenge $D = G_1 \cup G_2$.

Aufgabe 12.3. Ein Schwachpunkt des in diesem Kapitel diskutierten Trennungsalgorithmus 12.3 ist es, dass der Startpunkt z ein „untypischer Punkt" sein könnte. In
zwei Dimensionen könnte er z.B. auf «halbem Weg" zwischen den Gaußianen liegen,
in hohen Dimensionen außerhalb der beiden Schalen. Überlegen Sie sich Strategien
zur Wahl von z, die dem entgegenwirken.

Aufgabe 12.4. (i) Wenden Sie den Trennungsalgorithmus 12.3 auf selbst-erzeugte
hochdimensionale Gaußiane an und lassen Sie ihr Programm dabei die Rate berechnen, mit der die Punkte korrekt getrennt werden.

(ii) Probieren Sie die nach Beispiel 12.8 angedeuteten Variationen des Trennungsalgorithmus aus und vergleichen Sie mit der ursprünglichen Version.

Aufgabe 12.5. Beispiel 12.12 suggeriert, dass für $\Delta = d^{0.30}$ die Güte des Trennungs-
algithmus zwar kleiner ist als für $\Delta = 2d^{0.30}$, aber dennoch wächst. Simulieren Sie
dies, indem Sie möglichst große Dimensionen untersuchen und verifizieren Sie, dass
ab $d = 10^6$ damit zu rechnen ist, dass die Trennung mit $\geq 80\%$ richtig klassifizierten
Punkten gelingt.

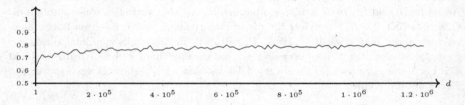

Hinweis: Auf einem handelsüblichen Computer kann dies eine ganze Weile dauern und je
nach Programmiersprache ist irgendwann auch einfach Schluss.

Aufgabe 12.6. Erzeugen Sie zwei Gaußiane in $\mathbb{R}^d$ mit Varianzen $\sigma_1^2 \neq \sigma_2^2$ und
Mittelpunkt Null. Finden Sie durch Ausprobieren heraus, ab welchem d die Trennung
gelingt.

Aufgabe 12.7. Erzeugen Sie einen Gaußian G und schätzen Sie dann dessen Parameter μ und σ mithilfe des Maximum-Likelihood-Schätzers.

13

Perzeptron

In diesem Kapitel betrachten wir Klassifikationsprobleme der folgenden Form. Gegeben sei eine gelabelte Datenmenge $D = \{(x_i, y_i) \mid i = 1, \ldots, n\} \subseteq \mathbb{R}^d \times \{-1, 1\}$ mit binären Labeln. Wir suchen einen *affin-linearen Klassifizierer*, oder ein „Perzeptron", d.h. eine Funktion der Bauart

$$h \colon \mathbb{R}^d \to \mathbb{R}, \ h(x) = \mathrm{sign}(\langle w, x \rangle + b)$$

mit $0 \neq w \in \mathbb{R}^d$ und $b \in \mathbb{R}$, sodass $h(x_i) = y_i$ für alle $i = 1, \ldots, n$ gilt. Hierbei bezeichnet $\langle \cdot, \cdot \rangle$ das Standardskalarprodukt. Natürlich können wir nicht erwarten, dass dies für beliebige Datenmengen D überhaupt möglich ist. Als Erstes werden wir daher in diesem Kapitel zwei geometrische Charakterisierungen derjenigen Datenmengen angeben, für die ein Klassifizierer h wie oben existiert. Die erste Charakterisierung besagt, dass die Datenpunkte mit Label -1 von denen mit Label $+1$ durch eine affine Hyperebene strikt getrennt werden können (linkes Bild). Die zweite charakterisierende Eigenschaft ist, dass die konvexen Hüllen der Punkte mit Label $+1$ bzw. -1 leeren Schnitt haben (rechtes Bild).

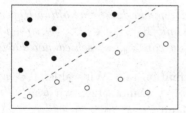 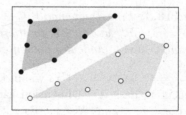

Für die zweite Charakterisierung benötigen wir den Satz von Carathéodory über konvexe Hüllen und den Trennungssatz für konvexe Mengen, welche wir beide unten ohne Beweis angeben. Wir verweisen auf das Kapitelende für detaillierte Referenzen.

Wir verwenden nun die Existenz eines Klassifizierers der oben beschrieben Form, um die Klasse von Datenmengen, die wir in diesem Kapitel behandeln, zu definieren. Dies mag etwas tautologisch anmuten, aber erstens werden sich später alle drei Eigenschaften ohnehin als äquivalent herausstellen, und zweitens ist die Existenz des Klassifizierers diejenige der drei Eigenschaften, die sich am einfachsten formulieren lässt.

Definition 13.1. Eine Datenmenge $D = \{(x_i, y_i) \mid i = 1, \ldots, n\} \subseteq \mathbb{R}^d \times \{-1, 1\}$ heißt *linear trennbar*, falls eine Funktion $h \colon \mathbb{R}^d \to \mathbb{R}$ der Form $h(x) = \mathrm{sign}(\langle w, x \rangle + b)$ mit $0 \neq w \in \mathbb{R}^d$, $b \in \mathbb{R}$ existiert, die alle Datenpunkte korrekt klassifiziert.

Häufig nennt man $w_1, \ldots, w_d$ die *Gewichte* und b das *Bias* des Klassifizierers, weil b festlegt, welchen Wert die gewichtete Summe $w_1 x_1 + \cdots + w_d x_d$ überschreiten muss, damit der Klassifizier vom Wert -1 auf den Wert $+1$ wechselt.

Wir weisen darauf hin, dass wir hier auch $w = 0$ zulassen könnten. In diesem Fall ist $h \equiv 0$, $h \equiv -1$ oder $h \equiv +1$. Ersteres würde bedeuten, dass $D = \emptyset$ ist, die beiden anderen Fälle korrespondieren mit Datenmengen, in denen alle Datenpunkte das gleiche Label haben. Abgesehen davon, dass dies uninteressante Fälle sind, kann in allen drei Situationen selbstverständlich auch ein korrekter affin-linearer Klassifizierer mit $w \neq 0$ gefunden werden. Wir schließen also $w = 0$ hier ohne Einschränkung aus. Der Grund dafür wird mit der ersten Charakterisierung deutlich werden und mit dieser wollen wir jetzt mit der nachfolgenden Definition beginnen.

Definition 13.2. Eine Teilmenge $\mathcal{H} \subseteq \mathbb{R}^d$ heißt *affine Hyperebene*, falls $\mathcal{H}$ von der Form $\mathcal{H} = X + x_0$ ist, wobei $X \subseteq \mathbb{R}^d$ ein linearer Unterraum der Dimension $d - 1$ ist und $x_0 \in \mathbb{R}^d$.

Als Nächstes zeigen wir, dass affine Hyperebenen genau die Nullstellenmengen affin-linearer Klassifizier sind.

Lemma 13.3. *Eine Teilmenge $\mathcal{H} \subseteq \mathbb{R}^d$ ist genau dann eine affine Hyperebene, wenn $0 \neq w \in \mathbb{R}^d$ und $b \in \mathbb{R}$ existieren mit $\mathcal{H} = \{x \in \mathbb{R}^d \mid \langle w, x \rangle + b = 0\}$. Dabei sind w und b eindeutig bis auf einen von Null verschiedenen Faktor.*

Beweis. „$\Longrightarrow$" Sei $\mathcal{H} = X + x_0$ wie in Definition 13.2. Wir wählen $0 \neq w \in X^\perp$ und beachten, dass $X^\perp$ Dimension Eins hat. Dann setzen wir $b := -\langle w, x_0 \rangle$. Sei jetzt $x = x_1 + x_0 \in X + x_0$. Es gilt dann

$$\langle w, x \rangle + b = \langle w, x_1 + x_0 \rangle - \langle w, x_0 \rangle = \langle w, x_1 \rangle$$

und Letzteres ist Null wegen $w \perp x_1$. Sei andersherum $x \in \mathbb{R}^d$ gegeben mit $\langle w, x \rangle + b = 0$. Wir setzten $x_1 := x - x_0$, also $x = x_1 + x_0$, und sehen mit derselben Rechnung wie oben nun aber, dass $w \perp x_1$ folgt.

„$\Longleftarrow$" Sind $0 \neq w \in \mathbb{R}^d$ und $b \in \mathbb{R}$ gegeben, so setzen wir $X := \{w\}^\perp$ und wählen x_0 derart, dass $\langle w, x_0 \rangle = -b$ gilt.

Für die Eindeutigkeitsaussage seien (w_1, b_1), $(w_2, b_2) \in \mathbb{R}^{d+1}$ gegeben mit $w_1 \neq 0 \neq w_2$. Wir zeigen, dass $\mathcal{H} := \{x \in \mathbb{R}^d \mid \langle w_1, x \rangle + b_1 = 0\} = \{x \in \mathbb{R}^d \mid \langle w_2, x \rangle + b_2 = 0\}$ genau dann gilt, wenn ein $\alpha \neq 0$ existiert mit $w_1 = \alpha w_2$ und $b_1 = \alpha b_2$.

„$\Longrightarrow$" Nach Definition 13.2 existiert ein Unterraum $X \subseteq \mathbb{R}^d$ mit $\dim X = d - 1$ sowie ein $x_0 \in \mathbb{R}^d$ mit $\mathcal{H} = X + x_0$. Der Beweis des ersten Teils zeigt überdies, dass $w_1, w_2 \perp X$ gilt. Anders ausgedrückt, gehören w_1 und w_2 beide zum eindimensionalen Unterraum $X^\perp$. Da weiterhin beide Vektoren ungleich Null sind, existiert $\alpha \neq 0$ mit $w_1 = \alpha w_2$. Da $x_0 \in X + x_0$ gilt, sehen wir

$$0 = \langle w_1, x_0 \rangle + b_1 = \langle \alpha w_2, x_0 \rangle + b_1 = \alpha \langle w_2, x_0 \rangle + b_1 = -\alpha b_2 + b_1,$$

also $b_1 = \alpha b_2$ wie behauptet.

„$\Longleftarrow$" Folgt aus der Bilinearität des Skalarproduktes. $\square$

Bemerkung 13.4. Ist $(w, b) \in \mathbb{R}^{d+1}$ mit $w \neq 0$ gegeben, so teilt die zugehörige Hyperebene $\mathcal{H}$ den ganzen Raum in zwei *affine Halbräume*

$$\mathcal{H}_+ := \{x \in \mathbb{R}^d \mid \langle w, x \rangle + b > 0\} \quad \text{und} \quad \mathcal{H}_- := \{x \in \mathbb{R}^d \mid \langle w, x \rangle + b < 0\}$$

auf. Beachte hierbei, dass $\mathcal{H}_\pm$ im Gegensatz zu $\mathcal{H}$ insofern von der Wahl (w, b) abhängen, als dass beim Übergang zu $(\alpha w, \alpha b)$ mit $\alpha < 0$ die Halbräume die Plätze tauschen. Fixieren wir $x_0 \in \mathcal{H}$, so können wir $\mathcal{H}$, $\mathcal{H}_+$ und $\mathcal{H}_-$ durch das folgende Bild veranschaulichen.

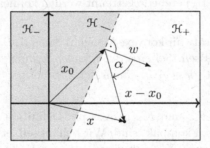

Hier sehen wir, dass $\langle w, x \rangle + b = \langle w, x - x_0 \rangle > 0$ genau dann gilt, wenn der Winkel $\alpha = \arccos(\langle \frac{w}{\|w\|}, \frac{x - x_0}{\|x - x_0\|} \rangle)$ zwischen w und $x - x_0$ im Intervall $(-\pi/2, \pi/2)$ liegt. Dies erklärt nochmal den Begriff „Halbraum".

Satz 13.5. *Eine Datenmenge $D = \{(x_i, y_i) \mid i = 1, \ldots, n\} \subseteq \mathbb{R}^d \times \{-1, 1\}$ ist genau dann linear trennbar, wenn eine Hyperebene $\mathcal{H}$ existiert, sodass alle Punkte mit Label $+1$ in einem der beiden Halbräume liegen und alle Punkte mit Label -1 im anderen.*

Beweis. „$\Longrightarrow$" Wenn S linear trennbar ist, existiert per Definition $(w, b) \in \mathbb{R}^{d+1}$ mit $w \neq 0$, sodass $y_i = h(x_i) = \text{sign}(\langle w, x_i \rangle + b)$ für alle $i = 1, \ldots, n$ gilt. Das heißt aber gerade, dass immer wenn $y_i = +1$ ist, $\langle w, x_i \rangle + b > 0$ sein muss, oder in anderen Worten, $x_i \in \mathcal{H}_+$. Analog gilt $x_i \in \mathcal{H}_-$, wenn $y_i = -1$ ist.

„$\Longleftarrow$" Ist die Bedingung im Satz erfüllt und die Hyperebene durch $(w, b) \in \mathbb{R}^{d+1}$ gegeben, so liegen entweder alle Punkte mit Label $+1$ in $\mathcal{H}_+$ und alle Punkte mit Label -1 in $\mathcal{H}_-$ oder es ist genau umgekehrt. Im ersten Fall setzen wir $h = \text{sign}(\langle w, \cdot \rangle + b)$ und im zweiten Fall $h = \text{sign}(\langle -w, \cdot \rangle - b)$. $\square$

Bevor wir zur zweiten Charakterisierung kommen, bemerken wir noch, dass unsere Definition gegenüber der Bedingung in Satz 13.5 den Vorteil hat, dass wir das Vorzeichen von w und b festlegen: Anschaulich gesprochen zeigt w in die Richtung der positiv gelabelten Daten.

Satz 13.6. *Sei $D = \{(x_i, y_i) \mid i = 1, \ldots, n\} \subseteq \mathbb{R}^d \times \{-1, 1\}$ und seien $D_\pm := \{x_i \mid y_i = \pm 1\}$. Dann ist D genau dann linear trennbar, wenn* $\text{conv}\, D_+ \cap$ $\text{conv}\, D_- = \emptyset$ *gilt, d.h. wenn die konvexen Hüllen derjenigen Datenpunkte mit Label $+1$, bzw. derjenigen mit -1, disjunkt sind.*

Beweis. „$\Longrightarrow$" Wenn D linear trennbar ist, dann gibt es $(w, b) \in \mathbb{R}^{d+1}$ mit

$$D_+ \subseteq \{x \in \mathbb{R}^d \mid \langle w, x \rangle + b > 0\} =: \mathcal{H}_+$$

und die Menge rechts ist konvex. Daher folgt $\text{conv}\, D_+ \subseteq \mathcal{H}_+$ und analog $\text{conv}\, D_- \subseteq \mathcal{H}_-$. Der Schnitt $\mathcal{H}_+ \cap \mathcal{H}_-$ ist aber leer per Konstruktion.

„$\Longleftarrow$" Wir zeigen, dass $K_+ := \text{conv}\, D_+$ und $K_- := \text{conv}\, D_-$ im Sinne von Satz 13.5 durch eine affine Hyperebene getrennt werden können und benutzen dafür den folgenden Satz.

Satz 13.7. (Trennungssatz für konvexe Mengen) *Seien $A, B \subseteq \mathbb{R}^d$ beide nichtleer, konvex und abgeschlossen. Sei eine der Mengen kompakt. Dann existiert eine Hyperebene $\mathcal{H}$ derart, dass A in einem der zugehörigen Halbräume liegt und B im anderen.* $\Diamond$

In unserem Fall sind K_- und K_+ konvex per Definition und wir zeigen jetzt, dass auch beide Mengen kompakt sind. Wir behaupten, etwas allgemeiner, dass für jede kompakte Menge $X \subseteq \mathbb{R}^d$ deren konvexe Hülle $K := \text{conv}\, X$ wieder kompakt ist. Zur Darstellung der konvexen Hülle verwenden wir den folgenden Satz.

Satz 13.8. (von Carathéodory über konvexe Mengen) *Sei $X \subseteq \mathbb{R}^d$ und $z \in K := \text{conv}\, X$. Dann existieren $z_1, \ldots, z_{d+1} \in X$ und $\alpha_1, \ldots, \alpha_{d+1} \in [0, 1]$ mit $\alpha_1 + \cdots + \alpha_{d+1} = 1$ und $z = \alpha_1 z_1 + \cdots + \alpha_{d+1} z_{d+1}$.* $\Diamond$

Anders ausgedrückt haben wir

$$K = \left\{ \sum_{k=1}^{d+1} \alpha_k z_k \;\middle|\; z = (z_1, \ldots, z_{d+1}) \in X^{d+1}, \alpha = (\alpha_1, \ldots, \alpha_{d+1}) \in \Sigma_d \right\},$$

wobei man der Menge

$$\Sigma_d := \big\{ \alpha = (\alpha_1, \ldots, \alpha_d) \in \mathbb{R}_{\geqslant 0}^{d+1} \mid \sum_{k=1}^{d+1} \alpha_k = 1 \big\}$$

sofort ansieht, dass sie kompakt ist. Nun betrachten wir die Abbildung

$$\varphi \colon X^{d+1} \times \Sigma_d \to \mathbb{R}^d, \ (z, \alpha) \mapsto \sum_{k=1}^{d+1} \alpha_k z_k,$$

welche offenbar stetig ist. Weil $X^{d+1} \times \Sigma_d$ kompakt ist, folgt dann, dass $K = \operatorname{ran} \varphi$ auch kompakt sein muss. Dies zeigt die Behauptung und Anwendung derselben mit $X = D_\pm$ beendet den Beweis. $\qquad\square$

Nachdem wir nun die zwei geometrischen Charakterisierungen von linear trennbaren Mengen bewiesen haben, wenden wir uns der Frage zu, wie wir, vorausgesetzt eine gegebene Datenmenge D ist linear trennbar, einen affin-linearen Klassifizierer finden können. Dies ist möglich mithilfe des Perzeptronalgorithmus 13.11. Um diesen effizient zu formulieren, ist es zweckmäßig, Gewichte und Bias zu einem $(d+1)$-dimensionalen Vektor zusammenzufassen und die Daten in geeigneter Weise in $\mathbb{R}^{d+1}$ einzubetten. Letzteres hat sich auch schon im Unterkapitel 2.4 über logistische Regression als nützlich erwiesen. Wir wiederholen die dortige Definition.

Definition 13.9. Für Datenpunkte $z = (z_1, \ldots, z_d) \in \mathbb{R}^d$ bezeichnen wir mit $\widehat{z} := (z, 1) = (z_1, \ldots, z_d, 1) \in \mathbb{R}^{d+1}$ den *(um Eins) erweiterten Datenpunkt*. Für Gewichte $w = (w_1, \ldots, w_d) \in \mathbb{R}^d$ und Bias $b \in \mathbb{R}$ bezeichnen wir mit $(w, b) = (w_1, \ldots, w_d, b) \in \mathbb{R}^{d+1}$ den *zusammengefassten Gewichtsvektor*.

Bemerkung 13.10. Seien $w \in \mathbb{R}^d$ und $b \in \mathbb{R}$ gegeben. Dann gilt für $z = (z_1, \ldots, z_d) \in \mathbb{R}^d$ mit der oben eingeführten Notation

$$\langle w, z \rangle + b = \sum_{i=1}^d w_i z_i + b \cdot 1 \ = \ \left\langle \begin{bmatrix} w_1 \\ \vdots \\ w_d \\ b \end{bmatrix}, \begin{bmatrix} z_1 \\ \vdots \\ z_d \\ 1 \end{bmatrix} \right\rangle = \langle w, \widehat{z} \rangle,$$

wobei wir (etwas missbräuchlich!) links mit w den normalen Gewichtsvektor und rechts, ebenfalls mit w, den zusammengefassten Gewichtsvektor bezeichnen.

Algorithmus 13.11. *Der folgende Pseudocode gibt den sogenannten Perzeptronalgorithmus wieder. Diesem wird die Datenmenge $D = \{(x_i, y_i) \mid i = 1, \ldots, n\} \subseteq \mathbb{R}^d \times \{-1, 1\}$ übergeben, sowie ein initialer Vektor $w \in \mathbb{R}^{d+1}$. Als Ausgabe erhalten wir den zusammengefassten (!) Gewichtsvektor $w^{(j)} \in \mathbb{R}^{d+1}$, d.h. die ersten d-vielen Einträge von $w^{(j)}$ sind die Gewichte, und der letzte Eintrag ist das Bias des Klassifizierers.*

```
1: function PERZEPTRON (D, w)
2:      w^(0) ← w
3:      for j ← 0 to ∞ do
4:          if ∃ i ∈ {1,...,n}: y_i⟨w^(j), x̂_i⟩ ⩽ 0 then
5:              w^(j+1) ← w^(j) + y_i x̂_i
6:          else
7:              break
8: return w^(j)
```

Wir werden in Satz 13.13 zeigen, dass der Perzeptronalgorithmus unter der Voraussetzung, dass D linear trennbar ist, immer terminiert und einen korrekten Klassifizierer liefert. Zunächst diskutieren wir jedoch die Heuristik hinter dem Algorithmus.

Bemerkung 13.12. Wir betrachten zuerst die `if`-Abfrage, d.h. die Bedingung, die zu einem Update des Gewichtsvektors führt. Hier gilt

$$y_i\langle w^{(j)}, \hat{x}_i\rangle > 0 \iff [(y_i = +1 \wedge \langle w^{(j)}, \hat{x}_i\rangle > 0) \vee (y_i = -1 \wedge \langle w^{(j)}, \hat{x}_i\rangle < 0)]$$
$$\iff h(x_i) \underset{\substack{\uparrow \\ \text{Beachte} \\ \text{Bem. 13.10}}}{=} \operatorname{sign}(\langle w^{(j)}, \hat{x}_i\rangle) = y_i$$

und es folgt durch Verneinung, dass $y_i\langle w^{(j)}, \hat{x}_i\rangle \leqslant 0$ genau dann erfüllt ist, wenn x_i falsch klassifiziert wird. Zeile 4 findet also falsch klassifizierte Datenpunkte. Das Update in Zeile 5 „versucht" dann gewissermaßen die Fehlklassifikation zu beheben, indem ein Korrekturterm addiert wird:

$$y_i\langle w^{(j+1)}, x_i\rangle = y_i\langle w^{(j)} + y_i x_i, x_i\rangle = \underbrace{y_i\langle w^{(j)}, x_i\rangle}_{\substack{\text{fälschlicherweise} \\ \text{kleiner Null}}} + \underbrace{y_i^2\langle x_i, x_i\rangle}_{\substack{\text{Addition eines} \\ \text{positiven Kor-} \\ \text{rekturterms}}}.$$

Hierbei besteht jedoch keine Garantie, dass $\hat{x}_i$ danach korrekt klassifiziert wird, vgl. Aufgabe 13.2. Im folgenden Bild allerdings ist dies der Fall:

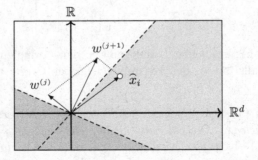

Oben haben wir die Hyperebenen skizziert, die durch $w^{(j)}$ und $w^{(j+1)}$ gegeben werden. Man sieht dann, dass das Update diese derart dreht, dass der Punkt

$\widehat{x}_i$, welcher durch $w^{(j)}$ nicht korrekt klassifiziert wurde, nach dem Update, also durch $w^{(j+1)}$, tatsächlich korrekt klassifiziert wird. Wir weisen darauf hin, dass wir im Bild mit den erweiterten Daten und zusammengefassten Gewichtsvektoren arbeiten. Aus diesem Grund sind die affinen Hyperebenen in der Tat Unterräume.

Jetzt liefern wir den formalen Beweis dafür, dass der Perzeptronalgorithmus immer terminiert und geben dabei auch eine Schranke für seine Laufzeit an.

Satz 13.13. (Satz über den Perzeptronalgorithmus) *Sei* $D = \{(x_i, y_i) \mid i = 1, \ldots, n\} \subseteq \mathbb{R}^d \times \{-1, 1\}$ *nichtleer und linear trennbar. Dann existiert* $w^* \in \mathbb{R}^{d+1}$, *sodass* $y_i \langle w^*, \widehat{x}_i \rangle > 0$ *für alle* $i = 1, \ldots, n$ *und* $\|w^*\| = 1$ *gilt. Sei* $\gamma := \min_{i=1,\ldots,n} y_i \langle w^*, \widehat{x}_i \rangle$ *(> 0 nach dem Vorhergehenden!) und sei* $R := \max_{i=1,\ldots,n} \|x_i\|$. *Dann gilt:*

(i) *Der mit* $w^{(0)} = 0$ *initialisierte Perzeptronalgorithmus stoppt nach spätestens* $\lfloor (R/\gamma)^2 \rfloor$-*vielen Iterationen.*

(ii) *Stoppt der Perzeptronalgorithmus und gibt den zusammengefassten Gewichtsvektor* $w^{(J)}$ *aus, dann klassifiziert der durch diesen definierte Klassifizierer* $h \colon \mathbb{R}^d \to \mathbb{R}$ *alle Punkte aus* D *korrekt.*

Beweis. Da D linear trennbar ist, existiert irgendein $w \in \mathbb{R}^{d+1}$, sodass alle Punkte korrekt klassifiziert werden. Dieser Vektor w kann nicht der Nullvektor sein, denn dann wäre $h \equiv 0$ und alle Datenpunkte würden falsch klassifiziert. Setze $w^* := w/\|w\|$. Dann ist $\|w^*\| = 1$ und $y_i \langle w^*, x_i \rangle = \frac{1}{\|w\|} y_i \langle w, x_i \rangle > 0$ für alle $i = 1, \ldots, n$. Mit γ wie im Satz gilt also jetzt

$$\forall\, i = 1, \ldots, n \colon\ y_i \langle w^*, \widehat{x}_i \rangle \geqslant \gamma > 0.$$

Sei nun $0 = w^{(0)}, w^{(1)}, w^{(2)}, \ldots$ die Folge von Gewichtsvektoren, die der mit dem Nullvektor initialisierte Perzeptronalgorithmus berechnet. Sei $w^{(j)}$ ein Gewichtsvektor, der keine korrekte Klassifikation aller Punkte liefert. Dann führt der Algorithmus das Update $w^{(j+1)} = w^{(j)} + y_i \widehat{x}_i$ durch, wobei $i \in \{1, \ldots, n\}$ so gewählt ist, dass $\widehat{x}_i$ mit $w^{(j)}$ als Gewichtsvektor falsch klassifiziert wurde. Damit folgt

$$\langle w^*, w^{(j+1)} \rangle = \langle w^*, w^{(j)} + y_i \widehat{x}_i \rangle = \langle w^*, w^{(j)} \rangle + y_i \langle w^*, \widehat{x}_i \rangle \geqslant \langle w^*, w^{(j)} \rangle + \gamma.$$

Per Iteration, und weil $w^{(0)} = 0$ ist, ergibt sich

$$\langle w^*, w^{(j+1)} \rangle \geqslant \langle w^*, w^{(0)} \rangle + j \cdot \gamma = j \cdot \gamma.$$

Andererseits liefert das Update, mit R wie im Satz definiert, die Abschätzung

$$\|w^{(j+1)}\|^2 = \|w^{(j)} + y_i \widehat{x}_i\|^2 = \langle w^{(j)} + y_i \widehat{x}_i, w^{(j)} + y_i \widehat{x}_i \rangle$$

$$= \|w^{(j)}\|^2 + \underbrace{2y_i\langle w^{(j)}, \widehat{x}_i\rangle}_{\substack{<0,\text{ weil }\widehat{x}_i\text{ falsch}\\ \text{klassifiziert wird}}} + \underbrace{\|x_i\|^2}_{\leqslant R} < \|w^{(j)}\|^2 + R^2.$$

Wieder folgt per Iteration, und weil $w^{(0)} = 0$ ist, dass

$$\|w^{(j+1)}\|^2 \leqslant \|w^{(0)}\|^2 + j \cdot R^2 = j \cdot R^2$$

gilt. Zusammensetzen beider Abschätzungen liefert

$$j \cdot \gamma \leqslant \langle w^*, w^{(j+1)}\rangle \leqslant \|w^*\|^2 \|w^{(j+1)}\|^2 = \|w^{(j+1)}\|^2 \leqslant \sqrt{j} \cdot R$$

und Division durch γ und $\sqrt{j}$ impliziert $\sqrt{j} = j/\sqrt{j} \leqslant R/\gamma$. Da $j \in \mathbb{N}$, geht dies nur, wenn $j \leqslant \lfloor (R/\gamma)^2 \rfloor$ gilt und wir sehen, dass der Perzeptronalgorithmus nach höchstens $\lfloor (R/\gamma)^2 \rfloor$-vielen Updates gestoppt haben muss. Dies zeigt (i). Wenn der Perzeptronalgorithmus in der J-ten Runde stoppt, dann ist per Definition die Bedingung

$$\exists\, i \in \{1,\ldots,n\}\colon y_i\langle w^{(J)}, x_i\rangle \leqslant 0$$

nicht erfüllt. Dies bedeutet aber, dass alle Datenpunkte aus D via dem Gewichtsvektor $w^{(J)}$ korrekt klassifiziert werden. Damit ist auch (ii) gezeigt. □

Bemerkung 13.14. (i) In Zeile 4 des Perzeptronalgorithmus 13.11 haben wir nicht spezifiziert, wie der falsch klassifizierte Punkt $\widehat{x}_i$ ausgewählt wird und es hat sich gezeigt, dass die Schranke für die Laufzeit unabhängig davon ist, wie dies in der Praxis gehandhabt wird. Die tatsächliche Laufzeit hängt allerdings sehr wohl davon ab, wie wir hier vorgehen, vergleiche Aufgabe 13.3.

(ii) Starten wir den Perzeptronalgorithmus mit $w^{(0)} \neq 0$, so kann man obigen Beweis anpassen und bekommt ein analoges Ergebnis, siehe Aufgabe 13.5.

(iii) Den Spam-Klassifizierer aus Aufgabe 13.3 kann man per

$$h(x_1,\ldots,x_5) = \operatorname{sign}(0 \cdot x_1 + 2 \cdot x_2 + 0 \cdot x_3 - 1 \cdot x_4 + 1 \cdot x_5 + 0)$$

notieren und interpretieren, dass die Worte „und" sowie „das" bezüglich Spam neutral sind, wohingegen „Bonus" und „Vertrag" entsprechend ihren unterschiedlichen Gewichten mehr oder weniger indikativ für Spam sind. Schließlich ist „Mensa" indikativ für No-Spam. Man kann argumentieren, dass der Perzeptronalgorithmus *nachvollziehbare* Ergebnisse liefert.

(iv) Anstatt mit Labeln -1 und $+1$ kann man auch z.B. mit 0 und 1 arbeiten und entsprechend Klassifizierer der Bauart $h = \mathbb{1}_{[0,\infty)}(\langle w, \cdot\rangle + b)$ verwenden. Der Perzeptronalgorithmus benötigt dann zwei if-Abfragen, weil im Fall $y_i = 0$ das Produkt $y_i\langle w, \widehat{x}_i\rangle$ nichts über das Vorzeichen von $\langle w, \widehat{x}_i\rangle$ verrät. Außerdem kann der so modifizierte Perzeptronalgorithmus einen Klassifizierer liefern, bei dem Datenpunkte genau auf der Entscheidungsgrenze liegen — das wird beim obigen Zugang automatisch verhindert.

(v) Das Perzeptron, damals kein abstrakter Algorithmus sondern eine physische Maschine, wurde in den 1950er Jahren von Frank Rosenblatt entwickelt, der damals überzeugt davon war, dass es der Grundstein sei für „Maschinen, die wahrnehmen, erkennen, sich erinnern und reagieren können wie das menschliche Gehirn". Ende der 1960er Jahre veröffentlichten Martin Minsky und Seymour Papert dann ein Buch, in dem sie argumentierten, dass das Perzeptron nicht geeignet sei, um Algorithmen zur komplexen Mustererkennung zu entwickeln, insbesondere weil ein einzelnes Perzeptron die logische Entweder-Oder-Funktion nicht darstellen kann, vgl. Aufgabe 13.3. Dies ist zwar wahr, kann aber durch die Verwendung mehrerer „gekoppelter" Perzeptrons überwunden werden, was auf das Konzept der künstlichen neuronalen Netze führt, siehe Kapitel 16. Letzteres war bereits seit Anfang der 1960er bekannt. Aufgrund des Buches von Minsky und Papert kippte jedoch die öffentliche Meinung, Forschungsmittel wurden gestrichen und erst in den 1980er Jahren erlebte die Forschung zu neuronalen Netzen eine Wiederauferstehung.

Referenzen

Wir notieren zuerst einmal, dass man den Trennungssatz in der Fassung 13.7 elementar beweisen kann, siehe z.B. [GK02, Satz 2.24]. Alternativ folgt derselbe aber auch aus einer der Trennungsversionen des Satzes von Hahn-Banach [Rud91, Theorem 3.4(b)]. Für den elementaren Beweis des Satzes von Carathéodory verweisen wir auf [LL16, Theorem 3.3.10]. Der im Kapitel vorgeführte Beweis für Satz 13.13 basiert auf [Col12]. Wir vermerken weiter, dass das Zitat in Bemerkung 13.14(iv) aus [Ros59] entnommen ist. Weiter verweisen wir auf [Lef19] und für mehr historische Details und eine Analyse der „Perzeptronkontroverse" auf [Ola96].

Aufgaben

Aufgabe 13.1. Angenommen, der Perzeptronalgorithmus gibt den zusammengefassten Gewichtsvektor $w = (2, 1, 1)$ aus. Skizzieren Sie, welche Punkte in $\mathbb{R}^2$ als -1 und welche als $+1$ klassifiziert werden.

Aufgabe 13.2. Finden Sie eine Datenmenge D und einen zusammengefassten Gewichtsvektor w, sodass ein Datenpunkt $(x, y) \in S$ nicht korrekt klassifiziert wird und ein (einzelnes) Update an diesem Datenpunkt *nicht* dazu führt, dass x nach dem Update korrekt klassifiziert wird.

Aufgabe 13.3. Die folgende Tabelle enthält für sechs gegebene e-Mails jeweils die Angabe, ob die in der Kopfzeile angegebenen Worte in der e-Mail vorkommen, sowie die Information, ob es sich bei der e-Mail um Spam handelt.

	„und"	„Bonus"	„das"	„Mensa"	„Vertrag"	Spam
e-Mail 1	✓	✓	✗	✓	✓	Ja
e-Mail 2	✗	✗	✓	✓	✗	Nein
e-Mail 3	✗	✓	✓	✗	✗	Ja
e-Mail 4	✓	✗	✗	✓	✗	Nein
e-Mail 5	✓	✗	✓	✗	✓	Ja
e-Mail 6	✓	✗	✓	✓	✗	Nein

(i) Erstellen Sie anhand der Tabelle eine numerische Datenmenge aus Punkten $x_1, \dots, x_6 \in \mathbb{R}^5$ mit Labeln $y_1, \dots, y_6 \in \{-1, 1\}$.

(ii) Lassen Sie den Perzeptronalgorithmus zyklisch auf den Datenpunkten aus (i) laufen, bis dieser terminiert. Überzeugen Sie sich davon, dass die Laufzeit von der Reihenfolge abhängt, in der Sie die Datenpunkte eingeben.

(iii) Klassifizieren Sie eine neue e-Mail, welche die Worte „Bonus", „Vertrag", „das" und „ohne" enthält, als Spam oder No-Spam.

Aufgabe 13.4. Wir beschäftigen uns jetzt mit der Frage, ob der Perzeptronalgorithmus die logischen Funktionen *und* sowie *entweder-oder*

		AND				XOR
f	f	f		f	f	f
f	w	f	·	f	w	w
w	f	f		w	f	w
w	w	w		w	w	f

„erlernen" kann.

(i) Ersetzen Sie in der Wertetabelle für AND jeweils „w" durch +1 und „f" durch −1. Führen Sie dann den Perzeptronalgorithmus auf dieser Trainingsmenge zyklisch *von Hand* aus und beginnen Sie mit dem zusammengefassten Gewichtsvektor $w^{(0)} = (1, 2, 3)$.

(ii) Machen Sie das Gleiche für XOR; beachten Sie Bemerkung 13.14(iv).

Aufgabe 13.5. Sei $D = \{(x_i, y_i) \mid i = 1, \dots, n\} \subseteq \mathbb{R}^d \times \{-1, 1\}$ eine linear trennbare Datenmenge, bei der nicht alle Label gleich sind. Zeigen Sie, dass der Perzeptronalgorithmus mit beliebigem Startwert $w^{(0)} \in \mathbb{R}^{d+1}$ in endlich vielen Schritten terminiert und die Laufzeit durch $\lfloor (C/\gamma)^2 \rfloor$ beschränkt ist, wobei $C > 0$ eine von $w^{(0)} \in \mathbb{R}^{d+1}$ abhängige Konstante ist.

14

Support-Vector-Maschinen

In Kapitel 13 haben wir gesehen, wie man für eine linear trennbare Datenmenge $D = \{(x_i, y_i) \mid i = 1, \dots, n\} \subseteq \mathbb{R}^d \times \{-1, 1\}$ einen affin-linearen Klassifizierer $h \colon \mathbb{R}^d \to \mathbb{R}$, $h = \mathrm{sign}(\langle w, \cdot \rangle + b)$, finden kann (Algorithmus 13.11) und wir haben bemerkt, dass per Konstruktion dann immer alle Datenpunkte echt positiven Abstand zur Entscheidungsgrenze $\mathcal{H} = \{x \in \mathbb{R}^d \mid h(x) = 0\}$ haben (Bemerkung 13.14(iii)). Da es stets mehrere korrekte Klassifizierer gibt, siehe linkes Bild unten, ist es natürlich, nach Klassifizierern zu suchen, bei denen der Abstand zwischen $\mathcal{H}$ und den am nächsten an $\mathcal{H}$ liegenden Datenpunkten möglichst groß ist. In der unten gezeichneten Datenmenge gibt es genau einen Klassifizierer, der diesen Abstand maximiert, siehe rechtes Bild unten, und man kann diesen zeichnerisch leicht ermitteln, vgl. Aufgabe 14.1.

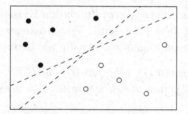 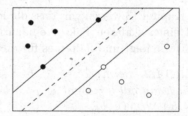

In diesem Kapitel zeigen wir zunächst, dass bei linear trennbaren Daten, die nicht alle das gleiche Label haben, stets genau ein affin-linearer Klassifizierer existiert, der alle Daten korrekt klassifiziert und der den minimalen Abstand der Datenpunkte zur Entscheidungsgrenze maximiert. Letzteren Klassifizierer nennt man die *Support-Vector-Maschine* (SVM). Im zweiten Teil des Kapitels geben wir eine Methode an, mithilfe derer die Parameter der SVM durch ein quadratisches Optimierungsproblem berechnet werden können. Hierfür greifen wir auf den Satz von Karush-Kuhn-Tucker zurück, den wir ohne Beweis notieren werden. Außerdem benutzen wir Kapitel 17 über die Existenz und Eindeutigkeit von Minimierern konvexer Funktionen.

Definition 14.1. Sei $h \colon \mathbb{R}^d \to \mathbb{R}$, $h(x) = \mathrm{sign}(\langle w, x \rangle + b)$ mit $0 \neq w \in \mathbb{R}^d$ und $b \in \mathbb{R}$ ein affin-linearer Klassifizierer für eine Datenmenge $D = \{(x_i, y_i) \mid i =$

$1, \ldots, n\} \subseteq \mathbb{R}^d \times \{-1, 1\}$ und sei $\mathcal{H} = \{x \in \mathbb{R}^d \mid \langle w, x \rangle + b = 0\}$ die zugehörige affine Hyperebene. Wir nennen

$$\gamma(h) := \min_{i=1,\ldots,n} \operatorname{dist}(\mathcal{H}, x_i)$$

den *Spielraum* des Klassifizierers h und die affinen Hyperebenen

$$\mathcal{R}_\pm = \big\{x \in \mathbb{R}^d \mid \operatorname{dist}(\mathcal{H}, x) = \gamma \text{ und } h(x) = \pm 1\big\}$$

dessen *Rinnen*.

Das folgende Bild veranschaulicht die eben eingeführten Begriffe. Assoziiert man das Bild mit einer Straße mit Mittellinie $\mathcal{H}$, so wird klar, woher die Bezeichnung „Rinnen" kommt.

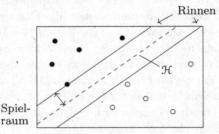

Aus Kapitel 13 wissen wir, dass die Parameter (w, b) durch den Klassifizierer bis auf einen skalaren Faktor eindeutig bestimmt sind. Wir präzisieren dies nochmal wie folgt und halten es für die nachfolgende Nutzung als Lemma fest.

Lemma 14.2. *Sei* $h\colon \mathbb{R}^d \to \mathbb{R}$, $h = \operatorname{sign}(\langle w, \cdot \rangle + b)$ *mit* $0 \neq w \in \mathbb{R}^d$, $b \in \mathbb{R}$ *gegeben. Dann gilt* $h = \operatorname{sign}(\langle w', \cdot \rangle + b')$ *genau dann, wenn ein* $\alpha > 0$ *existiert mit* $(w', b') = \alpha \cdot (w, b)$.

Beweis. Nach Lemma 13.3 ist $\mathcal{H} = \{x \in \mathbb{R}^d \mid \langle w, x \rangle + b = 0\}$ durch (w, b) bis auf einen Faktor $\alpha \neq 0$ bestimmt. Ist $(w', b') = \alpha(w, b)$ mit $\alpha < 0$, so folgt $\operatorname{sign}(\langle w', \cdot \rangle + b') = -h$. Für $\alpha > 0$ gilt hingegen die Gleichheit. $\qquad\square$

Wir benötigen nun einen Weg, um den Spielraum $\gamma(h)$ anhand der Parameter (w, b), durch die h gegeben ist, zu berechnen. Das folgende Lemma gibt hierfür vorbereitend eine Formel an, mit der der Abstand eines Punktes von der zu h gehörenden affinen Hyperebene bestimmt werden kann.

Lemma 14.3. *Seien* $0 \neq w \in \mathbb{R}^d$, $b \in \mathbb{R}$ *und sei* $\mathcal{H} = \{x \in \mathbb{R}^d \mid \langle w, x \rangle + b = 0\}$. *Für* $x_0 \in \mathbb{R}^d$ *gilt dann* $\operatorname{dist}(\mathcal{H}, x_0) = \frac{1}{\|w\|} |\langle w, x_0 \rangle + b|$.

Beweis. Wir setzen zunächst $w' := \frac{w}{\|w\|}$ und $b' := \frac{b}{\|w\|}$. Dann liefert (w', b') nach Lemma 14.2 den gleichen Klassifizierer sowie die gleiche affine Hyperebene, und die Behauptung des Lemmas lautet

$$\min_{x \in \mathcal{H}} \|x_0 - x\| = |\langle w', x_0 \rangle + b'|.$$

Wir definieren $x_1 := x_0 - (\langle w', x_0 \rangle + b')w'$ und zeigen die folgenden zwei Gleichungen

$$\min_{x \in \mathcal{H}} \|x_0 - x\| \overset{(1)}{=} \|x_0 - x_1\| \overset{(2)}{=} |\langle w', x_0 \rangle + b'|.$$

Durch Einsetzen sehen wir zunächst

$$\langle w', x_1 \rangle + b' = \langle w', x_0 - (\langle w', x_0 \rangle + b')w' \rangle + b'$$
$$= \langle w', x_0 \rangle - (\langle w', x_0 \rangle + b')\langle w', w' \rangle + b' = 0,$$

also $x_1 \in \mathcal{H}$ und wir haben schonmal eine Ungleichung in (1) erledigt. Für die andere sei $x \in \mathcal{H}$ beliebig. Dann ist $\langle w', x_1 - x \rangle = 0$ und daher haben wir

$$\|x_0 - x\|^2 = \|x_0 - x_1 + x_1 - x\|^2$$
$$= \|x_0 - x_1\|^2 + 2\langle x_0 - x_1, x_1 - x \rangle + \|x_1 - x\|^2$$
$$\geqslant \|x_0 - x_1\|^2 + 2\langle (\langle w', x_0 \rangle + b')w', x_1 - x \rangle$$
$$= \|x_0 - x_1\|^2 + 2(\langle w', x_0 \rangle + b')\langle w', x_1 - x \rangle$$
$$= \|x_0 - x_1\|^2,$$

was den Beweis von (1) durch Wurzelziehen abschließt. Durch Einsetzen sehen wir

$$\mathrm{dist}(\mathcal{H}, x_0) = \|x_0 - x_1\| = \left\| (\langle \tfrac{w}{\|w\|}, x_0 \rangle + b) \tfrac{w}{\|w\|} \right\| = \tfrac{1}{\|w\|} |\langle w, x_0 \rangle + b|$$

und damit ist auch Gleichung (2) bewiesen. □

Betrachten wir, statt eines einzelnen Punktes, jetzt wieder eine ganze Datenmenge $D = \{(x_i, y_i) \mid i = 1, \ldots, n\} \subseteq \mathbb{R}^d \times \{-1, 1\}$, so folgt aus Obigem, dass der Spielraum eines korrekten Klassifizierers $h_{w,b} = \mathrm{sign}(\langle w, \cdot \rangle + b)$ mit $0 \neq w \in \mathbb{R}^d$ und $b \in \mathbb{R}$ durch

$$\gamma(h_{w,b}) = \min_{i=1,\ldots,n} \mathrm{dist}(\mathcal{H}, x_i) = \tfrac{1}{\|w\|} \min_{i=1,\ldots,n} |\langle w, x_i \rangle + b|$$

gegeben ist, und der rechte Ausdruck muss nun über eine Menge von Parametern maximiert werden, sodass durch deren Elemente alle korrekten Klassifizierer beschrieben werden. Wegen Lemma 14.2 muss diese Menge nicht alle (w, b) enthalten, die zu korrekten Klassifizierern führen. Man könnte nun meinen, dass die Reduktion auf (w, b) mit $\|w\| = 1$ sinnvoll ist, wäre doch w dann der Normaleneinheitsvektor der zu h gehörenden affinen Hyperebene. Dieser Zugang, obwohl machbar, führt allerdings auf ein eher unersprießliches Optimierungsproblem, siehe Aufgabe 14.3. Wir schlagen daher einen anderen Weg ein und notieren zunächst das Folgende, welches uns im Wesentlichen auch schon in Bemerkung 13.12 begegnet ist.

Lemma 14.4. *Sei $D = \{(x_i, y_i) \mid i = 1, \ldots, n\} \subseteq \mathbb{R}^d \times \{-1, 1\}$ eine Datenmenge. Für $(w, b) \in \mathbb{R}^{d+1}$ mit $w \neq 0$ sind die folgenden Aussagen äquivalent.*

(i) Die Funktion $h \colon \mathbb{R}^d \to \mathbb{R}$, $h = \operatorname{sign}(\langle w, \cdot \rangle + b)$, klassifiziert korrekt.

(ii) Es gilt $y_i(\langle w, x_i \rangle + b) > 0$ für alle $i = 1, \ldots, n$.

(iii) Es gilt $\min\limits_{i=1,\ldots,n} y_i(\langle w, x_i \rangle + b) > 0$.

Beweis. Es genügt, sich zu überlegen, dass $h(x_i) = y_i$ genau dann gilt, wenn das Produkt $y_i \cdot h(x_i) > 0$ ist und dann weiter zu benutzen, dass $h(x_i) > 0$ genau dann gilt, wenn $\langle w, x_i \rangle + b > 0$ ausfällt. Dies zeigt die Äquivalenz von (i) und (ii). Die Äquivalenz von (ii) und (iii) ist trivial. $\qquad\square$

Datenmengen sind per Definition 13.1 genau dann linear trennbar, wenn ein affin-linearer Klassifizierer existiert, der alle Daten korrekt klassifiziert. Dies gilt auch im pathologischen Fall, dass alle gegebenen Daten das gleiche Label haben, eingeschlossen den Fall, dass D leer ist. In diesem Fall gibt es allerdings Klassifizierer mit $w = 0$, wodurch $\mathcal{H}$ entweder leer ausfällt oder der ganze Raum ist, auf jeden Fall aber keine affine Hyperebene. Da die vorgenannten Fälle vom Anwendungsstandpunkt her uninteressant sind, schließen wir sie in den folgenden Sätzen aus.

Bemerkung 14.5. Um uns im Folgenden nicht in Pathologien zu verlieren, setzen wir ab sofort immer voraus, dass unsere Datenmenge $D = \{(x_i, y_i) \mid i = 1, \ldots, n\} \subseteq \mathbb{R}^d \times \{-1, 1\}$ linear trennbar ist und nicht alle Label gleich sind. Letzteres impliziert, dass $D \neq \emptyset$ gilt, und dass jeder korrekte affine-lineare Klassifizierer von der Form $h = \operatorname{sign}(\langle w, \cdot \rangle + b)$ mit $w \neq 0$ ist.

Um nun die in Lemma 14.2 beschriebene Mehrdeutigkeit loszuwerden, ohne aber korrekte Klassifizierer auszuschließen, und um am Ende auf ein praktikables Optimierungsproblem zu kommen, schränken wir uns wie folgt auf eine minimale Parametermenge ein.

Proposition 14.6. *Sei $D = \{(x_i, y_i) \mid i = 1, \ldots, n\} \subseteq \mathbb{R}^d \times \{-1, 1\}$ eine linear trennbare Datenmenge und seien nicht alle Label gleich. Mit*

$$\mathcal{R}(S) := \left\{ (w, b) \in \mathbb{R}^{d+1} \ \Big| \ \min_{i=1,\ldots,n} y_i(\langle w, x_i \rangle + b) = 1 \right\} \text{ und}$$

$$\mathcal{K}(S) := \left\{ h \colon \mathbb{R}^d \to \mathbb{R}^d \ \big| \ h \text{ ist korrekter affin-linearer Klassifizierer für } D \right\}$$

gelten die folgenden Aussagen.

   (i) *Die Abbildung* $\phi\colon \mathcal{R}(S) \to \mathcal{K}(S)$, $(w,b) \mapsto h_{w,b} := \mathrm{sign}(\langle w, \cdot \rangle + b)$ *ist bijektiv.*

   (ii) *Für* $(w,b) \in \mathcal{R}(S)$ *gilt* $\gamma(h_{w,b}) = \frac{1}{\|w\|}$.

Beweis. (i) Nach Lemma 14.4 führt jedes $(w,b) \in \mathcal{R}(S)$ auf einen korrekten Klassifizierer, ϕ ist also wohldefiniert. Ist $h = \mathrm{sign}(\langle w, \cdot \rangle + b)$ ein beliebiger korrekter Klassifizierer, so ist, wieder nach Lemma 14.4,

$$m := \min_{i=1,\ldots,n} y_i(\langle w, x_i \rangle + b) > 0$$

und $(w/m, b/m)$ gehört zu $\mathcal{R}(S)$ und liefert nach Lemma 14.2 den gleichen Klassifizierer. Somit ist ϕ surjektiv. Sind schließlich (w,b), $(w',b') \in \mathcal{R}(S)$ gegeben mit $h_{w,b} = h_{w',b'}$, so existiert nach Lemma 14.2 ein $\alpha > 0$ mit $(w',b') = (\alpha w, \alpha b)$. Per Definition von $\mathcal{R}(S)$ folgt

$$\alpha = \alpha \cdot 1 = \alpha \min_{i=1,\ldots,n} y_i(\langle w, x_i \rangle + b) = \min_{i=1,\ldots,n} y_i(\langle w', x_i \rangle + b') = 1$$

und ϕ ist injektiv.

   (ii) Sei $(w,b) \in \mathcal{R}(S)$ beliebig. Nach Lemma 14.4 ist dann $y_i(\langle w, x_i \rangle + b) > 0$ für alle i, also $|\langle w, x_i \rangle + b| = y_i(\langle w, x_i \rangle + b)$ für alle i. Mit Lemma 14.3 folgt

$$\gamma(h_{w,b}) = \min_{i=1,\ldots,n} \mathrm{dist}(\mathcal{H}, x_i) = \frac{1}{\|w\|} \min_{i=1,\ldots,n} |\langle w, x_i \rangle + b| \underset{\substack{\uparrow \\ (w,b)\in\mathcal{R}(S)}}{=} \frac{1}{\|w\|} \cdot 1,$$

was den Beweis beendet.   □

Bemerkung 14.7. Die Forderung

$$\min_{i=1,\ldots,n} y_i(\langle w, x_i \rangle + b) \overset{!}{=} 1,$$

mit der $\mathcal{R}(S)$ definiert wurde, nennt man die *Rinnenbedingung*. Erfüllt nämlich ein Parameterpaar (w,b) dieselbe, so ist $h_{w,b}$ ein korrekter Klassifizierer und die Rinnen des Klassifizierers können per

$$\mathcal{R}_{\pm} = \left\{ x \in \mathbb{R}^d \mid \langle w, x \rangle + b = \pm 1 \right\}$$

geschrieben werden. In der Tat gilt $\mathrm{dist}(x, \mathcal{H}) = \frac{1}{\|w\|} |\langle w, x \rangle + b| = \gamma |\langle w, x \rangle + b|$ und Letzteres ist genau dann gleich γ, wenn $\langle w, x \rangle + b = \pm 1$ gilt.

   Die Rinnenbedingung ermöglicht die folgende Charakterisierung der affin-linearen Klassifizierer mit maximalem Spielraum durch ein Optimierungsproblem.

Satz 14.8. *Sei* $D = \{(x_i, y_i) \mid i = 1, \ldots, n\} \subseteq \mathbb{R}^d \times \{-1, 1\}$ *eine linear trenn-bare Datenmenge, bei der nicht alle Label gleich sind. Dann ist* $h^* \colon \mathbb{R}^d \to \mathbb{R}$ *genau dann ein korrekter affin-linear Klassifizierer mit maximalem Spielraum, wenn*

$$(w^*, b^*) \in \operatorname*{argmax}_{(w,b) \in \mathcal{R}(S)} \frac{1}{\|w\|}$$

existiert mit $h^* = h_{w^*, b^*}$.

Beweis. „$\Longrightarrow$" Sei h^* wie angegeben, also insbesondere $h^* \in \mathcal{K}(S)$. Nach Propo-sition 14.6(i) gibt es $(w^*, b^*) \in \mathcal{R}(S)$ mit $h^* = h_{w^*, b^*}$. Seien nun $(w, b) \in \mathcal{R}(S)$ beliebig und sei $h := h_{w,b} \in \mathcal{K}(S)$ der zugehörige Klassifizierer. Dann gilt mit Proposition 14.6(ii)

$$1/\|w\| = \gamma(h) \leqslant \gamma(h^*) = 1/\|w^*\|$$

und (w^*, b^*) ist Maximierer.

„$\Longleftarrow$" Sei (w^*, b^*) wie angegeben. Dann ist $h^* := h_{w^*, b^*} \in \mathcal{K}(S)$ und für jedes andere $h \in \mathcal{K}(S)$ können wir $(w, b) \in \mathcal{R}(S)$ wählen, sodass $h = h_{w,b}$ gilt. Analog zu oben folgt

$$\gamma(h) = 1/\|w\| \leqslant 1/\|w^*\| = \gamma(h^*)$$

durch Anwendung von Proposition 14.6(ii). $\square$

Der obige Satz sagt weder etwas über die Existenz noch über die Eindeu-tigkeit, von h^* aus. Dies erreicht aber der folgende Satz, und zwar durch ei-ne Umformulierung des obigen Optimierungsproblems in ein (strikt) konvexes Problem.

Satz 14.9. (über das assoziierte konvexe Optimierungsproblem) *Sei* $D = \{(x_i, y_i) \mid i = 1, \ldots, n\} \subseteq \mathbb{R}^d \times \{-1, 1\}$ *eine Datenmenge, die linear trennbar ist und bei der nicht alle Label gleich sind. Dann existiert genau ein affin-linearer Klassifizierer* $h^* \colon \mathbb{R}^d \to \mathbb{R}$ *mit maximalem Spielraum. Dieser Klassifizierer wird genau durch die Parameter* $\alpha \cdot (w^*, b^*)$ *mit* $\alpha > 0$ *gegeben, wobei*

$$(w^*, b^*) = \operatorname*{argmin}_{\substack{(w,b) \in \mathbb{R}^{d+1} \\ \forall i \colon y_i(\langle w, x_i \rangle + b) \geqslant 1}} \|w\|^2$$

die einzige Lösung des angegebenen konvexen Minimierungsproblems ist.

Beweis. ① Wir zeigen die Existenz von (w^*, b^*). Da D linear trennbar ist, existieren $(w_L, b_L) \in \mathbb{R}^{d+1}$ und $\varepsilon > 0$, sodass $y_i(\langle w_L, x_i \rangle + b_L) \geqslant \varepsilon$ für alle

$i = 1, \ldots, n$ gilt und $w_L \neq 0$ ist. Es folgt dann

$$y_i\big(\langle \tfrac{w_L}{\varepsilon}, x_i \rangle + \tfrac{b_L}{\varepsilon}\big) \geqslant 1$$

und

$$M := \big\{(w,b) \in \mathbb{R}^{d+1} \mid \forall\, i = 1, \ldots, n \colon y_i(\langle w, x_i \rangle + b) \geqslant 1\big\}$$
$$= \bigcap_{i=1}^{n} \big\{(w,b) \mid y_i(\langle w, x_i \rangle + b) \geqslant 1\big\}$$

ist als Schnitt endlich vieler abgeschlossener affiner Halbräume (Division durch y_i führt entweder auf $\langle w, x_i \rangle + b \geqslant 1$ oder auf $\langle w, x_i \rangle + b \leqslant -1$) eine nichtleere, konvexe und abgeschlossene Menge. Wir definieren $f \colon M \twoheadrightarrow \mathbb{R}$, $f(w,b) := \|w\|^2$ und erhalten

$$\inf_{(w,b) \in M} f(w,b) \leqslant f(\tfrac{w_L}{\varepsilon}, \tfrac{b}{\varepsilon}) = \tfrac{\|w_L\|^2}{\varepsilon^2}.$$

Setzen wir $C := \|w_L\|/\varepsilon$, so genügt es also über $(w,b) \in M$ mit $\|w\| \leqslant C$ zu minimieren. Für solche (w,b) gilt $y_i\langle w, x_i \rangle + y_i b = y_i(\langle w, x_i \rangle + b) \geqslant 1$, woraus mit der Cauchy-Schwarz-Bunjakowski-Ungleichung

$$-y_i b \leqslant y_i\langle w, x_i \rangle - 1 \leqslant |\langle w, x_i \rangle| + 1 \leqslant \|w\|\|x_i\| + 1 \leqslant C\|x_i\| + 1 \leqslant R$$

für alle i folgt, wenn wir $R := 1 + C \max_{j=1,\ldots,n} \|x_j\|$ definieren. Per Voraussetzung gibt es $i, j \in \{1, \ldots, n\}$ mit $y_i = 1$ und $y_j = -1$. Mit diesen ergibt sich $-b \leqslant R$ und $b \leqslant R$, also $|b| \leqslant R$, und es folgt

$$\operatorname*{argmin}_{(w,b) \in M} f(w,b) \;=\; \operatorname*{argmin}_{\substack{(w,b) \in M \\ \|w\| \leqslant C,\, |b| \leqslant R}} f(w,b) \;\neq\; \emptyset,$$

weil wir eine stetige Funktion über ein Kompaktum minimieren.

② Als Vorbereitung des Eindeutigkeitsbeweises für (w^*, b^*) zeigen wir zuerst, dass für jeden Minimierer $(w^*, b^*) \in \operatorname{argmin}_{(w,b) \in M} f(w,b)$ Indizes $i, j \in \{1, \ldots, n\}$ existieren mit

$$y_i = 1 \quad \text{und} \quad \langle w^*, x_i \rangle + b^* = 1$$

sowie

$$y_j = -1 \quad \text{und} \quad \langle w^*, x_j \rangle + b^* = -1.$$

Angenommen, dies ist nicht so, dann gibt es einen Minimierer (w^*, b^*), sodass für alle $i \in \{1, \ldots, n\}$ mit $y_i = 1$ stets $\langle w^*, x_i \rangle + b^* > 1$ gilt, und es ist

$$m := \min_{\substack{i=1,\ldots,n \\ y_i = 1}} \langle w^*, x_i \rangle + b^* - 1 > 0.$$

Wir setzen $\hat{w} := \frac{w^*}{1+m/2}$ und $\hat{b} := \frac{b^*-m/2}{1+m/2}$ und erhalten für i mit $y_i = 1$

$$\langle \hat{w}, x_i \rangle + \hat{b} = \frac{\langle w^*, x_i \rangle + b^* - m/2}{1+m/2} \geqslant \frac{1+m/2}{1+m/2} = 1,$$

sowie für i mit $y_i = -1$

$$\langle \hat{w}, x_i \rangle + \hat{b} = \frac{\langle w^*, x_i \rangle + b^* - m/2}{1+m/2} \leqslant \frac{-1-m/2}{1+m/2} = -1.$$

Zusammengenommen folgt $(\hat{w}, \hat{b}) \in M$, aber $\|\hat{w}\| < \|w^*\|$ im Widerspruch dazu, dass $(w^*, b^*) \in D$ ein Minimierer von f ist. Die Existenz von j zeigt man analog.

③ Wir zeigen jetzt die Eindeutigkeit von (w^*, b^*). Angenommen, wir haben zwei Minimierer (w_1^*, b_1^*) und (w_2^*, b_2^*). Da M konvex ist, ist $M_1 := \{w \in \mathbb{R}^d \mid (w,b) \in M\}$ ebenfalls konvex und $f|_{M_1} = \|\cdot\|^2$ ist strikt konvex nach Beispiel 17.15. Es folgt also nach 17.14, dass $w_1^* = w_2^* =: w^*$ gilt. Angenommen, es gilt $b_1^* < b_2^*$. Dann wählen wir für (w^*, b_1^*) und (w^*, b_2^*) jeweils i_1 und i_2 wie in Teil ② und erhalten

$$y_{i_2}(\langle w^*, x_{i_2} \rangle + b_1^*) = \langle w^*, x_{i_2} \rangle + b_1^* < \langle w^*, x_{i_2} \rangle + b_2^* = 1$$

im Widerspruch dazu, dass (w^*, b_2^*) in M liegt. Ist $b_1^* > b_2^*$, so vertauschen wir die Rollen von i_1 und i_2.

④ Wir müssen nun den Bogen schlagen von den Parametern zum Klassifizierer. Die bisherigen Teile des Beweises zeigen in der folgenden Gleichungskette

$$(w^*, b^*) = \underset{\substack{(w,b) \in \mathbb{R}^{d+1} \\ \forall\, i:\, y_i(\langle w, x_i \rangle + b) \geqslant 1}}{\operatorname{argmin}} \|w\|^2 = \underset{\substack{(w,b) \in \mathbb{R}^{d+1} \\ \underset{i=1,\ldots,n}{\min}\, y_i(\langle w, x_i \rangle + b) = 1}}{\operatorname{argmin}} \|w\|^2$$

$$= \underset{(w,b) \in \mathcal{R}(S)}{\operatorname{argmin}} \|w\| = \underset{(w,b) \in \mathcal{R}(S)}{\operatorname{argmax}} \frac{1}{\|w\|}$$

offenbar die erste Gleichung, aber auch die zweite, denn Teil ② impliziert insbesondere, dass es ein i gibt, sodass $y_i(\langle w, x_i \rangle + b) = 1$ gilt. Für die dritte Gleichung benutzen wir die Abkürzung $\mathcal{R}(S)$ aus Proposition 14.6 und lassen das Quadrat weg, weil $(\cdot)^2 \colon (0, \infty) \to \mathbb{R}$ streng monoton wachsend ist. Die letzte Gleichung gilt schließlich, weil wir bereits wissen, dass das Minimum $\|w^*\| > 0$ ist und $(\cdot)^{-1} \colon (0, \infty) \to \mathbb{R}$ streng monoton fallend ist.

⑤ Nach Satz 14.8 ist nun $h_{w^*, b^*} = \operatorname{argmax}_{h \in \mathcal{K}(S)} \gamma(h)$. Die Aussage über weitere Parameter, die ebenfalls $h^* := h_{w^*, b^*}$ liefern, folgt aus Lemma 14.2. □

Beweisteil ③ benutzt nur die erste der in Teil ② gezeigten Aussagen, nämlich dass mindestens einer der positiv gelabelten Punkte in der positiven Rinne

$\mathcal{R}_+$ liegt. Wie im Beweis bemerkt, gibt es aber auch immer mindestens einen negativ gelabelten Punkt in der negativen Rinne $\mathcal{R}_-$.

Definition 14.10. Sei $D = \{(x_i, y_i) \mid i = 1, \ldots, n\} \subseteq \mathbb{R}^d \times \{-1, 1\}$ eine linear trennbare Datenmenge, bei der nicht alle Label gleich sind. Sei $h^* \colon \mathbb{R}^d \to \mathbb{R}$ der nach Satz 14.9 eindeutige Klassifizierer mit maximalem Spielraum $\gamma^* > 0$. Seien $\mathcal{H}$ und $\mathcal{R}_\pm$ die Entscheidungsgrenze sowie die Rinnen von h^*. Dann heißen diejenigen Datenpunkte x_i, die $\mathrm{dist}(\mathcal{H}, x_i) = \gamma^*$ erfüllen, die *Trägervektoren* und h^* heißt die zu D gehörende *Support-Vector-Maschine* oder kurz *SVM*.

Das folgende Bild illustriert nochmal alle neuen Begriffe an unserem anfänglichen Beispiel.

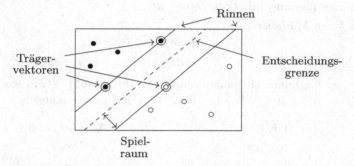

In Anbetracht von Satz 14.9 könnte man jetzt versuchen, die Funktion $\|\cdot\|^2$ über die im Satz angegebene Menge zu minieren, vgl. Aufgabe 14.4. Stattdessen werden wir die Maximierungsaufgabe in Satz 14.9 auf ein quadratisches Optimierungsproblem zurückführen für das effiziente Lösungsmethoden existieren. Der zentrale Satz lautet wie folgt.

Satz 14.11. (über das assoziierte quadratische Optimierungsproblem) *Sei $D = \{(x_i, y_i) \mid i = 1, \ldots, n\} \subseteq \mathbb{R}^d \times \{-1, 1\}$ eine Datenmenge, bei der nicht alle Label gleich sind, und bezeichne mit $y := (y_1, \ldots, y_n) \in \mathbb{R}^n$ den Vektor der Label. Dann ist D genau dann linear trennbar, wenn mindestens eine Lösung des* assoziierten quadratischen Optimierungsproblems

$$\lambda^* \in \operatorname*{argmin}_{\substack{\lambda \in \mathbb{R}^n_{\geqslant 0} \\ \langle \lambda, y \rangle = 0}} \frac{1}{2} \sum_{i,j=1}^n \lambda_i \lambda_j y_i y_j \langle x_i, x_j \rangle - \sum_{i=1}^n \lambda_i$$

existiert. In diesem Fall ist jede *Lösung λ^* verschieden von Null und führt durch die folgenden Schritte auf die zu D gehörende Support-Vector-Maschine $h^* = h_{w^*, b^*}$:*

1. *Definiere $w^* := \lambda_1^* y_1 x_1 + \cdots + \lambda_n^* y_n x_n$.*
2. *Wähle $i_0 \in \{1, \ldots, n\}$ derart, dass $\lambda_{i_0} \neq 0$ gilt.*

3. *Definiere* $b^* := y_{i_0} - \langle w^*, x_{i_0} \rangle$.

Beweis. Wir benötigen hierfür eine Version des sogenannten Karush-Kuhn-Tucker-Theorems, das genau auf unsere Anwendungssituationen passt. Am Ende des Kapitels finden sich detaillierte Referenzen zu den einzelnen Teilen.

Satz 14.12. (Karush-Kuhn-Tucker) *Sei* $f \colon \mathbb{R}^p \to \mathbb{R}$ *konvex und stetig differenzierbar und seien* $g_1, \ldots, g_q, h_1, \ldots, h_r \colon \mathbb{R}^p \to \mathbb{R}$ *affin-linear. Sei*

$$L \colon \mathbb{R}^p \times \mathbb{R}^q \times \mathbb{R} \to \mathbb{R}, \ L(x, \theta, \mu) := f(x) - \sum_{i=1}^{q} \theta_i g_i(x) + \mu \sum_{j=1}^{r} \mu_j h_j(x)$$

die zugehörige Lagrangefunktion. Dann gilt:

(i) *Für jeden Minimierer*

$$x^* \in \operatorname*{argmin}_{\substack{x \in \mathbb{R}^p \\ g(x) \geqslant 0, \, h(x) = 0}} f(x)$$

gibt es Lagrangemultiplikatoren $\theta^* = (\theta_1^*, \ldots, \theta_q^*) \in \mathbb{R}^q$ *sowie* $\mu^* = (\mu_1^*, \ldots, \mu_r^*) \in \mathbb{R}^r$, *sodass* (x^*, θ^*, μ^*) *die KKT-Bedingungen*

(KKT-1) $\nabla_x L(x^*) = 0$

(KKT-2) $h(x) = 0$

(KKT-3) $\theta^* \geqslant 0, \ g(x^*) \geqslant 0, \ \langle \theta^*, g(x^*) \rangle = 0$

erfüllt, wobei Ungleichungen bei Vektoren eintragsweise gemeint sind.

(ii) *Für jedes Tripel* $(x^*, \theta^*, \mu^*) \in \mathbb{R}^p \times \mathbb{R}^q \times \mathbb{R}^r$, *das die KKT-Bedingungen erfüllt, ist* x^* *ein Maximierer des oben angegebenen Optimierungsproblems.* ◇

Im Folgenden werden wir das konvexe Problem aus Satz 14.9 wie auch das quadratische Problem aus diesem Satz *jeweils* in die obige Form bringen und für jedes die KKT-Bedingungen verwenden. In der Tat benutzen wir unten jeden der zwei Teile von Satz 14.12 jeweils zweimal.

Wir beginnen mit der Existenzaussage.

① Sei dazu D linear trennbar und (w^*, b^*) die eindeutige Lösung des konvexen Optimierungsproblems in Satz 14.9. Durch Hinzufügen eines rein kosmetischen Faktors $1/2$ erhalten wir

$$(w^*, b^*) = \operatorname*{argmin}_{\substack{(w,b) \in \mathbb{R}^{d+1} \\ \forall i \colon y_i(\langle w, x_i \rangle + b) \geqslant 1}} \tfrac{1}{2} \|w\|^2, \tag{14.1}$$

was von der in Satz 14.12 angegebenen Form ist, wenn wir $p = d+1$, $q = n$, $r = 0$, sowie $f(w, b) = \tfrac{1}{2} \|w\|^2$ und $g_i(w, b) = y_i(\langle w, x_i \rangle + b) - 1$ setzen. Die

Lagrangefunktion lautet (mit λ statt θ aus guten Gründen!)

$$L(w, b, \lambda) = \tfrac{1}{2}\|w\|^2 - \sum_{i=1}^{n} \lambda_i[y_i(\langle w, x_i\rangle + b) - 1]$$

und nach Satz 14.12(i) existiert $\lambda^* \in \mathbb{R}^n$, sodass (w^*, b^*, λ^*) die KKT-Bedingungen erfüllt. Nun liefert (KKT-1)

$$0 = \nabla_{(w,b)} L(w^*, b^*, \lambda^*) = \left(\frac{\partial L}{\partial w}, \frac{\partial L}{\partial b}\right)(w^*, b^*, \lambda^*)$$

$$= \left(w^* - \sum_{i=1}^{n} \lambda_i^* y_i x_i, -\sum_{i=1}^{n} \lambda_i^* y_i\right),$$

woraus durch Auflösen $w^* = \lambda_1^* y_1 x_1 + \cdots + \lambda_n^* y_n x_n$ und $\langle \lambda^*, y\rangle = 0$ folgen. Nach (KKT-3) gelten ferner $\lambda^* \geqslant 0$, $(y_i(\langle w^*, x_i\rangle + b^*) - 1 \geqslant 0$ für alle $i = 1, \ldots, n$, sowie $\langle \lambda^*, (y_i(\langle w^*, x_i\rangle + b^*) - 1)_{i=1,\ldots,n}\rangle = 0$.

② Wir behaupten nun, dass

$$\lambda^* \in \operatorname*{argmin}_{\substack{\lambda \in \mathbb{R}^n_{\geqslant 0} \\ \langle \lambda, y\rangle = 0}} \tfrac{1}{2} \sum_{i,j=1}^{n} \lambda_i \lambda_j y_i y_j \langle x_i, x_j\rangle - \sum_{i=1}^{n} \lambda_i \qquad (14.2)$$

gilt, und wir zeigen dies mithilfe von Satz 14.12(ii). In der Tat ist (14.2) auch von der in Satz 14.12 betrachteten Form, aber diesmal ist $p = q = n, r = 1, f(\lambda)$ ist der in (14.2) zu minimierende Ausdruck, $g_i(\lambda) = \lambda_i$ und $h_1(\lambda) = \langle \lambda, y\rangle$. Wir weisen insbesondere darauf hin, dass λ jetzt die Rolle der Variable einnimmt und nicht mehr Lagrangemultiplikator ist! Die Lagrangefunktion lautet

$$L(\lambda, \theta, \mu) = f(\lambda) - \sum_{i=1}^{n} \theta_i \lambda_i + \mu_1 \langle \lambda, y\rangle$$

$$= \tfrac{1}{2} \sum_{i,j=1}^{n} \lambda_i \lambda_j y_i y_j \langle x_i, x_j\rangle - \sum_{i=1}^{n} \lambda_i - \sum_{i=1}^{n} \theta_i \lambda_i + \mu_1 \sum_{i=1}^{n} \lambda_i y_i$$

$$= \tfrac{1}{2} \left\langle \begin{bmatrix} \lambda_1 \\ \vdots \\ \lambda_n \end{bmatrix}, \underbrace{\begin{bmatrix} y_1 y_1 \langle x_1, x_1\rangle & \cdots & y_1 y_n \langle x_1, x_n\rangle \\ \vdots & & \vdots \\ y_n y_1 \langle x_n, x_1\rangle & \cdots & y_n y_n \langle x_n, x_n\rangle \end{bmatrix}}_{=:P} \begin{bmatrix} \lambda_1 \\ \vdots \\ \lambda_n \end{bmatrix} \right\rangle + \left\langle \underbrace{\begin{bmatrix} -1 - \theta_1 + \mu_1 y_1 \\ \vdots \\ -1 - \theta_n + \mu_1 y_n \end{bmatrix}}_{=:q}, \begin{bmatrix} \lambda_1 \\ \vdots \\ \lambda_n \end{bmatrix} \right\rangle.$$

Schauen wir jetzt nochmal auf die letzten zwei Zeilen in Beweisteil ①, so sehen wir, dass λ^* die Bedingung (KKT-2) und die beiden letzten Bedingungen aus (KKT-3) für das Problem (14.2) erfüllt. Es bleibt also zu zeigen, dass $\theta^* \geqslant 0$ und $\mu^* \in \mathbb{R}$ existieren, sodass (KKT-1) gilt. Um dies zu sehen, berechnen wir

$$\nabla_\lambda L(\lambda, \theta, \mu) = \nabla_\lambda \left(\tfrac{1}{2}\langle \lambda, P\lambda\rangle + \langle q, \lambda\rangle\right) = P\lambda + q$$

und notieren hiervon den i-ten Eintrag, ausgewertet in $\lambda = \lambda^*$, und unter Ausnutzung der Gleichung $w^* = \lambda_1^* y_1 x_1 + \cdots + \lambda_n^* y_n x_n$, die wir am Ende von Teil ① gezeigt haben. Dies liefert

$$
\begin{aligned}
(\nabla_\lambda L(\lambda^*, \theta, \mu))_i &= \sum_{j=1}^n y_i y_j \langle x_i, x_j \rangle \lambda_j^* - 1 - \theta_i + \mu_1 y_i \\
&= y_i \Big\langle x_i, \sum_{j=1}^n \lambda_j^* y_j x_j \Big\rangle - 1 - \theta_i + \mu_1 y_i \\
&= y_i \langle x_i, w^* \rangle - 1 - \theta_i + \mu_1 y_i \\
&= y_i (\langle x_i, w^* \rangle + \mu_1) - 1 - \theta_i.
\end{aligned}
$$

Wählen wir $\mu_1^* := b^*$ und $\theta_i^* := y_i(\langle x_i, w^* \rangle + \mu_1^*) - 1$, so erhalten wir $\theta^* \geqslant 0$ wegen der am Ende von Teil ③ gezeigten (Un-)gleichungen, und $\nabla_\lambda L(\lambda^*, \theta^*, \mu^*) = 0$ per Konstruktion. Nach Satz 14.12(ii) löst λ^* das quadratische Optimierungsproblem wie behauptet.

Jetzt kommen wir zur Allaussage.

③ Sei dazu λ^* ein beliebiger Minimierer des quadratischen Problems im Satz und damit auch des Problems (14.2). Wir haben in Teil ② das letztere bereits auf die entsprechende Form gebracht und wissen daher nun, dass aufgrund von Satz 14.12(i) Multiplikatoren $\theta^* \geqslant 0$ und $\mu \geqslant 0$ existieren, sodass $(\lambda^*, \theta^*, \mu^*)$ die KKT-Bedingungen erfüllt. Den Gradient der Lagrangefunktion haben wir ebenfalls in Teil ② schon berechnet, erhalten jetzt also

$$
0 = (\nabla_\lambda L(\lambda^*, \theta^*, \mu^*))_i = y_i \Big\langle x_i, \sum_{j=1}^n \lambda_j^* y_j x_j \Big\rangle - 1 - \theta_i^* + \mu_1^* y_i
$$

für alle $i = 1, \ldots, n$ wegen (KKT-1), und überdies $\langle \lambda^*, y \rangle = 0$ wegen (KKT-2), sowie $\theta^* \geqslant 0$, $\lambda^* \geqslant 0$ und $\langle \theta^*, \lambda^* \rangle = 0$ wegen (KKT-3).

④ Wir definieren nun $w^* := \lambda_1^* y_1 x_1 + \cdots + \lambda_n^* y_n x_n$, $b^* := \mu_1^*$ und behaupten, dass (w^*, b^*, λ^*) die KKT-Bedingungen des Problems (14.1) erfüllt. In Teil ① hatten wir bereits erklärt, wie das letztere auf die in Satz 14.12 angegebene Form gebracht werden kann. Beachte, dass jetzt wieder (w, b) die Variable ist und λ die Lagrangemultiplikatoren für die Ungleichungsbedingungen enthält! Wir prüfen zuerst (KKT-1) und hier gilt

$$
\begin{aligned}
\nabla_{(w,b)} L(w^*, b^*, \lambda^*) &= \Big(\frac{\partial L}{\partial w}, \frac{\partial L}{\partial b} \Big)(w^*, b^*, \lambda^*) \\
&= \Big(w^* - \sum_{i=1}^n \lambda_i^* y_i x_i, -\sum_{i=1}^n \lambda_i^* y_i \Big) = 0,
\end{aligned}
$$

wenn wir die Definition von w^* und die Gleichung $\langle \lambda^*, y \rangle = 0$ aus Teil ③

nutzen. Da wir in (14.1) keine Gleichheitsnebenbedingungen haben, entfällt
(KKT-2). Für (KKT-3) haben wir $\lambda^* \geqslant 0$ und

$$
\begin{aligned}
g_i(w^*, b^*) \quad &= \quad y_i(\langle w^*, x_i \rangle + b^*) - 1 \\[2mm]
&\underset{\substack{\uparrow \\ w^* \text{ und } b^* \\ \text{einsetzen}}}{=} \quad y_i\left(\left\langle \sum_{j=1}^{n} \lambda_j^* y_j x_j, x_i \right\rangle + \mu_1^*\right) - 1 \\[2mm]
&\underset{\substack{\uparrow \\ \text{nahrhafte} \\ \text{Null}}}{=} \quad \underbrace{y_i\left\langle \sum_{j=1}^{n} \lambda_j^* y_j x_j, x_i \right\rangle - 1 - \theta_i^* + y_i \mu_1^*}_{= 0 \text{ nach Teil } ③} + \theta_i^* \ = \ \theta_i^*
\end{aligned}
$$

für $i = 1, \ldots, n$, also $g(w^*, b^*) = \theta^* \geqslant 0$ und $\langle \lambda^*, g(w^*, b^*) \rangle = \langle \lambda^*, \theta^* \rangle = 0$ jeweils durch Ausnutzung der (Un-)gleichungen, die wir in Teil ③ gezeigt
haben. Nach Satz 14.12(ii) ist (w^*, b^*) ein Minimierer des Problems (14.1), der
insbesondere alle Daten korrekt klassifiziert. Damit ist D linear trennbar und
nach Satz 14.9 ist (w^*, b^*) der einzige Minimierer für (14.1) und h_{w^*, b^*} ist die
SVM für die Datenmenge D. Da h_{w^*, b^*} alle Daten korrekt klassifiziert und
nicht alle Daten das gleiche Label haben, kann w^* nicht der Nullvektor sein.
Mit der Gleichung $w^* = \lambda_1^* y_1 x_1 + \cdots + \lambda_n^* y_n x_n$ folgt, dass λ^* ebenfalls nicht
der Nullvektor sein kann.

⑤ Es bleibt noch zu verifizieren, dass, bei gegebenem λ^*, die Schritte 1–3
tatsächlich auf (w^*, b^*) führen: In der Tat haben wir $w^* = \lambda_1^* y_1 x_1 + \cdots + \lambda_n^* y_n x_n$
genau wie in Schritt 1 definiert. Wegen $\lambda^* \neq 0$ ist es möglich, i_0 mit $\lambda_i \neq 0$
wie in Schritt 2 gefordert zu wählen. Unter Beachtung von $y_i \in \{-1, 1\}$ gilt
$1/y_i = y_i$, für beliebiges i und deswegen

$$
b^* \underset{\substack{\uparrow \\ \text{Dfn} \\ \text{von } b^*}}{=} \mu_1^* \underset{\substack{\uparrow \\ \text{1. Gleich-} \\ \text{ung in } ③}}{=} \frac{1}{y_i}\left(-y_i\left\langle x_i, \sum_{j=1}^{n} \lambda_j^* y_j x_j \right\rangle + 1 + \theta_i^*\right) \underset{\substack{\uparrow \\ \text{Dfn} \\ \text{von } w^*}}{=} -\langle x_i, w^* \rangle + y_i + y_i \theta_i^*.
$$

Wir behaupten, dass $\theta_i^* = 0$ gilt, falls $\lambda_i^* \neq 0$ ist. Hierfür beachten wir, dass nach
Teil ③ alle θ_i^* und alle λ_i^* größer gleich Null sind, während ihr Skalarprodukt
$\langle \theta^*, \lambda^* \rangle$ verschwindet. In der folgenden Summe

$$
\sum_{i=1}^{n} \theta_i^* \lambda_i^* = 0
$$

muss daher jeder einzelne Summand gleich Null sein. Dann impliziert aber
$\lambda_i^* \neq 0$ stets $\theta_i = 0$ wie behauptet. $\qquad\square$

Korollar 14.13. *Sei D wie Satz 14.11, (w^*, b^*) sei die Lösung des konvexen
Optimierungsproblems und λ^* eine Lösung des quadratischen Optimierungsproblems. Dann gilt:*

(i) Alle x_i mit $\lambda_i \neq 0$ sind Trägervektoren.

(ii) Die Summe $\lambda_1^* + \cdots + \lambda_n^* = \|w^*\|^2 = (1/\gamma^*)^2$ ist unabhängig von λ^* und gleich dem Kehrwert des Spielraums γ^* der SVM zum Quadrat.

Beweis. (i) Nach Satz 14.11 gilt $b^* = y_i + \langle w^*, x_i \rangle$ für jedes $i \in \{1, \ldots, n\}$ mit $\lambda_i \neq 0$. Umstellen liefert $\langle w^*, x_i \rangle - b^* = y_i \in \{-1, 1\}$. Da h_{w^*, b^*} die SVM für D ist, erfüllt (w^*, b^*) die Rinnenbedingung und es folgt mit Bemerkung 14.7, dass $x_i \in \mathcal{R}_+ \cup \mathcal{R}_-$ ein Trägervektor ist.

(ii) Projektion der Gleichung $w^* = \lambda_1^* y_1 x_1 + \cdots + \lambda_n^* y_n x_n$ auf $\mathrm{span}\{w^*\}$ liefert

$$\langle w^*, w^* \rangle = \Big\langle w^*, \sum_{i=1}^n \lambda_i^* y_i x_i \Big\rangle = \sum_{i=1}^n \lambda_i^* y_i \langle w^*, x_i \rangle,$$

woraus mit $y_i(\langle w^*, x_i \rangle + b^*) = 1$ und $\langle \lambda^*, y \rangle = 0$ die Identität

$$\|w^*\|^2 = \sum_{i=1}^n \lambda_i^* y_i \langle w^*, x_i \rangle = \sum_{i=1}^n \lambda_i^* (1 - y_i b^*) = \sum_{i=1}^n \lambda_i^* + b^* \langle \lambda^*, y \rangle = \sum_{i=1}^n \lambda_i^*$$

folgt. Dass $\|w^*\| = 1/\gamma^*$ ist, folgt aus Proposition 14.6. $\square$

Bemerkung 14.14. (i) Lösungen des quadratischen Optimierungsproblems in Satz 14.11 kann man mit fertigen Paketen zur quadratischen Optimierung berechnen lassen. Dazu muss man in der Regel das Problem in der Form

$$\underset{\substack{\lambda \in \mathbb{R}^n \\ G\lambda \leqslant h,\, A\lambda = b}}{\mathrm{argmin}} \ \tfrac{1}{2}\lambda^\mathsf{T} P \lambda + q^\mathsf{T} \lambda$$

eingeben und dann Matrizen P, G, A und (evtl. 1-dimensionale) Vektoren q, h, b übergeben. In unserem Fall haben wir P und q im Beweis von Satz 14.11 bereits bestimmt und können $G = -\mathrm{id}_{\mathbb{R}^n}$, $h = 0_{\mathbb{R}^n}$, $A = [y_1 \cdots y_n]$ und $b = 0_{\mathbb{R}^1}$ wählen, vgl. Aufgabe 14.7. Auf die interessante Frage, wie solche Probleme numerisch gelöst werden, können wir in diesem Buch nicht eingehen, sondern verweisen auf die klassische Optimierungsliteratur, siehe u.a. die Referenzen am Ende des Kapitels.

(ii) Im Allgemeinen hat das quadratischen Optimierungsproblems in Satz 14.11 mehrere Lösungen, siehe Beispiel 14.15 und Aufgabe 14.7. Das obige Korollar 14.13(ii) besagt, dass die Summe der λ_i auf Lösungen konstant ist, also nur von der Datenmenge abhängt. Je nach Datenmenge kann letztere aber beliebig groß oder beliebig klein ausfallen; man denke z.B. an ein Datenmenge mit nur zwei Datenpunkten. Korollar 14.13(i) ist keine Äquivalenz, es kann also durchaus Trägervektoren x_i mit $\lambda_i = 0$ geben, siehe ebenfalls Beispiel 14.15 und Aufgabe 14.9.

Beispiel 14.15. (i) Wir betrachten die folgende Datenmenge,

Datenpunkt	1	2	3	4	5	6	7	8	9	10
Abszisse	3.00	4.50	5.10	2.50	3.60	2.83	1.00	0.50	1.40	0.60
Ordinate	1.50	0.55	2.20	0.70	1.00	3.10	1.50	2.20	2.70	3.00
Label	+1	+1	+1	+1	+1	−1	−1	−1	−1	−1

welche zu dem in diesem Kapitel bereits mehrfach gezeigten Bild gehört. Wir lösen mit einem geeigneten Paket das entsprechende quadratische Optimierungsproblem und erhalten

$$\overset{1}{\lambda^* = (1.154}, 0.000, 0.000, 0.000, 0.000, \overset{6}{0.714}, \overset{7}{0.439}, 0.000, 0.000, 0.000),$$

was auf $w^* = 1.154 \cdot \left[\begin{smallmatrix} 3.00 \\ 1.50 \end{smallmatrix}\right] - 0.714 \cdot \left[\begin{smallmatrix} 2.83 \\ 3.10 \end{smallmatrix}\right] - 0.439 \cdot \left[\begin{smallmatrix} 1.00 \\ 1.50 \end{smallmatrix}\right] = \left[\begin{smallmatrix} 1.00 \\ -0.75 \end{smallmatrix}\right]$ und $b^* = 1 - \left\langle \left[\begin{smallmatrix} 1.00 \\ -0.75 \end{smallmatrix}\right], \left[\begin{smallmatrix} 3.00 \\ 1.50 \end{smallmatrix}\right] \right\rangle = 1.87$ führt. Im folgenden Bild

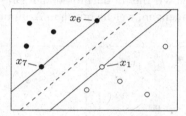

sieht man, dass in diesem Beispiel genau die Datenpunkte x_i Trägervektoren sind, für die $\lambda_i \neq 0$ gilt. In der Tat ist λ^* die eindeutige Lösung des quadratischen Optimierungsproblems: Da nur x_1, x_6 und x_7 in den Rinnen liegen, können höchstens λ_1, λ_6 und λ_7 ungleich Null sein. Da w^* durch die Datenmenge eindeutig bestimmt ist, liefern Satz 14.11(i) und Korollar 14.13(ii) drei lineare Gleichungen für die drei zu bestimmenden Variablen.

(ii) Wir fügen jetzt der Datenmenge aus (i) einen 11-ten Datenpunkt mit Koordinaten $(1.915, 2.300)$ und Label -1 hinzu. Dieser Punkt liegt genau zwischen x_6 und x_7 und damit in der Rinne $\mathcal{R}_-$:

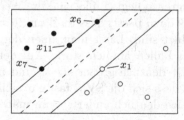

Die SVM bleibt also unverändert, aber es gibt jetzt vier Trägervektoren. Lösen wir per Computer das Optimierungsproblem für die erweiterte Datenmenge, so erhalten wir die Lösung

$$\overset{1}{\mu^* = (1.154}, 0.000, 0.000, 0.000, 0.000, \overset{6}{0.532}, \overset{7}{0.256}, 0.000, 0.000, 0.000, \overset{11}{0.364}),$$

in der nun vier Einträge ungleich Null sind. Andererseits ist die Lösung

$$\overset{1}{\lambda^*} = (1.154, 0.000, 0.000, 0.000, 0.000, \overset{6}{0.714}, \overset{7}{0.439}, 0.000, 0.000, 0.000, \overset{11}{0.000})$$

aus (i), durch eine Null an der 11-ten Stelle erweitert, eine zweite Lösung. Bei dieser Lösung ist also $\lambda_{11} = 0$ und x_{11} Trägervektor.

Beispiel 14.16. (i) Wir bleiben bei den in Beispiel 14.15 angegebenen Daten und betrachten jetzt

$$D_1 = \{(x_i, y_i) \mid i = 1, 6, 11\} \quad \text{und} \quad D_2 = \{(x_i, y_i) \mid i = 1, 6, 7\}.$$

Durch Lösung des Optimierungsproblems für D_1 und Streichen von Nullen in Beispiel 14.15(i) erhalten wir die im nachfolgenden Bild angegebenen Werte λ_i^* für die jeweiligen Datenmengen, welche mit dem Argument aus Beispiel 14.15(i) eindeutig sind.

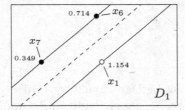 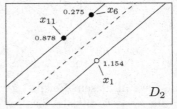

Die Werte der λ_i^* können dabei quantitativ wie folgt interpretiert werden: Zuerst einmal sehen wir, dass die Summe der λ_i^* links und rechts jeweils gleich 2.307 ist. Da beide Datenmengen durch Weglassen von Punkten aus Beispiel 14.15 entstanden sind und sich dabei die SVM nicht geändert hat, ist dies kein Zufall, sondern folgt aus Korollar 14.13. Weiter hat λ_1^* links wie rechts denselben Wert und dieser ist modulo Rundungsfehlern gleich $0.5 \cdot 2.307$, also die Hälfte der Summe aller Einträge. Dies spiegelt wider, dass x_1 alleine auf einer Seite der Entscheidungsgrenze liegt. Links sind die Werte von λ_6^* und λ_7^* nicht gleich, aber ähnlich, was dazu passt, dass die Punkte x_6 und x_7 beinahe symmetrisch zu x_1 angeordnet sind. Lässt man einen der beiden weg, so ändert sich die SVM in beiden Fällen ähnlich stark. Auf der rechten Seite ist dies ganz anders: Dort ist λ_{11}^* deutlich größer als λ_6^* und man sieht aufgrund der Anordnung der Punkte, dass sich die SVM fast gar nicht ändert, wenn man x_6 weglässt, aber dass sie sich deutlich ändert, wenn man x_{11} weglässt.

(ii) Als Nächstes betrachten wir zwei Datenmengen D_1 und D_2, die jeweils nur aus zwei Punkten bestehen, von denen einer Label $+1$ und der andere Label -1 hat. Der Abstand der zwei Punkte sei in den Datenmenge D_1 kleiner als in der Datenmenge D_2. Die Lösungsvektoren $\lambda_{D_i}^* = (\lambda_{D_i}, \lambda_{D_i})$ haben dann jeweils zwei gleiche Einträge, und weil der Spielraum der SVM für D_1 kleiner als der Spielraum der SVM für D_2 ist, gilt $\lambda_{D_1} > \lambda_{D_2}$ nach Korollar 14.13(ii). Ändert man nun jeweils einen der zwei Datenpunkte in gleicher Weise (im folgenden Bild wird z.B. jeweils die Ordinate des mit $+1$ gelabelte Punkt um denselben Wert erhöht),

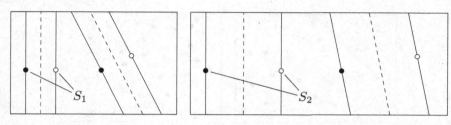

so ändert sich die SVM für die Datenmenge D_1, also für diejenige mit größerem $\lambda^*_{D_1}$, stärker als für die Datenmenge D_2 mit dem kleineren $\lambda^*_{D_2}$.

Bemerkung 14.17. (i) Die Beispiele suggerieren, dass die Einträge λ^*_i einer jeden Lösung λ^* des quadratischen Optimierungsproblems als „Wichtigkeit" des Datenpunktes x_i für die SVM interpretiert werden können. Dies kann man qualitativ verstehen, im Sinne dass das Weglassen von x_i mit $\lambda_i^* = 0$ auf die gleiche SVM führt, siehe Beispiel 14.15. Man kann „Wichtigkeit" aber auch quantitativ auffassen: Bei großem λ_i führt ein Ändern oder Weglassen des Datenpunktes x_i zu einer größeren Veränderung der SVM als bei kleinem λ_i. Hier kann man „groß" und „klein" relativ zur Summe der λ_i^* verstehen, siehe Beispiel 14.16(i), aber auch absolut wie in Beispiel 14.16(ii).

(ii) Formal bewiesen haben wir, dass das Weglassen eines Nicht-Trägervektors die SVM nicht verändert (dies folgt aus der zweiten Gleichung in Teil ④ des Beweises von Satz 14.9) und dass die Summe der λ_i^* bei einer festen Datenmenge stets gleich dem Quadrat des Kehrwertes des Spielraums der SVM ist, siehe Korollar 14.13. Die lediglich heuristischen Ausführungen in (i) sind daher mit Vorsicht zu genießen, vgl. Aufgabe 14.6.

Zum Abschluss des Kapitels weisen wir darauf hin, dass wir hier sogenannte *harte* SVMs betrachtet haben. Im Gegensatz dazu werden bei *weichen* SVMs ein paar Fehlklassifizierungen erlaubt. Dies erreicht man durch sogenannte *Schlupfvariablen* $\xi_1, \ldots, \xi_n \geq 0$ und Ersetzen der Nebenbedingung $y_i(\langle w, x_i \rangle + b) \geq 1$ durch $y_i(\langle w, x_i \rangle + b) \geq 1 - \xi_i$. D.h. man erlaubt eine Verletzung der ursprünglichen Nebenbedingung um ξ_i, wobei man natürlich will, dass die ξ_i möglichst klein sind. Dies kann man wiederum erreichen, indem man per

$$\operatorname*{argmin}_{\substack{(w,b,\xi)\,\in\,\mathbb{R}^{d+1}\times\mathbb{R}^n_{\geqslant 0} \\ \forall\, i\,:\, y_i(\langle w,x_i\rangle + b)\geqslant 1-\xi_i}} \|w\|^2 + \tfrac{1}{n}\sum_{i=1}^n \xi_i$$

den Durchschnitt der ξ_i als Summand in das Minimierungsproblems einführt und auf diese Weise Verletzungen der ursprünglichen Nebenbedigung „bestraft".

In diesem Fall verliert man im Allgemeinen die Eindeutigkeitsaussagen des harten Falls, kann dann aber Datenmengen behandeln, die „fast" linear trennbar sind, wie z.B. in den folgenden zwei Beispielen,

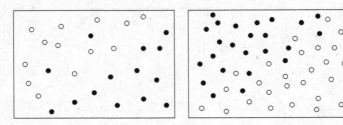

in denen (linkes Bild) nur eine wenige Datenpunkte die lineare Trennbarkeit stören, oder in denen (rechtes Bild) die mit $+1$ gelabelten Daten entlang einer Hyperebene in die mit -1 gelabelten übergehen. Alternativ bietet sich bei überlappenden Daten wie in den Bildern oben natürlich auch ein logistischer Regressor an, vergleiche Kapitel 2.4.

Referenzen

Wir notieren zunächst, dass das Minimierungsproblem in Satz 14.12 gerade [GK02, (2.21)] ist, jedoch mit g_i ersetzt durch $-g_i$. Entsprechend ist bei der Lagrangefunktion [GK02, Definition 2.34] ein Minus vor der Summe über die g_i zu ergänzen und bei den KKT-Bedingungen [GK02, Definition 2.35] dreht sich die Ungleichung für g um. Satz 14.12(i) ist dann [GK02, Satz 2.42] und Satz 14.12(i) ist [GK02, Satz 2.46]. Vieles in diesem Kapitel basiert auf dem ausgezeichneten Video [AM12], wurde aber detailliert ausgearbeitet und mit vollständigen Beweisen versehen. Der Eindeutigkeitsteil ② des Beweises von Satz 14.9 folgt dabei [Ber17, BC99]. Aufgabe 14.4 stammt aus [Nos16]. Für mehr Informationen zu weichen SVMs verweisen wir auf [SSBD14, Chapter 15.2]. Eine gute Anleitung zur Benutzung des Python-Paketes CVXOPT findet sich in [MC].

Aufgaben

Aufgabe 14.1. Zeichnen Sie für die folgenden Datenmengen denjenigen Klassifizierer, der maximalen Spielraum hat. Skizzieren Sie die Rinnen und markieren Sie die Trägervektoren.

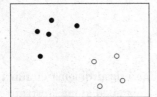  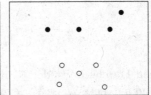

Wenn man aus den Trägervektoren eine minimale Menge wählen will, welche die SVM eindeutig bestimmt, wie viele Trägervektoren benötigt man dann in den Beispielen?

Aufgabe 14.2. Berechnen Sie den Abstand des Punktes $(1, 4, 0)$ von der durch die Gleichung $3x + 4y = 4$ gegebenen Ebene in $\mathbb{R}^3$ mithilfe von Lemma 14.3. Kommt Ihnen die Formel aus Lemma 14.3, vielleicht mit der zusätzlichen Bedingung $\|w\| = 1$, bekannt vor? Vielleicht aus dem Schulunterricht?

Aufgabe 14.3. Sei $D = \{(x_i, y_i) \mid i = 1, \ldots, n\} \subseteq \mathbb{R}^d \times \{-1, 1\}$ eine Datenmenge. Zeigen Sie, dass die Normierungsbedingung $\|w\| = 1$, anstelle der Rinnenbedingung, auf das Optimierungsproblem

$$\operatorname*{argmax}_{\substack{(w,b) \in \mathbb{S}^1 \times \mathbb{R} \\ \forall i \, : \, y_i(\langle w, x_i\rangle + b) > 0}} \; \min_{i=1,\ldots,n} \; |\langle w, x_i\rangle + b|$$

führt, wobei $\mathbb{S}^1 = \{w \in \mathbb{R}^d \mid \|w\| = 1\}$ die d-dimensionale Einheitssphäre bezeichnet.

Aufgabe 14.4. Wir betrachten die Datenmenge

$$D = \big\{(x_1, y_1) := \big([\begin{smallmatrix}1\\1\end{smallmatrix}], 1\big), (x_2, y_2) := \big([\begin{smallmatrix}1\\3\end{smallmatrix}], 1\big),$$
$$(x_3, y_3) := \big([\begin{smallmatrix}2\\2\end{smallmatrix}], -1\big), (x_4, y_4) := \big([\begin{smallmatrix}3\\2\end{smallmatrix}], -1\big)\big\}.$$

(i) Notieren Sie die Optimierungsaufgabe aus Satz 14.9, aber lassen Sie das Quadrat weg. Veranschaulichen Sie sich den Bereich $M \subseteq \mathbb{R}^3$, über den minimiert wird, per 3D-Plot z.B. mit Mathematica, Geogebra o.ä.

(ii) Lesen Sie an Ihrem Plot $w^* = \operatorname{argmin}_{w \in M} \|w\|$ (= derjenige Punkt aus M der am nächsten am Ursprung liegt) ab und finden Sie eine Ungleichungsnebenbedingung, bei der mit w^* die Gleichheit gilt. Bestimmen Sie daraus b^*.

(iii) Skizzieren Sie nun die Datenmenge sowie Entscheidungsgrenze und Rinnen des durch (w^*, b^*) gegebenen Klassifizierers mit maximalem Spielraum. Ärgern Sie sich nicht, wenn Sie bemerken, dass man in diesem einfachen Beispiel die Parameter (w^*, b^*) auch leicht hätte erraten können.

Aufgabe 14.5. Wir betrachten die Datenmenge

$$D := \big\{(x_1, y_1) := \big([\begin{smallmatrix}0\\0\end{smallmatrix}], -1\big), (x_2, y_2) := \big([\begin{smallmatrix}1\\0\end{smallmatrix}], 1\big), (x_3, y_3) := \big([\begin{smallmatrix}0\\1\end{smallmatrix}], 1\big)\big\}$$

aus drei Punkten in $\mathbb{R}^2$. Notieren Sie die quadratische Optimierungsaufgabe aus Satz 14.11 und berechnen Sie per Hand eine Lösung.

Aufgabe 14.6. Testen Sie die Heuristik aus Bemerkung 14.17 wie folgt.

(i) Betrachten Sie in der Situation von Beispiel 14.15(ii) die nur aus x_1, x_6, x_7 und x_{11} bestehende Datemenge. Es ist dann

$$\mu^* = (\overset{1}{1.154}, \overset{6}{0.532}, \overset{7}{0.256}, \overset{11}{0.364})$$

eine Lösung des zugehörigen quadratischen Optimierungsproblems. Wie stark ändert sich die entsprechende SVM, wenn man einen der Punkte μ_6^*, μ_7^*, oder μ_{11}^* weglässt?

(ii) Betrachten Sie nun die Datenmenge D_2 aus Beispiel 14.16(i):

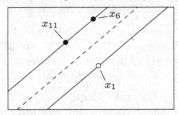

Können Sie einen vierten Punkt hinzufügen, sodass (a) das quadratische Optimierungsproblem weiterhin die eindeutige Lösung $\lambda^* = (1.154, 0.275, 0.878)$ hat und sich (b) bei Entfernung des Punktes x_{11} die SVM so gut wie gar nicht ändert?

Aufgabe 14.7. Gegeben sei die Datenmenge $D = \{(x_i, y_i) \mid i = 1, \ldots, 7\} \subseteq \mathbb{R}^2 \times \{-1, 1\}$, wobei die Koordinaten der x_i und die Werte der Label y_i in der folgenden Tabelle aufgelistet sind.

Datenpunkt	1	2	3	4	5	6	7
Abszisse	0.00	-1.0	2.5	1.0	-1.5	-3.0	1.0
Ordinate	3.0	-3.0	3.0	1.0	0.0	1.0	-1.0
Label	+1	-1	-1	-1	+1	+1	−1

(i) Notieren Sie die quadratische Optimierungsaufgabe aus Satz 14.11 und berechnen Sie, z.B. mithilfe des Pythonpakets `CVXOPT`, eine Lösung.

(ii) Bestimmen Sie, basierend auf Obigem, den affin-linearen Klassifizierer $h \colon \mathbb{R}^2 \to \mathbb{R}$ mit maximalem Spielraum und geben Sie den Spielraum an.

(iii) Skizzieren Sie die Datenmenge, die Entscheidungsgrenze und die Rinnen. Markieren Sie die Trägervektoren und tragen Sie ein, wo man den Spielraum im Bild sehen kann. Finden Sie in (i) mindestens eine weitere Lösung.

Aufgabe 14.8. Recherchieren Sie, wie man, z.B. mit Python, die Support-Vector-Maschine berechnen kann, ohne sich die Finger schmutzig zu machen. Bestimmen Sie eine solche für die Datenmenge aus Aufgabe 3.2 und klassifizieren Sie das dort angegebene ungelabelte Bild als „1" bzw. „7".

Aufgabe 14.9. Zeigen Sie, dass das γ im Beweis von Satz 13.13 durch den Spielraum γ^* der durch die Daten eindeutig bestimmten Support-Vector-Maschine nach unten abgeschätzt werden kann. Folgern Sie daraus eine Abschätzung nach oben für die Laufzeit des Perzeptronalgorithmus. Überlegen Sie sich schließlich, wie man den Spielraum ungefähr mittels der Daten schätzen kann, *ohne* die SVM konkret auszurechnen.

Hinweis: Beachten Sie, dass wir in Satz 13.13 die um Eins erweiterten Datenpunkte $\hat{x}_i$ benutzt haben, aber in Kapitel 14 nicht.

15

Kernmethode

Als Nächstes betrachten wir Datenmengen, die nicht linear trennbar sind. Um diese dennoch mit den Methoden der letzten zwei Kapitel zu behandeln, werden wir unsere gegebene, nicht linear trennbare, Datenmenge in einen höherdimensionalen Raum (manchmal sogar unendlichdimensional!) abbilden, um für das Bild die lineare Trennbarkeit zu erreichen. Bemerkenswert ist insbesondere, dass wir jetzt in gewissem Sinne das Gegenteil zur Dimensionalitäts*reduktion*, vgl. Kapitel 11 und 7.1, machen.

In diesem Kapitel benutzen wir mehrere Konzepte aus der Hilbertraumtheorie; den Satz von der Orthogonalprojektion und die Existenz der Vervollständigung eines Prähilbertraumes werden wir unten ohne Beweis zitieren.

Wir beginnen jetzt erstmal mit einem Beispiel für die oben skizzierte Idee der „Einbettung" von nicht linear trennbaren Daten in einen höherdimensionalen Raum.

Beispiel 15.1. Sei $D = \{(x_i, y_i) \mid i = 1, \ldots, n\} \subseteq \mathbb{R} \times \{-1, 1\}$ die im folgenden Bild dargestellte 1-dimensionale Datenmenge, welche offenbar nicht linear trennbar ist.

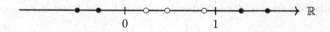

Wir bilden die Featureteile der Datenpunkte via $\psi \colon \mathbb{R} \to \mathbb{R}^2$, $\psi(x) = (x, x^2)$ nach $\mathbb{R}^2$ ab und weisen den Bildern jeweils dasjenige Label ihrer Urbilder zu. D.h. wir betrachten die 2-dimensionale Datenmenge $\hat{D} := \{(\psi(x_i), y_i) \mid i = 1, \ldots, n\} \subseteq \mathbb{R}^2 \times \{-1, 1\}$, welche wir die *abgebildete Datenmenge* nennen. Im folgenden Bild sehen wir, dass $\hat{D}$ linear trennbar ist.

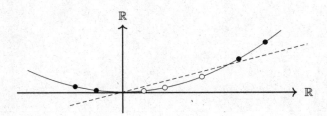

Für $\hat{D}$ können wir also die Support-Vector-Maschine $h\colon \mathbb{R}^2 \to \mathbb{R}$ mit den in Kapitel 14 diskutierten Methoden bestimmen. Verketten wir diese mit der Abbildung ψ, so liefert dies einen Klassifizierer $h \circ \psi\colon \mathbb{R} \to \mathbb{R}$ für die Datenmenge D, den wir den *zurückgezogenen Klassifizierer* nennen. Dieser ist natürlich nicht mehr affin-linear.

Im obigen Beispiel erscheint die Wahl der Abbildung ψ einerseits etwas willkürlich. Andererseits suggeriert das erste Bild in Beispiel 15.1, dass lineare Trennbarkeit mit einer quadratischen Funktion erreicht werden kann. Unsere Wahl von ψ ist dann der einfachste Kandidat, und wie sich gezeigt hat, erreichen wir mit diesem das Gewünschte. Alternativ kann man ψ auch noch weiter an die Daten anpassen, z.B. erreicht man mit $\psi(x) = (x, p(x))$ und $p(x) = -(x - 0)(x - 1)$, dass bei der abgebildeten Datenmenge $\hat{D}$ alle Punkte mit Label $+1$ in der oberen Halbebene und alle Punkte mit Label -1 in der unteren Halbebene liegen. Man kann einen affin-linearen Klassifizierer, nämlich $h = \mathrm{sign}(\langle [\begin{smallmatrix} 0 \\ 1 \end{smallmatrix}], \cdot \rangle + 0)$, dann sofort ablesen. Die zugrundeliegende Vorgehensweise, nämlich ψ mittels eines Polynoms zu konstruieren, dessen Linearfaktoren man an den Daten abliest, funktioniert für beliebige Datenmengen in $\mathbb{R}$, siehe Aufgabe 15.1 für ein weiteres Beispiel.

Ist man für eine gegebene Datenmenge auf der Suche nach einer Funktion ψ mit Eigenschaften wie oben, so steht zu vermuten, dass man nicht immer so einfach davon kommt wie in Beispiel 15.1, sondern dass komplizierte Funktionen mit hochdimensionalen Zielbereichen in Betracht gezogen werden müssen. Wir definieren zuerst, welche Zielbereiche in Frage kommen. Da wir dort affin-linear klassifizieren wollen, benötigen wir auf jeden Fall ein Skalarprodukt, welches allerdings mitnichten das Standardskalarprodukt sein muss.

Definition 15.2. Sei H ein (möglicherweise unendlichdimensionaler aber stets reeller) Vektorraum. Eine Abbildung $\langle \cdot, \cdot \rangle\colon H \times H \to \mathbb{R}$ heißt *Skalarprodukt* auf H, falls für alle $u, v, w \in H$ und $\alpha \in \mathbb{R}$ gilt

(SP1) $\langle u, u \rangle \geqslant 0$, (Positivität)

(SP2) $\langle u, u \rangle = 0 \implies u = 0$, (Definitheit)

(SP3) $\langle u, v \rangle = \langle v, u \rangle$, (Symmetrie)

(SP4) $\langle \alpha u + v, w \rangle = \alpha \langle u, w \rangle + \langle v, w \rangle$, (Linearität im 1. Argument) wobei man sofort sieht, dass (SP3) und (SP4) implizieren, dass $\langle \cdot, \cdot \rangle$ auch im 2. Argument linear, also insgesamt bilinear, ist. Aus Letzterem folgt weiter $\langle \alpha u, \alpha u \rangle = \alpha^2 \langle u, u \rangle$ und damit, dass in (SP2) die umgekehrte Implikation gilt.

Wir zeigen nun die folgende fundamentale Ungleichung, wobei wir aber ganz genau notieren, welche Eigenschaften eines Skalarproduktes wir tatsächlich benutzen. Dies wird in Satz 15.16 von Nutzen sein.

Lemma 15.3. *Sei H ein Vektorraum und sei $\langle \cdot, \cdot \rangle \colon H \times H \to \mathbb{R}$ eine Abbildung mit den Eigenschaften (SP1), (SP3) und (SP4). Dann gilt für alle $u, v \in H$ die Cauchy-Schwarz-Bunjakowski-Ungleichung*

$$\langle u, v \rangle^2 \leqslant \langle u, u \rangle \langle v, v \rangle.$$

Erfüllt $\langle \cdot, \cdot \rangle$ auch noch (SP2), so gilt Gleichheit genau dann, wenn u und v linear abhängig sind.

Beweis. Für $\alpha \in \mathbb{R}$ haben wir

$$0 \underset{\substack{\uparrow \\ \text{(SP1)}}}{\leqslant} \langle u + \alpha v, u + \alpha v \rangle \underset{\substack{\uparrow \\ \text{(SP3) u. (SP4)}}}{=} \langle u, u \rangle + 2\alpha \langle u, v \rangle + \alpha^2 \langle v, v \rangle$$

und wir betrachten jetzt zwei Fälle.

① Gilt $\langle u, u \rangle = \langle v, v \rangle = 0$, so liefert die Wahl von $\alpha = \pm 1$, nach Division durch 2 in der obigen Ungleichung, einerseits $0 \leqslant \langle u, v \rangle$ und andererseits $0 \leqslant -\langle u, v \rangle$, was nur möglich ist, wenn $\langle u, v \rangle = 0$ gilt.

② Sei jetzt $\langle v, v \rangle \neq 0$. Dann setzen wir $\alpha = -\langle u, v \rangle / \langle v, v \rangle$ in die anfängliche Ungleichung ein und erhalten

$$0 \leqslant \langle u, u \rangle - 2\frac{\langle u, v \rangle}{\langle v, v \rangle}\langle u, v \rangle + \frac{\langle u, v \rangle^2}{\langle v, v \rangle^2}\langle v, v \rangle = \langle u, u \rangle - \frac{\langle u, v \rangle^2}{\langle v, v \rangle},$$

woraus, durch Addition von $-\langle u, v \rangle^2 / \langle v, v \rangle$ und Multiplikation mit dem wegen (SP2) positiven Term $\langle v, v \rangle$, die behauptete Ungleichung folgt.

Nun zur Charakterisierung der Gleichheit: Ist z.B. $u = \alpha v$, so sieht man durch Einsetzen $\langle u, v \rangle^2 = \langle \alpha v, v \rangle^2 = \alpha^2 \langle v, v \rangle \langle v, v \rangle = \langle u, u \rangle \langle v, v \rangle$. Für die andere Richtung bemerken wir, dass jetzt im Fall ① nur $u = v = 0$ möglich ist. Für Fall ② bemerken wir, dass wir nur an einer einzigen Stelle abgeschätzt haben. Gilt dort Gleichheit, so folgt $u + \alpha v = 0$ mit (SP2), wobei $\alpha = -\langle u, v \rangle^2 / \langle v, v \rangle$ ist. □

Lemma 15.4. *Sei $\langle \cdot, \cdot \rangle \colon H \times H \to \mathbb{R}$ ein Skalarprodukt. Dann ist $\|\cdot\| \colon H \to \mathbb{R}$, $\|u\| := \sqrt{\langle u, u \rangle}$ eine Norm auf H, d.h. für $u, v \in H$ und $\alpha \in \mathbb{R}$ gelten*

(N1) $\|u\| \geqslant 0$ und $\|u\| = 0 \iff u = 0$, (Positive Definitheit)

(N2) $\|\alpha u\| = |\alpha|\|u\|$, *(Homogenität)*

(N3) $\|u + v\| \leqslant \|u\| + \|v\|$. *(Dreiecksungleichung)*

Beweis. Die Eigenschaften (N1) und (N2) folgen sofort aus der Definition und aus (SP1)–(SP4). Eigenschaft (N3) sieht man per

$$\|u + v\|^2 = \langle u + v, u + v \rangle = \|u\|^2 + 2\langle u, v \rangle + \|v\|^2$$
$$\leqslant \|u\|^2 + 2\|u\|\|v\| + \|v\|^2 = (\|u\| + \|v\|)^2,$$

wobei die Abschätzung gerade die Cauchy-Schwarz-Bunjakowski-Ungleichung aus Lemma 15.3 ist. $\qquad\square$

Definition 15.5. Sei H ein Vektorraum und sei $\langle \cdot, \cdot \rangle$ ein Skalarprodukt auf H. Dann nennen wir $(H, \langle \cdot, \cdot \rangle)$ einen *Prähilbertraum*. Ist $(H, \|\cdot\|)$, wobei $\|\cdot\| = \sqrt{\langle \cdot, \cdot \rangle}$ die durch das Skalarprodukt *induzierte Norm* bezeichnet, vollständig im Sinne, dass jede $\|\cdot\|$-Cauchyfolge in H konvergiert, dann nennen wir $(H, \langle \cdot, \cdot \rangle)$ einen *Hilbertraum*.

Das Studium von Hilberträumen ist ein Gegenstand des Gebietes der Funktionalanalysis und es gibt dazu eine fruchtbare Theorie, aus der wir hier allerdings nur einige, für unsere Zwecke in diesem Kapitel relevante, Einzelheiten präsentieren wollen. Wir beginnen mit zwei Beispielen.

Beispiel 15.6. (i) Der euklidische Raum $(\mathbb{R}^d, \langle \cdot, \cdot \rangle)$ mit dem Standardskalarprodukt ist ein Hilbertraum. In der Tat sieht man, dass jeder endlichdimensionale Hilbertraum $(H, \langle \cdot, \cdot \rangle)$ isometrisch isomorph zu $(\mathbb{R}^d, \langle \cdot, \cdot \rangle)$ mit $d = \dim H$ ist: Wählt man eine Orthonormalbasis $\mathcal{U} = \{u_1, \ldots, u_d\}$ in H und definiert $A\colon H \to \mathbb{R}^d$ als lineare Erweiterung von $Au_i = \mathrm{e}_i$, so liefert dies einen Isomorphismus von Vektorräumen und es folgt außerdem $\langle Au, Av \rangle = \langle u, v \rangle$ durch Einsetzen der $\mathcal{U}$-Entwicklungen von u und v.

(ii) Der Raum der quadratsummierbaren reellen Folgen

$$\ell^2 = \Big\{(u_i)_{i\in\mathbb{N}} \subseteq \mathbb{R} \mid \sum_{i=1}^{\infty} |u_i|^2 < \infty\Big\} \text{ mit } \big\langle (u_i)_{i\in\mathbb{N}}, (v_i)_{i\in\mathbb{N}} \big\rangle := \sum_{i=1}^{\infty} u_i v_i$$

ist ein unendlichdimensionaler Hilbertraum: Dass das Skalarprodukt wohldefiniert ist, sieht man, indem man die Cauchy-Schwarz-Bunjakowski-Ungleichung auf die bei d abgeschnittene Reihe anwendet. Dann nutzt man (N3) aus, um zu zeigen, dass ℓ^2 ein Unterraum des Vektorraumes $\mathbb{R}^\mathbb{N}$ aller Abbildungen von $\mathbb{N}$ nach $\mathbb{R}$ ist. Für die Vollständigkeit überlegt man sich, dass eine ℓ^2-Cauchyfolge insbesondere koordinatenweise Cauchy ist, also dank der Vollständigkeit von $\mathbb{R}$ koordinatenweise konvergiert. So erhält man einen Kandidat für den Grenzwert und zeigt dann mithilfe der Dreiecksungleichung und zwei nahrhaften Nullen, dass (a) dieser Kandidat tatsächlich in ℓ^2 liegt, und (b) die gegebene

Cauchyfolge in der vom Skalarprodukt induzierten ℓ^2-Norm tatsächlich gegen den Kandidaten konvergiert.

Nach diesem Exkurs in die Funktionalanalysis ist klar, dass wir Abbildungen ψ betrachten wollen, die unsere Daten in einen Hilbertraum abbilden. Handelt es sich hierbei um einen endlichdimensionalen Raum, so können wir dort die Support-Vector-Maschine berechnen, indem wir das quadratische Optimierungsproblem aus Satz 14.11 lösen. Ist H unendlichdimensional, so zeigt die folgende Proposition, dass man sich auf einen endlichdimensionalen, die Datenpunkte enthaltenden, Unterraum zurückziehen kann. Anschaulich ist dies sehr einleuchtend. Ist z.B. eine zweidimensionale Datenmenge gegeben, bei der alle Punkte in einem eindimensionalen Unterraum liegen, so sieht man am folgenden Bild

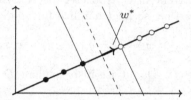

sofort, dass der Vektor w^*, der zur SVM führt, ebenfalls in diesem eindimensionalen Unterraum liegen muss.

Für abstrakte und möglicherweise unendlichdimensionale Hilberträume H definieren wir zunächst lineare Trennbarkeit genauso wie in Definition 13.1: $D \subseteq H \times \{-1,1\}$ ist *linear trennbar*, wenn für D ein korrekter Klassifizierer der Form $h = \text{sign}(\langle w, \cdot \rangle + b)$ existiert, wobei nun natürlich $(w,b) \in H \times \mathbb{R}$ sein muss.

Proposition 15.7. *Sei $(H, \langle \cdot, \cdot \rangle)$ ein Hilbertraum. Sei $D = \{(x_i, y_i) \mid i = 1, \ldots, n\} \subseteq H \times \{-1,1\}$ eine linear trennbare Datenmenge, bei der nicht alle Label gleich sind. Dann existiert genau ein affin-linearer Klassifizierer mit maximalem Spielraum $h^*\colon H \to \mathbb{R}$ und dieser ist gegeben durch $h^* = \text{sign}(\langle w^*, \cdot \rangle + b^*)$ mit*

$$(w^*, b^*) = \underset{\substack{(w,b)\,\in\,\text{span}\,D_1 \times \mathbb{R} \\ \forall i\,:\, y_i(\langle w,x_i\rangle+b)\geqslant 1}}{\text{argmin}} \|w\|^2 = \underset{\substack{(w,b)\,\in\,H \times \mathbb{R} \\ \forall i\,:\, y_i(\langle w,x_i\rangle+b)\geqslant 1}}{\text{argmin}} \|w\|^2,$$

wobei $D_1 := \pi_1(D) = \{x_1, \ldots, x_n\}$, also $\text{span}\,D_1 \subseteq H$ der von den Featureteilen der Datenpunkte aufgespannte endlichdimensionale Unterraum ist.

Beweis. Für den Beweis benötigen wir die folgende Verallgemeinerung des aus der Linearen Algebra bekannten Projektionssatzes. Wir verweisen auf das Kapitelende für Referenzen und zusätzliche Bemerkungen.

Satz 15.8. (von der Orthogonalprojektion) *Sei* $(H, \langle \cdot, \cdot \rangle)$ *ein Hilbertraum und* $\| \cdot \|$ *die vom Skalarprodukt induzierte Norm. Sei* $U \subseteq H$ *ein im Sinne dieser Norm abgeschlossener Unterraum. Dann kann jedes Element* $w \in H$ *in eindeutiger Weise als Summe* $w = u + v$ *geschrieben werden, sodass* $u \in U$ *und* $v \in U^{\perp}$ *im orthogonalen Komplement von* U *liegt. Die lineare Projektion* $\pi_U \colon H \to H$ *erfüllt* $\|\pi_U w\| \leqslant \|w\|$ *für alle* $w \in H$. $\qquad \Diamond$

Wir verwenden jetzt die Abkürzung $U := \operatorname{span} D_1$. Der Raum $(U, \langle \cdot, \cdot \rangle)$ ist dann ein endlichdimensionaler Hilbertraum und insbesondere ein abgeschlossener Unterraum von H. Wir bezeichnen mit $\pi_U \colon H \to H$ die orthogonale Projektion entsprechend Satz 15.8.

① Da $D \subseteq H \times \{-1, 1\}$ linear trennbar ist, existiert per Definition $(w, b) \in H \times \mathbb{R}$, sodass $y_i(\langle w, x_i \rangle + b) > 0$ für alle i gilt. Wir behaupten, dass $(\pi_U w, b) \in U \times \mathbb{R}$ ebenfalls einen korrekten Klassifizierer liefert. Schreiben wir $w = \pi_U w + v \in U + U^{\perp}$ wie in Satz 15.8, so folgt nämlich für alle i

$$y_i(\langle \pi_U w, x_i \rangle + b) = y_i(\langle w - v, x_i \rangle + b) = y_i(\langle w, x_i \rangle - \langle v, x_i \rangle + b) = y_i(\langle w, x_i \rangle + b),$$

weil $v \in U^{\perp}$ und $x_i \in U$. Damit ist insbesondere $D \subseteq U \times \{-1, 1\}$ linear trennbar.

② Der endlichdimensionale Raum $(U, \langle \cdot, \cdot \rangle)$ ist nach Beispiel 15.6 isometrisch isomorph zu $\mathbb{R}^d$ mit geeignetem d. Hierbei ist $\mathbb{R}^d$ mit dem Standardskalarprodukt ausgestattet. Nach Satz 14.9 existiert also genau ein Minimierer

$$(w^*, b^*) = \operatorname*{argmin}_{\substack{(w, b) \in U \times \mathbb{R} \\ \forall i \colon y_i(\langle w, x_i \rangle + b) \geqslant 1}} \|w\|^2.$$

Sei nun $(w, b) \in H \times \mathbb{R}$ beliebig, sodass $y_i(\langle w, x_i \rangle + b) \geqslant$ für alle i gilt. Mit derselben Rechnung wie in Teil ① sieht man, dass $(\pi_U w, b) \in U \times \mathbb{R}$ dann ebenfalls $y_1(\langle \pi_U w, x_i \rangle + b) \geqslant 1$ für alle i erfüllt. Wir haben also $\|w^*\|^2 \leqslant \|\pi_U w\|^2$ nach Wahl von (w^*, b^*). Jetzt schreiben wir wieder $w = \pi_U w + v \in U + U^{\perp}$. Damit erhalten wir mit Satz 15.8 die Abschätzung $\|w\|^2 \geqslant \|\pi_U w\|^2$. Beides zusammen zeigt

$$(w^*, b^*) \in \operatorname*{argmin}_{\substack{(w, b) \in H \times \mathbb{R} \\ \forall i \colon y_i(\langle w, x_i \rangle + b) \geqslant 1}} \|w\|^2.$$

③ Als Nächstes behaupten wir, unabhängig von der bereits gezeigten Existenz, dass auch auf einem möglicherweise unendlichdimensionalen Raum höchstens ein Minimierer für die oben angegebene Aufgabe existieren kann. Um dies zu sehen, gehen wir durch die Beweisteile ② und ③ von Satz 14.9 nochmal durch: Im dortigen Teil ② haben wir nirgends benutzt, dass der zugrundeliegende Raum endlichdimensional ist. In Teil ③ haben wir Proposition 17.14 verwendet. Dort betrachten wir Funktionen, die auf konvexen Teilmengen von

$\mathbb{R}^d$ definiert sind. Man sieht aber, dass die Implikation

$$f: A \to \mathbb{R} \text{ strikt konvex} \implies \exists \text{ höchstens ein Minimierer}$$

genauso formuliert und bewiesen werden kann, wenn A nur Teilmenge eines beliebigen Vektorraumes ist. Es bleibt, sich zu überlegen, dass das Normquadrat $\|\cdot\|^2: H \to \mathbb{R}$ in unserem abstrakten Hilbertraum strikt konvex ist. Aber auch hier sieht man, dass Beispiel 17.15 nicht die Endlichdimensionalität benutzt.

④ Aus dem Bisherigen folgt die Gleichungskette in der Proposition und die Existenz des Klassifizierers h^*. Für die Eindeutigkeit von h^* können wir ebenfalls unsere Argumente aus Kapitel 13 und 14 recyclen. Eine Inspektion der Beweise von Lemmas 13.3 und 14.2 zeigt nämlich, dass diese auch unendlichdimensional korrekt sind: Man muss hier lediglich in Definition 13.2 aufpassen und Hyperebenen per $\mathcal{H} = X + x_0$ mit $x_0 \in H$ und einem abgeschlossenen Unterraum $X \subseteq H$ mit $\dim(H/X) = 1$ definieren. Alle weiteren Argumente basieren auf dem Projektionssatz aus der Linearen Algebra und können mit Satz 15.8 erledigt werden.   □

Bemerkung 15.9. Haben wir ein Datenmenge $D = \{(x_i, y_i) \mid i = 1 \ldots, n\}$ via einer Abbildung ψ in einen unendlichdimensionalen Hilbertraum H derart abgebildet, dass $\hat{D} = \{(\psi(x_i), y_i) \mid i = 1 \ldots, n\} \subseteq H \times \{-1, 1\}$ linear trennbar ist, so garantiert Proposition 15.7 einerseits, dass eine SVM für $\hat{D}$ existiert und andererseits, dass deren Parameter (w^*, b^*) durch Lösung eines endlichdimensionalen Optimierungsproblems gefunden werden können. Dass $w^* \in \operatorname{span} D_1$ gilt, heißt explizit, dass es Koeffizienten $\alpha_1, \ldots, \alpha_n \in \mathbb{R}$ gibt mit

$$w^* = \sum_{i=1}^n \alpha_i \psi(x_i).$$

Die (erste Komponente der) Lösung des a priori unendlichdimensionalen Optimierungsproblems kann also als Linearkombination der Bilder der (endlich vielen) Daten dargestellt werden. Auf Englisch werden Resultate der Art von Proposition 15.7 deswegen als *Representer Theorems* bezeichnet.

Das letzte uns nun noch fehlende Puzzleteil ist der natürliche Definitionsbereich von ψ. In Beispiel 15.1 war unsere Datenmenge eine Teilmenge von $\mathbb{R}$ und es schien dort natürlich, ψ auch auf ganz $\mathbb{R}$ zu definieren. Es spricht einerseits nichts dagegen, dies auf Daten in $\mathbb{R}^d$ zu verallgemeinern und nach Abbildungen $\psi: \mathbb{R}^d \to (H, \langle \cdot, \cdot \rangle)$ zu suchen. Andererseits ist unser Ziel ja gerade, via ψ die Suche nach affin-linearen Klassifizierern in den Raum $(H, \langle \cdot, \cdot \rangle)$ zu verlagern. Und dies bedeutet, dass die Daten selbst gar nicht mehr in einem Raum liegen müssen, in dem man über lineare Trennbarkeit sprechen kann! Es reicht also völlig, zusammen mit den Datenpunkten selbst eine Obermenge X derselben zu spezifizieren, die am Ende der Definitionsbereich des Klassifizierers werden soll.

In der folgenden Bemerkung fassen wir unser Setup nochmal zusammen und formulieren dann eine zentrale Beobachtung, die häufig „Kernel-Trick" genannt wird.

Bemerkung 15.10. (Kernel-Trick) Sei X eine nichtleere Menge und sei weiter $D = \{(x_i, y_i) \mid i = 1, \ldots, n\} \subseteq X \times \{-1, 1\}$ eine nichtleere Datenmenge. Sei $\psi \colon X \to (H, \langle \cdot, \cdot \rangle)$ eine Abbildung von X in einen Hilbertraum und sei $\hat{D} = \{(\psi(x_i), y_i) \mid i = 1, \ldots, n\} \subseteq X \times \{-1, 1\}$ die abgebildete Datenmenge. Angenommen, $\hat{D}$ ist linear trennbar, dann besagen Proposition 15.7 und Satz 14.11, dass die SVM für $\hat{D}$ per

$$\lambda^* \in \underset{\substack{\lambda \in \mathbb{R}^n_{\geq 0} \\ \langle \lambda, y \rangle = 0}}{\operatorname{argmin}} \frac{1}{2} \sum_{i,j=1}^n \lambda_i \lambda_j y_i y_j \langle \psi(x_i), \psi(x_j) \rangle - \sum_{i=1}^n \lambda_i$$

gefunden werden kann. Dabei muss allerdings erwartet werden, dass ψ nichtlinear und evtl. kompliziert zu berechnen ist. Ferner erinnern wir nochmal daran, dass $\langle \cdot, \cdot \rangle$ nicht das Standardskalarprodukt ist, sondern irgendein Skalarprodukt in einem möglicherweise unendlichdimensionalen Raum.

Die entscheidende Beobachtung ist jetzt, dass wir um λ^* zu finden die $\psi(x_i)$ selbst und sogar den Hilbertraum samt seines Skalarproduktes, eigentlich gar nicht zu kennen brauchen: Um λ^* zu finden, genügt es völlig, wenn wir für die endlich vielen Datenpunkte $x_1, \ldots, x_n$ jeweils die *Zahlen* $\langle \psi(x_i), \psi(x_j) \rangle$ kennen! Falls wir also eine Funktion $k \colon X \times X \to \mathbb{R}$ hätten, sodass

$$\forall\, x, y \in X \colon k(x, y) = \langle \psi(x), \psi(y) \rangle \tag{15.1}$$

gilt, könnten wir, nur anhand dieser Funktion, zuerst λ^* berechnen, und damit dann die SVM.

Da Obiges eine gewisse gedankliche Wendung enthält, weisen wir nochmal darauf hin, dass wir in der Gleichung (15.1) links Punkte aus unserer Menge X einsetzen und dann „direkt" deren Skalarprodukt nach Abbilden herausbekommen, während wir rechts erst die Vektoren $\psi(x)$ und $\psi(y)$ explizit berechnen müssten, um dann deren Skalarprodukt zu bestimmen.

Die Beobachtung in Bemerkung 15.10 führt auf den folgenden Begriff.

Definition 15.11. Sei X eine nichtleere Menge. Eine Funktion $k \colon X \times X \to \mathbb{R}$ heißt *Kernfunktion*, falls ein Hilbertraum $(H, \langle \cdot, \cdot \rangle)$ und eine Abbildung $\psi \colon X \to H$ existieren, sodass $k(x, y) = \langle \psi(x), \psi(y) \rangle$ für alle $x, y \in X$ gilt.

Wir notieren nun zwei typische Beispiele, in welchen man die Kerneigenschaft jeweils überprüfen kann, indem man die Funktion ψ explizit angibt.

Beispiel 15.12. (i) Sei $\emptyset \neq X \subseteq \mathbb{R}^d$. Die Funktion $k\colon X \times X \to \mathbb{R}$, $k(x,y) = (1 + \langle x,y \rangle)^m$ mit $m \in \mathbb{N}$ heißt *Polynomkern vom Grad m*. Wir überprüfen Definition 15.11 nur im Spezialfall $d = 3$, $m = 2$. Hier ergibt sich

$$k(x,y) = \big(1 + \sum_{i=1}^{3} x_i y_i\big)^2 = 1 + 2\sum_{i=1}^{3} x_i y_i + \big(\sum_{i=1}^{3} x_i y_i\big)^2$$

$$= 1 + 2x_1 y_1 + 2x_2 y_2 + 2x_3 y_3 + x_1^2 y_1^2 + x_2^2 y_2^2 + x_3^2 y_3^2$$

$$+ 2x_1 x_2 y_2 y_1 + 2x_1 x_3 y_3 y_1 + 2x_2 x_3 y_2 y_3$$

$$= \left\langle \begin{bmatrix} 1 \\ \sqrt{2}x_1 \\ \sqrt{2}x_2 \\ \sqrt{2}x_3 \\ x_1^2 \\ x_2^2 \\ x_3^2 \\ \sqrt{2}x_1 x_2 \\ \sqrt{2}x_1 x_3 \\ \sqrt{2}x_2 x_3 \end{bmatrix}, \begin{bmatrix} 1 \\ \sqrt{2}y_1 \\ \sqrt{2}y_2 \\ \sqrt{2}y_3 \\ y_1^2 \\ y_2^2 \\ y_3^2 \\ \sqrt{2}y_1 y_2 \\ \sqrt{2}y_1 y_3 \\ \sqrt{2}y_2 y_3 \end{bmatrix} \right\rangle = \langle \psi(x), \psi(y) \rangle$$

mit $\psi\colon X \to \mathbb{R}^{10}$, wobei $\mathbb{R}^{10}$ mit dem Standardskalarprodukt ausgestattet ist. Für beliebige Dimension d und beliebigen Grad m rechnet man $(1 + \langle x,y \rangle)^m$ per Multinomialsatz aus und erhält dann $\psi\colon X \to \mathbb{R}^q$ mit $q = \binom{d+m}{m} = \frac{(d+m)!}{m!d!}$, siehe Aufgabe 15.3. Um an diesem Beispiel nochmal den Kernel-Trick zu illustrieren, vermerken wir, dass sich q mit wachsendem d und m schnell erhöht und die Auswertung von ψ viele Rechenschritte erfordert, wenn man implementiert. Jeweils zuerst $\psi(x_i)$ und $\psi(x_j)$ und dann deren q-dimensionales Skalarprodukt zu berechnen, wäre daher aufwendig. Wir müssen aber in unserem Setup nur $k(x_i, x_j) = (1 + \langle x_i, y_i \rangle)^m$ berechnen, und das erfordert lediglich ein d-dimensiones Standardskalarprodukt, eine Addition und dann das Bilden einer m-ten Potenz.

(ii) Sei $\emptyset \neq X \subseteq \mathbb{R}^d$. Die Funktion $k\colon X \times X \to \mathbb{R}$, $k(x,y) = \mathrm{e}^{-\frac{\|x-y\|^2}{2\sigma^2}}$ mit $\sigma > 0$ heißt *RBF-Kern*, wobei RBF für *radiale Basisfunktion* steht. Wir überprüfen Definition 15.11 wieder nur im Spezialfall $\sigma = 1$, $d = 2$, in welchem sich

$$k(x,y) = \mathrm{e}^{-\|x-y\|^2} = \mathrm{e}^{-\langle x-y, x-y \rangle} = \mathrm{e}^{\langle x,y \rangle}\, \mathrm{e}^{-\|x\|^2/2}\, \mathrm{e}^{-\|y\|^2/2}$$

$$= \sum_{j=0}^{\infty} \frac{\langle x,y \rangle^j}{j!}\, \mathrm{e}^{-\|x\|^2/2}\, \mathrm{e}^{-\|y\|^2/2} = \sum_{j=0}^{\infty} \frac{(x_1 y_1 + x_2 y_2)^j}{j!}\, \mathrm{e}^{-\|x\|^2/2}\, \mathrm{e}^{-\|y\|^2/2}$$

$$= \sum_{j=0}^{\infty} \sum_{i=0}^{j} \frac{1}{j!} \binom{j}{i} (x_1 y_1)^i (x_2 y_2)^{j-i}\, \mathrm{e}^{-\|x\|^2/2}\, \mathrm{e}^{-\|y\|^2/2}$$

$$= \sum_{j=0}^{\infty} \sum_{i=0}^{j} \big(\mathrm{e}^{-\|x\|^2/2}\, \frac{x_1^i x_2^{j-i}}{(i!(j-i)!)^{1/2}}\big)\big(\mathrm{e}^{-\|y\|^2/2}\, \frac{y_1^i y_2^{j-i}}{(i!(j-i)!)^{1/2}}\big) = \langle \psi(x), \psi(y) \rangle$$

ergibt, wobei

$$\psi\colon X \to \ell^2,\ \psi(x) = \mathrm{e}^{\|x\|^2/2}\big(\underbrace{\overset{i=0}{1}}_{j=0}, \underbrace{\overset{i=0}{x_2^1}, \overset{i=1}{x_1^1}}_{j=1}, \underbrace{\overset{i=0}{\tfrac{x_1^2}{2}}, \overset{i=1}{\tfrac{x_1 x_2}{2}}, \overset{i=2}{\tfrac{x_2^2}{2}}}_{j=2}, \dots\big).$$

Dass ψ wohldefiniert ist, folgt aus $\|\psi(x)\|^2 = \mathrm{e}^{\|x-y\|^2/2} < \infty$, was nach der obigen Rechnung gilt. Für beliebige d kann wieder der Multinomialsatz angewandt werden und für beliebige $\sigma > 0$ kommen entsprechende Konstanten hinzu. Analog zu (i) kann $k(x_i, x_j)$ im Wesentlichen durch eine Normberechnung und Auswertung der Exponentialfunktion bestimmt werden — da der Zielbereich von ψ unendlichdimensional ist, wäre es hier sogar unmöglich, auf numerische Weise zuerst $\psi(x_i)$ und $\psi(x_j)$ exakt zu berechnen.

Wir formulieren nun die sich aus dem Kernel-Trick ergebende Methode als Satz.

Satz 15.13. (über den Kernel-Trick) *Sei* $X \subseteq \mathbb{R}^d$ *und* $D = \{(x_i, y_i) \mid i = 1, \dots, n\} \subseteq X \times \{-1, 1\}$ *eine Datenmenge, bei der nicht alle Label gleich sind. Sei* $k\colon X \times X \to \mathbb{R}$ *eine Kernfunktion und sei*

$$\lambda^* \in \operatorname*{argmin}_{\substack{\lambda \in \mathbb{R}^n_{\geq 0} \\ \langle \lambda, y \rangle = 0}} \tfrac{1}{2} \sum_{i,j=1}^{n} \lambda_i \lambda_j y_i y_j k(x_i, x_j) - \sum_{i=1}^{n} \lambda_i$$

eine beliebige Lösung des zugehörigen Optimierungsproblems. Dann ist $\lambda^* \neq 0$ *und für jedes* $i_0 \in \{1, \dots, n\}$ *mit* $\lambda_{i_0} \neq 0$ *ist*

$$h_k\colon X \to \mathbb{R},\ h_k(x) = \operatorname{sign}\Big(\sum_{i=1}^{n} \lambda_i^* k(x_i, x) + y_{i_0} - \sum_{i=1}^{n} \lambda_i^* y_i k(x_i, x_{i_0}) \Big)$$

ein korrekter Klassifizierer für D. *Dieser ist von der Wahl von* λ *und* i_0 *unabhängig und kann überdies nur anhand der Kernfunktion ausgewertet werden.*

Beweis. Per Definition 15.11 wählen wir $\psi\colon X \to (H, \langle \cdot, \cdot \rangle)$ so, dass $k(x, y) = \langle \psi(x), \psi(y) \rangle$ für alle $x, y \in X$ gilt. Wir bezeichnen mit $\hat{D}$ die abgebildete Datenmenge, welche im endlichdimensionalen Unterraum $U := \operatorname{span}\{\psi(x_i) \mid i = 1, \dots, n\} \subseteq H$ lebt. Letzterer Raum ist isometrisch isomorph zu $\mathbb{R}^d$ mit $d = \dim U$. Nach Satz 14.11 impliziert die Existenz von λ^*, die wir oben vorausgesetzt haben, dass $\hat{D}$ linear trennbar ist. In Kombination mit Proposition 15.7 impliziert Satz 14.11 weiter, dass

$$w^* = \sum_{i=1}^{n} \lambda_i^* y_i \psi(x_i) \ \text{ und } \ b^* = y_{i_0} - \langle w^*, x_{i_0} \rangle$$

den eindeutig bestimmten affin-linearen Klassifizierer $h^*\colon H \to \mathbb{R}$ für $\hat{D}$ liefern, wobei w^* unabhängig von der Wahl von λ^* ist, und b^* unabhängig von der Wahl von i_0, solange $\lambda_{i_0}^* \neq 0$ gilt. Die Verkettung $h^* \circ \psi \colon X \to \mathbb{R}$ liefert per Konstruktion einen korrekten Klassifizierer der Originaldaten D. Durch Einsetzen erhalten wir

$$h^*(\psi(x)) = \operatorname{sign}(\langle w^*, x \rangle + b^*) = \operatorname{sign}\Big(\sum_{i=1}^{n} \lambda_i^* k(x_i, x) + y_{i_0} - \sum_{i=1}^{n} \lambda_i^* y_i k(x_i, x_{i_0}) \Big),$$

also genau den im Satz für $h_k(x)$ angegebenen Ausdruck. $\qquad\square$

Definition 15.14. In der Situation von Satz 15.13 nennen wir $h_k \colon X \to \mathbb{R}$ den *von k induzierten Klassifizierer*.

Bemerkung 15.15. (i) Der Beweis von Satz 15.13 hat $h_k = h^* \circ \psi$ gezeigt, d.h. der durch k induzierte Klassifizierer stimmt mit dem unter ψ zurückgezogenen Klassifizierer überein. Bemerkenswert ist hierbei, dass ψ durch k nicht eindeutig bestimmt ist, vgl. Aufgabe 15.6, der induzierte Klassifizierer aber nur von k abhängt.

(ii) In gutartigen Fällen kann man h_k, h und ψ wie folgt illustrieren.

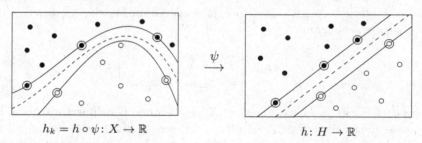

$$h_k = h \circ \psi \colon X \to \mathbb{R} \qquad\qquad\qquad h \colon H \to \mathbb{R}$$

Dabei sind im rechten Bild die Trägervektoren von h durch Kreise markiert, während Kreise im linken Bild *Urbilder von Trägervektoren* markieren. Beachte, dass letztere Punkte im Allgemeinen nicht alle dieselben Abstände von der Entscheidungsgrenze haben. Es kann sogar Datenpunkte geben, deren Bilder keine Trägervektoren sind, die aber näher an der Entscheidungsgrenze liegen als alle Urbilder von Trägervektoren.

(iii) Das Bild oben wirft die Frage auf, welche Eigenschaften die Funktion $\psi \colon X \to H$ eigentlich haben sollte. In unseren Beispielen 15.1 und 15.12 waren die Abbildungen ψ notwendigerweise nichtlinear, aber stets injektiv und stetig. In Beispiel 15.1 sieht man sogar ohne Mühe, dass die Funktion ψ offen auf ihr Bild ist. Andererseits benötigt der Kernel-Trick weder eine Topologie auf X und beinhaltet auch nur eine sehr schwache notwendige Injektivitätsbedingung: Ist die abgebildete Datenmenge $\hat{D} \subseteq H \times \{-1, 1\}$ linear trennbar, so gilt sicher

$$\forall\, i, j \in \{1, \dots, n\} \colon y_i \neq y_j \implies \psi(x_i) \neq \psi(x_j),$$

aber es spricht z.B. nichts dagegen, dass ψ Datenpunkte mit demselben Label auf ein und denselben Punkt schickt, vgl. Aufgabe 15.4. Andererseits ist es, im Hinblick auf den induzierten Klassifizierer, natürlich nicht von Nachteil, wenn k so gewählt wird, dass es eine zugehörige Abbildung $\psi\colon X \to H$ gibt, die injektiv und stetig ist. Wir verweisen hierzu auf Bemerkung 15.18.

Als letzten Punkt diesen Kapitels beschäftigen wir uns mit der Frage, wie man überhaupt Kernfunktionen finden kann. Eine Methode haben wir schon in Beispiel 15.12 gesehen, wo wir den Nachweis der Kerneigenschaft durch Angabe der Funktion $\psi\colon X \to H$ erbracht haben. Eine andere Methode stellen wir im folgenden Satz vor, der ein Kriterium bereitstellt, mit dem die Kerneigenschaft ohne explizite Kenntnis von ψ und H geprüft werden kann.

Bedingung (ii) im folgenden Satz wird mitunter als die *Mercer-Bedingung* bezeichnet, vergleiche die Bemerkungen und Referenzen am Ende des Kapitels.

Satz 15.16. (über die Mercer-Bedingung) *Sei X eine nichtleere Menge und $k\colon X \times X \to \mathbb{R}$ eine Funktion. Dann sind folgende Aussagen äquivalent.*

(i) k ist eine Kernfunktion.

(ii) Für alle $x_1, \ldots, x_m \in X$ ist die folgende Gram-Matrix *symmetrisch und positiv semidefinit:*

$$G := \begin{bmatrix} k(x_1,x_1) & \cdots & k(x_1,x_m) \\ \vdots & & \vdots \\ k(x_m,x_1) & \cdots & k(x_m,x_m) \end{bmatrix}.$$

Beweis. (i) $\Rightarrow$ (ii): Seien $x_1, \ldots, x_m \in X$ gegeben und G definiert wie oben. Per Voraussetzung existiert $\psi\colon X \to (H, \langle \cdot, \cdot \rangle)$, sodass $k(x,y) = \langle \psi(x), \psi(y) \rangle$ für alle $x, y \in X$ gilt. Da das Skalarprodukt symmetrisch ist, impliziert dies, dass G symmetrisch ist. Sei jetzt $\xi \in \mathbb{R}^m$ gegeben. Dann folgt aus

$$\langle \xi, G\xi \rangle = \left\langle \begin{bmatrix} \xi_1 \\ \vdots \\ \xi_n \end{bmatrix}, \begin{bmatrix} k(x_1,x_1) & \cdots & k(x_1,x_m) \\ \vdots & & \vdots \\ k(x_m,x_1) & \cdots & k(x_m,x_m) \end{bmatrix} \begin{bmatrix} \xi_1 \\ \vdots \\ \xi_n \end{bmatrix} \right\rangle$$

$$= \sum_{i,j=1}^{m} \xi_i \xi_j k(x_i, x_j) = \sum_{i,j=1}^{m} \xi_i \xi_j \langle \psi(x_i), \psi(x_j) \rangle$$

$$= \langle \sum_{i=1}^{m} \xi_i \psi(x_i), \sum_{j=1}^{m} \xi_j \psi(x_j) \rangle = \left\| \sum_{i=1}^{m} \xi_i \psi(x_i) \right\|^2 \geqslant 0,$$

dass G positiv semidefinit ist.

(ii) $\Rightarrow$ (i): Wir definieren $\psi\colon X \to \mathbb{R}^X = \{f\colon X \to \mathbb{R}\}$ per $\psi(x) := k(\cdot, x)$ und denken im Folgenden zur Veranschaulichung an das Beispiel des eindimensionalen RBF-Kerns. In diesem Spezialfall schickt ψ jeden Punkt $x \in \mathbb{R}$ auf eine Gaußfunktion, die x als Mittelwert hat:

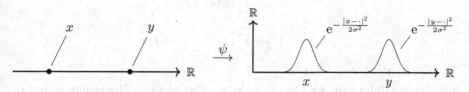

① Da $\mathbb{R}^X$ unter punktweise definierten Operationen ein Vektorraum ist, wäre die erste Idee nun, ein geeignetes Skalarprodukt auf diesem Raum zu definieren, und zwar so, dass die Identität $k(x,y) = \langle \psi(x), \psi(y) \rangle$ erfüllt ist. Da $\mathbb{R}^X$ aber sehr groß ist, ist es allerdings besser, Letzteres nur auf einem Teilraum zu machen. Der kleinste Kandidat hierfür ist $H := \operatorname{span} \operatorname{ran} \psi$ und wir probieren es erstmal mit diesem. In der Tat kann jedes $f \in H$ dann geschrieben werden als

$$f = \sum_{i=1}^{n} \alpha_i k(\cdot, x_i)$$

mit $n \in \mathbb{N}$, $\alpha_i \in \mathbb{R}$, $x_i \in X$.

② Ist f wie oben und $g = \sum_{j=1}^{m} \beta_j k(\cdot, y_j)$, dann definieren wir

$$\langle f, g \rangle := \sum_{i=1}^{n} \sum_{j=1}^{m} \alpha_i \beta_j k(x_i, y_j).$$

Da die Darstellungen von f und g nicht eindeutig sind, müssen wir zuerst zeigen, dass oben die rechte Seite unabhängig von der Wahl der $n, m, \alpha_i, \beta_j, x_i, y_j$ ist. In der Tat gilt

$$\sum_{i=1}^{n} \sum_{j=1}^{m} \alpha_i \beta_j k(x_i, y_j) = \sum_{j=1}^{m} \beta_j \sum_{i=1}^{n} \alpha_i k(x_i, y_j) = \sum_{j=1}^{m} \beta_j f(y_j),$$

woraus folgt, dass $\langle f, g \rangle$ unabhängig von der Wahl der m, α_i, x_i ist. Die Unabhängigkeit von n, β_j, y_j sieht man analog. Damit ist $\langle \cdot, \cdot \rangle \colon H \to \mathbb{R}$ wohldefiniert und es müssen die Skalarprodukteigenschaften nachgewiesen werden. Hierbei folgt (SP3) aus der Annahme, dass die Matrizen G symmetrisch sind und (SP4) gilt per Definition. Für f wie oben gilt per Voraussetzung an die Gram-Matrix

$$\langle f, f \rangle = \sum_{i,j=1}^{m} \alpha_i \alpha_j k(x_i, x_j) = \langle \alpha, G\alpha \rangle \geqslant 0,$$

womit gezeigt ist, dass $\langle \cdot, \cdot \rangle$ Bedingung (SP1) erfüllt. Es bleibt (SP2), also die Implikation $\langle f, f \rangle = 0 \implies f = 0$, zu zeigen. Dazu beobachten wir, dass für f wie oben die Identität

$$\langle k(\cdot, x), f \rangle = \langle k(\cdot, x), \sum_{i=1}^{m} \alpha_i k(\cdot, x_i) \rangle$$

$$= \sum_{i=1}^{m} \alpha_i \langle k(\cdot, x), k(\cdot, x_i) \rangle$$

$$\underset{\substack{\uparrow \\ \text{Dfn des SP}}}{=} \sum_{i=1}^{m} \alpha_i k(x, x_i) = f(x)$$

gilt. Daraus folgt mit der Cauchy-Schwarz-Bunjakowski-Ungleichung, von der wir in Lemma 15.3 gesehen haben, dass sie ohne (SP2) gilt, dass

$$f(x)^2 = \langle k(\cdot, x), f \rangle^2 \leqslant \langle k(\cdot, x), k(\cdot, x) \rangle \cdot \langle f, f \rangle = k(x, x) \langle f, f \rangle$$

für beliebige $x \in X$ gilt. Haben wir also $\langle f, f \rangle = 0$ für alle $x \in X$, so ist $f(x) = 0$ für alle $x \in X$, und dies bedeutet, dass $f \in H \subseteq \mathbb{R}^X$ der Nullvektor ist.

③ Wir haben soweit jetzt zumindest einen Prähilbertraum $(H, \langle \cdot, \cdot \rangle)$ und eine Abbildung $\psi \colon X \to H$, welche die Identität $k(x, y) = \langle \psi(x), \psi(y) \rangle$ für alle $x \in X$ erfüllt. Für die Vollständigkeit benötigen wir den folgenden Satz, welcher zum Standardrepertoire der Funktionalanalysis gehört und den man sich als Verallgemeinerung des Übergangs von $\mathbb{Q}$ nach $\mathbb{R}$ vorstellen kann.

Satz 15.17. (über die Vervollständigung) *Sei* $(H, \langle \cdot, \cdot \rangle_H)$ *ein Prähilbertraum. Dann existiert ein eindeutig bestimmter Hilbertraum* $(\hat{H}, \langle \cdot, \cdot \rangle_{\hat{H}})$, *sodass* $H \subseteq \hat{H}$, $\langle x, y \rangle_H = \langle x, y \rangle_{\hat{H}}$ *für alle* $x, y \in H$, *und* $\overline{H}^{\|\cdot\|_{\hat{H}}} = \hat{H}$ *gelten. Den Raum* $\hat{H}$ *nennt man die Vervollständigung von* H.   ◇

Falls unser Raum H aus ① also nicht vollständig ist, können wir diesen mithilfe von Satz 15.17 durch seine Vervollständigung ersetzen und ψ als Abbildung in den eventuell vergrößerten Raum auffassen. Die Identität $k(x, y) = \langle \psi(x), \psi(y) \rangle$ bleibt davon unberührt.   □

Wir weisen darauf hin, dass in Satz 15.16(ii) die Punkte $x_1, \ldots, x_m$ nicht die Datenpunkte einer gegebenen Datenmenge sind, sondern dass hier beliebige Punkte aus X getestet werden müssen. Darüber hinaus ist deren Anzahl $m \in \mathbb{N}$ nicht fest, Symmetrie und positive Definitheit der Gram-Matrix müssen also für unendlich viele Matrizen unbeschränkten Formats gegeben sein.

Wir haben nun zwei Methoden gesehen, mithilfe derer man Kernfunktionen finden bzw. testen kann, ob eine gegebene Funktion eine Kernfunktion ist. Jenseits dessen hat die Kerneigenschaft überaus gute Vererbungseigenschaften. So sind z.B.

(a) Einschränkungen von Kernen wieder Kerne,

(b) Linearkombinationen von Kernen wieder Kerne,

(c) Produkte von Kernen wieder Kerne,

(d) punktweise Grenzwerte von Kernen wieder Kerne,

wobei wir (a), (b) und (d) in Aufgabe 15.7 behandeln und für (c) auf die Referenzen am Kapitelende verweisen.

Basierend auf wohlbekannten Beispielen und den Vererbungseigenschaften gibt es eine Fülle von wohlbekannten Kernfunktion, die man in geeigneten Büchern findet. Nichtsdestotrotz wird der Kernel-Trick manchmal auch so verstanden, dass es eigentlich gar nicht nötig ist, zu wissen, ob das verwandte k die Kerneigenschaft wirklich hat: Denn hat man eine Lösung λ^* des Optimierungsproblems in Satz 15.13 gefunden, so kann man den induzierten Klassifizierer h_k implementieren und durch Einsetzen überprüfen, ob h_k korrekt klassifiziert — ob k nun Kern ist oder nicht.

Wir schließen dieses Kapitel mit einem Hinweis darauf ab, dass eine sehr viel umfassendere Theorie der Kernfunktionen existiert, als wir es hier in diesem Kapitel darlegen konnten.

Bemerkung 15.18. Sei X eine nichtleere Menge und $(H, \langle \cdot, \cdot \rangle)$ ein Hilbertraum, dessen Elemente Funktionen von X nach $\mathbb{R}$ sind. Eine Funktion $k \colon X \times X \to \mathbb{R}$ heißt *reproduzierender Kern*, falls

$$\forall f \in H, \ x \in X \colon \langle k(\cdot, x), f \rangle,$$

gilt, also jede Funktion in H durch das Skalarprodukt und k „reproduziert" wird. Den Raum H nennt man dann *Hilbertraum mit reproduzierendem Kern*. Die Spezialisierung auf reproduzierende Kerne erlaubt eine reichhaltigere Theorie als die der Kerne im Sinne von Definition 15.11, für die wir jedoch auf die unten genannten Referenzen verweisen.

Referenzen

Der Satz über die Orthogonalprojektion 15.8 kann in [Wer18, Theorem V.3.4] nachgelesen werden und der Satz 15.17 über die Vervollständigung von Prähilberträumen in [Wer18, Satz V.1.8]. Wir notieren noch, dass Satz 15.8 oben nur im Spezialfall eines endlichdimensionalen Unterraumes $U \subseteq X$ bzw. eines endlichdimensionalen Quotienten X/U gebraucht wird. In diesem Fall könnte man die Projektion auf U, bzw. auf das algebraische Komplement von U, per Wahl einer endlichen Basis wie in der Linearen Algebra beweisen, und käme so auch ohne Funktionalanalysis aus.

Die Hauptreferenzen für dieses Kapitel sind [SSBD14, AM12, SC08]. Ausführliche Rechnungen zu den Beispielen 15.12 findet man in [Sha08, Chapter 4.3]. Die *Mercer-Bedingung* ist nach Mercer's Theorem von 1909 benannt, siehe [SC08, S. 159]. Es gibt noch sehr viel allgemeinere Versionen des Representer Theorems, siehe [SC08, Chapter 4.5].

Wir weisen noch darauf hin, dass manche Autoren die Abbildung ψ als *Feature Map* bezeichnen und den Hilbertraum H als *Feature Space*. Außerdem sagt man manchmal, dass „die Kernfunktion k das Skalarprodukt bezüglich ψ implementiert". Dies macht besonders Sinn im Hinblick auf Bemerkung 15.10, nach der man zur Lösung des quadratischen Optimierungsproblems nur k zu kennen braucht, nicht aber H und ψ.

Aufgaben

Aufgabe 15.1. Wir betrachten die folgende 1-dimensionale Datenmenge

$$D := \{(-3.5, 1), (0.5, 1), (0.75, 1), (-2.5, -1), (-1, -1), (5, -1)\} \subseteq \mathbb{R} \times \{-1, 1\},$$

bei welcher der erste Eintrag das Feature und der zweite Eintrag das Label angibt.

(i) Skizzieren Sie die Datenmenge D.

(ii) Finden Sie eine Abbildung $\psi \colon \mathbb{R} \to \mathbb{R}^2$ derart, dass die abgebildete Datenmenge $\hat{D} := \{(\psi(x), y) \mid (x, y) \in D\} \subseteq \mathbb{R}^2 \times \{-1, 1\}$ linear trennbar ist und skizzieren Sie $\hat{D}$.

(iii) Bestimmen Sie einen Klassifizierer der Form $h = \text{sign}(\langle w, \cdot \rangle + b)$ für $\hat{D}$.

(iv) Geben Sie an, welche $x \in \mathbb{R}$ vom induzierten Klassifizierer $h \circ \psi$ mit 1 bzw. mit -1 klassifiziert werden.

Aufgabe 15.2. Finden Sie eine Funktion $\psi \colon \mathbb{R}^2 \to \mathbb{R}^3$, die eine Datenmenge der Gestalt wie im folgenden Bild injektiv und stetig auf eine linear trennbare Datenmenge abbilden kann.

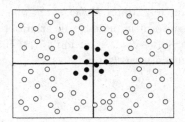

Aufgabe 15.3. Zeigen Sie, dass die Funktion $k \colon \mathbb{R} \times \mathbb{R} \to \mathbb{R}$, $k(x, y) = (1 + \langle x, y \rangle)^m$ mit $m \in \mathbb{N}$ eine Kernfunktion ist. Gehen Sie wie in Beispiel 15.12(i) vor und benutzen Sie den Multinomialsatz, um die m-te Potenz auszurechnen.

Aufgabe 15.4. Sei $\emptyset \neq X \subseteq \mathbb{R}$ und $D = \{(x_i, y_i) \mid i = 1, \ldots, n\} \subseteq X \times \{-1, 1\}$ eine Datenmenge mit $x_i = x_j \implies y_i = y_j$ (beachte auch Bemerkung 1.2).

(i) Zeigen Sie, dass für jede Funktion $\psi \colon X \to \mathbb{R}^n$ mit $\psi(x_i) = e_i$ die abgebildete Datenmenge $\hat{D} := \{(\psi(x_i), y_i) \mid i = 1, \ldots, n\} \subseteq \mathbb{R}^n \times \{-1, 1\}$ linear trennbar ist, indem Sie die Parameter eines Klassifizierers $h = \text{sign}(\langle w, \cdot \rangle + b)$ für $\hat{D}$ erraten.

(ii) Überlegen Sie sich einen Weg, um oben mit $\mathbb{R}$ anstelle von $\mathbb{R}^n$ auszukommen.

(iii) Sei $\psi \colon X \to H \subseteq \mathbb{R}^X$, $\psi(x) = e^{-\frac{(x - \cdot)^2}{2\sigma^2}}$ die Abbildung aus dem Beweis von Satz 15.16. Zeigen Sie, dass $\hat{D} := \{(\psi(x_i), y_i) \mid i = 1, \ldots, n\} \subseteq H \times \{-1, 1\}$ für eine geeignete Wahl von σ linear trennbar ist.

(iv) Welche der drei „Einbettungsmethoden" finden Sie besser und warum?

Aufgabe 15.5. Wir betrachten die Datenmenge aus Beispiel 15.1, welche per der folgenden Tabelle gegeben ist.

Datenpunkt	1	2	3	4	5	6	7
Wert	−0.9	−0.3	0.2	0.4	0.9	1.3	1.6
Label	−1	−1	+1	+1	+1	−1	−1

Lösen Sie das Optimierungsproblem aus Satz 15.13, z.B. mit dem Pythonpaket CVXOPT, und zwar

(i) für die Kernfunktion, die sich aus dem in Beispiel 15.1 angegebenen ψ ergibt,

(ii) für Polynom- und RBF-Kerne wie in Beispiel 15.12,

(iii) für andere Funktionen $k\colon \mathbb{R}^2 \to \mathbb{R}$.

Plotten Sie die jeweiligen Klassifizierer als Funktion $h\colon \mathbb{R} \to \mathbb{R}$ sowie die Paare (Wert, Label), um zu sehen, ob alle Punkte korrekt klassifiziert werden oder nicht.

Aufgabe 15.6. Zeigen Sie, dass für einen Kern $k\colon X \times X \to \mathbb{R}$ weder der Hilbertraum $(H, \langle\,\cdot\,,\,\cdot\,\rangle)$ noch die Funktion $\psi\colon X \to H$ in Definition 15.11 eindeutig sind. Betrachten Sie hierfür $k\colon \mathbb{R} \times \mathbb{R} \to \mathbb{R}$, $k(x,y) := xy$, sowie $\psi_i\colon \mathbb{R} \to \mathbb{R}^i$, definiert durch $\psi_1(x) = x$ und $\psi_2(x) = \frac{1}{\sqrt{2}}(x,x)$.

Aufgabe 15.7. Zeigen Sie, dass die Kerneigenschaft stabil unter Einschränkung, unter Linearkombinationen und unter punktweisen Grenzwerten ist.

Hinweis: Für die Einschränkung und Linearkombinationen kann man die entsprechenden Hilberträume H und Abbildungen ψ erraten. Dass der punktweise Grenzwert k einer Folge von Kernen $(k_n)_{n \in \mathbb{N}}$ wieder ein Kern ist, kann mithilfe von Satz 15.16 gezeigt werden.

16

Neuronale Netze

In diesem Kapitel beschäftigen wir uns mit künstlichen neuronalen Netzen. Deren zentralem Baustein, dem künstlichen Neuron, sind wir schon in früheren Kapiteln begegnet, ohne jedoch diesen Namen benutzt zu haben. Bevor wir die formale Definition angeben, weisen wir den Leser darauf hin, dass Teile dieses Kapitels Kenntnisse aus der Funktionalanalysis, der Maßtheorie und der Theorie der Fouriertransformation voraussetzen: Zwei Versionen des Satzes von Stone-Weierstraß, den Satz von Hahn-Banach, sowie den Rieszschen Darstellungssatz geben wir daher unten ohne Beweis an. Referenzen finden sich am Kapitelende. Das Vorgenannte betrifft nur die zweite Hälfte des Unterkapitels 16.1 zur sogenannten Expressivität neuronaler Netze. Die dortigen Hauptresultate 16.20, 16.21, 16.22 und 16.25 sind außerdem so gehalten, dass sie vom Leser auch erstmal ohne Beweis zur Kenntnis genommen werden können.

Jetzt beginnen wir mit der Definition eines künstlichen Neurons.

Definition 16.1. Eine Funktion $n\colon \mathbb{R}^d \to \mathbb{R}$ der Form

$$n(x) = \sigma(\langle w, x \rangle + b) = \sigma\Big(\sum_{i=1}^{d} w_i x_i + b\Big)$$

heißt *(künstliches) Neuron* mit *Gewicht* $w = (w_1, \ldots, w_d) \in \mathbb{R}^d$, *Bias* $b \in \mathbb{R}$ und *Aktivierungsfunktion* $\sigma\colon \mathbb{R} \to \mathbb{R}$. Häufig werden Neuronen durch Bilder wie das folgende veranschaulicht.

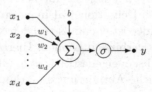

Künstliche Neuronen sind von den biologischen Neuronen des menschlichen Gehirns inspiriert. Bei letzteren sagt man häufig, dass ein solches Neuron *feu-*

ert, wenn die gewichteten eingehenden Signale einen gewissen Schwellwert überschreiten. Diese Analogie passt besonders gut, wenn man bei der Aktivierungsfunktion an die Heavisidefunktion denkt, die zusammen mit anderen typischen
Aktivierungsfunktionen unten dargestellt ist.

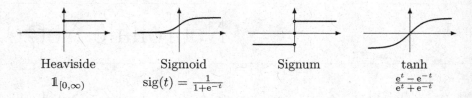

Heaviside	Sigmoid	Signum	tanh
$\mathbb{1}_{[0,\infty)}$	$\mathrm{sig}(t) = \frac{1}{1+\mathrm{e}^{-t}}$		$\frac{\mathrm{e}^t - \mathrm{e}^{-t}}{\mathrm{e}^t + \mathrm{e}^{-t}}$

Ein Heaviside-aktiviertes Neuron liefert dann den Wert Eins, wenn $\langle w, x \rangle \geqslant -b$
ausfällt; ansonsten liefert es den Wert Null. Eine glatte Variante hiervon erreicht
man mit der Sigmoidfunktion. In der Tat sind die logistischen Regressoren, die
wir in Kapitel 2 betrachtet haben, Beispiele für Sigmoid-aktivierte Neuronen.
Das Perzeptron und damit auch jede Support-Vector-Maschine, siehe Kapitel
13 und 14, ist hingegen ein Beispiel für ein Signum-aktivertes Neuron. Die
Signumfunktion kann auch wieder durch eine glatte Funktion, wie z.B. den
Tangens Hyperbolicus, ersetzt werden.

Neben den oben genannten Aktivierungsfunktionen werden wir in diesem
Kapitel insbesondere den *Rectified Linear Unifier (ReLU)* betrachten und dessen beschränkte Version (s.u.), welche wir mit $\overline{\mathrm{ReLU}}$ bezeichnen werden.

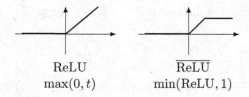

ReLU	$\overline{\mathrm{ReLU}}$
$\max(0, t)$	$\min(\mathrm{ReLU}, 1)$

Im Gegensatz zu den vorgenannten Kapiteln, in denen stets einzelne Neuronen
untersucht wurden, werden wir uns jetzt mit *neuronalen Netzen* beschäftigen,
d.h. Funktionen des Typs in Definition 16.1 in geeigneter Weise verketten oder
linear kombinieren. Diese Idee ist ebenfalls von der Natur inspiriert, in der sich
Neuronen durch *Synapsen* verbinden können. Hierbei hat dann jedes Neuron
seine eigenen Gewichte und sein eigenes Bias, aber alle Neuronen in einem Netz
haben in der Regel die gleiche Aktivierungsfunktion.

Im folgenden Unterkapitel 16.1 konzentrieren wir uns erstmal auf die Frage,
welche Funktionen ein neuronales Netz exakt darstellen bzw. in einem noch
zu präzisierenden Sinn approximieren kann. Dies bezeichnet man häufig als
Expressivität eines Netzes oder einer ganzen Klasse von Netzen.

16.1 Expressivität

Bei der oben erwähnten Frage, welche Funktionen durch neuronale Netze eines gewissen Typs dargestellt oder approximiert werden können, ist es sinnvoll zwischen Klassifikationsproblemen und Regressionsproblemen zu unterscheiden. Wir beginnen mit den folgenden diskreten, und daher eher zu Klassifikationsproblemen passenden, Resultaten.

Proposition 16.2. *Mit* $\sigma = \mathbb{1}_{[0,\infty)}$ *können die logischen Funktionen* $\wedge$, $\vee$, $\neg$ *jeweils durch ein Neuron dargestellt werden.*

Beweis. In der Tat haben wir

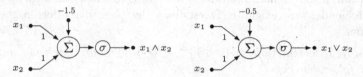

und

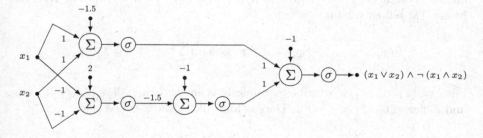

wie behauptet.   □

Bemerkung 16.3. Im Gegensatz zu Proposition 16.2 lässt sich die Entweder-Oder-Funktion XOR nicht durch ein einzelnes Neuron darstellen, siehe Aufgabe 16.1. Via der Formel

$$\text{XOR}(x_1, x_2) = (x_1 \vee x_2) \wedge \neg(x_1 \wedge x_2)$$

können wir allerdings Neuronen aus Proposition 16.3 zusammensetzen

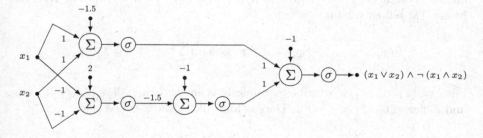

und erhalten XOR mittels vier Neuronen. In Aufgabe 16.1 werden wir zeigen, dass auch eine Darstellung mit nur drei Neuronen möglich ist.

Aus dem Obigen folgt direkt, dass jede beliebige Funktion $f\colon \{0,1\}^d \to \{0,1\}$, bzw. ihre konjunktive Normalform

$$N(z_1,\dots,z_d) = \bigwedge_{f(x_i)=0} y_{i1} \vee \cdots \vee y_{id}, \quad \text{wobei } y_{ik} = \begin{cases} \neg z_k, & \text{falls } x_{ik} = 1, \\ z_k, & \text{sonst.} \end{cases}$$

durch ein Heaviside-aktiviertes neuronales Netz dargestellt werden kann. Ein konkretes Beispiel findet sich in Aufgabe 16.2. Wie wir bereits im Kapitel über das Perzeptron beobachtet haben, vergleiche Bemerkung 13.14, ist es machmal von Vorteil, sowohl bei den Features als auch bei den Labeln die Werte $\{-1,1\}$ anstelle von $\{0,1\}$ zu benutzen und dann entsprechend die Heavisidefunktion durch die Signumfunktion zu ersetzen. Machen wir dies, so erhalten wir die folgende, sehr elegante, Darstellung der oben diskutierten „boolschen Funktionen".

Satz 16.4. *Jede Funktion $f\colon \{-1,1\}^d \to \{-1,1\}$ kann durch ein neuronales Netz der folgenden Form*

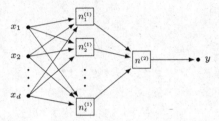

dargestellt werden, wobei die $n_i^{(k)}$ Signum-aktivierte Neuronen sind.

Beweis. Seien $w_i \in \{-1,1\}^d$, $i=1,\dots,\ell$, diejenigen Punkte, für die $f(w_i) = 1$ gilt. Dann erhalten wir

$$f = n^{(2)} \circ \begin{bmatrix} n_1^{(1)} \\ \vdots \\ n_\ell^{(1)} \end{bmatrix}$$

mit $n^{(2)} = \operatorname{sign}(\langle \mathbb{1}, \cdot \rangle + \ell - 1.5)$ und $n_i^{(1)} = \operatorname{sign}(\langle w_i, \cdot \rangle - d + 1)$ für $i = 1,\dots,\ell$. In der Tat haben wir für $x = w_i$:

$$n_i^{(1)}(x) = \operatorname{sign}(\langle w_i, w_i \rangle - d + 1) = \operatorname{sign}\Big(\sum_{j=1}^d w_{ij}^2 - d + 1\Big) = 1.$$

Für $x = (x_1,\dots,x_d) \neq w_i$ gibt es mindestens ein j_0 derart, dass $x_{j_0} \neq w_{ij_0}$ ist, und daher gilt $x_{j_0} \cdot w_{ij_0} = -1$. Daraus folgt für solche $x \in \{-1,1\}^d$

$$n_i^{(1)}(x) = \operatorname{sign}\Big(w_{ij_0} x_{j_0} + \sum_{\substack{j=1 \\ j\neq j_0}}^d w_{ij} x_j - d + 1\Big) = -1,$$

da wir das Argument der Signumfunktion nach oben durch -1 abschätzen können. Für ein beliebiges $x \in \{-1,1\}^d$ liefert also die sogenannte erste Schicht des neuronalen Netzes einen Vektor $(n_1^{(1)}(x), \ldots, n_\ell^{(1)}(x)) \in \{-1,1\}^\ell$, bei welchem der i-te Eintrag genau dann Eins ist, wenn $x = w_i$ gilt. Es folgt

$$\left\langle \begin{bmatrix} 1 \\ \vdots \\ 1 \end{bmatrix}, \begin{bmatrix} n_1^{(1)}(x) \\ \vdots \\ n_\ell^{(1)}(x) \end{bmatrix} \right\rangle = \sum_{i=1}^{\ell} n_i^{(1)}(x) = \begin{cases} -\ell + 2, & \text{falls } \exists\, i \in \{1, \ldots, \ell\} \colon x = w_i, \\ -\ell, & \text{sonst.} \end{cases}$$

Da die w_i per Konstruktion genau diejenigen Elemente von $\{-1,1\}^d$ sind, für die $f(w_i) = 1$ gilt, erhalten wir

$$n^{(2)}\left(\begin{bmatrix} n_1^{(1)}(x) \\ \vdots \\ n_\ell^{(1)}(x) \end{bmatrix} \right) = \mathrm{sign}\!\left(\left\langle \begin{bmatrix} 1 \\ \vdots \\ 1 \end{bmatrix}, \begin{bmatrix} n_1^{(1)}(x) \\ \vdots \\ n_\ell^{(1)}(x) \end{bmatrix} \right\rangle + \ell - 1.5 \right) = f(x)$$

für jedes $x \in \{-1,1\}^d$, wie behauptet. □

Wir bemerken, dass es bei binären Klassifizierern Sinn macht, ein neuronales Netz mit *Architektur* wie in Satz 16.4 zu verwenden, d.h. nach einer *versteckten Schicht* eine *Ausgangsschicht* mit nur einem Neuron zu verwenden, welches dafür sorgt, dass das Netz $\{0,1\}$-wertig wird, wenn man mit Heaviside-Aktivierung arbeitet. Alternativ erhält man mit Signum-Aktivierung, für alle Neuronen oder nur bei $n^{(2)}$, ein $(0,1)$-wertiges Netz. Im letzteren Fall kann man die Ausgabe als Wahrscheinlichkeit interpretieren, vgl. Aufgabe 16.5. Wir kommen später auch noch auf Klassifizierer mit mehrdimensionalen Labeln zu sprechen, siehe Satz 16.34 und die Bemerkungen davor.

Jetzt betrachten wir erstmal die Expressivität in einem analytischen Kontext. Wir wollen neuronale Netze als Regressoren einsetzen und betrachten dazu zunächst sogenannte *flache neuronale Netze*. Deren Architektur ist sehr ähnlich zu der in Satz 16.4 betrachteten, allerdings verzichten wir auf das *Ausgangsneuron* $n^{(2)}$ bzw. ersetzen wir dieses durch eine *Ausgangsmatrix*.

Definition 16.5. Eine Funktion $N \colon \mathbb{R}^d \to \mathbb{R}^m$ der Form

$$N = \begin{bmatrix} a_{11} & \cdots & a_{1\ell} \\ \vdots & & \vdots \\ a_{m1} & \cdots & a_{md} \end{bmatrix} \begin{bmatrix} n_1 \\ \vdots \\ n_\ell \end{bmatrix}$$

mit Neuronen $n_1, \ldots, n_\ell$ und einer Matrix $(a_{ij})_{i,j} \in \mathbb{R}^{\ell \times m}$ heißt *flaches, vollständig verbundenes, vorwärtspropagierendes Netz der Breite ℓ mit linearem Ausgang und Aktivierung $\sigma \colon \mathbb{R} \to \mathbb{R}$*. Ein solches Netz kann durch das folgende Bild beschrieben werden.

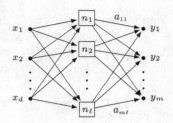

Wir bezeichnen mit $S^{\sigma,\ell}(\mathbb{R}^d, \mathbb{R}^m)$ die Menge aller neuronalen Netze der obigen Form und setzen

$$S^{\sigma}(\mathbb{R}^d, \mathbb{R}^m) := \bigcup_{\ell=1}^{\infty} S^{\sigma,\ell}(\mathbb{R}^d, \mathbb{R}^m).$$

Die Elemente von $S^{\sigma}(\mathbb{R}^d, \mathbb{R}^m)$ bezeichnen wir im Folgenden kurz als *flache Netze*. Wir setzen $S^{\sigma,\ell}(\mathbb{R}^d) := S^{\sigma,\ell}(\mathbb{R}^d, \mathbb{R})$ und $S^{\sigma}(\mathbb{R}^d) := S^{\sigma}(\mathbb{R}^d, \mathbb{R})$. Liest man die Anwendung der Aktivierungsfunktion koordinatenweise, so kann man ein flaches Netz $N \in S^{\sigma}(\mathbb{R}^d, \mathbb{R}^m)$ durch die Formel

$$N(x) = A\,\sigma(Wx + b)$$

mit $W \in \mathbb{R}^{\ell \times d}$, $b \in \mathbb{R}^{\ell}$ und $A \in \mathbb{R}^{\ell \times m}$ darstellen. Hierbei enthält die i-te Zeile von W die Gewichte des Neurons n_i.

Wir wollen nun untersuchen, für welche Aktivierungsfunktionen σ jede stetige Funktion $f \colon \mathbb{R}^d \to \mathbb{R}^m$ durch ein flaches neuronales Netz approximiert werden kann, und zwar im Sinne von gleichmäßiger Konvergenz auf Kompakta. Wir bemerken dabei, dass dies einerseits ein sehr natürlicher Konvergenzbegriff ist, der bereits aus den grundlegenden Analysisvorlesungen bekannt ist; z.B. konvergieren die Reihenentwicklungen von sin, cos und exp in genau diesem Sinne. Andererseits liegen Datenmengen oft in einem natürlich gegebenen Kompaktum, z.B. weil bei einem Vektor aus Messwerten für jeden Eintrag eine obere und untere Schranke aus der Anwendungssituation heraus bekannt ist. Wir erhalten dann auf diesem Kompaktum gleichmäßige Konvergenz und damit eine sehr starke Approximationsaussage.

Definition 16.6. Eine Teilmenge $S \subseteq C(\mathbb{R}^d, \mathbb{R}^m)$ des Raumes der stetigen Funktionen von $\mathbb{R}^d$ nach $\mathbb{R}^m$ heißt *dicht*, oder genauer *gleichmäßig dicht auf Kompakta*, falls mit einer beliebigen Norm $\|\cdot\|_{\mathbb{R}^m}$ auf $\mathbb{R}^m$ gilt

$$\forall\, F \in C(\mathbb{R}^d, \mathbb{R}^m),\ \Omega \subseteq \mathbb{R}^d \text{ kompakt},\ \varepsilon > 0\ \exists\, S \in S:$$

$$\|F - S\|_{\Omega,\infty} := \sup_{x \in \Omega} \|F(x) - S(x)\|_{\mathbb{R}^m} < \varepsilon.$$

Ist $\sigma \colon \mathbb{R} \to \mathbb{R}$ stetig, so gilt offenbar $S^{\sigma}(\mathbb{R}^d, \mathbb{R}^m) \subseteq C(\mathbb{R}^d, \mathbb{R}^m)$, und wir können fragen, ob dies ein dichter Teilraum im Sinne von Definition 16.6 ist. Wir geben zwei Beispiele.

Beispiel 16.7. (i) Sei $P \in \mathbb{R}[X]$ ein Polynom. Schreibt man $\mathcal{S}^P(\mathbb{R})$ explizit auf, so sieht man sofort, dass dieser Raum endlichdimensional ist. Für kompaktes $\Omega \subseteq \mathbb{R}$ ist dann $\mathcal{S}^P(\Omega) \subseteq (C(\Omega), \|\cdot\|_{\Omega,\infty})$ abgeschlossen und nicht dicht.

(ii) Sei $\exp\colon \mathbb{R} \to \mathbb{R}$ die Exponentialfunktion. Dann ist $\mathcal{S}^{\exp}(\mathbb{R}) \subseteq C(\mathbb{R})$ gleichmäßig dicht auf Kompakta. Dies folgt durch Anwendung des Satzes 16.10 von Stone-Weierstraß, siehe Aufgabe 16.3.

Die nächste Proposition erlaubt es uns im Folgenden auf den skalarwertigen Fall zu reduzieren.

Proposition 16.8. *Sei $\sigma\colon \mathbb{R} \to \mathbb{R}$ stetig. Falls $\mathcal{S}^\sigma(\mathbb{R}^d) \subseteq C(\mathbb{R}^d)$ gleichmäßig dicht auf Kompakta ist, dann ist auch $\mathrm{S}^\sigma(\mathbb{R}^d, \mathbb{R}^m) \subseteq C(\mathbb{R}^d, \mathbb{R}^m)$ gleichmäßig dicht auf Kompakta.*

Beweis. Bei gegebenem $F \in C(\mathbb{R}^d, \mathbb{R}^m)$ approximieren wir jede Koordinatenfunktion F_i entsprechend der Voraussetzung mit einem $N_i \in \mathcal{S}^\sigma(\mathbb{R}^d)$ und legen diese, wie im folgenden Bild für $m = 2$ gezeigt, übereinander. Die unten nicht eingezeichneten Linien entsprechen Nullen in der Ausgangsmatrix A.

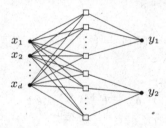

Auf diese Weise erhalten wir ein flaches Netz N, welches F im gewünschten Sinn approximiert. $\qquad\square$

Als Nächstes wollen wir uns ebenso beim Definitionsbereich auf den eindimensionalen Fall zurückziehen. Dies erfordert allerdings etwas Vorbereitung.

Lemma 16.9. *Sei $\mathcal{P} := \{\langle\,\cdot\,,a\rangle^r \colon \mathbb{R}^d \to \mathbb{R} \mid r \in \mathbb{N}_0, a \in \mathbb{R}^d\}$. Dann ist $\operatorname{span} \mathcal{P} \subseteq C(\mathbb{R}^d)$ gleichmäßig dicht auf Kompakta.*

Beweis. Wir benötigen die folgende Version des Satzes von Stone-Weierstraß. An Ende des Kapitels geben wir detaillierte Referenzen zu diesem Satz an.

Satz 16.10. (Stone-Weierstraß, Version 1) *Sei $\Omega \subseteq \mathbb{R}^d$ kompakt und sei $A \subseteq C(\Omega)$ eine Teilmenge derart, dass die folgenden Eigenschaften erfüllt sind.*

(i) *A ist eine Unteralgebra von $C(\Omega)$,*

(ii) *Es gilt $\mathbb{1}_\Omega \in A$,*

(iii) *A ist punktetrennend, d.h. $\forall\, x \neq y \in \Omega\ \exists\, g \in A\colon g(x) \neq g(y)$.*

Dann ist $A \subseteq C(\Omega)$ dicht bezüglich der Supremumsnorm.   ◇

Wir fixieren ein Kompaktum $\Omega \subseteq \mathbb{R}^d$. Da die Elemente von $\mathcal{P}$ eindeutig durch die Parameter a und r gegeben sind, können wir $A := \operatorname{span} \mathcal{P} \subseteq C(\Omega)$ als Teilmenge auffassen und müssen nun die Voraussetzungen in Satz 16.10 über-prüfen. Da A per Definition ein Untervektorraum ist, muss für die Unteralgebra-Eigenschaft nur die Abgeschlossenheit unter punktweiser Multiplikation gezeigt werden. Seien dazu $a, b \in \mathbb{R}^d$ und $r, s \in \mathbb{N}_0$. Wir wählen paarweise verschiedene $\beta_0, \dots, \beta_{r+s} \in \mathbb{R}$ und setzen

$$
c = \begin{bmatrix} c_0 \\ \vdots \\ c_{r+s} \end{bmatrix} := \binom{r+s}{s}^{-1} \underbrace{\begin{bmatrix} \beta_0^0 & \cdots & \beta_{r+s}^0 \\ \vdots & & \vdots \\ \beta_0^{r+s} & \cdots & \beta_{r+s}^{r+s} \end{bmatrix}}_{=:B}^{-1} \begin{bmatrix} 0 \\ \vdots \\ 0 \\ 1 \\ 0 \\ \vdots \\ 0 \end{bmatrix},
$$

wobei B als transponierte Vandermondematrix invertierbar ist. Bezeichnen wir mit δ_{ij} das Kroneckersymbol, d.h. $\delta_{ij} = 1$ für $i = j$ und $\delta_{ij} = 0$ für $i \neq j$, so erhalten wir für $0 \leqslant i \leqslant r + s$

$$
\sum_{j=0}^{r+s} \beta_j^i c_j = (Bc)_i = \binom{r+s}{s}^{-1} \delta_{is} = \binom{r+s}{i}^{-1} \delta_{is},
$$

also

$$
\delta_{is} = \binom{r+s}{i} \sum_{j=0}^{r+s} \beta_j^i c_j.
$$

Für $x \in \mathbb{R}^d$ berechnen wir nun

$$
\begin{aligned}
\langle x, a \rangle^r \langle x, b \rangle^s &= \sum_{i=0}^{r+s} \delta_{is} \langle x, a \rangle^{r+s-i} \langle x, b \rangle^i \\
&= \sum_{i=0}^{r+s} \Big[\binom{r+s}{i} \sum_{j=0}^{r+s} \beta_j^i c_j \Big] \langle x, a \rangle^{r+s-i} \langle x, b \rangle^i \\
&= \sum_{j=0}^{r+s} c_j \Big[\sum_{i=0}^{r+s} \binom{r+s}{i} \beta_j^i c_j \langle x, a \rangle^{r+s-i} \langle x, b \rangle^i \Big] \\
&= \sum_{j=0}^{r+s} c_j \big[\langle x, a \rangle + \beta_j \langle x, b \rangle \big]^{r+s} \\
&= \sum_{j=0}^{r+s} c_j \langle x, a + \beta_j b \rangle^{r+s}
\end{aligned}
$$

und sehen, dass $\langle \cdot, a \rangle^r \langle \cdot, b \rangle^s \in A$ gilt und A damit eine Unteralgebra ist. Durch Wahl von $r = 0$ folgt $\mathbb{1}_\Omega \in A$ und für $x \neq y$ in Ω bildet z.B. $\langle \cdot, x - y \rangle$ diese Punkte auf unterschiedliche Werte ab, andernfalls wäre nämlich $\|x - y\|^2 =$

$\langle x - y, x - y \rangle = 0$. Damit ist A also auch punktetrennend.

Sind jetzt $F \in C(\mathbb{R}^d)$ und $\varepsilon > 0$ gegeben, so betrachten wir $f := F|_\Omega$ und erhalten nach Satz 16.10 ein $g \in A$ mit $\|F - g\|_{\Omega,\infty} < \varepsilon$. Hierbei kann g in natürlicher Weise als Funktion auf $\mathbb{R}^d$ betrachtet werden und wir sind fertig. $\qquad \square$

Lemma 16.11. *Sei $\mathcal{F} \subseteq C(\mathbb{R})$ gleichmäßig dicht auf Kompakta. Dann ist auch $\mathcal{G} := \mathrm{span}\{f(\langle w, \cdot \rangle) \mid w \in \mathbb{R}^d, f \in \mathcal{F}\} \subseteq C(\mathbb{R}^d)$ gleichmäßig dicht auf Kompakta.*

Beweis. Sei $F \in C(\mathbb{R}^d)$, $\Omega \subseteq \mathbb{R}^d$ kompakt, und $\varepsilon > 0$ gegeben. Sei $\mathcal{P}$ so definiert wie in Lemma 16.9. Dann existieren $w_1, \ldots, w_m \in \mathbb{R}^d$, $r_1, \ldots, r_m \in \mathbb{N} \cup \{0\}$, sowie $\alpha_1, \ldots, \alpha_m \in \mathbb{R}$, sodass

$$\left\| F - \sum_{j=1}^{m} \alpha_j \langle w_j, \cdot \rangle^{r_j} \right\|_{\Omega,\infty} < \varepsilon/2$$

gilt. Für fixes $1 \leqslant j \leqslant k$ definieren wir $K_j := \{\langle w_j, x \rangle \mid x \in \Omega\}$. Da $K_j \subseteq \mathbb{R}$ kompakt ist, können wir per Voraussetzung $f_{j1}, \ldots, f_{j\ell} \in \mathcal{F}$ und $\alpha_{j1}, \ldots, \alpha_{j\ell} \in \mathbb{R}$ wählen, sodass

$$\left\| (\cdot)^{r_j} - \sum_{k=1}^{\ell} \alpha_{jk} f_{jk} \right\|_{K_j,\infty} < \frac{\varepsilon}{2\|\alpha\|_1}$$

gilt. Per Konstruktion ist dann

$$\left\| \langle w_j, \cdot \rangle^{r_j} - \sum_{k=1}^{\ell} \alpha_{jk} f_{jk}(\langle w_j, \cdot \rangle) \right\|_{\Omega,\infty} < \frac{\varepsilon}{2\|\alpha\|_1},$$

wobei die Linearkombination der $f_{jk}(\langle w_j, \cdot \rangle)$ per Definition zu $\mathcal{G}$ gehört. Folglich ist auch

$$g := \sum_{j=1}^{m} \alpha_j \sum_{k=1}^{\ell} \alpha_{jk} f_{jk}(\langle w_j, \cdot \rangle) \in \mathcal{G}$$

und wir erhalten die Abschätzung

$$\|F - g\|_{\Omega,\infty} \leqslant \left\| F - \sum_{j=1}^{m} \alpha_j \langle w_j, \cdot \rangle^{r_j} \right\|_{\Omega,\infty} + \left\| \sum_{j=1}^{m} \alpha_j \langle w_j, \cdot \rangle^{r_j} - g \right\|_{\Omega,\infty}$$

$$< \varepsilon/2 + \sum_{j=1}^{m} |\alpha_j| \left\| \langle w_j, \cdot \rangle^{r_j} - \sum_{k=1}^{\ell} \alpha_{jk} f_{jk}(\langle w_j, \cdot \rangle) \right\|_{\Omega,\infty}$$

$$< \varepsilon/2 + (\varepsilon/2) \sum_{j=1}^{m} |\alpha_j| / \|\alpha\|_1 = \varepsilon$$

wie gewünscht. $\qquad \square$

Mit den beiden Lemmas 16.9 und 16.11 können wir jetzt das folgende Reduktionsresultat für den Definitionsbereich beweisen.

Satz 16.12. (von Chui-Li-Lin-Pinkus) *Sei* $\sigma\colon \mathbb{R} \to \mathbb{R}$ *stetig und derart, dass die flachen Netze* $\mathcal{S}^\sigma(\mathbb{R}) \subseteq \mathrm{C}(\mathbb{R})$ *gleichmäßig dicht auf Kompakta sind. Dann ist* $\mathcal{S}^\sigma(\mathbb{R}^d) \subseteq \mathrm{C}(\mathbb{R}^d)$ *ebenfalls gleichmäßig dicht auf Kompakta.*

Beweis. Per Definition sind die Elemente $f \in \mathcal{S}^\sigma(\mathbb{R})$ von der Form $f(x) = \sigma(vx + b)$ mit $v, b \in \mathbb{R}$. Damit erhalten wir

$$
\begin{aligned}
\mathcal{S}^\sigma(\mathbb{R}^d) &= \Big\{ \sum_{i=1}^{\ell} a_i\, \sigma(\langle w_i, \cdot\rangle + b_i) \mid a_i \in \mathbb{R},\, w_i \in \mathbb{R}^d,\, b_i \in \mathbb{R},\, \ell \geqslant 1 \Big\} \\
&= \mathrm{span}\big\{ \sigma(\langle w, \cdot\rangle + b) \mid w \in \mathbb{R}^d,\, b \in \mathbb{R} \big\} \\
&= \mathrm{span}\big\{ \sigma(v\langle w, \cdot\rangle + b) \mid v \in \mathbb{R},\, w \in \mathbb{R}^d,\, b \in \mathbb{R} \big\} \\
&\underset{\substack{\uparrow \\ f=\sigma(v\,\cdot+b) \\ v,b\in\mathbb{R}}}{=} \mathrm{span}\big\{ f(\langle w, \cdot\rangle) \mid w \in \mathbb{R}^d,\, f \in \mathcal{S}^\sigma(\mathbb{R}) \big\}.
\end{aligned}
$$

Die letztere Menge ist aber gerade gleich der Menge $\mathcal{G}$ aus Lemma 16.11 und nach diesem dicht in $\mathrm{C}(\mathbb{R}^d)$. $\qquad\square$

Nach Proposition 16.8 und Satz 16.12 können wir uns bei der Frage, ob die flachen Netze $\mathcal{S}^\sigma(\mathbb{R}^d, \mathbb{R}^m) \subseteq \mathrm{C}(\mathbb{R}^d, \mathbb{R}^m)$ in den stetigen Funktionen gleichmäßig dicht auf Kompakta liegen, ohne Einschränkung auf den Fall $d = m = 1$ zurückziehen. Für diesen führen wir einen weiteren Begriff ein.

Definition 16.13. Für kompaktes $\Omega \subseteq \mathbb{R}$ bezeichnen wir mit $\mathrm{M}(\Omega)$ den Raum der komplexen Borelmaße und nennen eine messbare Funktion $\sigma\colon \mathbb{R} \to \mathbb{R}$ *diskriminatorisch*, falls für jede kompakte Menge $\Omega \subseteq \mathbb{R}$ und für $\mu \in \mathrm{M}(\Omega)$ gilt:

$$
\Big(\forall\, w, b \in \mathbb{R}\colon \int_\Omega \sigma(wx + b)\, \mathrm{d}\mu(x) = 0 \Big) \implies \mu = 0.
$$

Die nächsten zwei Lemmas sind die finalen Zutaten für die danach folgenden Approximationssätze für stetige Aktivierungsfunktionen.

Lemma 16.14. *Ist die Fouriertransformierte* $\hat{\mu}(s) = \int_{\mathbb{R}^d} \mathrm{e}^{-ist}\, \mathrm{d}\mu(t)$ *eines Maßes* $\mu \in \mathrm{M}(\mathbb{R})$ *gleich Null für jedes* $s \in \mathbb{R}$, *so ist bereits das Maß* $\mu = 0$.

Beweis. ① Für $\varphi \in \mathrm{L}^1(\mathbb{R}, \mathbb{C})$ betrachten wir die „normale" Fouriertransformierte

$$
[\mathcal{F}\varphi](\xi) \equiv \hat{\varphi}(\xi) := \int_{\mathbb{R}} \mathrm{e}^{-ix\xi}\, \varphi(x)\, \mathrm{d}x,
$$

für welche nach dem Riemann-Lebesgue-Lemma $\hat{f} \in C_0(\mathbb{R}, \mathbb{C})$ gilt. Wir betrachten die Menge $A := \{\hat{f} \mid f \in L^1(\mathbb{R}, \mathbb{C})\} \subseteq C_0(\mathbb{R}, \mathbb{C})$ und zeigen mithilfe der folgenden Version des Satzes von Stone-Weierstraß, dass diese dicht in $C_0(\mathbb{R}, \mathbb{C})$ liegt.

Satz 16.15. (Stone-Weierstraß, Version 2) *Sei A eine Teilmenge des Raumes $C_0(\mathbb{R}, \mathbb{C}) := \{f \in C(\mathbb{R}, \mathbb{C}) \mid \lim_{|x| \to \infty} f(x) = 0\}$ der stetigen Funktionen, die im Unendlichen verschwinden derart, dass die folgenden Eigenschaften erfüllt sind.*

(i) A ist eine Unteralgebra von $C_0(\mathbb{R}, \mathbb{C})$.

(ii) A ist punktetrennend, d.h. $\forall\, x \neq y \in \mathbb{R}\ \exists\, g \in A\colon g(x) \neq g(y)$.

(iii) A ist nicht verschwindend, d.h. $\forall\, x \in \mathbb{R}\ \exists\, g \in A\colon g(x) \neq 0$.

(iv) A ist abgeschlossen unter komplexer Konjugation, d.h. $\forall\, g \in A\colon \overline{g} \in A$.

Dann ist $A \subseteq C_0(\mathbb{R}, \mathbb{C})$ dicht bezüglich Supremumsnorm.   ◇

Da die Fouriertransformation linear ist, folgt mit der leicht zu prüfenden und wohlbekannten Identität $\mathcal{F}(f_1 \star f_2) = \mathcal{F}f_1 \cdot \mathcal{F}f_2$ zunächst, dass A eine Unteralgebra ist. Fouriertransformation von $f(x) := e^{-x}\, \mathbb{1}_{[0,\infty)}(x)$ liefert

$$\hat{f}(\xi) = \int_0^\infty e^{-ix\xi}\, e^{-x}\, \mathrm{d}x = e^{-(i\xi+1)x}\, \frac{1}{i\xi+1}\Big|_0^\infty = \frac{1}{i\xi+1},$$

woran wir sehen, dass $\hat{f}(\xi) \neq \hat{f}(\zeta)$ für alle $\xi \neq \zeta$ sowie $\hat{f}(\xi) \neq 0$ für jedes $\xi \in \mathbb{R}$ gelten. Damit ist A nicht verschwindend und punktetrennend. Mit einer weiteren wohlbekannten Identität, nämlich $[\mathcal{F}\overline{f}](\xi) = \overline{[\mathcal{F}f]}(-\xi)$ für $\xi \in \mathbb{R}$, erhalten wir schließlich die Abgeschlossenheit von A unter komplexer Konjugation.

② Wir bezeichnen jetzt mit $C_0(\mathbb{R}, \mathbb{C})'$ den Dualraum von $C_0(\mathbb{R}, \mathbb{C})$, d.h. den Raum aller linearen und stetigen Funktionale $\varphi\colon C_0(\mathbb{R}, \mathbb{C}) \to \mathbb{C}$ ausgestattet mit der Operatornorm. Mit $M(\Omega)$ bezeichnen wir den Raum der komplexen, regulären Borelmaße mit endlicher Variationsnorm. Für das Folgende benötigen wir:

Satz 16.16. (Rieszscher Darstellungssatz, Version 1) *Die Abbildung $T\colon M(\mathbb{R}) \to C_0(\mathbb{R}, \mathbb{C})'$, $[T\mu](f) = \int_{\mathbb{R}} f\, \mathrm{d}\mu$, ist ein Isomorphismus von Banachräumen.*   ◇

Um Lemma 16.14 zu beweisen sei nun $\mu \in M(\mathbb{R})$ mit $\hat{\mu} = 0$ gegeben. Sei T der Isomorphimsus aus Satz 16.16. Dann ist $T\mu \in C_0(\mathbb{R}, \mathbb{C})'$ und wir zeigen, dass dieses Funktional auf A verschwindet. Sei dazu $f \in L^1(\mathbb{R}, \mathbb{C})$. Dann folgt mit dem Satz von Fubini (für komplexe Maße!)

$$[T\mu](\hat{f}) = \int_{\mathbb{R}} \hat{f}(\xi)\, \mathrm{d}\mu(\xi) = \int_{\mathbb{R}} \int_{\mathbb{R}} e^{-ix\xi}\, f(x)\, \mathrm{d}x\, \mathrm{d}\mu(\xi)$$

$$= \int_{\mathbb{R}} f(x) \int_{\mathbb{R}} \mathrm{e}^{-ix\xi} \, \mathrm{d}\mu(\xi) \, \mathrm{d}x = \int_{\mathbb{R}} f(x) \hat{\mu}(\xi) \, \mathrm{d}x = 0.$$

Nach Teil ① ist $A \subseteq C_0(\mathbb{R}, \mathbb{C})$ dicht, d.h. $[T\mu](f) = 0$ für jedes $f \in C_0(\mathbb{R}, \mathbb{C})$. Damit ist aber dann $T\mu = 0$, und da T ein Isomorphismus ist, folgt $\mu = 0$. □

Lemma 16.17. *Sei* $\sigma \colon \mathbb{R} \to \mathbb{R}$ *stetig und diskriminatorisch. Dann ist* $\mathcal{S}^\sigma(\mathbb{R}) \subseteq$ $C(\mathbb{R})$ *gleichmäßig dicht auf Kompakta.*

Beweis. Für den Beweis benötigen wir die folgende Konsequenz aus dem Satz von Hahn-Banach, die wir ohne Beweis notieren.

Satz 16.18. (Korollar zum Satz von Hahn-Banach) *Sei* X *ein normierter Raum,* $Y \subseteq X$ *ein abgeschlossener Unterraum und* $x \in X \backslash Y$. *Dann existiert eine lineare und stetige Abbildung* $\varphi \colon X \to \mathbb{R}$ *mit* $\varphi|_Y = 0$ *und* $\varphi(x) \neq 0$.   ◇

Angenommen, $\mathcal{S}^\sigma(\mathbb{R}) \subseteq C(\mathbb{R})$ ist nicht gleichmäßig dicht auf Kompakta. Dann gibt es ein Kompaktum $\Omega \subseteq \mathbb{R}$, sodass $\overline{\mathcal{S}^\sigma(\Omega)} \subset C(\Omega)$ ein abgeschlossener echter Unterraum ist. Nach Satz 16.18 existiert ein $0 \neq \varphi \in C(\Omega)'$, welches auf $\mathcal{S}^\sigma(\Omega)$ verschwindet. Jetzt wenden wir die folgende, etwas andere, Variante des Rieszschen Darstellungssatzes an.

Satz 16.19. (Rieszscher Darstellungssatz, Version 2) *Sei* $\Omega \subseteq \mathbb{R}$ *kompakt. Dann ist die Abbildung* $T \colon \mathrm{M}(\Omega) \to C(\Omega, \mathbb{C})'$, $[T\mu](f) = \int_\Omega f \, \mathrm{d}\mu$, *ein Isomorphismus von Banachräumen.*   ◇

Wir wählen nun $\mu \in \mathrm{M}(\Omega)$ mit $T\mu = \varphi$ gemäß Satz 16.19. Das heißt, es gilt

$$\forall \, f \in C(\Omega) \colon \varphi(f) = \int_\Omega f(x) \, \mathrm{d}\mu(x).$$

Wir spezialisieren $f := \sigma(w \cdot + b) \in \mathcal{S}^\sigma(\Omega)$ und erhalten

$$\forall \, w, b \in \mathbb{R} \colon \int_\Omega \sigma(wx + b) \, \mathrm{d}\mu(x) = \varphi(f) = 0.$$

Da σ diskriminatorisch ist, ist $\mu = 0$ und damit $\varphi = 0$. Widerspruch.   □

Nun kommen wir zum ersten Approximationssatz. Beachte, dass dieser insbesondere die „S-förmigen" Aktivierungsfunktionen tanh, Sigmoid und $\overline{\text{ReLU}}$ vom Anfang des Kapitels abdeckt, dabei aber natürlich weit über diese drei Beispiele hinausgeht.

Satz 16.20. (von Cybenko) *Sei* $\sigma \colon \mathbb{R} \to \mathbb{R}$ *stetig und habe endliche Grenzwerte* $\ell := \lim_{t \to -\infty} \sigma(t) \neq \lim_{t \to +\infty} \sigma(t) =: r$. *Dann ist* $\mathcal{S}^\sigma(\mathbb{R}^d, \mathbb{R}^m) \subseteq C(\mathbb{R}^d, \mathbb{R}^m)$

gleichmäßig dicht auf Kompakta. Genauer gilt das Folgende für jede Norm
$\|\cdot\|_{\mathbb{R}^m}$ *auf* $\mathbb{R}^m$:

$$\forall\, F \in C(\mathbb{R}^d, \mathbb{R}^m),\ \Omega \subseteq \mathbb{R}^d\ kompakt,\ \varepsilon > 0\ \exists\, N \in \mathcal{S}^\sigma(\mathbb{R}^d, \mathbb{R}^m):$$

$$\|F - N\|_{\Omega,\infty} = \sup_{x \in \Omega} \|F(x) - N(x)\|_{\mathbb{R}^m} < \varepsilon.$$

Beweis. ① Wir zeigen zuerst, dass wir ohne Einschränkung $\ell = 0$ annehmen dürfen. Dazu behaupten wir, dass für eine beliebige diskriminatorische und nicht-konstante Funktion $\sigma\colon \mathbb{R} \to \mathbb{R}$ stets $\sigma + \ell$ ebenfalls diskriminatorisch ist, und zwar für beliebiges $\ell \in \mathbb{R}$. Sei dazu $\Omega \subseteq \mathbb{R}$ kompakt und $\mu \in M(\Omega)$ sei derart, dass

$$\forall\, w \in \mathbb{R}^n,\, b \in \mathbb{R}\colon \int_\Omega \sigma(\langle w, x\rangle + b) + \ell\, \mathrm{d}\mu(x) = 0$$

gilt. Wir spezialisieren in der obigen Bedingung $w = 0$ und nutzen aus, dass dann der Integrand konstant wird. Es folgt

$$\forall\, b \in \mathbb{R}\colon (\sigma(b) + \ell) \cdot \mu(\Omega) = 0.$$

Weil σ per Voraussetzung nicht konstant ist, können wir ein $b \in \mathbb{R}$ finden, sodass $\sigma(b)+\ell \neq 0$ gilt. Aus Obigem folgt also, dass $\mu(\Omega) = 0$ sein muss. (Beachte, dass hieraus im Allgemeinen noch nicht $\mu = 0$ folgt, da $\mu \in M(\Omega)$ möglicherweise nicht positiv ist!) Benutzen wir aber nochmal die allererste Bedingung, so erhalten wir

$$\forall\, w, b \in \mathbb{R}\colon 0 = \int_\Omega \sigma(wx + b) + \ell\, \mathrm{d}\mu(x)$$

$$= \int_\Omega \sigma(wx + b)\, \mathrm{d}\mu(x) + \ell \cdot \mu(\Omega)$$

$$= \int_\Omega \sigma(wx + b)\, \mathrm{d}\mu(x).$$

Da σ diskriminatorisch ist, folgt hieraus jetzt wie gewünscht $\mu = 0$.

② Sei nun σ wie im Satz, wobei wir nach Teil ① ohne Einschränkung voraussetzen, dass $\ell = 0$ ist. Für $\Omega \subseteq \mathbb{R}$ kompakt und $\mu \in M(\Omega)$ gelte

$$\forall\, w \in \mathbb{R}^d,\, b \in \mathbb{R}\colon \int_\Omega \sigma(wx + b)\, \mathrm{d}\mu(x) = 0.$$

Wir behaupten, dass $\mu(\Omega \cap I_{w,b}) = 0$ ist für alle $w, b \in \mathbb{R}$, wobei $I_{w,b} := \{x \in \mathbb{R} \mid wx + b > 0\}$ für $w > 0$ gleich dem Intervall $(-b/w, \infty)$ ist, während sich für $w < 0$ das Intervall $(-\infty, -b/w)$ ergibt. Für $w = 0$ ist $I_{w,b}$ entweder leer und es ist nichts zu zeigen, oder $I_{w,b} = \mathbb{R}$ und $\mu(\Omega) = 0$ folgt sofort mit Argumenten wie in $\textcircled{1}$. Für $w, b, a \in \mathbb{R}$ berechnen wir

$$\lim_{j \to \infty} \sigma\big(j(wx + b) + a\big) = \left\{\begin{array}{ll} r, & \text{falls } wx + b > 0, \\ \sigma(a), & \text{falls } wx + b = 0, \\ 0, & \text{sonst} \end{array}\right\} = r\mathbb{1}_{I_{w,b}} + \sigma(a)\mathbb{1}_{\{-b/w\}}$$

und sehen, dass per Voraussetzung für jedes $j \in \mathbb{N}$

$$\int_{\Omega} \sigma(j(wx + b) + a)\,\mathrm{d}\mu(x) = \int_{\Omega} \sigma(jwx + jb + a)\,\mathrm{d}\mu(x) = 0$$

gilt. Nach dem Lebesgueschen Konvergenzsatz erhalten wir aus beidem zusammen, dass bei fixierten $w, b \in \mathbb{R}$ für jedes $a \in \mathbb{R}$

$$r\mu(I_{w,b} \cap \Omega) + \sigma(a)\mu(\{-b/w\} \cap \Omega) = 0$$

gilt. Da der erste Summand unabhängig von a ist und σ nicht konstant ist, muss $\mu(\{-b/w\} \cap \Omega) = 0$ sein und wir erhalten

$$\forall\, w,\, b \in \mathbb{R}\colon \mu(I_{w,b} \cap \Omega) = 0.$$

$\textcircled{3}$ Jetzt zeigen wir schließlich, dass $\mu = 0$ gilt. Für fixiertes $w \in \mathbb{R}$ wählen wir ein kompaktes Intervall $J \supseteq \{wx \mid x \in \Omega\}$ und betrachten

$$\varphi_w\colon \mathrm{L}^{\infty}(J) \to \mathbb{C}, \ \varphi_w(f) := \int_{\Omega} f(wx)\,\mathrm{d}\mu(x).$$

Für reelle $a < b$ mit $(a, b] \subseteq \Omega$ berechnen wir

$$\begin{aligned} \varphi_w(\mathbb{1}_{(a,b]}) &= \int_{\Omega} \mathbb{1}_{(a,b]}(wx)\,\mathrm{d}\mu(x) \\ &= \int_{\Omega} \mathbb{1}_{(a,\infty)}(wx)\,\mathrm{d}\mu(x) - \int_{\Omega} \mathbb{1}_{(b,\infty)}(wx)\,\mathrm{d}\mu(x) \\ &= \mu(\Omega \cap I_{w,-a}) - \mu(\Omega \cap I_{w,-b}) = 0 \end{aligned}$$

Da die einfachen Funktionen in $\mathrm{L}^{\infty}(J)$ dicht liegen, folgt $\varphi_w \equiv 0$. Wir betrachten nun einerseits $f \in \mathrm{L}^{\infty}(J)$, definiert durch $f(t) = \mathrm{e}^{-it}$, und andererseits $\mu \in \mathrm{M}(\mathbb{R})$, indem wir $\mu \in \mathrm{M}(\Omega)$ durch Null fortsetzen. Jetzt berechnen wir die Fouriertransformierte $\hat{\mu} \in \mathrm{C}_{\mathrm{b}}(\mathbb{R})$ und erhalten

$$\hat{\mu}(w) = \frac{1}{\sqrt{2\pi}} \int_{\Omega} \mathrm{e}^{-iwx}\,\mathrm{d}\mu(x) = \frac{1}{\sqrt{2\pi}} \varphi_w(f) = 0.$$

Mit Lemma 16.14 folgt $\mu = 0$ und wir haben bewiesen, dass σ diskriminatorisch ist.

④ Lemma 16.17 impliziert schließlich, dass $S^\sigma(\mathbb{R}) \subseteq C(\mathbb{R})$ gleichmäßig dicht auf Kompakta ist und Proposition 16.8 und Satz 16.12 zeigen, dass daraus die Aussage des Satzes folgt. □

Als Korollar des obigen Satzes, sowie unserer Vorarbeiten, erhalten wir ein analoges Approximationsresultat für die nicht-abgeschnittene ReLU-Funktion.

Korollar 16.21. *Der Unterraum* $S^{\mathrm{ReLU}}(\mathbb{R}^d, \mathbb{R}^m) \subseteq C(\mathbb{R}^d, \mathbb{R}^m)$ *ist gleichmäßig dicht auf Kompakta.*

Beweis. Es genügt zu zeigen, dass ReLU diskriminatorisch ist. Sei $\Omega \subseteq \mathbb{R}$ kompakt und $\mu \in M(\Omega)$ sei derart, dass $\int_\Omega \mathrm{ReLU}(wx+b)\,d\mu(x) = 0$ für alle $w, b \in \mathbb{R}$ gilt. Für beliebige $w, b \in \mathbb{R}$ gilt per Definition

$$\overline{\mathrm{ReLU}}(wx + b) = \begin{cases} 0, & \text{falls } wx + b < 0, \\ wx + b, & \text{falls } 0 \leqslant wx + b < 1, \\ 1, & \text{falls } 1 \leqslant wx + b, \end{cases}$$

womit man per Fallunterscheidung sieht, dass

$$\overline{\mathrm{ReLU}}(wx + b) = \max(0, wx + b) - \max(0, wx + b - 1)$$
$$= \mathrm{ReLU}(wx + b) - \mathrm{ReLU}(wx + b - 1)$$

für alle $x \in \mathbb{R}$ gilt. Durch zweimalige Anwendung der Voraussetzung erhalten wir $\int_\Omega \overline{\mathrm{ReLU}}(wx + b)\,d\mu(x) = 0$ und dies für beliebige $w, b \in \mathbb{R}$. Da der Beweis von Satz 16.20 insbesondere gezeigt hat, dass $\overline{\mathrm{ReLU}}$ diskriminatorisch ist, folgt hieraus $\mu = 0$. □

Als Nächstes widmen wir uns unstetigen Aktivierungsfunktionen. Um zu adressieren, dass für solche nicht mehr $S^\sigma(\mathbb{R}^d, \mathbb{R}^m) \subseteq C(\mathbb{R}^d, \mathbb{R}^m)$ gilt, ersetzen wir in Definition 16.6 das Supremum über Ω durch das essentielle Supremum, betrachten also

$$\|f\|_{\Omega, \text{ess sup}} = \operatorname{ess\,sup}_{x \in \Omega} \|f(x)\|_{\mathbb{R}^m} := \inf_{\substack{N \in \Sigma \\ \lambda(N) = 0}} \|f|_{\Omega \setminus N}\|_\infty,$$

wobei λ das Lebesguemaß auf Ω ist und Σ die σ-Algebra der Borelmengen von Ω. Mit dieser Anpassung erhalten wir den folgenden Satz.

Satz 16.22. (von Leshno-Lin-Pinkus-Schocken) *Sei* $t_0 \in \mathbb{R}$ *und* $\sigma : \mathbb{R} \to \mathbb{R}$ *sei stetig auf* $[-s, t_0) \cup (t_0, s]$ *für ein* $s \in \mathbb{R}$ *und derart, dass die Grenzwerte* $\lim_{t \nearrow t_0} \sigma(t) \neq \lim_{t \searrow t_0} \sigma(t)$ *in* $\mathbb{R}$ *existieren. Dann gilt:*

$$\forall\, F \in C(\mathbb{R}^d, \mathbb{R}^m),\ \Omega \subseteq \mathbb{R}^d \text{ kompakt},\ \varepsilon > 0\ \exists\, N \in S^\sigma(\mathbb{R}^d, \mathbb{R}^m):$$

$$\|F - N\|_{\Omega, \text{ess sup}} < \varepsilon.$$

Beweis. Nach Proposition 16.8 und Satz 16.12 genügt es den Fall $d = m = 1$ zu betrachten. Hier haben wir

$$\mathcal{S}^\sigma(\mathbb{R}) = \text{span}\left\{\sigma(w \cdot + b) \mid w, b \in \mathbb{R}\right\}.$$

Für $w = \pm 1$ wählen wir b derart, dass $\sigma(b) \neq 0$ ist. Nehmen wir dann $1/\sigma(b)$ als Koeffizient, so sehen wir, dass $\mathbb{1}_\mathbb{R} \in \mathcal{S}^\sigma(\mathbb{R})$ gilt. Für $w = 1$ und $a \in \mathbb{R}$ geeignet gilt

$$\ell := \lim_{t \nearrow 0} a\sigma(t - t_0) < \lim_{t \searrow 0} a\sigma(t - t_0) =: r$$

und folglich erfüllt $\tau \in \mathcal{S}^\sigma(\mathbb{R})$, $\tau(t) := \frac{1}{r - \ell}\left(a\sigma(t - t_0) - \ell\mathbb{1}_\mathbb{R}\right)$

$$\lim_{t \nearrow 0} \tau(t) = 0 \quad \text{und} \quad \lim_{t \searrow 0} \tau(t) = 1.$$

Wir betrachten nun $\mathcal{S}^\tau(\mathbb{R}) \subseteq \mathcal{S}^\sigma(\mathbb{R})$ und sehen, dass für $c \in \mathbb{R}$ und $a < b$ in $\mathbb{R}$

$$\|\tau(w \cdot + c) - \mathbb{1}_{[c,\infty)}\|_{[a,b],\infty} = \sup_{t \in [a,b]} |\tau(wt + c) - \mathbb{1}_{[c,\infty)}| \xrightarrow{w \to 0} 0$$

gilt, also $\lim_{w \to 0} \tau(w \cdot + c) = \mathbb{1}_{[c,\infty)}$ gleichmäßig auf kompakten Teilmengen von $\mathbb{R}$ gilt. Damit ist

$$\mathbb{1}_{[c,\infty)} \in \overline{\mathcal{S}^\sigma(\mathbb{R})} := \Big\{F \colon \mathbb{R} \to \mathbb{R} \mid \forall\, \Omega \subseteq \mathbb{R} \text{ kompakt, } \varepsilon > 0$$
$$\exists\, N \in \mathcal{S}^\sigma(\mathbb{R}) \colon \|F - N\|_{\Omega, \text{ess sup}} < \varepsilon\Big\}$$

für beliebiges $c \in \mathbb{R}$. Da $\overline{\mathcal{S}^\sigma(\mathbb{R})}$ ein Vektorraum ist, enthält letzterer dann alle Treppenfunktionen (mit endlich vielen Stufen!). Aus der Analysis ist wohlbekannt, dass auf einem festen kompakten Intervall jede stetige Funktion gleichmäßig durch Treppenfunktionen approximiert werden kann. Damit folgt die Aussage des Satzes.   □

Satz 16.22 deckt insbesondere flache neuronale Netze mit Heaviside- oder Signum-Aktivierung ab. In der Tat kann man in diesen Spezialfällen sogar den ersten Teil des Beweises weglassen bzw. deutlich kürzen.

In der Praxis stellt sich heraus, dass die Approximation mit einem flachen neuronalen Netz sehr viele Neuronen erfordert, während man im Vergleich dazu mit deutlich weniger Neuronen auskommt, wenn man letztere nur anders anordnet. Wir verweisen auf Aufgabe 16.8 für ein Beispiel, welches das Obige unterlegt und fahren hier fort mit der formalen Definition dessen, was sich hinter dem Begriff „Deep Learning" verbirgt.

Definition 16.23. Sei $\sigma\colon \mathbb{R} \to \mathbb{R}$. Eine Funktion $N\colon \mathbb{R}^d \to \mathbb{R}^m$ der Form

$$N = A \circ n^{(t)} \circ \cdots \circ n^{(1)} \quad \text{mit} \quad n^{(k)} = \begin{bmatrix} n_1^{(k)} \\ \vdots \\ n_\ell^{(k)} \end{bmatrix}$$

mit σ-aktivierten Neuronen $n_1^{(1)},\ldots,n_\ell^{(1)}\colon \mathbb{R}^d \to \mathbb{R}$ und $n_1^{(k)},\ldots,n_\ell^{(k)}\colon \mathbb{R}^\ell \to \mathbb{R}$ für $k = 2,\ldots,t$, und $A \in \mathbb{R}^{\ell \times m}$ heißt *tiefes, vollständig verbundenes, vorwärtspropagierendes neuronales Netz der Breite ℓ und Tiefe $t \geqslant 2$ mit linearem Ausgang*. Ein solches Netz kann durch das folgende Bild beschrieben werden.

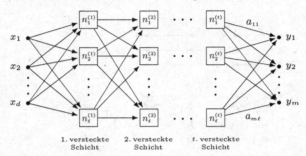

1. versteckte   2. versteckte t. versteckte
Schicht   Schicht   Schicht

Wir bezeichnen mit $\mathcal{D}^{\sigma,\ell,t}(\mathbb{R}^d,\mathbb{R}^m)$ die Menge der neuronalen Netze obigen Typs, welche wir kurz als *tiefe Netze* bezeichnen. Wir definieren überdies

$$\mathcal{D}^{\sigma,\ell}(\mathbb{R}^d,\mathbb{R}^m) = \bigcup_{t=1}^{\infty} \mathcal{D}^{\sigma,\ell,t}(\mathbb{R}^d,\mathbb{R}^m),$$

also die Menge der beliebig tiefen neuronalen Netze mit fester Breite ℓ. Wir setzen $\mathcal{D}^{\sigma,\ell,t}(\mathbb{R}^d) := \mathcal{D}^{\sigma,\ell,t}(\mathbb{R}^d,\mathbb{R})$ und $\mathcal{D}^{\sigma,\ell}(\mathbb{R}^d) := \mathcal{D}^{\sigma,\ell}(\mathbb{R}^d,\mathbb{R})$.

Der nächste Satz zeigt, dass, unter bestimmten Voraussetzungen, ein Tradeoff zwischen Breite und Tiefe möglich ist. Wir behandeln zunächst den skalarwertigen Fall.

Satz 16.24. (von Hanin) *Sei $F \in \mathcal{S}^{\mathrm{ReLU}}(\mathbb{R}^d)$ ein flaches Netz mit Breite ℓ und $\Omega \subseteq \mathbb{R}_{\geqslant 0}^d$ kompakt. Dann gibt es ein tiefes Netz $N \in \mathcal{D}^{\mathrm{ReLU},d+3,\ell}(\mathbb{R}^d)$ mit $F(x) = N(x)$ für alle $x \in \Omega$.*

Beweis. Das flache Netz $F\colon \mathbb{R}^d \to \mathbb{R}$ kann durch das folgende Bild illustriert werden

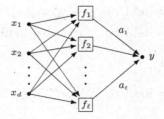

und wird formal durch die Vorschrift

$$F = [a_1 \cdots a_\ell] \circ \begin{bmatrix} f_1 \\ \vdots \\ f_\ell \end{bmatrix} = \sum_{i=1}^{\ell} a_i f_i$$

mit $a_i \in \mathbb{R}$ und σ-aktivierten Neuronen $f_i \colon \mathbb{R}^d \to \mathbb{R}$ dargestellt. Da Ω kompakt und F stetig ist, existiert $c_0 \geqslant 0$ mit $F + c_0 \geqslant 0$ auf Ω. Wir konstruieren das tiefe Netz N nun entsprechend dem folgenden Bild, bei welchem nicht eingezeichnete Pfeile einer Null in Gewichtsvektor bzw. Ausgangsmatrix entsprechen.

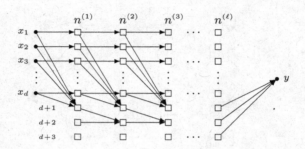

Die Neuronen in den Zeilen 1 bis d duplizieren die Eingänge. Genauer setzen wir $n_j^{(k)} := \mathrm{ReLU}(\langle e_j, \cdot \rangle + 0)$ für $k = 1, \ldots, \ell$ und $j = 1, \ldots, d$, wobei e_j der j-te Einheitsvektor in $\mathbb{R}^d$ bzw. in $\mathbb{R}^{d+3}$ ist. Wir erhalten folglich $n_j^{(k)}(x) = x_j$ für jedes $x = (x_1, \ldots, x_d) \in \Omega$.

Die $(d+1)$-te Zeile soll nun die Ausgabe des gegebenen flachen Netzes F realisieren. Dazu setzen wir $n_{d+1}^{(1)} := f_1$. Für $k = 2, \ldots, \ell$ ist $n_{d+1}^{(k)}$ eine Funktion von $d+3$ Variablen. Ist also w_k der Gewichtsvektor und b_k das Bias von f_k, so setzen wir

$$n_{d+1}^{(k)} := \mathrm{ReLU}(\langle \begin{bmatrix} w_k \\ 0 \\ 0 \\ 0 \end{bmatrix}, \cdot \rangle + b_k)$$

für $k \geqslant 2$ und erhalten das Gewünschte. In der $(d+2)$-ten Zeile setzen wir

$$n_{d+2}^{(1)} = \mathrm{ReLU}(\langle 0, \cdot \rangle + c_0) \quad \text{und} \quad n_{d+2}^{(k)} = \mathrm{ReLU}(\langle \begin{bmatrix} a_{k-1} \\ 1 \end{bmatrix}, \cdot \rangle + 0) \quad \text{für } k \geqslant 2.$$

Sukzessives Einsetzen zeigt

$$n_{d+2}^{(1)} = \mathrm{ReLU}(\langle 0, \cdot \rangle + c_0) = c_0$$

$$n_{d+2}^{(2)} \circ n^{(1)} = \mathrm{ReLU}(\langle \begin{bmatrix} a_1 \\ 1 \end{bmatrix}, n^{(1)} \rangle) = \mathrm{ReLU}(a_1 f_1 + c_0) = a_1 f_1 + c_0$$

$$\vdots$$

$$n_{d+2}^{(\ell)} \circ n^{(\ell-1)} \circ \cdots \circ n^{(1)} = \mathrm{ReLU}(\langle \begin{bmatrix} a_{\ell-1} \\ 1 \end{bmatrix}, n^{(\ell-1)} \circ \cdots \circ n^{(1)} \rangle) = \sum_{i=1}^{\ell-1} a_i f_i + c_0$$

auf Ω. Es fehlt nun einerseits noch der ℓ-te Summand und andererseits haben wir mit c_0 einen Term zuviel. Um Letzteres zu korrigieren, definieren wir die Neuronen der $(d+3)$-ten Zeile per

$$n_{d+3}^{(k)} := \text{ReLU}(\langle 0, \cdot \rangle + 0) \text{ für } k = 1, \ldots, \ell-1,$$
$$n_{d+3}^{(\ell)} := \text{ReLU}(\langle 0, \cdot \rangle + c_0) = c_0.$$

Für das letzte Neuron in der $(d+1)$-ten Zeile haben wir per vorangegangener Konstruktion gerade $n_{d+1}^{(\ell)} \circ n^{(\ell-1)} \circ \cdots \circ n^{(1)}(x) = f_\ell(x)$ für $x \in \Omega$. Wir wählen nun $B = [\,0 \,\cdots\, 0 \ a_\ell \ 1 \ -1\,]$ als Ausgangsmatrix und erhalten

$$N = B \circ n^{(\ell)} \circ \cdots \circ n^{(1)} = a_\ell f_\ell + \sum_{i=1}^{\ell-1} a_i f_i + c_0 - c_0 = F$$

auf Ω. $\qquad\qquad\qquad\qquad\qquad\qquad\qquad\qquad\qquad\qquad\qquad\qquad\qquad\quad\square$

Im obigen Beweis sind wir bei der Definition des tiefen Netzes N sehr verschwenderisch vorgegangen; in der Tat kopieren dort $(n \cdot \ell)$-viele Neuronen nur die Eingänge und $(\ell - 1)$-weitere sind gleich der Nullfunktion. Dies suggeriert einerseits, dass wir bei gegebener Breite mit weitaus geringerer Tiefe auskommen sollten. Andererseits benötigen wir für ein Dichtheitsresultat beliebig viele Neuronen, müssen also bei fester Breite dann beliebige Tiefe zulassen, siehe das folgende Korollar.

Korollar 16.25. *Sei $\Omega \subseteq \mathbb{R}^n$ kompakt und $\sigma = \text{ReLU}$. Dann sind die tiefen Netze $\mathcal{D}^{\sigma,n+3m}(\Omega, \mathbb{R}^m) \subseteq C(\Omega, \mathbb{R}^m)$ dicht.*

Beweis. Sei $F \in C(\mathbb{R}^d, \mathbb{R}^m)$, $\Omega \subseteq \mathbb{R}^d$ sei kompakt und $\varepsilon > 0$.

① Wir überlegen uns zuerst, dass wir ohne Einschränkung $\Omega \subseteq \mathbb{R}_{\geqslant 0}^d$ annehmen dürfen. Dazu wählen wir $x_0 \in \mathbb{R}^d$ derart, dass $\Omega_0 := x_0 + \Omega \subseteq \mathbb{R}_{\geqslant 0}^d$ gilt und setzen $F_0 := F(\cdot - x_0)$. Sei jetzt $N_0 \in \mathcal{D}^{\sigma,n+3m}(\mathbb{R}^d, \mathbb{R}^m)$ derart, dass $\|F_0 - N_0\|_{\Omega_0, \infty} < \varepsilon$ gilt. Mit $N := N_0(\cdot + x_0)$ haben wir also $\|F - N\|_{\Omega, \infty} < \varepsilon$ und wir müssen noch zeigen, dass N ein tiefes neuronales Netz ist, was wir durch Abänderung der Bias in der ersten versteckten Schicht von N_0 sehen können. Für $x \in \mathbb{R}^d$ haben wir nämlich

$$N(x) = N_0(x + x_0) = [A \circ n^{(t)} \circ \cdots \circ n^{(1)}](x - x_0) = [A \circ n^{(t)} \circ \cdots \circ \tilde{n}^{(1)}](x),$$

wobei die $n^{(i)}$ die Schichten von N sind und $\tilde{n}_i^{(1)}(x) = \text{ReLU}(\langle w_i^{(1)}, x \rangle + \tilde{b}_i)$ mit $\tilde{b}_i^{(1)} = \langle w_i^{(1)}, x_0 \rangle + b_i^{(1)}$. Ab jetzt sei also ohne Einschränkung $\Omega \subseteq \mathbb{R}_{\geqslant 0}^d$.

② Als Nächstes bemerken wir, dass wir Satz 16.24 $\mathbb{R}^m$-wertig machen können, indem wir wie im Beweis von Satz 16.24 beginnen und dann für jede weitere Koordinatenfunktion dem Netz weitere drei Zeilen hinzufügt. In diesem Sinne erhalten wir

$$S^{\mathrm{ReLU},\ell}(\mathbb{R}^d, \mathbb{R}^m) \subseteq \mathcal{D}^{\mathrm{ReLU},d+3m,\ell}(\mathbb{R}^d, \mathbb{R}^m)$$

für jedes $\ell \in \mathbb{N}$ und Vereinigen über ℓ liefert

$$S^{\mathrm{ReLU}}(\mathbb{R}^d, \mathbb{R}^m) \subseteq \mathcal{D}^{\mathrm{ReLU},d+3m}(\mathbb{R}^d, \mathbb{R}^m) \subseteq \mathrm{C}(\mathbb{R}^d, \mathbb{R}^m).$$

Nach Korollar 16.21 finden wir ein $N \in S^{\mathrm{ReLU}}(\mathbb{R}^d, \mathbb{R}^m)$ mit $\|F - N\|_{\Omega,\infty} < \varepsilon$ und sind wegen der obigen Inklusion fertig. $\qquad\square$

Das folgende einfache Beispiel zeigt, dass wir nicht beliebig kleine Breiten durch größere Tiefe ausgleichen können.

Beispiel 16.26. Wir betrachten ein neuronales Netz mit Breite $\ell = 1$, Tiefe $t \geqslant 2$ und ReLU-Aktivierung.

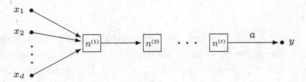

Schreibt man die entsprechende Funktion auf, so sieht man, dass diese von der Form $N = a\,\mathrm{ReLU}(\cdots)$ ist und folglich je nach Vorzeichen von a entweder auf ganz $\mathbb{R}^d$ größer gleich Null oder auf ganz $\mathbb{R}^d$ kleiner gleich Null ist.

Es gibt weitere Resultate zur Expressivität, die, teils unter zusätzlichen Annahmen an die zu approximierenden Funktionen, asymptotische Schranken für die nötige Breite und Tiefe angeben. Wir verweisen auf das Kapitelende für Referenzen.

16.2 Rückwärtspropagation

Kapitel 16.1 liefert reine Existenzaussagen und verrät nichts darüber, wie Gewichte und Bias zu wählen sind, wenn zu einer vorgegebenen Datenmenge ein neuronales Netz als Klassifizierer oder Regressor bestimmt werden soll. Im Folgenden befassen wir uns mit dieser Frage und bemerken zunächst, dass wir Ähnliches bereits im allerersten Kapitel über affin-lineare Regression behandelt haben, vgl. die explizite Formel in Satz 2.9, aber insbesondere den Verweis auf das Gradientenverfahren am Ende von Unterkapitel 2.2. Danach, im Kontext der logistischen Regression, haben wir sogar bereits (einzelne) Neuronen als Prediktoren/Approximanden verwendet. Die Vorgehensweise bei neuronalen Netzen ist prinzipiell die gleiche: Wir definieren eine Kostenfunktion, welche für die Featurevektoren einer gegebene Datenmenge die Abweichungen der Label von den Werten der Features unter dem Netz berechnet und minimieren dann über die Parameter des Netzes. Insbesondere im Kontext neuronaler Netze spricht man davon, dass ein solches Netz „trainiert" wird. Wir betrachten das folgende Beispiel

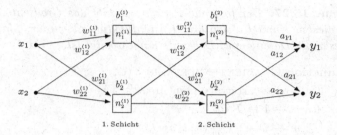

1. Schicht   2. Schicht

eines Netzes wie in Definition 16.23 mit einer differenzierbaren Aktivierungsfunktion $\sigma\colon \mathbb{R} \to \mathbb{R}$, Gewichten und Bias wie angegeben und linearem Ausgang $A = \left[\begin{smallmatrix} a_{11} & a_{12} \\ a_{21} & a_{22} \end{smallmatrix}\right]$. Wir führen im Folgenden die für neuronale Netze übliche Terminologie ein, weisen aber darauf hin, dass diese zum Teil schlicht aus neuen Namen für wohlbekannte mathematische Konzepte besteht.

Es sei eine Datenmenge

$$D = \left\{ (x^{(p)}, y^{(p)}) \mid p = 1, \dots, n \right\} \subseteq \mathbb{R}^2 \times \mathbb{R}^2$$

mit $x^{(p)} = (x_1^{(p)}, x_2^{(p)})$ und $y^{(i)} = (y_1^{(p)}, y_2^{(p)})$ gegeben, deren Elemente wir im Folgenden als Trainingsdaten verwenden. Das Netz im obigen Bild bezeichnen wir mit $N \in \mathcal{D}^{\sigma,2,2}(\mathbb{R}^2, \mathbb{R}^2)$. Wir betrachten die *Kostenfunktion*

$$C\colon \mathbb{R}^{16} \to \mathbb{R}, \quad C(w_{ij}^{(k)}, b_i^{(k)}, a_{ij}) := \frac{1}{2n} \sum_{p=1}^{n} \| N(x^{(p)}) - y^{(p)} \|^2$$

und betonen, dass die $x^{(p)}$, $y^{(p)}$ konstant sind, während C eine Funktion der Gewichte, Bias und Matrixeinträge ist, welche das neuronale Netz N parametrisieren. Der Grund, warum wir diese rechts nicht notieren, ist offensichtlich: Bereits unser sehr kleines neuronales Netz führt auf einen länglichen Ausdruck, wenn wir dieses explizit aufschreiben wollten. In der Tat werden wir unten oft weiter abkürzen und z.B. „$C(w, b, a) = \cdots$" schreiben oder auch die Argumente der Übersichtlichkeit wegen ganz weglassen, also einfach „$C = \cdots$" schreiben, statt „$C(w_{ij}^{(k)}, b_i^{(k)}, a_{ij}) = \cdots$".

Wir legen jetzt die Heuristik zugrunde, dass unser Netz N die Datenmenge gut approximiert, falls C klein ist, suchen also einen Minimierer

$$(w^*, b^*, a^*) \in \operatorname*{argmin}_{(w,b,a) \in \mathbb{R}^{16}} C(w, b, a)$$

und verwenden dazu das Gradientenverfahren, welches in Kapitel 17 genauer diskutiert wird. Dabei initialisieren wir die Gewichte, Bias und Matrixeinträge zunächst beliebig und updaten diese dann, indem wir einen Schritt in Richtung $-\nabla C$ machen.

Algorithmus 16.27. *Der folgende Pseudocode gibt das Gradientenverfahren für die in diesem Kapitel diskutierte Kostenfunktion C wieder. Man beachte, dass in dieser die Datenmenge D bereits eingearbeitet ist.*

1: **function** GRADIENTENVERFAHREN $(C, \gamma, \varepsilon, T)$
2:     $(w, b, a) \leftarrow$ arbitrary point in $\mathbb{R}^{16}$
3:     **for** $\tau \leftarrow 1$ to T **do**
4:         $w \leftarrow w - \gamma \cdot \frac{\partial C}{\partial w}(w, b, a)$
5:         $b \leftarrow b - \gamma \cdot \frac{\partial C}{\partial b}(w, b, a)$
6:         $a \leftarrow a - \gamma \cdot \frac{\partial C}{\partial a}(w, b, a)$
7:         **if** $C(w, b, a) \leqslant \varepsilon$ **then** break
8:     **return** (w, b, a)

Den Parameter $\gamma > 0$, welcher in Kapitel 17 als *Schrittweite* bezeichnet werden wird, nennt man im Kontext neuronaler Netze oft *Lernrate*. Letztere steuert, wie weit man in die Richtung $-\nabla C$ geht, und kann wie oben konstant sein, aber auch in jeder Iteration verändert werden, vergleiche Beispiel 17.6 und die nachfolgende Diskussion. Im Pseudocode sind w, b und a natürlich von der Iteration τ abhängig. Um Verwechselungen mit den oben auch nicht angegebenen Indizes i, j und k vorzubeugen, verzichten wir darauf, die Abhängigkeit von τ explizit anzugeben. Neben einem Abbruch beim Erreichen einer vorgegebenen Genauigkeit $\varepsilon > 0$ ist die maximale Anzahl durchzuführender Iterationen durch $T \in \mathbb{N}$ beschränkt.

Im Kapitel 17 zum Gradientenverfahren beweisen wir die Konvergenz der per Algorithmus 16.27 rekursiv definierten Folge unter gutartigen Voraussetzungen, insbesondere für konvexe Kostenfunktionen. Unter den Voraussetzungen dieses Kapitels ist C allerdings eventuell nicht konvex. Die Resultate aus Kapitel 17 können also nur so gelesen werden, als dass sie nahelegen, dass die beschriebene Vorgehensweise zur Bestimmung eines Netzes N, welches im durch C formalisierten Sinne gut zu den Trainingsdaten passt, erfolgsversprechend ist. Einen Satz über Konvergenz werden wir im aktuellen Kapitel nicht beweisen.

Was wir aber im Folgenden beweisen werden, sind Rekursionsformeln zur Berechnung der Ableitungen von C, die unter dem Namen *Rückwärtspropagation* bekannt sind. Die folgenden Punkte werden sich hierfür als hilfreich erweisen.

Bemerkung 16.28. (i) Zuerst stellen wir fest, dass C differenzierbar ist; dafür sorgen die Quadrate an den euklidischen Normen, die spezielle Form tiefer neuronaler Netze und unsere Annahme, dass die Aktivierungsfunktion σ differenzierbar ist. Darüber hinaus gilt

$$\frac{\partial C}{\partial w_{ij}^{(k)}} = \frac{\partial}{\partial w_{ij}^{(k)}} \left(\frac{1}{2n} \sum_{p=1}^{n} \|N(x^{(p)}) - y^{(p)}\|^2 \right)$$

$$= \frac{1}{n} \sum_{p=1}^{n} \frac{\partial}{\partial w_{ij}^{(k)}} \underbrace{\left(\frac{1}{2} \|N(x^{(p)}) - y^{(p)}\|^2 \right)}_{=:C_p}$$

und entsprechende Formeln gelten ebenso für die partiellen Ableitungen nach $b^{(k)}$ und a_{ij}. Es genügt also, wenn wir die Ableitungen aller C_p bestimmen. Um die Lesbarkeit zu erhöhen, werden wir dabei den Index p weglassen und also von nun an annehmen, dass die Datenmenge $D = \{(x,y) = ((x_1,x_2),(y_1,y_2))\} \in \mathbb{R}^2 \times \mathbb{R}^2$ nur einen Punkt enthält. Die Kostenfunktion vereinfacht sich dann zu:

$$C = \tfrac{1}{2} \|N(x) - y\|^2.$$

(ii) Wenn Gewichte und Bias gegeben sind, dann kann $N(x)$ berechnet werden, indem man Schicht-für-Schicht von links nach rechts geht. Dies nenn man *Vorwärtspropagation*. Wir werden zeigen, dass man

$$\frac{\partial C}{\partial w_{ij}^{(k)}}, \quad \frac{\partial C}{\partial b_i^{(k)}} \quad \text{und} \quad \frac{\partial C}{\partial a_{ij}}$$

rekursiv, und zwar Schicht-für-Schicht von rechts nach links, berechnen kann. Dies nennt man *Rückwärtspropagation*.

(iii) Um Letzteres effizient aufzuschreiben, definieren wir

$$z^{(k)} := \begin{bmatrix} z_1^{(k)} \\ z_2^{(k)} \end{bmatrix} \quad \text{mit } z_i^{(k)} = \left\langle \begin{bmatrix} w_{i1}^{(k)} \\ w_{i2}^{(k)} \end{bmatrix}, \begin{bmatrix} n_1^{(k-1)} \\ n_2^{(k-1)} \end{bmatrix} \right\rangle + b_i^{(k)}$$

für $k = 1, 2$, $i = 1, 2$ wobei $n_i^{(0)} = x_i$. Die $z_i^{(k)}$ sind also jeweils das, was wir „innerhalb" eines Neurons ausrechnen, *bevor* wir die Aktivierungsfunktion anwenden.

Wir behandeln zunächst die Ausgangsmatrix und die 2. Schicht.

Proposition 16.29. *Sei* $\sigma \colon \mathbb{R} \to \mathbb{R}$ *differenzierbar,* $N \in \mathcal{D}^{\sigma,2,2}(\mathbb{R}^2, \mathbb{R}^2)$ *ein neuronales Netz,* $D = \{(x,y)\} \subseteq \mathbb{R}^2 \times \mathbb{R}^2$ *eine einpunktige Datenmenge und* $C \colon \mathbb{R}^{16} \to \mathbb{R}$, $C(w,b,a) = \|N(x) - y\|^2$. *Dann gelten*

$$\frac{\partial C}{\partial a_{ij}} = (N_i - y_i) \cdot n_j^{(2)} \quad \text{sowie} \quad \frac{\partial C}{\partial w_{ij}^{(2)}} = \delta_i^{(2)} \cdot n_j^{(1)} \quad \text{und} \quad \frac{\partial C}{\partial b_i^{(2)}} = \delta_i^{(2)}$$

mit $\delta_i^{(2)} = \sum_{\mu=1}^{2} a_{\mu i}(N_\mu - y_\mu) \cdot \sigma'(z_i^{(2)})$ *und* $N = \begin{bmatrix} N_1 \\ N_2 \end{bmatrix}$.

Beweis. Es gilt

$$N = \begin{bmatrix} N_1 \\ N_2 \end{bmatrix} = \begin{bmatrix} a_{11} & a_{12} \\ a_{21} & a_{22} \end{bmatrix} \begin{bmatrix} n_1^{(2)} \\ n_2^{(2)} \end{bmatrix} = \begin{bmatrix} a_{11}n_1^{(2)} + a_{12}n_2^{(2)} \\ a_{21}n_1^{(2)} + a_{22}n_2^{(2)} \end{bmatrix}$$

und mit der Kettenregel

$$\frac{\partial C}{\partial a_{ij}} = \frac{\partial}{\partial a_{ij}} \left(\tfrac{1}{2} \|N(x) - y\|^2 \right) = \tfrac{1}{2} \frac{\partial}{\partial a_{ij}} \left\| \begin{bmatrix} a_{11}n_1^{(2)} + a_{12}n_2^{(2)} - y_1 \\ a_{21}n_1^{(2)} + a_{22}n_2^{(2)} - y_2 \end{bmatrix} \right\|^2$$

$$= \tfrac{1}{2} \frac{\partial}{\partial a_{ij}} \left[(a_{11}n_1^{(2)} + a_{12}n_2^{(2)} - y_1)^2 + (a_{21}n_1^{(2)} + a_{22}n_2^{(2)} - y_2)^2 \right]$$

$$= (a_{i1}n_1^{(2)} + a_{i2}n_2^{(2)} - y_i) \cdot n_j^{(2)} = (N_i - y_i) \cdot n_j^{(2)}$$

folgt zunächst die letzte Ableitung. Um die ersten zwei Ableitungen einzusehen, benutzen wir die Hilfsfunktionen $z_i^{(2)}$ aus Bemerkung 16.28(iii), mit denen wir die Neuronen der 2. Schicht als

$$\begin{bmatrix} n_1^{(2)} \\ n_2^{(2)} \end{bmatrix} = \begin{bmatrix} \sigma(\langle \begin{bmatrix} w_{11}^{(2)} \\ w_{12}^{(2)} \end{bmatrix}, \begin{bmatrix} n_1^{(1)} \\ n_2^{(1)} \end{bmatrix} \rangle + b_1^{(2)}) \\ \sigma(\langle \begin{bmatrix} w_{21}^{(2)} \\ w_{22}^{(2)} \end{bmatrix}, \begin{bmatrix} n_1^{(1)} \\ n_2^{(1)} \end{bmatrix} \rangle + b_2^{(2)}) \end{bmatrix} = \begin{bmatrix} \sigma(z_1^{(2)}) \\ \sigma(z_2^{(2)}) \end{bmatrix}$$

schreiben können. Dann beginnen wir wie oben, müssen jetzt aber berücksichtigen, dass beide Summanden in der eckigen Klammer der Gleichung (16.1) von $z_i^{(2)}$ abhängen. Wir erhalten daher:

$$\frac{\partial C}{\partial z_i^{(2)}} = \tfrac{1}{2} \frac{\partial}{\partial z_i^{(2)}} \left[(a_{11}n_1^{(2)} + a_{12}n_2^{(2)} - y_1)^2 + (a_{21}n_1^{(2)} + a_{22}n_2^{(2)} - y_2)^2 \right] \quad (16.1)$$

$$= \sum_{\mu=1}^{2} (a_{\mu 1}n_1^{(2)} + a_{\mu 2}n_2^{(2)} - y_\mu) \cdot \frac{\partial}{\partial z_i^{(2)}} (a_{\mu 1}n_1^{(2)} + a_{\mu 2}n_2^{(2)} - y_\mu)$$

$$= \sum_{\mu=1}^{2} (N_\mu - y_\mu) \cdot a_{\mu i}\, \sigma'(z_i^{(2)}) = \sum_{\mu=1}^{2} a_{\mu i}(N_\mu - y_\mu) \cdot \sigma'(z_i^{(2)}) = \delta_i^{(2)}.$$

Per Kettenregel folgt dann

$$\frac{\partial C}{\partial w_{ij}^{(2)}} = \frac{\partial C}{\partial z_i^{(2)}} \cdot \frac{\partial z_i^{(2)}}{\partial w_{ij}^{(2)}} = \delta_i^{(2)} \cdot n_j^{(1)} \quad \text{und} \quad \frac{\partial C}{\partial b_i^{(2)}} = \frac{\partial C}{\partial z_i^{(2)}} \cdot \frac{\partial z_i^{(2)}}{\partial b_i^{(2)}} = \delta_i^{(2)} \cdot 1,$$

was den Beweis beendet.   □

Wollen wir eine Iteration des Gradientenverfahrens für unser (2×2)-Netz von Seite 249 durchführen, so sind uns zunächst die Werte der Parameter $w_{ij}^{(k)}$, $b_i^{(k)}$ und a_{ij} aus der vorangegangenen Iteration bekannt. Durch Vorwärtspropagation erhalten wir die zugehörigen Werte der $z_j^{(k)}$, der $n_i^{(k)}$ und der N_i. Daraus können wir $\delta_i^{(2)}$ berechnen und mit Proposition 16.29 dann alle drei Ableitungen

$$\frac{\partial C}{\partial w_{ij}^{(2)}}(w_{ij}^{(k)}, b_i^{(k)}), \quad \frac{\partial C}{\partial b_i^{(2)}}(w_{ij}^{(k)}, b_i^{(k)}) \quad \text{und} \quad \frac{\partial C}{\partial a_{ij}} = (N_i - y_i) \cdot n_j^{(2)}$$

bestimmen. Damit haben wir die Ableitungen nach den a_{ij} und nach den Gewichten und Bias der 2. Schicht abgearbeitet und kommen zu denen der 1. Schicht.

Proposition 16.30. *Sei* $\sigma \colon \mathbb{R} \to \mathbb{R}$ *differenzierbar,* $N \in \mathcal{D}^{\sigma,2,2}(\mathbb{R}^2, \mathbb{R}^2)$ *ein neuronales Netz,* $D = \{(x, y)\} \subseteq \mathbb{R}^2 \times \mathbb{R}^2$ *eine einpunktige Datenmenge und* $C \colon \mathbb{R}^{16} \to \mathbb{R}$, $C(w, b, a) = \|N(x) - y\|^2$. *Dann gelten*

$$\frac{\partial C}{\partial w_{ij}^{(1)}} = \delta_i^{(1)} \cdot x_j \quad \text{und} \quad \frac{\partial C}{\partial b_i^{(1)}} = \delta_i^{(1)}$$

mit $\delta_i^{(1)} := (\delta_1^{(2)} w_{1i}^{(2)} + \delta_2^{(2)} w_{2i}^{(2)}) \cdot \sigma'(z_i^{(1)})$.

Beweis. Wir beginnen wie im Beweis von Proposition 16.29, jedoch werden die Abhängigkeiten nochmal etwas komplizierter. Beispielsweise gehen die Gewichte $w_{11}^{(1)}$ und $w_{12}^{(1)}$ nur in das erste Neuron der ersten Schicht aber damit dann in beide Neuronen der zweiten Schicht ein:

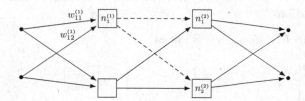

Für $j = 1, 2$ lesen wir daher $C = C(w_{1j}^{(1)})$ als Verkettung $\mathbb{R} \to \mathbb{R}^2 \to \mathbb{R}$, $C = C(z_1^{(2)}(w_{1j}^{(1)}), z_2^{(2)}(w_{1j}^{(1)}))$. Dann folgt mit der entsprechenden mehrdimensionalen Kettenregel und den Abkürzungen und Rechnungen aus Proposition 16.29:

$$\frac{\partial C}{\partial w_{1j}^{(1)}} = \frac{\partial C}{\partial z_1^{(2)}} \frac{\partial z_1^{(2)}}{\partial w_{1j}^{(1)}} + \frac{\partial C}{\partial z_2^{(2)}} \frac{\partial z_2^{(2)}}{\partial w_{1j}^{(1)}}$$

$$= \delta_1^{(2)} \frac{\partial}{\partial w_{1j}^{(1)}} \left(\left\langle \begin{bmatrix} w_{11}^{(2)} \\ w_{12}^{(2)} \end{bmatrix}, \begin{bmatrix} n_1^{(1)} \\ n_2^{(1)} \end{bmatrix} \right\rangle + b_1^{(2)} \right) + \delta_2^{(2)} \frac{\partial}{\partial w_{1j}^{(1)}} \left(\left\langle \begin{bmatrix} w_{21}^{(2)} \\ w_{22}^{(2)} \end{bmatrix}, \begin{bmatrix} n_1^{(1)} \\ n_2^{(1)} \end{bmatrix} \right\rangle + b_2^{(2)} \right)$$

$$\underset{\substack{\uparrow \\ w_{1j}^{(1)} \text{ geht nur} \\ \text{in } n_1^{(1)} \text{ ein}}}{=} \delta_1^{(2)} w_{11}^{(2)} \frac{\partial n_1^{(1)}}{\partial w_{1j}^{(1)}} + \delta_2^{(2)} w_{21}^{(2)} \frac{\partial n_1^{(1)}}{\partial w_{1j}^{(1)}}$$

$$= \left(\delta_1^{(2)} w_{11}^{(2)} + \delta_2^{(2)} w_{21}^{(2)} \right) \cdot \frac{\partial}{\partial w_{1j}^{(1)}} \sigma \Big(\underbrace{\left\langle \begin{bmatrix} w_{11}^{(1)} \\ w_{12}^{(1)} \end{bmatrix}, \begin{bmatrix} x_1 \\ x_2 \end{bmatrix} \right\rangle + b_1^{(1)}}_{= z_1^{(1)}} \Big)$$

$$= \left(\delta_1^{(2)} w_{11}^{(2)} + \delta_2^{(2)} w_{21}^{(2)} \right) \cdot \sigma'(z_1^{(1)}) \cdot x_j.$$

Die Gleichung für die Ableitung nach $w_{2j}^{(1)}$ sieht man völlig analog ein. Für die Ableitung nach $b_i^{(1)}$ geht man wiederum analog zu oben vor, sieht dann aber in der vorletzten Zeile, dass sich

$$\frac{\partial C}{\partial b_i^{(1)}} = \left(\delta_1^{(2)} w_{1i}^{(2)} + \delta_2^{(2)} w_{2i}^{(2)}\right) \cdot \sigma'(z_1^{(1)}) \cdot \frac{\partial z_i^{(1)}}{\partial b_i^{(1)}} = \left(\delta_1^{(2)} w_{1i}^{(2)} + \delta_2^{(2)} w_{2i}^{(2)}\right) \cdot \sigma'(z_1^{(1)}) \cdot 1$$

ergibt. $\qquad\qquad\qquad\qquad\qquad\qquad\qquad\qquad\qquad\qquad\qquad\qquad\qquad\qquad$ $\square$

Da wir die $\delta_i^{(2)}$ bereits bei der Bearbeitung der 2. Schicht berechnet haben, bekommen wir mit Proposition 16.30 die Ableitungen

$$\frac{\partial C}{\partial w_{ij}^{(1)}}(w_{ij}^{(k)}, b_i^{(k)}) \quad \text{und} \quad \frac{\partial C}{\partial b_i^{(1)}}(w_{ij}^{(k)}, b_i^{(k)}),$$

wobei die $w_{ij}^{(k)}$, $b_i^{(k)}$ und a_{ij} immer noch die Werte der Parameter der vorangegangenen Iteration sind. Da wir nun alle 16 Ableitungen an der entsprechenden Stelle $(w_{ij}^{(k)}, b_i^{(k)}, a_{ij})$ kennen, können wir das Update entsprechend dem Gradientenverfahren durchführen.

In Satz 16.32 verallgemeinern wir das Obige für Netze mit mehr als zwei Schichten und mehr als zwei Neuronen pro Schicht. Um die entsprechende Rekursionsformel für die $\delta_i^{(2)}$ elegant formulieren zu können, brauchen wir die folgende Notation.

Definition 16.31. Für $x, y \in \mathbb{R}^d$ heißt

$$x \odot y = \begin{bmatrix} x_1 \\ \vdots \\ x_d \end{bmatrix} \odot \begin{bmatrix} y_1 \\ \vdots \\ y_d \end{bmatrix} := \begin{bmatrix} x_1 y_1 \\ \vdots \\ x_d y_d \end{bmatrix}$$

das *Hadamard-Produkt* von x und y.

Wir betrachten im Folgenden ein tiefes vollständig verbundenes vorwärtspropagierendes neuronales Netz $N \in \mathcal{D}^{\sigma,\ell,t}(\mathbb{R}^d, \mathbb{R}^m)$ mit linearem Ausgang, wie durch das Bild in Definition 16.23 dargestellt. Wir fassen die Gewichte jeder Schicht zu einer Matrix zusammen und die Bias jeder Schicht zu einem Vektor. Da im Allgemeinen $d \neq \ell$ ist, hat die Gewichtsmatrix der ersten Schicht dabei eventuell ein anderes Format als die restlichen. Das Netz ist also durch die Aktivierungsfunktion und die Matrizen

$$W^{(1)} = \begin{bmatrix} w_{11}^{(1)} \cdots w_{1d}^{(1)} \\ \vdots \qquad \vdots \\ w_{\ell 1}^{(1)} \cdots w_{\ell d}^{(1)} \end{bmatrix}, \ W^{(k)} = \begin{bmatrix} w_{11}^{(k)} \cdots w_{1\ell}^{(k)} \\ \vdots \qquad \vdots \\ w_{\ell 1}^{(k)} \cdots w_{\ell\ell}^{(k)} \end{bmatrix}, \ b^{(k)} = \begin{bmatrix} b_1^{(k)} \\ \vdots \\ b_\ell^{(k)} \end{bmatrix}, \ A = \begin{bmatrix} a_{11} \cdots a_{1\ell} \\ \vdots \qquad \vdots \\ a_{m1} \cdots a_{m\ell} \end{bmatrix}$$

für $k = 2, \ldots, t$ bzw. $k = 1, \ldots, t$ gegeben. Insgesamt enthalten die obigen Matrizen $\nu := (\ell \cdot d + (t-1) \cdot \ell^2 + t \cdot \ell + m \cdot \ell)$-viele skalare Parameter. Die für das Gradientenverfahren nötigen Ableitungen können per Rückwärtspropagation mithilfe des folgenden Satzes bestimmt werden, in welchem wir die $\delta_i^{(k)}$ zu Vektoren $\delta^{(k)} = (\delta_1^{(k)}, \ldots, \delta_\ell^{(k)})$ zusammenfassen, $\sigma'(\cdot)$ koordinatenweise lesen, und die Hilfsfunktionen

$$z^{(k)} := \begin{bmatrix} z_1^{(k)} \\ \vdots \\ z_\ell^{(k)} \end{bmatrix} \text{ mit } z_i^{(k)} = \left\langle \begin{bmatrix} w_{i1}^{(k)} \\ \vdots \\ w_{i\ell}^{(k)} \end{bmatrix}, \begin{bmatrix} n_1^{(k-1)} \\ \vdots \\ n_\ell^{(k-1)} \end{bmatrix} \right\rangle + b_i^{(k)}$$

aus Bemerkung 16.28(iii) entsprechend in höherer Dimension verwenden.

Satz 16.32. *Sei* $\sigma\colon \mathbb{R} \to \mathbb{R}$ *differenzierbar,* $N \in \mathcal{D}^{\sigma,\ell,t}(\mathbb{R}^d, \mathbb{R}^m)$ *ein neuronales Netz,* $D = \{(x,y)\} \subseteq \mathbb{R}^d \times \mathbb{R}^m$ *eine einpunktige Datenmenge und* $C\colon \mathbb{R}^\nu \to \mathbb{R}$, $C(w,b,a) = \|N(x) - y\|^2$. *Mit* $n_j^{(0)} := x_j$ *gilt*

$$\frac{\partial C}{\partial a_{ij}} = (N_i - y_i) \cdot n_j^{(t)}, \text{ sowie } \frac{\partial C}{\partial w_{ij}^{(k)}} = \delta_i^{(k)} n_j^{(k-1)} \text{ und } \frac{\partial C}{\partial b_i^{(k)}} = \delta_i^{(k)}$$

für alle Schichten $k = 1, \ldots, t$, *und die* $\delta_i^{(k)}$ *können rekursiv per*

$$\delta^{(t)} = A^\mathsf{T}(N - y) \odot \sigma'(z^{(t)}) \text{ und } \delta^{(k)} = (W^{(k+1)})^\mathsf{T}\delta^{(k+1)} \odot \sigma'(z^{(k)}),$$

berechnet werden, wobei $k = t-1, \ldots, 1$, *d.h. wir beginnen mit der letzten Schicht und arbeiten uns rückwärts vor bis zur ersten Schicht. Die Auswertungen* $z^{(k)} = W^{(k)}n^{(k-1)} + b^{(k)}$ *für* $k = 1, \ldots, t$ *sind hierbei alle aus der Vorwärtspropagation bereits bekannt.*

Beweis. Anhand der Propositionen 16.29 und 16.30 und an deren Beweisen liest man ab, dass sich in der allgemeinen Situation die oben angegebenen drei Formeln für die Ableitungen ergeben, wenn man

$$\delta_i^{(t)} := \sum_{\mu=1}^m a_{\mu i}(N_\mu - y_\mu) \cdot \sigma'(z_i^{(t)})$$

und für $k = t-1, \ldots, 1$

$$\delta_i^{(k)} := (\delta_1^{(k)} w_{1i}^{(k)} + \cdots + \delta_\ell^{(k)} w_{\ell i}^{(2)}) \cdot \sigma'(z_i^{(k-1)})$$

definiert. Obiges sind aber genau die jeweils i-ten Einträge der im Satz angegebenen Hadamard-Produkte. $\qquad\square$

Wir erinnern an dieser Stelle nochmal daran, dass bei einer Datenmenge $D = \{(x^{(p)}, y^{(p)}) \mid p = 1, \ldots, n\}$ mit $n \geqslant 2$ die Kostenfunktion

$$C\colon \mathbb{R}^\nu \to \mathbb{R}, \quad C(w_{ij}^{(k)}, b_i^{(k)}, a_{ij}) := \frac{1}{2n} \sum_{p=1}^n \|N(x^{(p)}) - y^{(p)}\|^2$$

verwendet werden muss, dass sich aber die Ableitungen per Linearität sofort aus Satz 16.32 ergeben, vergleiche auch Bemerkung 16.28(ii).

Wie am Anfang diese Kapitels angekündigt, kommen wir zum Schluss nochmal auf Klassifizierer zurück, und zwar insbesondere auf solche mit möglicherweise mehr als zwei Klassen. Ein anschauliches Beispiel hierfür ist die Handschrifterkennung. Wie im folgenden Bild dargestellt

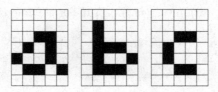

arbeiten wir hierbei mit Daten, bei denen der Featurevektor ein handschriftlich geschriebener Buchstabe ist, oben z.B. gegeben als Element von $\mathbb{R}^{7 \times 5} \cong \mathbb{R}^{35}$; d ist also 35. Als Label verwenden wir Einheitsvektoren, d.h. wir weisen jedem Buchstaben einen Einheitsvektor zu, z.B. dem Buchstaben „a" den Vektor e_1, „b" den Vektor e_2, „c" den Vektor e_3 usw.; m ist dann die Anzahl der Buchstaben im verwendenten Alphabeth. Letzteres wird auch *One-hot-Kodierung* genannt. Bei den Trainingsdaten ist nun bekannt, welcher Buchstabe handschriftlich notiert wurde, was zu einer Datenmenge

$$D = \{(x^{(p)}, y^{(p)}) \mid p = 1, \ldots, n\} \subseteq \mathbb{R}^d \times \{e_1, \ldots, e_m\} \qquad (16.2)$$

führt. Das naheliegende Ziel ist die Bestimmung eines Klassifizierers $K \colon \mathbb{R}^d \to \{e_1, \ldots, e_m\}$. Wie bereits im Kapitel 2 über die logistische Regression diskutiert, ist es allerdings sinnvoller, einen Regressor $R \colon \mathbb{R}^d \to (0,1)^m$ zu bestimmen: Erstens kann man sich K jederzeit durch Rundung verschaffen, wenn man R einmal bestimmt hat. Zweitens kann man die Werte von R als Wahrscheinlichkeiten interpretieren; hat man oben etwa $R(x) = (0.88, 0.01, 0.10, \ldots)$ für $x \in \mathbb{R}^{35} \backslash D$, so kann man dies so lesen, als dass es sich bei x mit Wahrscheinlichkeit 0.88 um ein „a" handelt, mit Wahrscheinlichkeit 0.01 um ein „b", mit Wahrscheinlichkeit 0.10 um ein „c" usw. Drittens wird sich zeigen, dass der Ansatz mit R auf ein Optimierungsproblem über eine Klasse $\mathcal{R}$ von differenzierbaren Funktionen führt und daher eine Anwendung der Rückwärtspropagation wie im ersten Teil dieses Unterkapitels möglich ist. Um letztere Klasse formal zu definieren, benötigen wir die sogenannte *Softmaxfunktion*

$$\text{softmax} \colon \mathbb{R}^m \to \mathbb{R}^m, \ \text{softmax}(z_1, \ldots, z_m) = \frac{(e^{z_1}, \ldots, e^{z_m})}{e^{z_1} + \cdots + e^{z_m}}$$

und definieren die Elemente von $\mathcal{R}$ durch Nachschaltung derselben hinter ein tiefes neuronales Netz.

Definition 16.33. Sei $\sigma\colon \mathbb{R} \to \mathbb{R}$ eine Aktivierungsfunktion. Wir setzen

$$\mathcal{R}^{\sigma,\ell,t}(\mathbb{R}^d, \mathbb{R}^m) := \big\{ \text{softmax} \circ N \mid N \in \mathcal{D}^{\sigma,\ell,t}(\mathbb{R}^d, \mathbb{R}^m) \big\}.$$

und bezeichnen die Elemente von $\mathcal{R}^{\sigma,\ell,t}(\mathbb{R}^d, \mathbb{R}^m)$ als *tiefe neuronale Netze mit Softmaxausgang.*

Bezeichnen wir die Koordinatenfunktionen der Softmaxfunktion mit s_i, so kann man $R \in \mathcal{R}^{\sigma,\ell,t}(\mathbb{R}^d, \mathbb{R}^m)$ durch das folgende Bild veranschaulichen. Wir weisen allerdings darauf hin, dass es sich wegen $s_i\colon \mathbb{R}^m \to \mathbb{R}$ bei den Boxen in der Softmaxschicht nicht um Neuronen im Sinne der Definition 16.1 handelt.

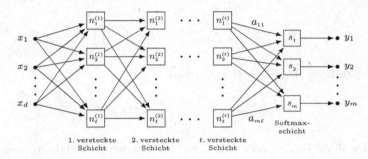

Bevor wir zur Rückwärtspropagation kommen, wollen wir noch Folgendes bemerken: Ist eine Datenmenge mit kategoriellen Labeln wie in (16.2) gegeben, so könnte man die Approximation auch mit einem Netz $N \in \mathcal{D}^{\sigma,\ell,t}(\mathbb{R}^d, \mathbb{R}^m)$ versuchen. Man muss dann darauf bauen, dass der Optimierungsprozess eine Funktion N liefert, die „sinnvolle" Featurevektoren — im Beispiel oben etwa solche $x \in \mathbb{R}^{35}$, die tatsächlich einem handgeschriebenen Buchstaben entsprechen — auf Label schickt, die „in der Nähe" eines Einheitsvektors liegen. Obwohl Letzteres natürlich auch für $R \in \mathcal{R}^{\sigma,\ell,t}(\mathbb{R}^d, \mathbb{R}^m)$ fehlschlagen kann, erzwingt doch der oben vorgestellte Ansatz immerhin einige wünschenswerte Eigenschaften: Bezeichnen wir nämlich mit R_i die i-te Koordinatenfunktion von R, so erhalten wir per Definition, dass stets

$$\forall\, x \in \mathbb{R}^d\colon R_i \in (0,1) \text{ und } \sum_{i=1}^{m} R_i(x) = 1$$

gelten. Insbesondere können wir für jedes $R \in \mathcal{R}^{\sigma,\ell,t}(\mathbb{R}^d, \mathbb{R}^m)$ und jedes $x \in \mathbb{R}^d$ die $R_i(x)$ als Wahrscheinlichkeiten auffassen und analog zur logistischen Regression die Maximum-Likelihood-Methode anwenden, um eine zum Problem passende Kostenfunktion zu definieren, nämlich die *Likelihood-Funktion*

$$L\colon \mathcal{R}^{\sigma,\ell,t}(\mathbb{R}^d, \mathbb{R}^m) \to \mathbb{R}, \quad L(R) := \prod_{p=1}^{n} \prod_{i=1}^{m} R_i(x^{(p)})^{y_i^{(p)}}.$$

Per Konstruktion ist jedes $y^{(p)}$ gleich einem Einheitsvektor. Folglich ist für fixiertes p im inneren Produkt genau derjenige Faktor mit $y^{(p)} = e_i$ gleich $R_i(x^{(p)})$ und alle anderen Faktoren sind gleich Eins. Es folgt, dass L groß ist, wenn $R_i(x^{(p)}) \approx 1$ gilt für genau diejenigen Paare (i, p) mit $y^{(p)} = e_i$. Ist dies der Fall, so muss zwangsläufig $R_i(x^{(p)}) \approx 0$ für Paare (i, p) mit $y^{(p)} \neq e_i$ gelten. Zusammengefasst ist L also genau dann groß, wenn $R(x^{(p)}) \approx y^{(p)}$ komponentenweise gilt.

Um L zu maximieren, parametrisieren wir wie gehabt $R \in \mathcal{R}^{\sigma,\ell,t}(\mathbb{R}^d, \mathbb{R}^m)$ durch $\nu = (\ell \cdot d + (t-1) \cdot \ell^2 + t \cdot \ell + m \cdot \ell)$-viele reelle Parameter und gehen zur Minimierung der *negativen Log-Likelihood-Funktion* über, die wir hier mit C bezeichnen

$$C \colon \mathbb{R}^\nu \to \mathbb{R}, \ C(w_{ij}^{(k)}, b_i^{(k)}, a_{ij}) := -\log \prod_{p=1}^{n} \prod_{i=1}^{m} R_i(x^{(p)})^{y_i^{(p)}}.$$

Durch Ausrechnen des Logarithmus erhalten wir

$$C(w_{ij}^{(k)}, b_i^{(k)}, a_{ij}) = -\sum_{p=1}^{n} \sum_{i=1}^{m} y_i^{(p)} \log R_i(x^{(p)}) \tag{16.3}$$

und wollen diese Formel verwenden, um per Gradientenverfahren, siehe Algorithmus 16.27, einen Minimierer zu bestimmen. Im nächsten Satz geben wir, analog zu Satz 16.32, an, wie die hierfür nötigen Ableitungen per Rückwärtspropagation berechnet werden können. Entsprechend Bemerkung 16.28(i) formulieren wir den Satz nur für den Fall einer einpunktigen one-hot-kodierten Datenmenge.

Satz 16.34. *Sei $\sigma \colon \mathbb{R} \to \mathbb{R}$ differenzierbar, $R \in \mathcal{R}^{\sigma,\ell,t}(\mathbb{R}^d, \mathbb{R}^m)$ ein neuronales Netz mit Softmaxausgang, $D = \{(x,y)\} \subseteq \mathbb{R}^d \times \{e_1, \ldots, e_m\}$ eine einpunktige Datenmenge und $C \colon \mathbb{R}^\nu \to \mathbb{R}, C(w, b, a) = -(y_1 \log R_1(x) + \cdots + y_m \log R_m(x))$. Mit $n_j^{(0)} := x_j$ gelten*

$$\frac{\partial C}{\partial a_{ij}} = (R_i - y_i) \cdot n_j^{(t)} \quad sowie \quad \frac{\partial C}{\partial w_{ij}^{(k)}} = \delta_i^{(k)} n_j^{(k-1)} \quad und \quad \frac{\partial C}{\partial b_i^{(k)}} = \delta_i^{(k)}$$

für alle Schichten $k = 1, \ldots, t$, und die $\delta_i^{(k)}$ können rekursiv per

$$\delta^{(t)} = A^\mathsf{T}(R - y) \odot \sigma'(z^{(t)}) \quad und \quad \delta^{(k)} = (W^{(k+1)})^\mathsf{T} \delta^{(k+1)} \odot \sigma'(z^{(k)})$$

für $k = t-1, \ldots, 1$ berechnet werden.

Beweis. Wir berechnen zunächst die partiellen Ableitungen der Softmaxfunktion, welche wir in diesem Beweis mit s, bzw. s_i für die i-te Koordinatenfunktion, abkürzen. Da $\operatorname{ran} s_i \subseteq (0,1)$ gilt, können wir

$$\log s_i = \log \frac{e^{z_i}}{e^{z_1} + \cdots + e^{z_m}} = z_i - \log(e^{z_1} + \cdots + e^{z_m})$$

betrachten. Differenzieren liefert einerseits

$$\frac{\partial}{\partial z_j} \log s_i = \frac{1}{s_i} \cdot \frac{\partial s_i}{\partial z_j}$$

und, mit Kroneckersymbol δ_{ij}, andererseits

$$\frac{\partial}{\partial z_j} \log s_i = \delta_{ij} - \frac{1}{e^{z_1} + \cdots + e^{z_m}} \cdot \frac{\partial}{\partial z_j}(e^{z_1} + \cdots + e^{z_m})$$

$$= \delta_{ij} - \frac{e^{z_j}}{e^{z_1} + \cdots + e^{z_m}} = \delta_{ij} - s_j.$$

Durch Umstellen und Einsetzen ergibt sich

$$\frac{\partial s_i}{\partial z_j} = s_i \cdot \frac{\partial}{\partial z_j} \log s_i = s_i(\delta_{ij} - s_j).$$

Per Definition gilt $R = s \circ N$ mit $N \in \mathcal{D}^{\sigma,\ell,t}(\mathbb{R}^m, \mathbb{R}^n)$. Wir lesen C als Funktion $C = C(N_1, \ldots, N_m)$, berechnen die entsprechenden Ableitungen

$$\frac{\partial C}{\partial N_j} = \frac{\partial}{\partial N_j}\left(-\sum_{i=1}^{m} y_i \log s_i\right) = -\sum_{i=1}^{m} y_i \frac{\partial}{\partial N_j} \log s_i = -\sum_{i=1}^{m} \frac{y_i}{s_i} \cdot \frac{\partial s_i}{\partial N_j}$$

$$= -\sum_{i=1}^{m} \frac{y_i}{s_i} \cdot s_i(\delta_{ij} - s_j) = -\sum_{i=1}^{m}(y_i \delta_{ij} - y_i s_j) = s_j\left(\sum_{i=1}^{m} y_i\right) - y_j$$

$$\underset{\substack{\uparrow \\ y \text{ Einheits-} \\ \text{vektor}}}{=} s_j - y_j$$

und erhalten für deren Auswertungen

$$\frac{\partial C}{\partial N_j}(N_1, \ldots, N_m) = s_j(N_1, \ldots, N_m) - y_j = R_j - y_j.$$

Weiter gilt

$$\frac{\partial N_\mu}{\partial a_{ij}} = \frac{\partial}{\partial a_{ij}}\left[a_{\mu 1} n_1^{(t)} + \cdots + a_{\mu\ell} n_\ell^{(t)}\right] = \begin{cases} n_j^{(t)} & \text{falls } \mu = i, \\ 0 & \text{sonst,} \end{cases}$$

und damit per mehrdimensionaler Kettenregel

$$\frac{\partial C}{\partial a_{ij}} = \sum_{\mu=1}^{m} \frac{\partial C}{\partial N_\mu} \cdot \frac{\partial N_\mu}{\partial a_{ij}} = (R_i - y_i) \cdot n_j^{(t)}.$$

Wir gehen jetzt ähnlich zu den Beweisen der Propositionen 16.29 und 16.30 vor, benutzen die Hilfsfunktionen

$$z^{(k)} := \begin{bmatrix} z_1^{(k)} \\ \vdots \\ z_\ell^{(k)} \end{bmatrix} \quad \text{mit} \quad z_i^{(k)} = w_{i1}^{(k)} n_1^{(k-1)} + \cdots + w_{i\ell}^{(k)} n_\ell^{(k-1)} + b_i^{(k)},$$

und beginnen mit den Ableitungen nach den Gewichten und Bias der letzten Schicht. Zunächst stellen wir fest, dass

$$\frac{\partial N_\mu}{\partial z_i^{(t)}} = \frac{\partial}{\partial z_i^{(t)}} \left[a_{\mu 1} n_1^{(t)} + \cdots + a_{\mu\ell} n_\ell^{(t)} \right] = a_{\mu i} \cdot \frac{\partial}{\partial z_i^{(t)}} n_i^{(t)} = a_{\mu i} \cdot \sigma'(z_i^{(t)})$$

gilt, weil $z_i^{(t)}$ nur in $n_i^{(t)}$ eingeht. Da $w_{ij}^{(t)}$ und $b_i^{(t)}$ nur in $z_i^{(t)}$ vorkommen, erhalten wir weiter

$$\frac{\partial C}{\partial w_{ij}^{(t)}} = \sum_{\mu=1}^m \frac{\partial C}{\partial N_\mu} \cdot \frac{\partial N_\mu}{\partial z_i^{(t)}} \cdot \frac{\partial z_i^{(t)}}{\partial w_{ij}^{(t)}} = \sum_{\mu=1}^m (R_\mu - y_\mu) \cdot a_{\mu i} \cdot \sigma'(z_i^{(t)}) \cdot n_j^{(t-1)}$$

und

$$\frac{\partial C}{\partial b_i^{(t)}} = \sum_{\mu=1}^m (R_\mu - y_\mu) \cdot a_{\mu i} \cdot \sigma'(z_i^{(t)}) \cdot 1,$$

woraus die Gleichungen für $\delta^{(t)}$ und für die Ableitungen im Fall $k = t$ folgen. Wir gehen nun rückwärts per Induktion vor und müssen für $1 \leqslant k < t$ zusätzlich berücksichtigen, dass $w_{ij}^{(k)}$ und $b_i^{(k)}$ in alle Neuronen der $(k+1)$-ten Schicht eingehen und damit auch in alle $z_v^{(k+1)}$ für $v = 1, \ldots, \ell$. Wir erhalten nach der Kettenregel für Funktionen $\mathbb{R} \to \mathbb{R}^\ell \to \mathbb{R}$ also

$$\begin{aligned}
\frac{\partial C}{\partial w_{ij}^{(k)}} &= \sum_{v=1}^\ell \frac{\partial C}{\partial z_v^{(k+1)}} \cdot \frac{\partial z_v^{(k+1)}}{\partial w_{ij}^{(k)}} \\[2mm]
&= \sum_{v=1}^\ell \frac{\partial C}{\partial z_v^{(k+1)}} \cdot \frac{\partial}{\partial w_{ij}^{(k)}} \left(w_{v1}^{(k+1)} n_1^{(k)} + \cdots + w_{v\ell}^{(k+1)} n_\ell^{(k)} + b_v^{(k+1)} \right) \\[2mm]
&\underset{\substack{\uparrow \\ w_{ij}^{(k)} \text{ geht} \\ \text{nur in } n_i^{(k)} \\ \text{ein}}}{=} \sum_{v=1}^\ell \frac{\partial C}{\partial z_v^{(k+1)}} \cdot w_{vi}^{(k+1)} \cdot \frac{\partial n_i^{(k)}}{\partial w_{ij}^{(k)}} \\[2mm]
&= \sum_{v=1}^\ell \frac{\partial C}{\partial z_v^{(k+1)}} \cdot w_{vi}^{(k+1)} \cdot \frac{\partial}{\partial w_{ij}^{(k)}} \sigma(\underbrace{w_{i1}^{(k)} n_1^{(k-1)} + \cdots + w_{i\ell}^{(k)} n_\ell^{(k-1)} + b_i^{(k)}}_{= z_i^{(k)}}) \\[2mm]
&\underset{\substack{\uparrow \\ \text{Ketten-} \\ \text{regel}}}{=} \sum_{v=1}^\ell \frac{\partial C}{\partial z_v^{(k+1)}} \cdot w_{vi}^{(k+1)} \cdot \sigma'(z_i^{(k)}) \cdot n_j^{(k-1)} \\[2mm]
&= \left(\sum_{v=1}^\ell w_{vi}^{(k+1)} \frac{\partial C}{\partial z_v^{(k+1)}} \cdot \sigma'(z_i^{(k)}) \right) \cdot n_j^{(k-1)}.
\end{aligned}$$

Für $k = t - 1$ haben wir

$$\frac{\partial C}{\partial z_v^{(k+1)}} = \frac{\partial C}{\partial z_v^{(t)}} = \sum_{\mu=1}^{m} \frac{\partial C}{\partial N_\mu} \cdot \frac{\partial N_\mu}{\partial z_v^{(t)}} = \sum_{\mu=1}^{m} (R_\mu - y_\mu) \cdot a_{\mu v} \cdot \sigma'(z_v^{(t)}) = \delta_v^{(t)}$$

und wir erhalten für $k = t - 1, t - 2, \ldots, 1$ induktiv die Formel

$$\frac{\partial C}{\partial w_{ij}^{(k)}} = \left(\sum_{v=1}^{\ell} w_{vi}^{(k+1)} \cdot \delta_v^{(k+1)} \cdot \sigma'(z_i^{(k)}) \right) \cdot n_j^{(k-1)},$$

in welcher die große Klammer gerade der i-te Eintrag von $(W^{(k+1)})^\mathsf{T} \delta^{(k+1)} \odot \sigma'(z^{(k)})$ ist. Für die Ableitung nach $b_i^{(k)}$ geht man analog vor, erhält aber nach der fünften Zeile in der obigen langen Rechnung

$$\frac{\partial C}{\partial b_i^{(k)}} = \sum_{v=1}^{\ell} \frac{\partial C}{\partial z_v^{(k+1)}} \cdot w_{vi}^{(k+1)} \cdot \sigma'(z_i^{(k)}) \cdot 1$$

und damit alle noch ausstehenden Gleichungen. $\qquad\square$

Als wirklich letzten Punkt dieses Kapitels betrachten wir noch den Fall binärer Label. Hier kann man natürlich Obiges für $m = 2$ anwenden, es ist aber in dieser Situation naheliegend, statt der Einheitsvektoren e_1 und e_2 die Zahlen 0 und 1 zu verwenden, vergleiche die logistische Regression in Kapitel 2, und entsprechend statt des 2-dimensionalen Softmaxausganges einen 1-dimensionalen Sigmoidausgang. Die Klasse der Approximanden besteht dann aus Funktionen der Form

$$S := \text{sig} \circ N \colon \mathbb{R}^\nu \to (0, 1)$$

mit $N \in \mathcal{D}^{\sigma, \ell, t}(\mathbb{R}^d, \mathbb{R}^1)$. Ersetzt man in der Kostenfunktion (16.3) jetzt R_1 durch S und R_2 durch $1 - S$, so erhält man

$$C \colon \mathbb{R}^\nu \to \mathbb{R}, \quad C(a, w, b) = - \sum_{p=1}^{n} y^{(p)} \log S(x^{(p)}) + (1 - y^{(p)}) \log(1 - S(x^{(p)}))$$

und damit genau das Analogon der negativen Log-Likelihood-Funktion, die wir in Kapitel 2.4 zur logistischen Regression minimiert haben. In Aufgabe 16.5 besprechen wir eine praktische Anwendung und in Aufgabe 16.9 zeigen wir, dass man beim Übergang von $\mathcal{R}^{\sigma, \ell, t}(\mathbb{R}^d, \mathbb{R}^2)$ zu den Funktionen S wie oben weder Expressivität gewinnt noch einbüßt.

Referenzen

Wir notieren, dass die erste Version des Satzes von Stone-Weierstraß 16.10 z.B. in [Wer18, Satz VIII.4.7] nachgelesen werden kann. Die zweite Version, Satz 16.15, folgt aus der ersten per 1-Punkt-Kompaktifizierung von $\mathbb{R}$. Den Rieszschen Darstellungs-satz in der Version 16.16 kann man in [Wer18, Theorem II.2.5] nachlesen, die zweite Version, oft auch Riesz-Markov-Theorem genannt, findet man in [Rud87, Theorem 6.19]. Für Satz 16.18 verweisen wir auf [Wer18, Korollar III.1.8]. Ferner verweisen wir auf [Wer18, Anhang A] für Definitionen und Resultate, welche über den klassischen Inhalt einer Maßtheorievorlesung hinausgehen, wie z.B. die Räume $M(\Omega)$ und $M(\mathbb{R})$ von komplexen Maßen, das Integral bzgl. eines komplexen Maßes und den Satz von Fubini für komplexe Maße.

Die Resultate am Kapitelanfang zur Darstellung logischer Funktionen sind alle-samt Standard. Unsere Version von Satz 16.4 ist eine Umformulierung von [SSBD14, Claim 20.1]. Die Geschichte der kontinuierlichen Approximationsresultate beginnt mit der Arbeit [Cyb89] von 1989, in welcher Lemma 16.17 und Satz 16.20 für $\Omega = [0, 1]^d$ direkt mit einer multivariablen Variante der von uns gegebenen Beweise gezeigt wur-den. Beachte das Korrigendum [Cyb92]. Es folgten mehrere Arbeiten [HSW89, CL92, Hor91, HSW90, LLPS93, LP93, SC92] zwischen 1989 und 1993, die Cybenkos Ergeb-nis verallgemeinert und ausgebaut haben im Sinne, dass (a) die Voraussetzungen an die Aktivierungsfunktion abgeschwächt wurden, und (b) die Approximation von ande-ren Klassen von Funktionen (z.B. L^p, C^m) betrachtet wurde. Bei der Behandlung der ReLU-Funktion folgen wir dem Zugang in [Gui18, Lemma 3.15]. Das von uns als Satz 16.12 gebrachte Reduktionsargument basiert auf [CL92] und [LP93]. Der Beweis von 16.22 folgt [LLPS93, Remark 3]. Was die Approximation stetiger Funktionen im Sinne gleichmäßiger Konvergenz auf Kompakta angeht, erwähnen wir, dass in [LLPS93] für $\sigma \in L^\infty_{loc}(\mathbb{R})$ derart, dass der Abschluss der Menge der Unstetigkeitsstellen von σ eine Lebesgue-Nullmenge ist, die Äquivalenz

$$C(\mathbb{R}^n, \mathbb{R}^m) \subseteq \overline{\mathcal{S}^\sigma(\mathbb{R}^n, \mathbb{R}^m)}^{L^\infty_{loc}(\mathbb{R}^n, \mathbb{R}^m)} \iff \sigma \notin \mathbb{R}[X]$$

gezeigt wird, vergleiche mit Beispiel 16.7(i). Der das Tradeoff zwischen flachen und tiefen Netzen erlaubende Satz 16.24 basiert auf [Han19], wurde hier aber leicht abge-wandelt, um Netze mit linearem Ausgang zu behandeln. Im Text haben wir nur sehr einfache Architekturen neuronaler Netze behandelt und verweisen für eine umfassende Behandlung auf [Cal20].

Die Technik der Rückwärtspropagation hat ihren Ursprung in den 1960er Jahren; unsere Darstellung basiert auf dem Buch [Nie15], wurde aber leicht abgewandelt und um die Behandlung eines Netzes mit Softmaxausgang erweitert.

Aufgaben

Aufgabe 16.1. In dieser Aufgabe betrachten wir Neuronen, bei denen die Aktivie-rungsfunktion die Heavisidefunktion ist.

(i) Zeigen Sie, dass die Entweder-Oder-Funktion XOR: $\{0, 1\}^2 \to \{0, 1\}$ nicht durch ein einzelnes Neuron mit zwei Eingängen dargestellt werden kann.

(ii) Geben Sie eine Darstellung von XOR durch ein neuronales Netz mit (höchstens) drei Neuronen und Heaviside-Aktivierung an.

Aufgabe 16.2. Nutzen Sie die konjunktive Normalform, um die durch die folgende Tabelle definierte Funktion $f\colon \{0,1\}^3 \to \{0,1\}$

x_1	x_2	x_3	$f(x_1, x_2, x_3)$
0	0	0	1
0	0	1	1
0	1	0	1
0	1	1	1
1	0	0	0
1	0	1	1
1	1	0	0
1	1	1	0

durch ein Heaviside-aktiviertes neuronales Netz darzustellen.

Aufgabe 16.3. Zeigen Sie durch Anwendung des Satzes von Stone-Weierstraß, dass der Raum der flachen neuronalen Netze mit Exponentialaktivierung $\mathcal{S}^{\exp}(\mathbb{R}) \subseteq C(\mathbb{R})$ in den stetigen Funktionen gleichmäßig dicht auf Kompakta ist.

Aufgabe 16.4. Wir betrachten das folgende neuronale Netz,

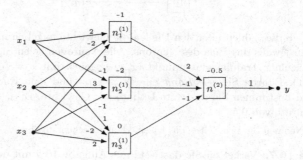

bei welchem die Zahlen über den Pfeilen die Gewichte angeben und die Zahlen über den Boxen jeweils das Bias des Neurons. Die Neuronen $n_1^{(1)}, n_2^{(1)}, n_3^{(1)}$ haben die ReLU-Funktion und $n^{(2)}$ die Sigmoidfunktion als Aktivierung. Berechnen Sie für jeden in der folgenden Tabelle gegebenen Eingang sukzessive die Ausgaben der Neuronen $n_1^{(1)}, n_2^{(1)}, n_3^{(1)}$, und dann die des Neurons $n^{(2)}$, welche gleich der Ausgabe des gesamten Netzes ist.

x_1	x_2	x_3	$n_1^{(1)}$	$n_2^{(1)}$	$n_3^{(1)}$	$n^{(2)}$	y
0	0	0					
0	0	1					
0	1	0					
0	1	1					
1	0	0					
1	0	1					
1	1	0					
1	1	1					

Aufgabe 16.5. „Trainieren" Sie mit der Funktion `MLPClassifier` aus dem Pythonpaket `sklearn` ein neuronales Netz mit einer versteckten Schicht, sodass die Funktion

$$f\colon \{0,1\}^3 \to \{0,1\},\ f(x_1, x_2, x_3) := \mathrm{XOR}(x_1, x_2) \vee (x_1 \wedge x_2 \wedge x_3)$$

möglichst gut approximiert wird. Wie breit muss die versteckte Schicht sein?

Hinweis: In `MLPClassifier` müssen Sie nur die Breite der versteckten Schichten angeben und deren Aktivierung. Mit `.predict()` können Sie dann die $\{0, 1\}$-wertige Ausgabe für alle Trainingsdaten auf einmal ausgeben lassen. Im Hintergrund benutzt `MLPClassifier` allerdings eine Ausgangsschicht wie in Aufgabe 16.4 und berechnet ein $p \in [0, 1]$, sodass sich die Einträge des Tupels $(p, 1-p)$ als Wahrscheinlichkeiten für die Klassifizierung mit 0 bzw. 1 interpretieren lassen. Diese Tupel können per `.predict_proba()` ausgedruckt werden.

Aufgabe 16.6. Wir betrachten das folgende Netz,

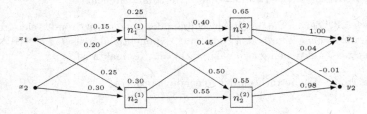

bei welchem die Zahlen über den Pfeilen die Gewichte angeben und die Zahlen über den Boxen jeweils das Bias des Neurons. Alle Neuronen seien Sigmoid-aktiviert. Es sei ein einzelner Trainingsdatenpunkt (x, y) gegeben mit $x = (0.05, 0.10)$ und $y = (0.05, 1.01)$. Führen Sie *per Hand* eine Vorwärts- und eine Rückwärtspropagation durch und bestimmen Sie das erste Update der Gewichte, Bias, Matrixelemente bei einer Lernrate von 0.5.

Hinweis: Nehmen Sie sich Zeit — das ist eine lange Rechenaufgabe.

Aufgabe 16.7. Verketten Sie das Netz aus Aufgabe 16.6 mit der Softmaxfunktion und führen Sie wieder eine Vorwärts- und eine Rückwärtspropagation durch.

Aufgabe 16.8. Schreiben Sie ein Python-Programm, welches handschriftlich notierte Zahlen mittels eines tiefen neuronalen Netzes klassifiziert. Nutzen Sie dafür die `MNIST`-Datenmenge und Satz 16.34. Verwenden Sie einen Teil der Datenmenge als Trainingsdaten und testen Sie dann den Klassifizierer auf zufällig ausgewählten Datenpunkten, die nicht zu den Trainingsdaten gehört haben.

Hinweis: Dies ist eine eher aufwendige Aufgabe, wenn Sie alles „from scratch" programmieren, aber auch eine Gelegenheit, zumindest einmal ein neuronales Netz von Grund auf selber zu erstellen und zu trainieren — alternativ können Sie aber auch auf fertige Pakete zurückgreifen, die Letzteres für Sie erledigen.

Aufgabe 16.9. Zeigen Sie, dass gilt:

$$\mathcal{R}^{\sigma,\ell,t}(\mathbb{R}^d, \mathbb{R}^2) = \left\{ \begin{bmatrix} S \\ 1-S \end{bmatrix} \mid S = \mathrm{sig} \circ N \mid N \in \mathcal{D}^{\sigma,\ell,t}(\mathbb{R}^d, \mathbb{R}^1) \right\}.$$

17

Gradientenverfahren für konvexe Funktionen

In diesem Kapitel geben wir eine Einführung zum Gradientenverfahren. Letzteres ist eine klassische Methode der Optimierung, mit welcher Extrema reellwertiger Funktionen numerisch bestimmt werden können. Damit ist das Gradientenverfahren vielfältig einsetzbar und wird in der Numerik- und Optimierungsliteratur ausgiebig behandelt. Da das Verfahren in vielen Data-Science- und Machine-Learning-Problemen Anwendung findet, und wir in vorhergehenden Kapiteln auch schon mehrfach auf dieses verwiesen haben, soll hier das Verfahren unter gutartigen Bedingungen untersucht werden.

Die dem Gradientenverfahren zugrundeliegende Idee kann anschaulich wie folgt beschrieben werden. Angenommen wir suchen das Minimum einer Funktion $f\colon \mathbb{R}^n \to \mathbb{R}$ wie im folgenden Bild.

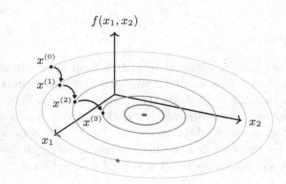

Dann kann man versuchen, dieses zu approximieren, indem man an einem, z.B. zufällig gewählten, Punkt $x^{(0)}$ startet und dann schrittweise jeweils in die Richtung geht, in der es am steilsten bergab geht. Formal definieren wir per

$$x^{(k+1)} := x^{(k)} - \gamma_k \nabla f(x^{(k)}) \qquad (17.1)$$

die Folge $(x^{(k)})_{k\in\mathbb{N}}$, wobei $\gamma_k > 0$ *Schrittweite* oder, im Kontext von maschinellem Lernen, auch *Lernrate*, genannt wird. Letztere kann konstant sein, d.h. $\gamma_k \equiv \gamma$, sie kann durch eine vorgegebene Folge variiert werden, z.B., $\gamma_k = 1/k$, oder in jedem Schritt neu gewählt werden, z.B. so, dass $f(x^{(k)} - \gamma_k \nabla f(x^{(k)}))$ möglichst klein wird. Erstmal besteht natürlich keine Garantie, dass man auf diese Weise mit den $x^{(k)}$ in die Nähe einer Minimalstelle, bzw. mit $f(x^{(k)})$ in die Nähe des minimalen Wertes von f gelangt. Wir werden in diesem Kapitel zeigen, dass dies unter einer geeigneten Kombination von Konvexitäts- und Differenzierbarkeitseigenschaften an f und geeignet kleiner und konstanter Schrittweite der Fall ist, und dass unter diesen Voraussetzungen quantifiziert werden kann, wie viele Iterationen nötig sind, um eine gewisse Genauigkeit der Approximation zu erreichen. Damit sichergestellt ist, dass (17.1) wohldefiniert ist, schränken wir uns für das ganze Kapitel auf Funktionen ein, die differenzierbar, und der Einfachheit halber, auf ganz $\mathbb{R}^n$ definiert sind.

Als erstes präzisieren wir unsere Notation.

Definition 17.1. Sei $f\colon \mathbb{R}^n \to \mathbb{R}$ eine Funktion. Ein Punkt $x^* \in \mathbb{R}^n$ heißt *Minimalstelle* oder *Minimierer* von f, falls $f(x^*) \leqslant f(x)$ für alle $x \in \mathbb{R}^d$ gilt. Wir bezeichnen mit

$$X^* = \operatorname*{argmin}_{x\in\mathbb{R}^n} f(x)$$

die Menge alle Minimierer von f. Falls $X^* = \{x^*\}$ einelementig ist, schreiben wir auch $x^* = \operatorname{argmin}_{x\in\mathbb{R}^n} f(x)$. Insbesondere sind im Folgenden Minimierer immer globale Minimalstellen. Den *minimalen Wert* oder das *Minimum* von f bezeichnen wir mit

$$f^* := \min_{x\in\mathbb{R}^n} f(x),$$

falls dieses existiert.

Im Allgemeinen kann es natürlich sein, dass f gar keine Minimierer hat. Obwohl man in solchen Fällen eventuell trotzdem das Gradientenverfahren sinnvoll verwenden kann, siehe Aufgabe 17.1, werden wir im Folgenden entweder explizit voraussetzen, dass Minimierer existieren, oder durch andere Voraussetzungen an f garantieren, dass dem so ist. Ist $X^* \neq \emptyset$ gesichert, so wird ein weiteres zentrales Problem des Gradientenverfahrens durch das folgende Bild verdeutlicht, für ein konkretes Beispiel siehe Aufgabe 17.3.

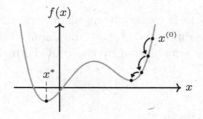

Die dargestellte Funktion hat einen sogar eindeutig bestimmten Minimierer und die Folge $(f(x^{(k)}))_{k \in \mathbb{N}}$ konvergiert — aber nicht gegen das Minimum f^*. Auch für derartige Funktionen kann das Gradientenverfahren erfolgreich angewandt werden; z.B. könnte man es bei der Funktion im Bild mit einem negativen Startwert versuchen. Für unsere theoretischen Resultate in diesem Kapitel wollen wir aber solche Situationen ausschließen und tun dies durch die folgende Definition.

Definition 17.2. Eine Funktion $f: \mathbb{R}^n \to \mathbb{R}$ heißt *konvex*, falls

$$f(\lambda x + (1 - \lambda)y) \leqslant \lambda f(x) + (1 - \lambda)f(y)$$

für alle $\lambda \in [0,1]$ und $x, y \in \mathbb{R}^n$ gilt. Beachte, dass die Ungleichung für $\lambda \in \{0,1\}$ oder $x = y$ trivialerweise gilt.

Für konvexe Funktionen gilt das folgende *Lokal-zu-Global-Prinzip*.

Proposition 17.3. *Sei $f: \mathbb{R}^d \to \mathbb{R}$ konvex. Wenn x eine lokale Minimalstelle von f ist, so ist $x \in X^*$, d.h. x ist ein (globaler) Minimierer.*

Beweis. Sei x eine lokale Minimalstelle. Für beliebiges $y \in \mathbb{R}^n$ existiert dann $\lambda_0 \in (0, 1)$, sodass für alle $\lambda \in (0, \lambda_0)$ wegen der Konvexität die Abschätzung

$$f(x) \leqslant f((1 - \lambda)x + \lambda y) \leqslant (1 - \lambda)f(x) + \lambda f(y) = f(x) - \lambda f(x) + \lambda f(y)$$

gilt. Hieraus folgt $f(x) \leqslant f(y)$ wegen $\lambda > 0$. Da $y \in \mathbb{R}^n$ beliebig war, zeigt dies, dass $x \in X^*$ gilt. $\qquad\square$

Als Nächstes zeigen wir, dass für konvexe differenzierbare Funktionen die notwendige Bedingung $\nabla f(x) = 0$ für einen Minimierer bereits hinreichend ist. Zuerst charakterisieren wir die Konvexität mithilfe des Gradienten. Beachte, dass im folgenden Lemma die kleinere Seite der Abschätzung gerade das erste Taylorpolynom $\mathrm{T}^1_{f,x}(y)$ von f in x, ausgewertet in y, ist.

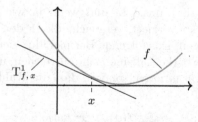

Die Abschätzung im Lemma besagt also anschaulich, dass die Funktionswerte von f oberhalb der Tangente an den Graph von f im Punkt x liegen.

Proposition 17.4. *Sei $f: \mathbb{R}^n \to \mathbb{R}$ differenzierbar. Dann ist f genau dann konvex, wenn $f(y) \geqslant f(x) + \langle \nabla f(x), y - x \rangle$ für alle $x, y \in \mathbb{R}^d$ gilt.*

Beweis. „$\Longrightarrow$" Aus der Definition der Konvexität erhalten wir durch Abziehen von $f(x)$, Division durch λ, und Grenzübergang

$$f(y) - f(x) \geqslant \frac{f(x + \lambda(y - x)) - f(x)}{\lambda} \xrightarrow{\lambda \searrow 0} f'(x)(y - x) = \langle \nabla f(x), y - x \rangle.$$

„$\Longleftarrow$" Seien $x, y \in \mathbb{R}^n$ und $\lambda \in (0, 1)$. Wir setzen $z := \lambda x + (1 - \lambda)y$. Dann gelten per Voraussetzung $f(x) \geqslant f(z) + \langle \nabla f(z), x - z \rangle$ und $f(y) \geqslant f(z) + \langle \nabla f(z), y - z \rangle$. Multiplikation mit λ, bzw. mit $(1 - \lambda)$, und Addition beider Gleichungen liefert

$$
\begin{aligned}
\lambda f(x) &+ (1 - \lambda)f(y) \\
&\geqslant \lambda f(z) + \lambda \langle \nabla f(z), x - z \rangle + (1 - \lambda)f(z) + (1 - \lambda)\langle \nabla f(z), y - z \rangle \\
&= f(z) + \langle \nabla f(z), \underbrace{\lambda x - \lambda z + (1 - \lambda)y - (1 - \lambda)z}_{=z - \lambda z - (1 - \lambda)z = 0} \rangle \\
&= f(\lambda x + (1 - \lambda)y)
\end{aligned}
$$

und damit die Konvexität von f. $\qquad\qquad\qquad\qquad\qquad\qquad\qquad\qquad\qquad\quad\square$

Wir notieren als Folgerung.

Folgerung 17.5. *Sei* $f \colon \mathbb{R}^n \to \mathbb{R}$ *konvex und differenzierbar. Dann gilt* $x \in X^*$ *genau dann, wenn* $\nabla f(x) = 0$.

Beweis. Es muss nur gezeigt werden, dass $\nabla f(x) = 0$ hinreichend für ein lokales Minumum ist, denn dann folgt das Gewünschte aus Proposition 17.3. Wegen der Konvexität von f impliziert Proposition 17.4 mit $\nabla f(x) = 0$ aber, dass $f(y) \geqslant f(x) + \langle \nabla f(x), y - x \rangle = f(x)$ für alle $y \in \mathbb{R}^n$ gilt und wir sind fertig. $\quad\square$

Sei nun eine Funktion $f \colon \mathbb{R}^n \to \mathbb{R}$ gegeben, die konvex und differenzierbar ist, und sei zusätzlich für diese Funktion $X^* \neq \emptyset$. Für einen gegebenen Startwert $x^{(0)}$ betrachten wir die Folge $(x^{(k)})_{k \in \mathbb{N}}$, definiert per (17.1), d.h.

$$x^{(k+1)} = x^{(k)} - \gamma_k \nabla f(x^{(k)}).$$

In erster Linie interessiert uns, ob, und wenn ja wie schnell, die Bildfolge $(f(x^{(k)}))_{k \in \mathbb{N}}$ gegen f^* konvergiert, vergleiche die in den Kapiteln 2, 4 und 16 erläuterten Anwendungen. Das folgende Beispiel illustriert zunächst, dass Konvexität und Differenzierbarkeit alleine nicht ausreichen, um die Konvergenz der Folge $(f(x^{(k)}))_{k \in \mathbb{N}}$ zu garantieren, sondern dass die Wahl der Schrittweiten essentiell ist.

Beispiel 17.6. Sei $f \colon \mathbb{R} \to \mathbb{R}$, $f(x) = x^2$, also $x^* := \operatorname{argmin}_{x \in \mathbb{R}} f(x) = 0$, und sei $x^{(0)} \neq 0$. Dann gilt $x^{(k+1)} = (1 - 2\gamma_k)x^{(k)}$ und wir haben die folgenden Effekte je nach Wahl der γ_k.

  (i) Für $\gamma_k \equiv 1$ ist $x^{(k)} = \pm x^{(0)}$, und die Bildfolge $f(x^{(k)}) \equiv f(x^{(0)})$ ist konstant und ungleich dem Minimum.

(ii) Für $\gamma_k \equiv \gamma > 1$ ist $(x^{(k)})_{k \in \mathbb{N}}$ divergent und $f(x^{(k)}) \to \infty$.

(iii) Für $\gamma_k \equiv \gamma < 1$ haben wir $x^{(k)} \to 0 = x^*$ sowie $f(x^{(k)}) \to 0 = f^*$ und damit das gewünschte Ergebnis.

Jetzt betrachten wir strikt positive Nullfolgen $\gamma_k \searrow 0$. Um den uninteressanten Fall auszuschließen, dass ein γ_{k_0} gleich $1/2$ wird, und damit $x^{(k)} = 0$ für $k \geqslant k_0$, und um die Rechnungen möglichst einfach zu halten, betrachten wir die folgenden zwei Beispiele.

(iv) Für $\gamma_k = \frac{1}{k+3}$ ergibt sich $x^{(k)} = x^{(0)} \prod_{i=0}^{k}(1 - \frac{2}{i+3}) = x^{(0)} \frac{2}{(k+2)(k+3)}$, wenn man das (Teleskop-)Produkt ausrechnet. Damit folgt $x^{(k)} \to 0$ und man erhält wie schon in (iii) das gewünschte Ergebnis.

(v) Sei nun $\gamma_k = \frac{1}{2(k+2)^2}$. Es folgt $x^{(k)} = x^{(0)} \prod_{i=2}^{k+2}(1 - \frac{1}{i^2}) = x^{(0)} \prod_{i=2}^{k+2}(1 - \frac{1}{i^2})$. Logarithmieren und Betrachtung von $k \to \infty$ führt auf die bekannte Reihe (Teleskopsumme!)

$$\sum_{i=2}^{\infty} \log\left(1 - \frac{1}{i^2}\right) = -\log(2)$$

und zeigt daher $x^{(k)} \to x^{(0)} \frac{1}{2} \neq x^*$. Insbesondere konvergiert die Bildfolge gegen einen Wert, welcher, abhängig vom Startpunkt, beliebig viel größer als f^* sein kann.

In Beispiel 17.6(i)–(ii) kommt $f(x^{(k)}) \not\to f^*$ natürlich nur dadurch zustande, dass mutwillig eine zu große Schrittweite gewählt wird. In der Tat kann man bei jeder konvexen und differenzierbaren Funktion f im k-ten Schritt des Gradientenverfahrens ein $\gamma_k > 0$ wählen, sodass

$$f(x^{(k+1)}) = f(x^{(k)} - \gamma_k \nabla f(x^{(k)})) < f(x^{(k)})$$

gilt, solange nur $\nabla f(x^{(k)}) \neq 0$ ist: Wäre nämlich

$$f(x^{(k+1)}) = f(x^{(k)} - \gamma \nabla f(x^{(k)})) \geqslant f(x^{(k)})$$

für alle $\gamma > 0$, so würde für die Richtungsableitung

$$-\langle \nabla f(x^{(k)}), \nabla f(x^{(k)}) \rangle = \partial_{-\nabla f(x^{(k)})} f(x^{(k)})$$
$$= \lim_{h \searrow 0} \frac{f(x^{(k)} - h\nabla f(x^{(k)})) - f(x^{(k)})}{h} \geqslant 0$$

folgen, was nur geht, wenn der Gradient in $x^{(k)}$ verschwindet. Es gibt also stets eine Folge von Schrittweiten $(\gamma_k)_{k \in \mathbb{N}}$, sodass die Bildfolge $(f(x^{(k+1)}))_{k \in \mathbb{N}}$ monoton fällt und daher konvergiert. Solange wir nicht mit den $x^{(k)}$ einen Minimierer genau treffen, fällt die Folge sogar strikt, was bedeutet, dass unsere Approximation von f^* mit jeder Iteration besser wird. Andererseits zeigt Beispiel 17.6(v), dass bei zu schnell fallenden γ_k wieder $f(x^{(k)}) \not\to f^*$ eintreten kann.

Die Schrittweiten dürfen also einerseits nicht konstant zu groß sein, aber andererseits auch nicht zu schnell gegen Null gehen. Unsere vorhergehenden Argumente und das Beispiel legen nahe, dass man mit einem konstanten $\gamma > 0$ auskommen sollte, wenn die Ableitung von f beschränkt ist. In der Tat fordern wir nun etwas Stärkeres, vergleiche aber Aufgabe 17.10.

Definition 17.7. Sei $f\colon \mathbb{R}^n \to \mathbb{R}$ differenzierbar und sei $L > 0$. Dann heißt f *L-glatt*, falls $\|\nabla f(x) - \nabla f(y)\| \leqslant L\|x - y\|$ für alle $x, y \in \mathbb{R}^n$ gilt.

Äquivalent ausgedrückt bedeutet dies, dass ∇f Lipschitz-stetig ist. Wir benötigen die zwei folgenden Konsequenzen.

Lemma 17.8. *Sei $f\colon \mathbb{R}^n \to \mathbb{R}$ eine L-glatte Funktion mit $L > 0$. Dann gilt* $f(x) - f(y) - \langle \nabla f(y), x - y \rangle \leqslant \frac{L}{2}\|x - y\|^2$ *für $x, y \in \mathbb{R}^n$.*

Beweis. Seien $x, y \in \mathbb{R}^n$ fest. Wir definieren die Hilfsfunktion $h\colon \mathbb{R} \to \mathbb{R}$, $h(t) = f(y + t(x - y))$. Dann gilt $h'(t) = \langle \nabla f(y + t(x - y)), x - y \rangle$ nach der Kettenregel. Nach dem Hauptsatz gilt weiter

$$f(x) - f(y) = h(1) - h(0) = \int_0^1 h'(t)\,\mathrm{d}t = \int_0^1 \nabla f(y + t(x - y), x - y)\,\mathrm{d}t.$$

Damit erhalten wir, unter Beachtung, dass das Integral von 0 bis 1 läuft,

$$
\begin{aligned}
f(x) - f(y) - \langle \nabla f(y), x - y \rangle &= \int_0^1 \langle \nabla f(y + t(x - y)), x - y \rangle - \nabla f(y), x - y \rangle\,\mathrm{d}t \\
&\leqslant \int_0^1 |\langle \nabla f(y + t(x - y)) - \nabla f(y), x - y \rangle|\,\mathrm{d}t \\
&\leqslant \int_0^1 \|\nabla f(y + t(x - y)) - \nabla f(y)\|\|x - y\|\,\mathrm{d}t \\
&\leqslant \int_0^1 L\|y + t(x - y) - y\|\|x - y\|\,\mathrm{d}t \\
&= \int_0^1 Lt\|x - y\|^2\,\mathrm{d}t = \frac{L}{2}\|x - y\|^2,
\end{aligned}
$$

wobei wir zuerst die Cauchy-Schwarz-Bunjakowski-Ungleichung und dann die L-Glattheit benutzt haben. $\qquad\square$

Wir fügen jetzt die Voraussetzung hinzu, dass f konvex ist.

Lemma 17.9. *Sei $f\colon \mathbb{R}^n \to \mathbb{R}$ konvex und L-glatt mit $L > 0$. Dann gilt* $f(x) - f(y) \leqslant \langle \nabla f(x), x - y \rangle - \frac{1}{2L}\|\nabla f(x) - \nabla f(y)\|^2$ *für $x, y \in \mathbb{R}^n$.*

Beweis. Seien $x, y \in \mathbb{R}^n$ gegeben. Wir setzen $z := y - \frac{1}{L}(\nabla f(y) - \nabla f(x))$ und schätzen in der folgenden Rechnung $f(x) - f(z)$ mithilfe von Lemma 17.4 nach oben ab und $f(z) - f(y)$ mithilfe von Lemma 17.8. Dann setzen wir z ein und vereinfachen. Dies ergibt

$$
\begin{aligned}
f(x) - f(y) &= f(x) - f(z) + f(z) - f(y) \\
&\leqslant \langle \nabla f(x), x - z \rangle + \langle \nabla f(y), z - y \rangle + \frac{L}{2} \| z - y \|^2 \\
&= \langle \nabla f(x), x - y + \frac{1}{L}(\nabla f(y) - \nabla f(x)) \rangle - \langle \nabla f(y), y - y \\
&\quad + \frac{1}{L}(\nabla f(y) - \nabla f(x)) \rangle + \frac{L}{2} \| y - \frac{1}{L}(\nabla f(y) - \nabla f(x)) - y \|^2 \\
&= \langle \nabla f(x), x - y \rangle + \langle \nabla f(x) - \nabla f(y), \frac{1}{L}(\nabla f(y) - \nabla f(x)) \rangle \\
&\quad + \frac{1}{2L} \| \nabla f(y) - \nabla f(x) \|^2 \\
&= \langle \nabla f(x), x - y \rangle - \frac{1}{2L} \| \nabla f(y) - \nabla f(x) \|^2
\end{aligned}
$$

wie behauptet. $\qquad\square$

Bevor wir das erste Hauptresultat zum Gradientenverfahren beweisen, notieren wir noch die folgende Äquivalenz, die in der Literatur manchmal auch als Definition von konvexen L-glatten Funktionen verwendet wird.

Folgerung 17.10. *Sei $f \colon \mathbb{R}^n \to \mathbb{R}$ differenzierbar und konvex. Sei $L > 0$. Dann sind folgende Aussagen äquivalent.*

(i) f ist L-glatt und konvex.

(ii) $\forall\, x, y \in \mathbb{R}^n \colon 0 \leqslant f(x) - f(y) - \langle \nabla f(y), x - y \rangle \leqslant \frac{L}{2} \| x - y \|^2$.

Beweis. (i) $\Longrightarrow$ (ii): Aus der Konvexität folgt die erste Ungleichung mit Lemma 17.4 und die zweite Ungleichung folgt aus der L-Glattheit mit Lemma 17.8.

(ii) $\Longrightarrow$ (i): Die erste Ungleichung impliziert Konvexität mit Lemma 17.4. Der Beweis von Lemma 17.9 zeigt, dass Konvexität und die zweite Ungleichung, d.h. gerade die Ungleichung in Lemma 17.8, implizieren, dass

$$
\begin{aligned}
\frac{1}{2L} \| \nabla f(x) - \nabla f(y) \|^2 &\leqslant f(y) - f(x) + \langle \nabla f(x), x - y \rangle \\
&= f(y) - f(x) - \langle \nabla f(x), y - x \rangle \\
&\leqslant \frac{L}{2} \| x - y \|^2
\end{aligned}
$$

gilt, wobei wir im letzten Schritt nochmal die zweite Ungleichung aus (ii) benutzt haben, jetzt aber mit vertauschten Rollen von x und y. Multiplikation mit $2L$ und Wurzelziehen zeigt nun $\| \nabla f(x) - \nabla f(y) \| \leqslant L \| x - y \|$ und damit ist f L-glatt. $\qquad\square$

Jetzt sind wir bereit für unser erstes Resultat im Zusammenhang mit dem Gradientenverfahren. Dieses wird zeigen, dass für eine L-glatte und konvexe

Funktion f die Folge $(f(x^{(k)}))_{k\in\mathbb{N}}$ konvergiert und zwar für geeignet kleine, aber dann konstante, Schrittweite γ in (17.1).

Satz 17.11. *Sei* $f\colon \mathbb{R}^n \to \mathbb{R}$ *konvex und L-glatt mit* $L > 0$. *Seien* $x^* \in X^*$ *und* $x^{(0)} \in \mathbb{R}^n$ *beliebig,* $(x^{(k)})_{k\in\mathbb{N}}$ *bezeichne die Folge aus* (17.1), *wobei die Schrittweite* $\gamma := 1/L$ *konstant gewählt wird. Dann gilt*

$$0 \leqslant f(x^{(k)}) - f^* \leqslant \tfrac{2L}{k}\|x^{(0)} - x^*\|^2$$

für $k \geqslant 1$ *und insbesondere* $f(x^{(k)}) \to f^*$ *für* $k \to \infty$.

Beweis. ① Für $j \geqslant 0$ setzen wir $x = x^{(j+1)} = x^{(j)} - \frac{1}{L}\nabla f(x^{(j)})$ und $y = x^{(j)}$ in die Ungleichung aus Lemma 17.8 ein und erhalten

$$f(x^{(j+1)}) - f(x^{(j)}) - \langle \nabla f(x^{(j)}), -\tfrac{1}{L}\nabla f(x^{(j)})\rangle \leqslant \tfrac{L}{2}\big\| -\tfrac{1}{L}\nabla f(x^{(j)})\big\|^2.$$

Ausrechnen und Umstellen liefert

$$f(x^{(j+1)}) - f(x^{(j)}) \leqslant \tfrac{1}{2L}\big\|\nabla f(x^{(j)})\big\|^2 - \tfrac{1}{L}\langle \nabla f(x^{(j)}), \nabla f(x^{(j)})\rangle$$
$$= -\tfrac{1}{2L}\big\|\nabla f(x^{(j)})\big\|^2,$$

woran wir sehen, dass für diese Wahl von γ die Folge $(f(x^{(j)}))_{j\in\mathbb{N}}$ monoton fällt und damit konvergiert.

② Aus Lemma 17.9 und Lemma 17.4 folgern wir

$$\langle \nabla f(x) - \nabla f(y), x - y\rangle = \langle f(x), x - y\rangle - \langle \nabla f(y), x - y\rangle$$
$$\underset{\substack{\uparrow \\ \text{Lem. 17.9}}}{\geqslant} f(x) - f(y) + \tfrac{1}{2L}\|\nabla f(x) - \nabla f(y)\|^2$$
$$- \langle \nabla f(y), x - y\rangle$$
$$\underset{\substack{\uparrow \\ \text{Lem. 17.4}}}{\geqslant} \tfrac{1}{2L}\|\nabla f(x) - \nabla f(y)\|^2$$

für beliebige $x, y \in \mathbb{R}^n$. Wir setzen nun $x = x^{(j)}$ und $y = x^*$, also $\nabla f(x^*) = 0$ nach Folgerung 17.5, und erhalten

$$\langle \nabla f(x^{(j)}), x^{(j)} - x^*\rangle \geqslant \tfrac{1}{2L}\|\nabla f(x^{(j)})\|^2.$$

Nach diesen Vorbereitungen folgt

$$\|x^{(j+1)} - x^*\|^2 = \|x^{(j)} - \tfrac{1}{L}\nabla f(x^{(j)}) - x^*\|^2$$
$$= \|x^{(j)} - x^*\|^2 + 2\langle -\tfrac{1}{L}\nabla f(x^{(j)}), x^{(j)} - x^*\rangle + \| -\tfrac{1}{L}\nabla f(x^{(j)})\|^2$$
$$\underset{\substack{\uparrow \\ \text{s.o.}}}{\leqslant} \|x^{(j)} - x^*\|^2 - \tfrac{2}{2L^2}\|\nabla f(x^{(j)})\|^2 + \tfrac{1}{L^2}\|\nabla f(x^{(j)})\|^2$$

$$= \|x^{(j)} - x^*\|^2.$$

③ Jetzt bemerken wir, dass wir die Abschätzung im Satz nur für $k < k_0 :=$ $\inf\{j \geqslant 0 \,|\, x^{(j)} \in X^*\}$ zeigen müssen. Ist nämlich $k_0 < \infty$ und $k \geqslant k_0$, so ist die linke Seite der Ungleichung Null. Wir nehmen an, dass $k_0 \geqslant 1$ ist, insbesondere gilt also $x^{(0)} \neq x^*$, wir fixieren $0 \leqslant k < k_0$ und setzen $\delta_k := f(x^{(k)}) - f(x^*)$. Nach dem gerade Notierten sind dann $\delta_0, \ldots, \delta_k > 0$. Für $0 \leqslant j < k$ gilt nach Teil ①

$$\delta_{j+1} = f(x^{(j+1)}) - f(x^{(j)}) + f(x^{(j)}) - f(x^*) \leqslant \delta_j - \frac{1}{2L}\|\nabla f(x^{(j)})\|^2$$

und weiter

$$\delta_j = f(x^{(j)}) - f(x^*) \underset{\substack{\uparrow \\ \text{Lem. 17.4}}}{\leqslant} -\langle \nabla f(x^{(j)}), x^* - x^{(j)} \rangle$$

$$\underset{\substack{\uparrow \\ \text{CSB-Ungl.}}}{\leqslant} \|\nabla f(x^{(j)})\|\|x^{(j)} - x^*\| \underset{\substack{\uparrow \\ \text{Teil ②}}}{\leqslant} \|\nabla f(x^{(j)})\|\|x^{(0)} - x^*\|.$$

Es folgt $\|\nabla f(x^{(j)})\| \geqslant \delta_j / \|x^{(0)} - x^*\|$ und wir erhalten

$$\delta_{j+1} \leqslant \delta_j - \frac{1}{2L}\|\nabla f(x^{(j)})\|^2 \leqslant \delta_j - \frac{1}{2L\|x^{(0)} - x^*\|^2}\delta_j^2 = \delta_j - \omega\delta_j^2,$$

mit $\omega := (2L\|x^{(0)} - x^*\|^2)^{-1}$. Dies bedeutet $\omega\delta_j^2 + \delta_{j+1} \leqslant \delta_j$, woraus per Division durch $\delta_{j+1} \cdot \delta_j$ zunächst die Ungleichung $\omega\frac{\delta_j}{\delta_{j+1}} + \frac{1}{\delta_j} \leqslant \frac{1}{\delta_{j+1}}$ folgt und wir dann durch Umstellen und Abschätzen

$$\frac{1}{\delta_{j+1}} - \frac{1}{\delta_j} \geqslant \frac{\delta_{j+1}}{\delta_j}\Big(\frac{1}{\delta_{j+1}} - \frac{1}{\delta_j}\Big) \geqslant \omega,$$

erhalten. Für $k \geqslant 1$ summieren wir nun die Ungleichungen für $j = 0, \ldots, k-1$ auf und erhalten per Teleskopsumme

$$\frac{1}{\delta_k} \geqslant \frac{1}{\delta_k} - \frac{1}{\delta_0} = \sum_{j=0}^{k-1} \frac{1}{\delta_{j+1}} - \frac{1}{\delta_j} \geqslant k\omega,$$

also $\delta_k \leqslant \frac{1}{k\omega}$. Daraus folgt, zusammen mit $f^* - f(x^*) \leqslant f(x^{(k)})$, dass

$$0 \leqslant f(x^{(k)}) - f^* = \delta_k \leqslant \frac{1}{k\omega} = \frac{2L\|x^{(0)} - x^*\|^2}{k}$$

gilt wie gewünscht. $\qquad\square$

In der obigen Situation ist $2L\|x^{(k)} - x^*\|^2$ eventuell zwar nicht explizit bekannt, aber doch konstant. Die Anzahl der Iterationen von (17.1), die durchgeführt werden müssen, um eine Approximationsqualität von $|f(x^{(k)}) - f^*| < \varepsilon$

zu erreichen, ist dann durch $K \cdot \frac{1}{\varepsilon}$ beschränkt mit einer Konstante $K \geqslant 0$. Wählt man oben $\gamma \in (0, 1/L]$ fest, so erhält man eine analoge Abschätzung wie im Satz. Es folgt, dass bei der Anwendung des Gradientenverfahrens auf eine Funktion, bei der L nicht explizit bekannt ist, geeignet kleine und konstante γ zum Erfolg führen werden, vgl. Aufgabe 17.6.

Satz 17.11 garantiert nicht die Konvergenz $x^{(k)} \to x^*$ und dies kann man auch nicht erwarten, betrachte das Trivialbeispiel $f \equiv 0$ und $x^* \neq x^{(0)}$, oder eine Situation wie im folgenden Bild, in der man mit den $x^{(k)}$ nicht den am nächsten am Startpunkt liegenden Minimierer approximiert.

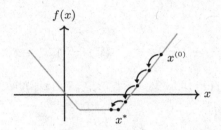

Andererseits sichern die Voraussetzungen von Satz 17.11 durchaus die Konvergenz der Folge $(x^{(k)})_{k \in \mathbb{N}}$ gegen einen Minimierer — dieser kann allerdings von x^* verschieden sein.

Korollar 17.12. *Unter den Voraussetzungen von Satz 17.11 konvergiert die Folge $(x^{(k)})_{k \in \mathbb{N}}$ gegen einen Minimierer $z^* \in X^*$ von f.*

Beweis. Aus Teil ② des vorhergehenden Beweises folgt

$$\forall\, x^* \in X^*,\, k \geqslant 0: \|x^{(k+1)} - x^*\| \leqslant \|x^{(k)} - x^*\|.$$

Die Folge $(x^{(k)})_{k \in \mathbb{N}}$ ist also beschränkt und enthält daher eine konvergente Teilfolge $(x^{(k_j)})_{j \in \mathbb{N}}$, deren Grenzwert wir z^* nennen. Da f stetig ist und $f(x^{(k)}) \to f^*$ nach Satz 17.11 gilt, haben wir

$$f(z^*) = \lim_{j \to \infty} f(x^{(k_j)}) = f^*$$

und damit $z^* \in X^*$. Nach dem Obigen ist also $(\|x^{(k+1)} - z^*\|)_{k \in \mathbb{N}}$ monoton fallend mit einer Teilfolge, die gegen Null konvergiert. Das heißt aber, dass bereits die ganze Folge gegen Null konvergiert, also $x^{(k)} \to z^*$. $\qquad\square$

Die folgende Definition schließt die Existenz mehrerer Minimierer aus.

Definition 17.13. Eine Funktion $f : \mathbb{R}^n \to \mathbb{R}$ heißt *strikt konvex*, falls

$$f(\lambda x + (1 - \lambda)y) < \lambda f(x) + (1 - \lambda)f(y)$$

für alle $\lambda \in (0, 1)$ und $x \neq y \in \mathbb{R}^n$.

Offenbar ist jede strikt konvexe Funktion auch konvex. Beispiele für konvexe und nicht strikt konvexe Funktionen sind z.B. der Betrag $|\cdot|\colon \mathbb{R} \to \mathbb{R}$ oder jede beliebige affin-lineare Funktion. Wie angekündigt genügt strikte Konvexität, um die Eindeutigkeit von Minimierern zu garantieren, wenn solche existieren.

Proposition 17.14. *Sei* $f\colon \mathbb{R}^n \to \mathbb{R}$ *strikt konvex und sei* $x^* \in X^*$. *Dann ist* x^* *der einzige Minimierer von* f.

Beweis. Sei $x \in X^*$ und $x \neq x^*$. Dann gilt für beliebiges $\lambda \in (0, 1)$

$$f(\lambda x + (1 - \lambda)x^*) < \lambda f(x) + (1 - \lambda)f(x^*)$$
$$= \lambda f(x^*) + (1 - \lambda)f(x^*)$$
$$= f(x^*)$$

im Widerspruch dazu, dass $x^* \in X^*$ ein Minimierer ist. $\qquad\square$

Wir betrachten das folgende Beispiel, welches sowohl für die bereits skizzierten Anwendungen als auch für die folgenden theoretischen Resultate zum Gradientenverfahren, zentral ist.

Beispiel 17.15. Das Quadrat der euklidischen Norm $\|\cdot\|^2\colon \mathbb{R}^n \to \mathbb{R}$ ist strikt konvex. In der Tat gilt für $\lambda \in (0, 1)$ und $x \neq y \in \mathbb{R}^n$

$$\lambda\|x\|^2 + (1 - \lambda)\|y\|^2 - \|\lambda x + (1 - \lambda)y\|^2$$
$$= \lambda\|x\|^2 + (1 - \lambda)\|y\|^2 - \langle \lambda x + (1 - \lambda)y, \lambda x + (1 - \lambda)y \rangle$$
$$= \lambda\|x\|^2 + (1 - \lambda)\|y\|^2 - \|\lambda x\|^2 - 2\langle \lambda x, (1 - \lambda)y \rangle - \|(1 - \lambda)y\|^2$$
$$= (\lambda - \lambda^2)\|x\|^2 + [(1 - \lambda) - (1 - \lambda)^2]\|y\|^2 - \lambda(1 - \lambda)2\langle x, y \rangle$$
$$= \lambda(1 - \lambda)[\|x\|^2 + \|y\|^2 - 2\langle x, y \rangle]$$
$$= \lambda(1 - \lambda)\|x - y\|^2 > 0$$

und Umstellen liefert genau die nötige Abschätzung.

In Kombination mit dem folgenden Lemma ergibt sich aus Beispiel 17.15 eine Klasse (strikt) konvexer Funktionen.

Lemma 17.16. *Sei* $g\colon \mathbb{R}^n \to \mathbb{R}$ *konvex und* $h\colon \mathbb{R}^m \to \mathbb{R}^n$ *affin-linear. Dann ist* $g \circ h$ *konvex. Ist* g *strikt konvex und* h *affin-linear und injektiv, dann ist* $g \circ h$ *sogar strikt konvex.*

Beweis. ① Sei h gegeben durch $h(x) = Ax + b$ mit $A \in \mathbb{R}^{n \times m}$, $b \in \mathbb{R}^n$ und sei $\lambda \in (0, 1)$ und $x \neq y \in \mathbb{R}^m$. Dann gilt wegen

$$(g \circ h)(\lambda x + (1 - \lambda)y) = g(\lambda Ax + (1 - \lambda)Ay + b)$$

$$= g\big(\lambda Ax + \lambda b + (1 - \lambda)Ay + (1 - \lambda)b\big)$$
$$= g\big(\lambda(Ax + b) + (1 - \lambda)(Ay + b)\big)$$
$$\leqslant \lambda g(h(x)) + (1 - \lambda)g(h(y)),$$

wobei wir in der zweiten Gleichung $b = \lambda b + (1 - \lambda)b$ und in der Ungleichung am Ende die Konvexität von g benutzt haben.

② Wenn h injektiv ist, dann ist oben $Ax + b \neq Ay + b$ und daher die Abschätzung strikt wegen der strikten Konvexität von g.   □

Wir werden nun die strikte Konvexität weiter verschärfen und zeigen, dass dann die Existenz und Eindeutigkeit eines Minimierers x^* automatisch folgt, dass $x^{(k)} \to x^*$ gilt und für die Genauigkeit $|f(x^{(k)}) - f^*| < \varepsilon$ nur $(K \log \frac{1}{\varepsilon})$-viele Iterationen nötig sind, wobei $K \geqslant 0$ eine Konstante ist.

Definition 17.17. Sei $\mu > 0$. Die Funktion $f \colon \mathbb{R}^n \to \mathbb{R}$ heißt *μ-konvex*, falls

$$f(\lambda x + (1 - \lambda)y) + \lambda(1 - \lambda)\tfrac{\mu}{2}\|x - y\|^2 \leqslant \lambda f(x) + (1 - \lambda)f(y)$$

gilt für alle $x, y \in \mathbb{R}^n$ und $\lambda \in [0, 1]$. Für $\lambda \in \{0, 1\}$ oder $x = y$ gilt die Ungleichung trivialerweise.

Beispiele für μ-konvexe Funktionen werden wir weiter unten geben. Wir bemerken jetzt erstmal, dass gilt

$$\mu\text{-konvex} \;\;\overset{\longrightarrow}{\underset{\not\longleftarrow}{}}\;\; f \text{ strikt konvex} \;\;\overset{\longrightarrow}{\underset{\not\longleftarrow}{}}\;\; f \text{ konvex.}$$

Ein Beispiel für die erste durchgestrichene Implikation ist die Exponentialfunktion: Für $x \to -\infty$, $y := x + 1$ und $\mu > 0$ beliebig gehen in Definition 17.17 die rechte Seite und der erste Summand links gegen Null, während der zweite Summand auf der linken Seite echt positiv und unabhängig von x ist.

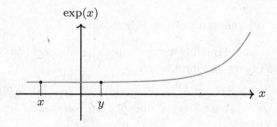

Als Nächstes charakterisieren wir μ-konvexe Funktionen wie folgt.

Lemma 17.18. *Eine Funktion $f \colon \mathbb{R}^n \to \mathbb{R}$ ist genau dann μ-konvex mit $\mu > 0$, wenn die Hilfsfunktion $\varphi \colon \mathbb{R}^n \to \mathbb{R}$, $\varphi(x) := f(x) - \frac{\mu}{2}\|x\|^2$ konvex ist. Hierbei bezeichnet $\|\cdot\|$ die euklidische Norm auf $\mathbb{R}^n$.*

Beweis. Wir bemerken zunächst, dass Multiplikation der Gleichung aus Beispiel 17.15 mit $\mu/2$ auf die Gleichung

$$\lambda\frac{\mu}{2}\|x\|^2 + (1-\lambda)\frac{\mu}{2}\|y\|^2 - \frac{\mu}{2}\|\lambda x + (1-\lambda)y\|^2 = \frac{\mu}{2}\lambda(1-\lambda)\|x-y\|^2$$

führt, die für alle $x, y \in \mathbb{R}^n$ und $\lambda \in [0,1]$ gilt. Einsetzen der Formel für φ in die Definition von Konvexität zeigt, dass φ genau dann konvex ist, wenn für alle $x, y \in \mathbb{R}^n$ und $\lambda \in [0,1]$ die Abschätzung

$$f(\lambda x + (1-\lambda)y) - \frac{\mu}{2}\|\lambda x + (1-\lambda)y\|^2 \leqslant \lambda(f(x) - \frac{\mu}{2}\|x\|^2) + (1-\lambda)(f(y) - \frac{\mu}{2}\|y\|^2)$$

gilt. Sammelt man hier nun alle Terme die eine Norm enthalten auf der linken Seite, so lassen sich diese entsprechend der ersten Gleichung des aktuellen Beweises ersetzen. Dies führt genau auf die Bedingung für μ-Konvexität von f. $\qquad\square$

Als Konsequenz erhalten wir, dass das Quadrat $\|\cdot\|^2 \colon \mathbb{R}^n \to \mathbb{R}$ der euklidischen Norm nicht nur strikt konvex ist, wie in Beispiel 17.15 angegeben, sondern sogar μ-konvex für $\mu \in (0,2]$. Weiter können wir nun zeigen, dass μ-Konvexität die Existenz eines (dann wegen der strikten Konvexität eindeutigen) Minimierers impliziert.

Proposition 17.19. *Sei $f \colon \mathbb{R}^n \to \mathbb{R}$ μ-konvex mit $\mu > 0$ und differenzierbar. Dann existiert ein eindeutig bestimmter Minimierer $x^* = \operatorname{argmin}_{x\in\mathbb{R}^n} f(x)$.*

Beweis. Wir zeigen, dass $f(y) \to \infty$ gilt für $\|y\| \to \infty$. In der Tat ist nach Lemma 17.18 die Hilfsfunktion $\varphi = f - \frac{\mu}{2}\|\cdot\|^2$ konvex. Für $x, y \in \mathbb{R}^n$ gilt daher mit Lemma 17.4

$$\begin{aligned}
f(y) - \frac{\mu}{2}\|y\|^2 = \varphi(y) &\geqslant \varphi(x) + \langle\nabla\varphi(x), y - x\rangle \\
&= f(x) - \frac{\mu}{2}\|x\|^2 + \langle\nabla f(x) - \frac{\mu}{2}\cdot 2x, y - x\rangle.
\end{aligned}$$

Wir fixieren nun $x \in \mathbb{R}^d$, setzen $\alpha := \nabla f(x) - \mu x \in \mathbb{R}^n$, addieren auf beiden Seiten $\frac{\mu}{2}\|y\|^2$ und erhalten

$$f(y) \geqslant \underbrace{f(x) - \frac{\mu}{2}\|x\|^2 - \langle\alpha, x\rangle}_{=:K} + \langle\alpha, y\rangle + \frac{\mu}{2}\|y\|^2$$

$$\underset{\substack{\uparrow \\ \text{CSB-Ungl.}}}{\geqslant} K + \underbrace{\left(\frac{\mu}{2}\|y\| - \|\alpha\|\right)}_{\substack{>0 \text{ für } \|y\| \\ \text{groß genug}}}\|y\| \xrightarrow{\|y\|\to\infty} \infty.$$

Da f insbesondere stetig ist, folgt die Existenz eines Minimierers aus wohlbekannten Sätzen der Analysis. Die Eindeutigkeit haben wir bereits in Proposition 17.14 unter schwächeren Bedingungen gezeigt. $\qquad\square$

Das nächste Lemma ist eine Charakterisierung von μ-Konvexität für differenzierbare Funktionen. Die entsprechende Bedingung wird in der Literatur auch manchmal als Definition für μ-Konvexität verwendet.

Lemma 17.20. *Sei $f\colon \mathbb{R}^n \to \mathbb{R}$ differenzierbar. Dann ist f genau dann μ-konvex mit $\mu > 0$, wenn $f(y) \geqslant f(x) + \langle \nabla f(x), y - x \rangle + \frac{\mu}{2}\|y - x\|^2$ für alle $x, y \in \mathbb{R}^n$ gilt.*

Beweis. Nach Lemma 17.18 ist f genau dann μ-konvex, wenn $\varphi = f - \frac{\mu}{2}\|\cdot\|^2$ konvex ist. Dies ist nach Lemma 17.4 äquivalent zu

$$\forall\, x, y \in \mathbb{R}^n : \varphi(y) \geqslant \varphi(x) + \langle \nabla\varphi(x), y - x \rangle.$$

Einsetzen von φ zeigt, dass die Ungleichung zu

$$f(y) - \tfrac{\mu}{2}\|y\|^2 \geqslant f(x) - \tfrac{\mu}{2}\|x\|^2 + \langle \nabla f(x), y - x \rangle - \mu\langle x, y - x \rangle$$

äquivalent ist und damit zu

$$
\begin{aligned}
f(y) &\geqslant f(x) + \langle \nabla f(x), y - x \rangle + \tfrac{\mu}{2}\|y\|^2 - \tfrac{\mu}{2}\|x\|^2 + \mu\|x\|^2 - \mu\langle x, y \rangle \\
&= f(x) + \langle \nabla f(x), y - x \rangle + \tfrac{\mu}{2}\big[\|y\|^2 - 2\langle x, y \rangle + \|x\|^2\big] \\
&= f(x) + \langle \nabla f(x), y - x \rangle + \tfrac{\mu}{2}\|x - y\|^2
\end{aligned}
$$

wie behauptet. $\qquad\square$

Ein Vergleich mit der Abschätzung in Lemma 17.4 zeigt nochmal, dass die μ-Konvexität eine Verschärfung der (strikten) Konvexität ist, da auf der kleineren Seite der Konvexitätsabschätzung ein für $x \neq y$ stets echt positiver Term addiert wird.

Bemerkung 17.21. Vertauschen von x und y in Lemma 17.20 zeigt, dass $f\colon \mathbb{R}^n \to \mathbb{R}$ genau dann μ-konvex mit $\mu > 0$ ist, wenn

$$\forall\, x, y \in \mathbb{R}^n : f(x) - f(y) - \langle \nabla f(y), x - y \rangle \geqslant \tfrac{\mu}{2}\|x - y\|^2$$

gilt. Diese Abschätzung sieht derjenigen in Lemma 17.8 und Folgerung 17.10 sehr ähnlich. Es ist aber zu beachten, dass wir hier *nach unten* abschätzen— und zwar mit dem gleichen Term $\|x - y\|^2$ wie bei der L-Glattheit, jedoch mit einer anderen multiplikativen Konstante. Kombiniert man Folgerung 17.10 mit Lemma 17.20, so sieht man leicht, dass eine differenzierbare Funktion $f\colon \mathbb{R}^n \to \mathbb{R}$ genau dann gleichzeitig μ-konvex und L-glatt ist, wenn

$$\forall\, x, y \in \mathbb{R}^n : \tfrac{\mu}{2}\|x - y\|^2 \leqslant f(x) - f(y) - \langle \nabla f(y), x - y \rangle \leqslant \tfrac{L}{2}\|x - y\|^2$$

gilt. Hieraus folgt auch sofort, dass in diesem Fall notwendigerweise $L \geqslant \mu$ gelten muss.

Das folgende Lemma ist unsere letzte Vorbereitung, bevor wir unseren finalen Satz zum Gradientenverfahren beweisen können.

Lemma 17.22. *Sei* $f \colon \mathbb{R}^n \to \mathbb{R}$ μ-*konvex und* L-*glatt mit* $\mu, L > 0$. *Dann gilt* $\langle \nabla f(y) - \nabla f(x), y - x \rangle \geqslant \frac{\mu L}{\mu + L} \|x - y\|^2 + \frac{1}{\mu + L} \|\nabla f(x) - \nabla f(y)\|^2$ *für alle* $x, y \in \mathbb{R}^n$.

Beweis. Seien $x, y \in \mathbb{R}^n$ beliebig und sei $\varphi = f - \frac{\mu}{2} \| \cdot \|^2$ die bereits in vorhergehenden Beweisen verwendete Hilfsfunktion. Wir verwenden zunächst dieselben Argumente und Rechnungen wie im Beweis des vorhergehenden Lemmas, aber nutzen dann die L-Glattheit aus und schätzen weiter nach oben ab. Es ergibt sich

$$
\begin{aligned}
0 \; &\underset{\substack{\uparrow \\ \text{Lemmas} \\ \text{17.18 u. 17.4}}}{\leqslant} \; \varphi(x) - \varphi(y) - \langle \nabla\varphi(y), x - y \rangle \\[2mm]
&\underset{\substack{\uparrow \\ \text{wie in} \\ \text{Lem. 17.20}}}{=} \; f(x) - f(y) - \langle \nabla f(y), x - y \rangle - \frac{\mu}{2}\|x - y\|^2 \\[2mm]
&\underset{\substack{\uparrow \\ \text{Lem. 17.8}}}{\leqslant} \; \frac{L}{2}\|x - y\|^2 - \frac{\mu}{2}\|x - y\|^2 \\[2mm]
&\leqslant \; (L - \mu)\|x - y\|^2.
\end{aligned}
$$

① Wir behandeln nun zuerst den Fall, dass $L = \mu$ ist. Oben werden dann alle Ungleichungen zu Gleichungen und es folgt $f(x) = f(y) + \langle \nabla f(y), x - y \rangle + \frac{\mu}{2}\|x - y\|^2$ für alle $x, y \in \mathbb{R}^n$. Fixiert man y und differenziert nach x, so erhält man $\nabla f(x) = \nabla f(y) + \mu(x - y)$ und durch Umstellen

$$\forall\, x, y \in \mathbb{R}^n \colon \nabla f(x) - \nabla f(y) = \mu(x - y).$$

Setzt man $L = \mu$ in die Aussage des Lemmas ein, so sieht man, dass sich die Behauptung zu

$$\forall\, x, y \in \mathbb{R}^n \colon \langle \nabla f(y) - \nabla f(x), y - x \rangle \geqslant \frac{\mu}{2}\|x - y\|^2 + \frac{1}{2\mu}\|\nabla f(x) - \nabla f(y)\|^2$$

reduziert. Einsetzen von $\nabla f(x) - \nabla f(y)$ zeigt, dass auf beiden Seiten $\mu\|x - y\|^2$ herauskommt.

② Sei jetzt $L > \mu$. Dann besagt unsere anfängliche Ungleichungskette zusammen mit Folgerung 17.10, angewandt auf die per Konstruktion differenzierbare Funktion φ, dass diese $(L - \mu)$-glatt ist. Zweimalige Anwendung (einmal mit x und y vertauscht) von Lemma 17.9 liefert die Ungleichungen

$$\varphi(x) - \varphi(y) \leqslant \langle \nabla\varphi(x), x - y \rangle - \frac{1}{2(L-\mu)} \|\nabla\varphi(x) - \varphi(y)\|^2,$$

$$\varphi(y) - \varphi(x) \leqslant \langle \nabla\varphi(y), y - x \rangle - \frac{1}{2(L-\mu)} \|\nabla\varphi(y) - \varphi(x)\|^2.$$

Jetzt addieren wir beide Ungleichungen und setzen $\varphi = f - \frac{\mu}{2}\|\cdot\|^2$ ein. Es folgt

$$
\begin{aligned}
0 \leqslant\ & \langle \nabla\varphi(x) - \nabla\varphi(y), x - y \rangle - \frac{1}{L-\mu}\|\nabla\varphi(x) - \nabla\varphi(y)\|^2 \\
=\ & \langle \nabla f(x) - \nabla f(y) - \mu(x - y), x - y \rangle \\
& \qquad\qquad - \frac{1}{L-\mu}\|\nabla f(x) - \nabla f(y) - \mu(x - y)\|^2 \\
=\ & \langle \nabla f(x) - \nabla f(y), x - y \rangle - \mu\|x - y\|^2 - \frac{1}{L-\mu}\Big(\|\nabla f(x) - \nabla f(y)\|^2 \\
& \qquad\qquad - 2\mu\langle \nabla f(x) - \nabla f(y), x - y \rangle + \mu^2\|x - y\|^2 \Big) \\
=\ & \big(1 + \tfrac{2\mu}{L-\mu}\big)\langle \nabla f(x) - \nabla f(y), x - y \rangle - \big(\mu + \tfrac{\mu^2}{L-\mu}\big)\|x - y\|^2 \\
& \qquad\qquad - \frac{1}{L-\mu}\|\nabla f(x) - \nabla f(y)\|^2 \\
=\ & \frac{L+\mu}{L-\mu}\langle \nabla f(x) - \nabla f(y), x - y \rangle - \frac{\mu L}{L-\mu}\|x - y\|^2 \\
& \qquad\qquad - \frac{1}{L-\mu}\|\nabla f(x) - \nabla f(y)\|^2.
\end{aligned}
$$

Umstellen und Multiplikation mit $\frac{L-\mu}{L+\mu}$ ergibt die behauptete Ungleichung. $\qquad\square$

Der folgende Satz zeigt wie sich die Aussagen, die über die rekursiv definierte Folge (17.1) gemacht werden können, signifikant verbessern lassen, wenn die zu minimierende Funktion die oben definierten Eigenschaften hat.

Satz 17.23. *Sei $f\colon \mathbb{R}^n \to \mathbb{R}$ μ-konvex und L-glatt mit $\mu, L > 0$. Sei $x^{(0)} \in \mathbb{R}^n$ beliebig und $(x^{(k)})_{k\geqslant 0}$ die Folge aus (17.1) mit Schrittweite $\gamma := \frac{2}{\mu+L}$. Dann existiert gemäß Proposition 17.19 ein eindeutig bestimmter Minimierer $x^* = \operatorname{argmin}_{x\in\mathbb{R}^n} f(x)$, es gilt $L \geqslant \mu$ und für $k \geqslant 1$ haben wir*

(i) $\|x^{(k)} - x^*\| \leqslant \big|\frac{L-\mu}{L+\mu}\big|^k \|x^{(0)} - x^*\|$ und

(ii) $0 \leqslant f(x^{(k)}) - f(x^*) \leqslant \frac{L}{2}\big|\frac{L-\mu}{L+\mu}\big|^{2k} \|x^{(0)} - x^*\|^2$.

Insbesondere gilt also $x^{(k)} \to x^*$ sowie $f(x^{(k)}) \to f(x^*)$ für $k \to \infty$.

Beweis. Zunächst bemerken wir, dass $L \geqslant \mu$ aus Bemerkung 17.21 folgt.

(i) Wir setzen die Rekursionsvorschrift (17.1) ein und rechnen dann die linke Seite aus, wobei wir den Term $-\nabla f(x^*)$ künstlich hinzufügen um Lemma 17.22 anwenden zu können:

$$\|x^{(k+1)} - x^*\|^2$$

$$= \|x^{(k)} - \gamma\nabla f(x^{(k)}) - x^*\|^2$$

$$= \|x^{(k)} - x^*\|^2 - 2\gamma\langle\nabla f(x^{(k)}) \underbrace{-\nabla f(x^*)}_{\substack{=0 \text{ wegen} \\ \text{Folg. 17.5}}}, x^{(k)} - x^*\rangle + \gamma^2\|\nabla f(x^{(k)})\|^2$$

$$\underset{\underset{\text{Lem. 17.22}}{\uparrow}}{\leqslant} \|x^{(k)} - x^*\|^2 + \frac{2}{\mu+L}\cdot\left[\frac{\mu L}{\mu+L}\|x^{(k)} - x^*\|^2+\right.$$

$$\left.\frac{1}{\mu+L}\|\nabla f(x^{(k)}) - \underbrace{\nabla f(x^*)}_{=0}\|^2\right] + \frac{1}{(\mu+L)^2}\|\nabla f(x^{(k)})\|^2$$

$$= \left(1 - \frac{4\mu L}{(\mu+L)^2}\right)\|x^{(k)} - x^*\|^2 + \underbrace{\left(-\frac{4}{(\mu+L)^2} + \frac{1}{(\mu+L)^2}\right)\|\nabla f(x^{(k)})\|^2}_{\leqslant 0}$$

$$\leqslant \frac{\mu^2 + 2\mu L + L^2 - 4\mu L}{(\mu+L)^2}\|x^{(k)} - x^*\|^2 = \left(\frac{L-\mu}{L+\mu}\right)^2\|x^{(k)} - x^*\|^2.$$

Wurzelziehen und Iteration liefert die behauptete Ungleichung.

(ii) Nach der Vorarbeit von oben gilt nun

$$f(x^{(k)}) - f(x^*) \underset{\underset{\text{Lem. 17.8}}{\uparrow}}{\leqslant} \langle\nabla f(x^*), x^{(k)} - x^*\rangle + \frac{L}{2}\|x^{(k)} - x^*\|^2$$

$$\underset{\underset{\nabla f(x^*)=0}{\uparrow}}{=} \frac{L}{2}\|x^{(k)} - x^*\|^2 \underset{\underset{(i)}{\uparrow}}{\leqslant} \frac{L}{2}\left(\frac{L-\mu}{L+\mu}\right)^{2k}\|x^{(0)} - x^*\|^2.$$

Die Konvergenz von Folge und Bildfolge erhält man, da $\frac{L-\mu}{L+\mu} \in [0,1)$ liegt. $\square$

Setzen wir $\kappa := L/\mu$, dann ist $\kappa \geqslant 1$ und es gilt

$$\left(\frac{L-\mu}{L+\mu}\right)^2 = \left(\frac{\frac{L}{\mu}-1}{\frac{L}{\mu}+1}\right)^2 = \left(\frac{\kappa-1}{\kappa+1}\right)^2 = \left(1 - \frac{2}{\kappa+1}\right)^2 \leqslant e^{-\frac{4}{\kappa+1}}.$$

Unter den Voraussetzungen von Satz 17.23 erhalten wir also

$$0 \leqslant f(x^{(k)}) - f(x^*) \leqslant \frac{L}{2}\|x^{(0)} - x^*\|^2 e^{-\frac{4}{\kappa+1}k} =: Ce^{-ck}$$

und weil $Ce^{-ck} < \varepsilon$ genau dann gilt wenn $k > \frac{1}{c}(\log\frac{1}{C} + \log\frac{1}{\varepsilon})$ ist, sehen wir, dass die der Anzahl Iterationen von (17.1), die durchgeführt werden müssen um die Genauigkeit $|f(x^{(k)}) - f(x^*)| < \varepsilon$ zu erreichen, für $\varepsilon \searrow 0$ asymptotisch durch $K \cdot \log\frac{1}{\varepsilon}$ beschränkt sind, wobei K eine von ε unabhängige Konstante ist. Wir empfehlen dem Leser den Vergleich mit der deutlich langsameren Konvergenz in Satz 17.11.

Bemerkung 17.24. In vielen Anwendungen minimiert man eine Funktion der

Form

$$f\colon \mathbb{R}^n \to \mathbb{R},\ f(x) = \sum_{j=1}^{N} f_j(x)$$

mit sehr vielen Funktionen f_j, vergleiche Kapitel 16.2. Aufgrund der speziellen Form ergibt sich ∇f als die Summe der ∇f_j. Zur Beschleunigung von (17.1) kann man zum *Stochastischen Gradientverfahren* übergehen und

$$x^{(k+1)} := x^{(k)} - \gamma \sum_{i=1}^{m} \nabla f_{j_i}(x^{(k)})$$

setzen, wobei die $j_1, \ldots, j_m \in \{1, \ldots, N\}$ in jedem Schritt zufällig gewählt werden.

Referenzen

Unsere Darstellung basiert hauptsächlich auf [Bub15, Lot22, Bec17, Nes18, BV04, NW06]. Aufgabe 17.10 ist ein Variation der sogenannten *Projizierten Gradientenmethode*. Den Inhalt der Bemerkung findet man z.B. in [Roc70, Corollary 25.5.1].

Alternativ zum Zugang in diesem Kapitel setzen viele Autoren die zu minimierende Funktion f von vornherein als zweimal differenzierbar voraus. L-Glattheit und μ-Konvexität können dann durch Abschätzungen von $\langle \nabla^2 f(\cdot)h, h \rangle$ nach oben bzw. unten beschrieben werden. Für den genauen Zusammenhang zu den oben benutzen Begriffen verweisen wir auf [Nes18].

Dieses Kapitel stellt nur einen sehr kleinen Ausschnitt zum Thema Gradientenverfahren dar. Für weitere Algorithmen, z.B. zur Beschleunigung von (17.1), Strategien zur Schrittweitenwahl, klassische (Gegen-)Beispiele, Verallgemeinerungen auf nicht differenzierbare Funktionen mittels Subgradienten, die Behandlung von Funktion $f\colon A \subset \mathbb{R}^n \to \mathbb{R}$, und auch die Frage wie Gradienten numerisch berechnet werden können, verweisen wir auf die oben genannte Literatur.

Auch zum Stochastischen Gradientenverfahren gibt es theoretische Resultate, die dann den Erwartungswert von $\|x^{(k)} - x^*\|$ abschätzen. Wir verweisen auf [Wen17] und die darin zitierte Originalliteratur.

Aufgaben

Aufgabe 17.1. Sei $f\colon \mathbb{R} \to \mathbb{R}$, $f(x) = e^x$. Durch welche Wahl der γ_k können Sie erreichen, dass $(f(x^{(k)}))_{k \in \mathbb{N}}$ mit $x^{(k+1)} = x^{(k)} - \gamma_k f'(x^{(k)})$ gegen $\inf_{x \in \mathbb{R}} f(x)$ konvergiert?

Aufgabe 17.2. Sei $f\colon \mathbb{R} \to \mathbb{R}$, $f(x) = x^2$. Untersuchen Sie die Folge $(x^{(k)})_{k \in \mathbb{N}}$ mit $x^{(k+1)} = x^{(k)} - 2^{-k} f'(x^{(k)})$ auf Konvergenz. Überrascht Sie das Ergebnis?

Aufgabe 17.3. Zeigen Sie für die Funktion $f\colon \mathbb{R} \to \mathbb{R}$, $f(x) = 3x^4 + 4x^3 - 36x^2 + 42$, durch Ausführung des Gradientenverfahrens mit konstanter Schrittweite, dass selbiges bei ungünstig gewähltem Startwert gegen eine lokale Minimalstelle konvergiert, die kein (globaler) Minimierer ist.

Aufgabe 17.4. Zeigen Sie, dass die Ableitung der folgenden Funktion für $x \searrow 0$ exponentiell schnell fällt. Das Gradientenverfahren kommt also, wenn es erstmal in der Nähe der Null ist, nur noch sehr langsam voran.

$$f \colon \mathbb{R} \to \mathbb{R}, \ f(x) = \begin{cases} e^{-1/x}, & \text{falls } x \in (0, \tfrac{1}{4}], \\ (x + 8e^{-4} - \tfrac{1}{4})^2 - 64\,e^{-8} + e^{-4}, & \text{falls } x \in (\tfrac{1}{4}, \infty), \\ 0, & \text{sonst.} \end{cases}$$

Glauben Sie, dass man dennoch durch (17.1) mit konstanter Schrittweite eine Folge bekommen kann, die unabhängig vom Startwert gegen einen Minimierer konvergiert?

Aufgabe 17.5. Zeigen Sie, dass $f \colon \mathbb{R}^n \to \mathbb{R}$, $f(x) = \tfrac{1}{2}\langle x, Ax \rangle + \langle b, x \rangle + c$ mit $A \in \mathbb{R}^{n \times n}$ positiv definit, sowie $b \in \mathbb{R}^n$ und $c \in \mathbb{R}$ beliebig, μ-konvex und L-glatt ist und stellen Sie fest, für welche μ und L dies gilt.

Aufgabe 17.6. Sei $f \colon \mathbb{R}^n \to \mathbb{R}$ konvex und L-glatt mit $L > 0$. Sei $x^* \in X^*$ und $x^{(0)}$ beliebig, $(x^{(k)})_{k \in \mathbb{N}}$ sei die Folge aus (17.1) mit konstante Schrittweite $\gamma \in (0, 1/L)$. Zeigen Sie, dass dann $f(x^{(k)}) - f(x^*) \leqslant \frac{2}{k\gamma} \|x^{(0)} - x^*\|^2$ gilt für $k \geqslant 0$.

Aufgabe 17.7. In Lemma 17.22 ist die Hilfsfunktion φ in Wirklichkeit sogar $\frac{L-\mu}{2}$-glatt, da wir in der allerersten Abschätzung einen Faktor $1/2$ „verschenkt" haben. Gehen Sie den Beweis noch einmal durch und finden Sie heraus, auf welche Weise sich die Abschätzung in Satz 17.23 verbessert, wenn man das $1/2$ mitnimmt.

Aufgabe 17.8. Bei der Implementierung des Gradientenverfahrens kann man einerseits ein Abbruchkriterium einbauen, sodass der Algorithmus solange läuft, bis sich der Abstand zwischen $x^{(k+1)}$ und $x^{(k)}$ nur noch wenig ändert. Andererseits kann es sinnvoll sein, die Anzahl der Iterationen von vornherein zu begrenzen. Dies gilt insbesondere, wenn man Funktionen behandelt, bei denen keine Schranke für die Laufzeit bekannt ist.

```
1: function GRADIENTENVERFAHREN (f, (γ_k)_{k∈ℕ}, K, ε)
2:     x^(0) ← zufälliger Punkt in ℝ^d
3:     for k ← 0 to K do
4:         x^(k+1) ← x^(k) - γ∇f(x^(k))
5:         if ‖x^(k+1) - x^(k)‖ < ε then
6:             break
7:     return x^(k+1)
```

Implementieren Sie das Gradientenverfahren entsprechend des angegebenen Pseudocodes für die Funktion $f \colon \mathbb{R}^2 \to \mathbb{R}, f(x, y) = x^2 + xy + y^2$, wobei Sie den Gradient von Hand analytisch ausrechnen. Testen Sie es für verschiedene konstante Schrittweiten $\gamma_k \equiv \gamma > 0$ und Nullfolgen $\gamma_k \to 0$. Berechnen Sie manuell das eindeutig bestimmte Minimum und vergleichen Sie.

Aufgabe 17.9. Zeigen Sie, dass die Funktion $f\colon \mathbb{R}^n \to \mathbb{R}$, $f(x) = \|x\|^{1+\alpha}$, $\alpha \in (0,1)$, konvex und stetig differenzierbar ist, aber für jedes $L > 0$ nicht L-glatt ist. Führen Sie dann für $n = 1$ und $\alpha = 1/2$ das Gradientenverfahren mit $\gamma_k \equiv 1$ aus, und zwar mit verschiedenen Startwerten und verschieden vielen Iterationen. Stellen Sie eine Vermutung zum Konvergenzverhalten der Folge $(x^{(k)})_{k\in\mathbb{N}}$ auf und beweisen Sie diese.

Aufgabe 17.10. Sei $f\colon \mathbb{R}^n \to \mathbb{R}$ stetig differenzierbar und konvex, sei x^* ein Minimierer und sei $x^{(0)} \in \mathbb{R}^n$ beliebig. In dieser Aufgabe zeigen wir, dass stets eine Folge von Schrittweiten $(\gamma_k)_{k\in\mathbb{N}} \subseteq [0,\infty)$ existiert, sodass die durch (17.1) definierte Folge $(f(x^{(k)}))_{k\in\mathbb{N}}$ gegen f^* konvergiert. Dazu sei $\eta_0 := 1$ und $\eta_k := 1/\sqrt{k}$ für $k \geqslant 1$, sowie $B := \overline{\mathrm{B}}_R(x^*)$ mit $R > \|x^* - x^{(0)}\|$. Jetzt gehen wir wie folgt vor: Ist $x^{(k)}$ gegeben, so setzen wir

$$y^{(k+1)} := x^{(k)} - \eta_k \nabla f(x^{(k)}).$$

Falls dann $y^{(k+1)} \in B$ gilt, so setzen wir $\gamma_k := \eta_k$, also $x^{(k+1)} = y^{(k+1)}$. Falls nicht, so wählen wir $\gamma_k < \eta_k$ derart, dass $x^{(k+1)} = x^{(k)} - \gamma_k \nabla f(x^{(k)}) \in \partial B$ gilt.

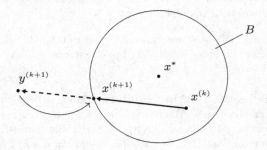

(i) Zeigen Sie mittels Proposition 17.4 und via der Identität $2\langle a,b\rangle = \|a\|^2 + \|b\|^2 - \|a-b\|^2$ und für $k \geqslant 0$ die Abschätzung

$$f(x^{(k)}) - f(x^*) \leqslant \tfrac{1}{2\eta_k}\big(\|x^{(k)} - x^*\|^2 + \|y^{(k)} - y^{(k+1)}\|^2 - \|x^{(k+1)} - x^*\|^2\big).$$

(ii) Zeigen Sie, dass die Reihe $\sum\limits_{k=1}^{\infty} \tfrac{1}{k}(f(x^{(k)}) - f(x^*))$ konvergiert.

(iii) Folgern Sie mit einem Widerspruchsargument, dass $f(x^{(k)}) \to f^*$ gilt.

Bemerkung: Man kann zeigen, dass eine auf $\mathbb{R}^n$ differenzierbare und konvexe Funktion automatisch stetig differenzierbar ist. Setzen wir also, wie ganz am Kapitelanfang, nur voraus, dass $f\colon \mathbb{R}^n \to \mathbb{R}$ konvex und differenzierbar ist, und mindestens einen Minimierer hat, dann zeigt die Aufgabe, dass stets Schrittweiten derart gewählt werden können, sodass $f(x^{(k)}) \to f^*$ gilt.

Ausgewählte Resultate der Wahrscheinlichkeitstheorie

Wir präsentieren in diesem Anhang zunächst eine Zusammenfassung derjenigen Resultate aus der Wahrscheinlichkeitstheorie, die wir im Haupttext benutzen. Insbesondere fixieren wir unsere Notation zu Zufallsvariablen, Erwartungswerten, Varianzen usw. Im zweiten Teil beweisen wir die in den Kapiteln 8–12 benutzte Charakterisierung normalverteilter Zufallsvektoren, sowie die Rechenregeln für Linearkombinationen, die wir in Fakt 10.1 ohne Beweis notiert hatten.

A.1 Wahrscheinlichkeit

Für Notation aus der Maßtheorie verweisen wir auf die am Kapitelende empfohlene Literatur. Die folgenden Definitionen sind allesamt Standard, auch wenn der Erwartungswert in Grundvorlesungen oftmals anders definiert wird.

Definition A.1. Sei $\Omega \neq \emptyset$ eine nichtleere Menge. Ein Tripel (Ω, Σ, P) heißt *Wahrscheinlichkeitsraum*, falls die folgenden Bedingungen erfüllt sind.

(W1) Σ ist eine *σ-Algebra* über Ω, d.h. $\Sigma \subseteq \mathcal{P}(\Omega)$, sodass

   (i) $\Omega \in \Sigma$,

   (ii) $A \in \Sigma \implies \Omega \backslash A \in \Sigma$,

   (iii) $(A_n)_{n \in \mathbb{N}} \subseteq \Sigma \implies \bigcup\limits_{n=1}^{\infty} A_n \in \Sigma$.

(W2) $P \colon \Sigma \to [0,1]$ ist ein *Wahrscheinlichkeitsmaß*, d.h.

   (iv) $P(\Omega) = 1$,

   (v) P ist *σ-additiv*, d.h. für $(A_n)_{n \in \mathbb{N}} \subseteq \Sigma$ mit paarweise disjunkten A_n gilt

$$P\Big(\bigcup_{n=1}^{\infty} A_n \Big) = \sum_{n=1}^{\infty} P(A_n).$$

Ist $(\Omega, \Sigma, \mathrm{P})$ ein Wahrscheinlichkeitsraum, so heißt Ω der *Ergebnisraum* und die Elemente von Σ heißen *Ereignisse*.

Definition A.2. Sei $(\Omega, \Sigma, \mathrm{P})$ ein Wahrscheinlichkeitsraum.

(i) Zwei Ereignisse $A, B \in \Sigma$ heißen *unabhängig*, falls $\mathrm{P}(A \cap B) = \mathrm{P}(A) \cdot \mathrm{P}(B)$ gilt.

(ii) Für $A, B \in \Sigma$ heißt $\mathrm{P}(A|B) := \dfrac{\mathrm{P}(A \cap B)}{\mathrm{P}(B)}$ die *bedingte Wahrscheinlichkeit von A gegeben B*.

Proposition A.3. (Satz von der totalen Wahrscheinlichkeit) *Sei* $(\Omega, \Sigma, \mathrm{P})$ *ein Wahrscheinlichkeitsraum und seien* $A, B \in \Sigma$. *Dann gilt*

$$\mathrm{P}(A) = \mathrm{P}(A|B) \cdot \mathrm{P}(B) + \mathrm{P}(A|B^c) \cdot \mathrm{P}(B^c).$$

Definition A.4. Sei $(\Omega, \Sigma, \mathrm{P})$ ein Wahrscheinlichkeitsraum. Eine messbare Abbildung $X \colon \Omega \to \mathbb{R}^d$ heißt *Zufallsvektor* bzw. *Zufallsvariable*, falls $d = 1$. Hierbei ist $\mathbb{R}^d$ mit der σ-Algebra $\mathcal{B}^d$ der Borelmengen ausgestattet. Wir verwenden die folgende Notation

$$\mathrm{P}\big[X \in B\big] := \mathrm{P}(X^{-1}(B)) = \mathrm{P}(\{\omega \in \Omega \mid X(\omega) \in B\}) \text{ für } B \in \mathcal{B}^d,$$

$$P\big[X \geqslant a\big] := \mathrm{P}(\{\omega \in \Omega \mid X(\omega) \geqslant a\}) \text{ für } a \in \mathbb{R},$$

$$P\big[a \leqslant \|X\| \leqslant b\big] := \mathrm{P}(\{\omega \in \Omega \mid a \leqslant \|X(\omega)\| \leqslant b\}) \text{ für } a, b \in \mathbb{R},$$

$$P\big[X_i \geqslant c_i \text{ für alle } i\big] := \mathrm{P}(\{\omega \in \Omega \mid X_i(\omega) \geqslant c_i \text{ für alle } i\}) \text{ für } c_i \in \mathbb{R}$$

für Zufallsvariablen und -vektoren. Ist X ein Zufallsvektor und $\omega \in \Omega$, so nennen wir $X(\omega)$ eine *Realisierung* desselben.

Definition A.5. Sei $(\Omega, \Sigma, \mathrm{P})$ ein Wahrscheinlichkeitsraum, $X, Y \colon \Omega \to \mathbb{R}$ seien Zufallsvariablen und $k \geqslant 2$.

(i) Falls das folgende Integral existiert, heißt

$$\mathrm{E}(X) := \int_\Omega X \, \mathrm{d}\mathrm{P}$$

der *Erwartungswert* von X. Analog heißt $\mathrm{E}(X^k)$ das *k-te Moment* von X, falls das entsprechende Integral existiert.

(ii) Ist X integrierbar, und damit $\mathrm{E}(X) \in \mathbb{R}$, so heißen

$$\mathrm{V}(X) := \mathrm{E}((X - \mathrm{E}(X))^2) \quad \text{und} \quad \sigma(X) := \sqrt{\mathrm{V}(X)}$$

die *Varianz* und die *Standardabweichung* von X; für das Letztere setzen wir $\mathrm{V}(X) < \infty$ voraus.

(iii) Seien X und Y integrierbar, und die dann wohldefinierten Zufallsvariablen $X - E(X)$ und $Y - E(Y)$ seien auch wieder integrierbar. Dann heißt

$$\mathrm{Cov}(X, Y) := E(X - E(X))\, E(Y - E(Y))$$

die *Kovarianz* von X und Y.

Proposition A.6. *Sei (Ω, Σ, P) ein Wahrscheinlichkeitsraum, $X, Y \colon \Omega \to \mathbb{R}$ seien integrierbare Zufallsvariablen mit $V(X), V(Y), \mathrm{Cov}(X, Y) < \infty$ und $a, b \in \mathbb{R}$. Dann gelten*

(i) $E(aX + bY) = a\, E(X) + b\, E(Y)$,

(ii) $X \leqslant Y$ *punktweise* $\implies E(X) \leqslant E(Y)$,

(iii) $V(X) = E(X^2) - E(X)^2$,

(iv) $V(aX + b) = a^2\, V(X)$,

(v) $V(aX + bY) = a^2\, V(X) + b^2\, V(Y) + 2ab\, \mathrm{Cov}(X, Y)$,

(vi) $|\mathrm{Cov}(X, Y)| \leqslant \sqrt{V(X)} \sqrt{V(Y)}$.

Definition A.7. Sei (Ω, Σ, P) ein Wahrscheinlichkeitsraum, $X \colon \Omega \to \mathbb{R}^d$ ein Zufallsvektor und $\rho \colon \mathbb{R}^d \to [0, \infty)$ eine messbare Funktion. Falls gilt

$$\forall\, A \in \mathcal{B}^d \colon\ P\big[X \in A\big] = \int_A \rho(x)\, \mathrm{d}\lambda^d(x),$$

so sagen wir, der Zufallsvektor ist *ρ-verteilt*. Wichtige Beispiele sind gaußverteilte Zufallsvektoren und gleichmäßig verteilte Zufallsvektoren mit

$$\rho(x) = \tfrac{1}{(2\pi\sigma^2)^{d/2}}\, e^{-\frac{\|x - \mu\|^2}{2\sigma^2}} \quad \text{bzw.} \quad \rho(x) = \tfrac{1}{\lambda(B)} \cdot \mathbf{1}_B(x),$$

wobei $\mu \in \mathbb{R}^d$, $\sigma > 0$ und $B \in \mathcal{B}^d$ mit $\lambda^d(B) \in (0, \infty)$ fest sind.

Proposition A.8. *Seien (Ω, Σ, P) ein Wahrscheinlichkeitsraum und $X \colon \Omega \to \mathbb{R}^d$ eine ρ-verteilte Zufallsvariable und $k \geqslant 1$. Dann gilt für Momente und Erwartungswert*

$$E(X^k) = \int_{\mathbb{R}} x^k \rho(x)\, \mathrm{d}\lambda(x).$$

In der Tat gilt die Verallgemeinerung $E(f(X)) = \int_{\mathbb{R}} f(x)\rho(x)\, \mathrm{d}\lambda(x)$ für eine große Klasse von Funktionen f und wird manchmal als das „Gesetz des unbewussten Statistikers" bezeichnet.

Satz A.9. (Markov-Ungleichung) *Es sei (Ω, Σ, P) ein Wahrscheinlichkeitsraum und $X \colon \Omega \to [0, \infty)$ eine Zufallsvariable. Dann gilt für $a > 0$*

$$P\big[X \geqslant a\big] \leqslant \frac{E(X)}{a}.$$

Satz A.10. (Tschebyscheff-Ungleichung) *Sei* (Ω, Σ, P) *ein Wahrscheinlichkeitsraum und* $X \colon \Omega \to \mathbb{R}$ *eine Zufallsvariable, sodass* $\mathrm{E}(X)$ *und* $\mathrm{V}(X)$ *endlich sind und* $\mathrm{V}(X)$ *von Null verschieden ist. Dann gilt für* $a > 0$

$$\mathrm{P}\big[\,|X - \mathrm{E}(X)| \geqslant a\,\big] \leqslant \frac{\mathrm{V}(X)}{a^2}.$$

Definition A.11. Sei (Ω, Σ, P) ein Wahrscheinlichkeitsraum und seien Zufallsvariablen $X_1, \ldots, X_n \colon \Omega \to \mathbb{R}$ gegeben. Die $X_1, \ldots, X_n$ heißen *unabhängig*, falls die Gleichung

$$P\Big[(X_1, \ldots, X_n) \in \prod_{i=1}^{n} A_i\Big] = \prod_{i=1}^{n} P\big[X_i \in A_i\big]$$

für beliebige Borelmengen $A_i \in \mathcal{B}$ gilt. Eine Folge $(X_i)_{i \in \mathbb{N}}$ von Zufallsvariablen heißt *unabhängig*, falls jede endliche Teilfolge unabhängig ist.

Proposition A.12. *Sei* (Ω, Σ, P) *ein Wahrscheinlichkeitsraum und* $X, Y \colon \Omega \to \mathbb{R}$ *seien unabhängige Zufallsvariablen mit endlichem Erwartungswert und endlicher Varianz. Dann gelten*

(i) $\mathrm{E}(X \cdot Y) = \mathrm{E}(X) \cdot \mathrm{E}(Y)$,

(ii) $\mathrm{V}(X + Y) = \mathrm{V}(X) + \mathrm{V}(Y)$.

Satz A.13. (Klonsatz) *Für* $i \in \mathbb{N}$ *seien Wahrscheinlichkeitsräume* $(\Omega_i, \Sigma_i, P_i)$ *und Zufallsvariablen* $Y_i \colon \Omega_i \to \mathbb{R}$ *gegeben. Dann existiert ein Wahrscheinlichkeitsraum* (Ω, Σ, P) *und unabhängige Zufallsvariablen* $X_1, X_2, \ldots \colon \Omega \to \mathbb{R}$ *derart, dass jedes* X_i *die gleiche Verteilung hat wie* Y_i, *also* $\mathrm{P}[X_i \in A] = \mathrm{P}_i[Y_i \in A]$ *für jede Borelmenge* $A \in \mathcal{B}$ *und jedes* $i \in \mathbb{N}$ *gilt.*

Satz A.14. (Schwaches Gesetz der großen Zahl) *Sei* (Ω, Σ, P) *ein Wahrscheinlichkeitsraum und* $X \colon \Omega \to \mathbb{R}$ *eine Zufallsvariable, sodass* $\mathrm{E}(X)$ *und* $\mathrm{V}(X)$ *endlich sind. Sei* $(X_i)_{i \in \mathbb{N}}$ *eine Folge unabhängiger Kopien von* X. *Dann gilt für* $\varepsilon > 0$ *und* $n \in \mathbb{N}$

$$\mathrm{P}\Big[\,\Big|\frac{X_1 + \cdots + X_n}{n} - \mathrm{E}(X)\Big| \geqslant \varepsilon\Big] \leqslant \frac{\mathrm{V}(X)}{n\varepsilon^2}.$$

Für $n \to \infty$ *geht also* $\mathrm{P}[\cdots]$ *gegen Null. Man sagt, dass*

$$\frac{X_1 + \cdots + X_n}{n} \xrightarrow{n \to \infty} \mathrm{E}(X)$$

in Wahrscheinlichkeit konvergiert, *wobei* $\mathrm{E}(X)$ *auf der rechten Seite als konstante Zufallsvariable zu verstehen ist.*

Bemerkung A.15. Die Elemente X_i einer Folge wie in Satz A.14 nennt man auch *Stichproben* der Zufallsvariable X. Beachte, dass man für *theoretische* Aussagen über die mehrfache Durchführung eines durch X beschriebenen Zufallsexperimentes Stichproben in diesem Sinne betrachtet und dann z.B. wie in Satz A.14 deren Mittelwert (als neue Zufallsvariable!) untersucht. Für *Simulationen* benutzt man Realisierungen $X(\omega_1), \ldots, X(\omega_n)$, vgl. Definition A.4, von X und betrachtet dann z.B. deren Mittelwert (als reelle Zahl!).

Definition A.16. Seien $\rho, \tau \in L^1(\mathbb{R})$. Dann existiert

$$\rho * \tau \colon \mathbb{R} \to \mathbb{R}, \quad (\rho * \tau)(s) = \int_{\mathbb{R}} \rho(s-t) \tau(t) \, d\lambda(t)$$

für fast alle $s \in \mathbb{R}$, es gilt $\rho * \tau \in L^1(\mathbb{R})$ und $\rho * \tau$ heißt die *Faltung* von ρ und τ.

Satz A.17. *Sei* $(\Omega, \Sigma, \mathrm{P})$ *ein Wahrscheinlichkeitsraum und* $X, Y \colon \Omega \to \mathbb{R}$ *unabhängige* ρ- *bzw.* τ-*verteilte Zufallsvariablen mit* $\rho, \tau \in L^1(\mathbb{R})$. *Dann ist* $X + Y \colon \Omega \to \mathbb{R}$ *eine* $\rho * \tau$-*verteilte Zufallsvariable.*

A.2 Gaußverteilung

Im Folgenden stellen wir für den Haupttext unverzichtbare Fakten über gaußverteilte Zufallsvariablen und -vektoren zusammen. Als Erstes zeigen wir, dass die Bezeichnungen *Mittelwert* und *Varianz* für die Parameter einer gaußverteilten Zufallsvariable überhaupt gerechtfertigt sind.

Satz A.18. *Sei* $(\Omega, \Sigma, \mathrm{P})$ *ein Wahrscheinlichkeitsraum und sei* $X \colon \Omega \to \mathbb{R}$ *eine gaußverteilte Zufallsvariable, d.h.* $X \sim \mathcal{N}(\mu, \sigma^2)$ *mit* $\mu \in \mathbb{R}$ *und* $\sigma > 0$. *Dann gelten*

$$\mathrm{E}(X) = \mu \quad und \quad \mathrm{V}(X) = \sigma^2.$$

Beweis. In der Tat haben wir für den Erwartungswert

$$\mathrm{E}(X) = \int_{\mathbb{R}} x \frac{1}{\sqrt{2\pi}\sigma} e^{-\frac{(x-\mu)^2}{2\sigma^2}} \, d\lambda(x) \underset{\substack{\uparrow \\ u := \frac{x-\mu}{\sqrt{2}\sigma}}}{=} \frac{1}{\sqrt{2\pi}\sigma} \int_{\mathbb{R}} (\sqrt{2}\sigma u + \mu) e^{-u^2} \sqrt{2}\sigma \, d\lambda(u)$$

$$= \frac{1}{\sqrt{\pi}} \Big[\sqrt{2}\sigma \underbrace{\int_{\mathbb{R}} u e^{-u^2} \, d\lambda(u)}_{=0} + \mu \underbrace{\int_{\mathbb{R}} e^{-u^2} \, d\lambda(u)}_{=\sqrt{\pi}} \Big] = \mu,$$

wobei das erste Integral aus Symmetriegründen Null ist und man das zweite z.B. durch Quadrieren, dann Anwendung von Fubini und schließlich als uneigentliches Riemannintegral in Polarkoordinaten ausrechnen kann. Für die Varianz ergibt sich

$$\mathrm{V}(X) = \mathrm{E}(X^2) - \mathrm{E}(X)^2 = \int_{\mathbb{R}} x^2 \rho(x) \, d\lambda(x) - \mu^2$$

$$\underset{\underset{u:=\frac{x-\mu}{\sqrt{2}\sigma}}{\uparrow}}{=} \frac{1}{\sqrt{2\pi}\sigma} \int_{\mathbb{R}} (\sqrt{2}\sigma u + \mu)^2 \, e^{-u^2} \sqrt{2}\sigma \, d\lambda(u) - \mu^2$$

$$= \frac{1}{\sqrt{\pi}} \Big[2\sigma^2 \underbrace{\int_{\mathbb{R}} u^2 \, e^{-u^2} \, du}_{=\sqrt{\pi}/2} + 2\sqrt{2}\sigma\mu \underbrace{\int_{\mathbb{R}} u \, e^{-u^2} \, du}_{=0} + \mu^2 \underbrace{\int_{\mathbb{R}} e^{-u^2} \, du}_{=\sqrt{\pi}} \Big] - \mu^2$$

$$= \sigma^2,$$

wobei man das erste Integral durch partielle Integration ausrechnet und die beiden anderen wie im ersten Teil (und wir das „λ" aus Platzgründen weggelassen haben). $\qquad\square$

Wir notieren das folgende sehr einfache Resultat.

Proposition A.19. *Sei* (Ω, Σ, P) *ein Wahrscheinlichkeitsraum und sei eine gaußverteilte Zufallsvariable* $X \colon \Omega \to \mathbb{R}$ *gegeben, d.h.* $X \sim \mathcal{N}(\mu, \sigma^2)$. *Sei* $a \in \mathbb{R}$. *Dann gilt* $a + X \sim \mathcal{N}(a + \mu, \sigma^2)$.

Beweis. Für $A \in \mathcal{B}$ gilt

$$P[a + X \in A] = \frac{1}{\sqrt{2\pi}\sigma} \int_{A-a} e^{-\frac{(x-\mu)^2}{2\sigma^2}} \, d\lambda(x) = \frac{1}{\sqrt{2\pi}\sigma} \int_A e^{-\frac{(y-(a+\mu))^2}{2\sigma^2}} \, d\lambda(y)$$

per Subsitution $y := x + a$. $\qquad\square$

Es folgt die im Haupttext vielfach benutze Charakterisierung (sphärisch) gaußverteilter Zufallsvektoren via derer Koordinatenfunktionen.

Satz A.20. *Sei* (Ω, Σ, P) *ein Wahrscheinlichkeitsraum und* $X \colon \Omega \to \mathbb{R}^d$ *ein Zufallsvektor mit Koordinatenfunktionen* $X_1, \ldots, X_d$. *Dann gilt* $X \sim \mathcal{N}(\mu, \sigma^2, \mathbb{R}^d)$ *genau dann, wenn* $X_i \sim \mathcal{N}(\mu, \sigma^2)$ *für* $i = 1, \ldots, d$ *gilt und die* $X_1, \ldots, X_d$ *unabhängig sind.*

Beweis. Für $A = A_1 \times \cdots \times A_d \subseteq \mathbb{R}^d$ mit $A_i \in \mathcal{B}^d$ berechnen wir

$$P[X \in A] \underset{\underset{X \sim \mathcal{N}(\mu,\sigma^2,\mathbb{R}^d)}{\downarrow}}{=} \frac{1}{(2\pi\sigma^2)^{d/2}} \int_A e^{-\frac{\|x-\mu\|^2}{2\sigma^2}} \, d\lambda^d(x)$$

$$= \frac{1}{(2\pi\sigma^2)^{d/2}} \int_A e^{\frac{(x_1-\mu_1)^2}{2\sigma^2}} \cdots e^{-\frac{(x_d-\mu_d)^2}{2\sigma^2}} \, d\lambda(x_1, \ldots, x_d)$$

$$= \frac{1}{\sqrt{2\pi}\sigma} \int_{A_1} e^{\frac{(x_1-\mu_1)^2}{2\sigma^2}} \, d\lambda(x_1) \cdots \frac{1}{\sqrt{2\pi}\sigma} \int_{A_d} e^{\frac{(x_d-\mu_d)^2}{2\sigma^2}} \, d\lambda(x_d)$$

$$\underset{\underset{X_i \sim \mathcal{N}(\mu,\sigma^2)}{\uparrow}}{=} P[X_1 \in A_1] \cdots P[X_d \in A_d],$$

wobei die erste bzw. letzte Gleichung unter der dort notierten Voraussetzung gilt. Die behauptete Äquivalenz folgt jetzt aus der obigen Rechnung:

„$\Longrightarrow$" Für $B \in \mathcal{B}$ und fixiertes $1 \leqslant i \leqslant d$ setze oben $A = \mathbb{R} \times \cdots \times B \times \cdots \times \mathbb{R}$, wobei das B an der i-ten Stelle steht. Dann folgt $\mathrm{P}[X_i \in B] = \mathrm{P}[X \in \mathbb{R}^{i-1} \times B \times \mathbb{R}^{d-i}]$ und die für die Unabhängigkeit benötige Gleichung.

„$\Longleftarrow$" Sei $A = A_1 \times \cdots \times A_d \subseteq \mathbb{R}^d$ ein Quader. Da die X_i's unabhängig sind, folgt $\mathrm{P}[X \in A] = \mathrm{P}[X_1 \in A_1] \cdots \mathrm{P}[X_d \in A_d]$. Lesen wir nun die obige Rechnung rückwärts, so erhalten wir

$$\mathrm{P}[X \in A] = \frac{1}{(2\pi\sigma^2)^{d/2}} \int_A e^{-\frac{\|x-\mu\|^2}{2\sigma^2}} \, \mathrm{d}\lambda(x)$$

für Quader A, und damit dann auch für beliebige Borelmengen in $\mathbb{R}^d$. $\qquad\square$

Als Letztes widmen wir uns Linearkombinationen unabhängiger normalverteilter Zufallsvariablen.

Satz A.21. *Sei $(\Omega, \Sigma, \mathrm{P})$ ein Wahrscheinlichkeitsraum, seien $X_1, \ldots, X_n \to \mathbb{R}$ unabhängige Zufallsvariablen mit $X_i \sim \mathcal{N}(0,1)$ und seien $\lambda_1, \ldots, \lambda_n \in \mathbb{R}\backslash\{0\}$. Dann ist die Zufallsvariable*

$$X := \sum_{i=1}^{n} \lambda_i X_i \sim \mathcal{N}(0, \sigma^2)$$

gaußverteilt mit Mittelwert Null und Varianz $\sigma^2 := \lambda_1^2 + \cdots + \lambda_d^2 > 0$.

Beweis. Wir notieren zuerst, dass für $\lambda \neq 0$, $X \sim \mathcal{N}(0,1)$ und $A \in \mathcal{B}$

$$\mathrm{P}[\lambda X \in A] = \mathrm{P}\left[X \in \tfrac{1}{\lambda}A\right] = \int_{\frac{1}{\lambda}A} \rho(x) \, \mathrm{d}x = \int_A \rho(\tfrac{x}{\lambda})\tfrac{1}{\lambda} \, \mathrm{d}x$$

gilt, wobei $\rho(x) = \frac{1}{\sqrt{2\pi}} e^{-x^2/2}$ ist. Damit ist λX also $\rho(\frac{\cdot}{\lambda})\frac{1}{\lambda}$-verteilt. Einsetzen von ρ zeigt

$$\rho(\tfrac{t}{\lambda})\tfrac{1}{\lambda} = \frac{1}{\sqrt{2\pi}} e^{-(\frac{t}{\lambda})^2/2} \tfrac{1}{\lambda} = \frac{1}{\sqrt{2\pi}\lambda} e^{-\frac{t^2}{2\lambda^2}}$$

für $t \in \mathbb{R}$ und damit $\lambda X \sim \mathcal{N}(0, \lambda^2)$. Wenden wir dies auf unsere Ausgangssituation an, so haben wir $\lambda_i X_i \sim \mathcal{N}(0, \lambda_i^2)$ für $i = 1, \ldots, d$. Man überlegt sich leicht, dass die Faltung von L^1-Funktionen assoziativ ist, und damit dann, dass Satz A.17 auch für mehr als zwei Zufallsvariablen gilt. Um unseren Beweis zu vervollständigen, müssen wir also

$$(\rho_1 * \cdots * \rho_d)(x) = \frac{1}{\sqrt{2\pi}\sigma} e^{-\frac{t^2}{2\sigma^2}} \quad \text{mit} \quad \rho_i(x) = \frac{1}{\sqrt{2\pi}\lambda_i} e^{-\frac{t^2}{2\lambda_i^2}}$$

zeigen. Wir machen dies für $d = 2$, kürzen $a := \lambda_1^2$, $b := \lambda_2^2$ und $c := a + b$ ab.

Damit folgt

$$
\begin{aligned}
(\rho_1 * \rho_2)(s) &= \frac{1}{2\pi\sqrt{ab}} \int_{\mathbb{R}} \exp\left(-\frac{(s-t)^2}{2a}\right) \exp\left(-\frac{t^2}{2b}\right) \mathrm{d}t \\
&= \frac{1}{2\pi\sqrt{ab}} \int_{\mathbb{R}} \exp\left(-\frac{b(s^2 - 2st + t^2) + at^2}{2ab}\right) \mathrm{d}t \\
&= \frac{1}{2\pi\sqrt{ab}} \int_{\mathbb{R}} \exp\left(-\frac{t^2(b+a) - 2stb + bs^2}{2ab}\right) \mathrm{d}t \\
&= \frac{1}{2\pi c^2\sqrt{ab/c}} \int_{\mathbb{R}} \exp\left(-\frac{t^2(b+a)/c - 2stb/c + bs^2/c}{2ab/c}\right) \mathrm{d}t \\
&= \frac{1}{2\pi c^2\sqrt{ab/c}} \int_{\mathbb{R}} \exp\left(-\frac{(t - (bs)/c)^2 - (sb/c)^2 + s^2(b/c)}{2ab/c}\right) \mathrm{d}t \\
&= \frac{1}{\sqrt{2\pi c}} \exp\left(-\frac{(sb/c)^2 - s^2(b/c)}{2ab/c}\right) \frac{1}{\sqrt{2\pi(ab/c)}} \int_{\mathbb{R}} \exp\left(-\frac{(t - (bs)/c)^2}{2ab/c}\right) \mathrm{d}t \\
&= \frac{1}{\sqrt{2\pi c}} \exp\left(-\frac{(sb/c)^2 c^2 - s^2(b/c)c^2}{2abc}\right) \\
&= \frac{1}{\sqrt{2\pi c}} \exp\left(-\frac{s^2(b^2 - bc)}{2abc}\right) \\
&= \frac{1}{\sqrt{2\pi c}} \exp\left(-\frac{s^2}{2c}\right),
\end{aligned}
$$

wobei wir wieder aus Platzgründen das „λ" weggelassen haben.   □

Referenzen

Wir verweisen auf [Beh13] für eine Einführung und auf das Buch [Wen08], in welchem die Wahrscheinlichkeitslehre von Anfang an auf Maßtheorie aufgebaut wird.

Literaturverzeichnis

[AA84]   A. Albert and J. A. Anderson. On the existence of maximum likelihood estimates in logistic regression models. *Biometrika*, 71:1–10, 1984.

[Agg16]   C. C. Aggarwal. *Recommender Systems*. Springer Cham, 2016.

[AM12]   Y. Abu-Mostafa. Lecture 14—Support Vector Machines. Youtube-Video, Caltech, https://www.youtube.com/watch?v=eHsErlPJWUU, 2012.

[BC99]   C. Burges and D. Crisp. Uniqueness of the SVM solution. In *NIPS Vol. 99*, 1999.

[Bec17]   A. Beck. *First-order Methods in Optimization*, volume 25 of *MOS/SIAM Ser. Optim.*, 2017.

[Beh13]   E. Behrends. *Elementare Stochastik. Ein Lernbuch — von Studierenden mitentwickelt*. Springer Spektrum, Heidelberg, 2013.

[Ber17]   B. Bernstein. On the uniqueness of the SVM solution. https://david rosenberg.github.io/mlcourse/Labs/UniquenessOfSVM.pdf, 2017.

[BHK20]   A. Blum, J. Hopcroft, and R. Kannan. *Foundations of Data Science*. Cambridge University Press, Cambridge, 2020.

[Bis06]   C. M. Bishop. *Pattern Recognition and Machine Learning*. Inf. Sci. Stat. Springer, New York, 2006.

[Bub15]   S. Bubeck. Convex optimization: algorithms and complexity. *Found. Trends Mach. Learn.*, 8(3-4):231–357, 2015.

[Bul06]   Y. Bulatov. Curse of dimensionality and intuition. http://yaroslavvb.blog spot.com/2006/05/curse-of-dimensionality-and-intuition.html, 2006.

[BV04]   S. Boyd and L. Vandenberghe. *Convex Optimization*. Cambridge University Press, 2004.

[Cal20]   O. Calin. *Deep Learning Architectures. A Mathematical Approach*. Springer Ser. Data Sci. Springer, Cham, 2020.

[Chu07]   F. Chung. Random walks and local cuts in graphs. *Linear Algebra and its Applications*, 423(1):22–32, 2007.

[CL92]   C. K. Chui and X. Li. Approximation by ridge functions and neural networks with one hidden layer. *J. Approx. Theory*, 70(2):131–141, 1992.

[CLRS22] T. H. Cormen, C. E. Leiserson, R. L. Rivest, and C. Stein. *Introduction to Algorithms*. 4. Auflage, MIT Press, Cambridge, 2022.

[Col12]   M. Collins. Convergence proof for the perceptron algorithm. http://www.cs.columbia.edu/~mcollins/courses/6998-2012/notes/perc.converge.pdf, 2012.

© Der/die Herausgeber bzw. der/die Autor(en), exklusiv lizenziert an
Springer-Verlag GmbH, DE, ein Teil von Springer Nature 2023
S.-A. Wegner, *Mathematische Einführung in Data Science*,
https://doi.org/10.1007/978-3-662-68697-3

[Cyb89]   G. Cybenko. Approximation by superpositions of a sigmoidal function. *Math. Control Signals Syst.*, 2(4):303–314, 1989.

[Cyb92]   G. Cybenko. Correction to: Approximation by superpositions of a sigmoidal function. *Math. Control Signals Syst.*, 5(4):455, 1992.

[DH08]   P. Deuflhard and A. Hohmann. *Numerische Mathematik 1. Eine algorithmisch orientierte Einführung*. 4. überarbeitete und erweiterte Auflage, de Gruyter, Berlin, 2008.

[Don04]   D. L. Donoho. High-dimensional data analysis: The curses and blessings of dimensionality. https://dl.icdst.org/pdfs/files/236e636d7629c1a53e6ed4cce1019b6e.pdf, 2004.

[DS07]   S. Dasgupta and L. Schulman. A probabilistic analysis of EM for mixtures of separated, spherical gaussians. *The Journal of Machine Learning Research*, 8:203–226, 2007.

[Dub21]   Y. Dubois. Curse of dimensionality. https://yanndubs.github.io/machine-learning-glossary/concepts/curse, 2021.

[For20]   M. Fornasier. Foundations of Data Analysis. Aufgaben zur Vorlesung, TU München (nicht mehr online verfügbar), 2020.

[Fun06]   S. Funk. Netflix update: Try this at home. https://sifter.org/~simon/journal/20061211.html, 2006.

[Giu03]   E. Giusti. *Direct methods in the calculus of variations*. World Scientific, Singapore, 2003.

[GK02]   C. Geiger and C. Kanzow. *Theorie und Numerik restringierter Optimierungsaufgaben*. Springer Berlin, 2002.

[Gow14]   S. Gower. Netflix Prize and SVD. http://buzzard.ups.edu/courses/2014spring/420projects/math420-UPS-spring-2014-gower-netflix-SVD.pdf, 2014.

[Gui18]   L. F. Guilhoto. An overview of artificial neural networks for mathematicians. https://math.uchicago.edu/~may/REU2018/REUPapers/Guilhoto.pdf, 2018.

[Ham]   M. Hampton. SVD computation example. Lecture Notes, University of Minnesota Duluth, https://www.d.umn.edu/~mhampton/m4326svd_example.pdf.

[Han19]   B. Hanin. Universal function approximation by deep neural nets with bounded width and ReLU activations. *Mathematics*, 7(10), 2019.

[Hor91]   K. Hornik. Approximation capabilities of multilayer feedforward networks. *Neural Networks*, 4(2):251–257, 1991.

[HSW89]   K. Hornik, M. Stinchcombe, and H. White. Multilayer feedforward networks are universal approximators. *Neural Networks*, 2(5):359–366, 1989.

[HSW90]   K. Hornik, M. Stinchcombe, and H. White. Universal approximation of an unknown mapping and its derivatives using multilayer feedforward networks. *Neural Networks*, 3(5):551–560, 1990.

[JL84]   W. B. Johnson and J. Lindenstrauss. Extensions of Lipschitz mappings into a Hilbert space. Contemp. Math. 26, 189-206, 1984.

[Kal96]   D. Kalman. A singularly valuable decomposition: The SVD of a matrix. *The College Mathematics Journal*, 27(1):2–23, 1996.

[Köp13]   M. Köppen. The curse of dimensionality. *5th Online World Conference on Soft Computing in Industrial Applications*, 2013.

[Lef19]   M. Lefkowitz. Professor's perceptron paved the way for AI — 60 years too soon. *Cornell Cronicle* https://news.cornell.edu/stories/2019/09/pro fessors-perceptron-paved-way-ai-60-years-too-soon, 2019.

[LL16]   I. E. Leonard and J. E. Lewis. *Geometry of Convex Sets.* John Wiley & Sons, Hoboken, NJ, 2016.

[LLPS93]   M. Leshno, V. Ya. Lin, A. Pinkus, and S. Schocken. Multilayer feedforward networks with a nonpolynomial activation function can approximate any function. *Neural Networks*, 6(6):861–867, 1993.

[Lot22]   M. Lotz. Mathematics of Machine Learning. https://homepages.warwick. ac.uk/staff/Martin.Lotz/files/learning/lectnotes-all.pdf, 2022.

[LP93]   V. Ya. Lin and A. Pinkus. Fundamentality of ridge functions. *J. Approx. Theory*, 75(3):295–311, 1993.

[LRU12]   J. Leskovec, A. Rajaraman, and J. D. Ullman. *Mining of Massive Datasets.* Cambridge University Press, Cambridge, 2012.

[MC]   MIT-CSAIL. Quadratic programming with Python and CVXOPT. htt ps://courses.csail.mit.edu/6.867/wiki/images/a/a7/Qp-cvxopt.pdf.

[Nes18]   Yu. Nesterov. *Lectures on Convex Optimization*, Band 137 in *Springer Optim. Appl.*, 2. Auflage, Springer, Cham, 2018.

[Nie15]   M. A. Nielsen. *Neural Networks and Deep Learning.* Determination Press, 2015.

[Nos16]   J. Noss. 6.034 Recitation 7: Support Vector Machines (SVMs). https:// www.youtube.com/watch?v=ik7E7r2a1h8&t=2422s, 2016.

[NW06]   J. Nocedal and S. J. Wright. *Numerical Optimization.* Springer Ser. Oper. Res. Financ. Eng., 2. Auflage, Springer, New York, 2006.

[Ola96]   M. Olazara. A sociological study of the official history of the perceptrons controversy. *Social Studies of Science*, 26(3):611–659, 1996.

[Pin20]   I. Pinelis. Asymptotically tight concentration of norms of subgaussian random vectors with independent coordinates, as the dimension $n \to \infty$? https://mathoverflow.net/questions/357484/asymptotically-tight-concen tration-of-norms-of-subgaussian-random-vectors-with-i, 2020.

[Ras14]   The Raspberry Pi Foundation. Getting started with Mathematica. htt ps://projects.raspberrypi.org/en/projects/getting-started-with-mathema tica/8, 2014.

[Rin08]   C. M. Ringel. Funktionen (GHR). Vorlesungsmanuskript, Uni Bielefeld, https://www.math.uni-bielefeld.de/~sek/funktion, 2008.

[Roc70]   R. T. Rockafellar. *Convex Analysis*, volume 28 of *Princeton Math. Ser.* Princeton University Press, Princeton, NJ, 1970.

[Ros59]   F. Rosenblatt. The design of an intelligent automaton. *Research Trends, Cornell Aeronautical Laboratory, inc.*, VI(2), 1959.

[Rud87]   W. Rudin. *Real and Complex Analysis*. 3. Auflage, McGraw-Hill, New York, 1987.

[Rud91]   W. Rudin. *Functional Analysis*. 2. Auflage, McGraw-Hill, New York, 1991.

[SC92]   X. Sun and E. W. Cheney. The fundamentality of sets of ridge functions. *Aequationes Math.*, 44(2-3):226–235, 1992.

[SC08]   I. Steinwart and A. Christmann. *Support Vector Machines*. Inf. Sci. Stat. Springer, New York, 2008.

[Sha08]   A. Shashua. Introduction to Machine Learning. arXiv: 0904.3664v1, 2008.

[Sha15]   C. Shalizi. Lecture notes on modern regression. Lecture Notes, Carnegie Mellon University, https://www.stat.cmu.edu/~cshalizi/mreg/15, 2015.

[SKKR01]   B. Sarwar, G. Karypis, J. Konstan, and J. Riedl. Item-based collaborative filtering recommendation algorithms. *WWW10, May 1–5*, Hong Kong, 2001.

[SSBD14]   S. Shalev-Shwartz and S. Ben-David. *Understanduing Machine Learning. From Theory to Algorithms*. Cambridge University Press, Cambridge, 2014.

[Ver18]   R. Vershynin. *High-Dimensional Probability*, volume 47 of *Cambridge Series in Statistical and Probabilistic Mathematics*. Cambridge University Press, Cambridge, 2018.

[Weg21]   S.-A. Wegner. Lecture notes on high-dimensional data. https://arxiv.org/abs/2101.05841, 2021.

[Wen08]   J. Wengenroth. *Wahrscheinlichkeitstheorie*. de Gruyter, Berlin, 2008.

[Wen17]   C. Wendler. Das stochastische Gradientenverfahren. Bachelorarbeit, Universität Innsbruck, https://acl.inf.ethz.ch/people/chrisw/bsc_thesis.pdf, 2017.

[Wer18]   D. Werner. *Funktionalanalysis*. 8. überarbeitete Auflage, Springer Spektrum, Berlin, 2018.

Index

Printed in the United States
by Baker & Taylor Publisher Services